面 向 2 1 世 纪 课 程 教 材
Textbook Series for 21st Century

微积分及其应用

第三版

主编　白银凤　张丽娜　王爱茹　罗蕴玲

高等教育出版社·北京

内容提要

本书第一版是教育部"高等教育面向21世纪教学内容和课程体系改革计划"的研究成果,是面向21世纪课程教材。本次修订为第三版,主要内容包括函数的概念及其性质、空间解析几何与向量代数、函数的极限与连续、导数与微分、中值定理与导数的应用、一元函数的积分及其应用、二重积分及其应用、微分方程、数学建模初步九章。

本书在概念与理论、方法与技巧、实践与应用等三方面进行了较为合理的安排。在整体结构上力求严谨简明、语言叙述上力求通俗易懂。书中精选了大量有实际背景的例题和习题,并有数学建模应用范例介绍,帮助学生了解如何应用数学知识解决实际问题。

本书可作为高等农林院校的教材,也可以作为普通高等院校经济管理类专业的教材,还可作为科技工作者的自学用书或参考书。

图书在版编目(CIP)数据

微积分及其应用/白银凤等主编.--3版.--北京:高等教育出版社,2020.6 (2024.7重印)

ISBN 978-7-04-053342-2

Ⅰ. ①微… Ⅱ. ①白… Ⅲ. ①微积分-高等学校-教材 Ⅳ. ①O172

中国版本图书馆CIP数据核字(2020)第017484号

Weijifen jiqi Yingyong

策划编辑 杨 帆　　责任编辑 杨 帆　　封面设计 张 楠　　版式设计 王艳红
插图绘制 于 博　　责任校对 张 薇　　责任印制 高 峰

出版发行	高等教育出版社	网　址	http://www.hep.edu.cn
社　址	北京市西城区德外大街4号		http://www.hep.com.cn
邮政编码	100120	网上订购	http://www.hepmall.com.cn
印　刷	廊坊十环印刷有限公司		http://www.hepmall.com
开　本	787mm×960mm　1/16		http://www.hepmall.cn
印　张	23.5	版　次	2001年7月第1版
字　数	400千字		2020年6月第3版
购书热线	010-58581118	印　次	2024年7月第5次印刷
咨询电话	400-810-0598	定　价	43.50元

物 料 号　53342-00

微积分及其应用

第三版

主编

白银凤

张丽娜

王爱茹

罗蕴玲

1 计算机访问http://abook.hep.com.cn/1210424，或手机扫描二维码、下载并安装Abook应用。

2 注册并登录，进入“我的课程”。

3 输入封底数字课程账号（20位密码，刮开涂层可见），或通过Abook应用扫描封底数字课程账号二维码，完成课程绑定。

4 单击“进入课程”按钮，开始本数字课程的学习。

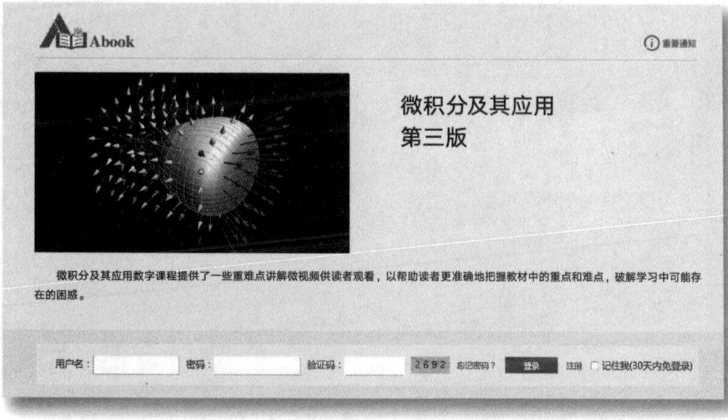

课程绑定后一年为数字课程使用有效期。受硬件限制，部分内容无法在手机端显示，请按提示通过计算机访问学习。

如有使用问题，请发邮件至abook@hep.com.cn。

http://abook.hep.com.cn/1210424

《微积分及其应用》(第三版)编写人员

主　编　白银凤　张丽娜　王爱茹　罗蕴玲

副主编　陈俊英　冀德刚　田　苗　李雪非

　　　　刘瑞芹　申玉发

参　编　陈亚婷　范彦方　韩光辉　邵洪波

　　　　宋向东　王丽娟　张　博　张雅静

第一版序

微积分是大学中普遍开设的一门重要的基础课。在科学技术突飞猛进的今天，微积分学这门古老的学科依然青春常在。它不仅对众多专业的学生来说，是进一步学习专业基础课和专业课必不可少、至关重要的基础，而且随着现代科学技术的发展，数理方法向各门学科全面渗透，对包括微积分在内的数学课程的教学要求也越来越高。特别是鉴于数学课程对思维训练的特殊作用，数学教育已成为全面提高学生素质的重要途径。如何适应新形势的需要，进一步提高微积分课程的教学质量，成为摆在高等院校广大数学教师面前的一个十分重要的任务。

教材是教学的主要依据，是保证教学质量的基础。教育部组织的“高等教育面向21世纪教学内容和课程体系改革计划”实施以来，许多院校把教材建设作为一件大事来抓，组织编写出了一批各具特色的微积分教材，对于促进微积分课程教学水平的提高起到了良好的作用。作为教育部这一改革计划的04—6项目的参加者，河北农业大学等校编写的《微积分及其应用》就是其中之一。在这本教材的编写过程中，河北农业大学、四川农业大学、东北农业大学、新疆农业大学、北京农学院、河北职业技术师范学院等校的数学教师们从面向21世纪农林院校人才培养目标的总体需要出发，认真总结他们多年从事微积分教学积累起来的宝贵经验，吸收深入进行教育教学改革所取得的成果，努力在教材中渗透现代数学的思想和方法，做到融科学性、适用性于一体。总体看来，这本教材在内容选取、体系编排上有不少独到之处，具体体现在以下几个方面：

一是把函数连续性和极限概念结合起来讲述。这样做，避免了通常先系统讲述极限理论再引进函数连续性带来的某些不必要的重复，使极限理论的内容更具体而充实，引导学生尽快转入极限理论对函数研究的运用，更深刻地理解极限理论对微积分基本概念的基础性作用；同时能够让学生更早地利用函数的连续性去计算极限，解决了在学习连续性之前只能利用定义证明极限带来的习题安排等方面的困难，而用定义证明极限的训练对于非数学专业的学生来说本来就不应当要求过高。

二是在定积分和不定积分的讲述次序上，改变了传统的做法，先讲定积分，后讲不定积分。事实上积分学的核心概念是定积分，真正体现微积分学的思想，体现极限论的观点，且与微积分学实际应用密切相关的是定积分。作为微分的逆运算而提出的不定积分，除了通过微积分基本定理在联系微分与积分上起着不可替代的作用之外，更多的是形式运算及技巧上的变化，其内容的选取完全可视学时的多少及对学生的不同要求而定。通过编者的精心编排，突出定积分这一占据核心地位的重要基本概念的做法，达到了预期的效果，在逻辑上也显得十分自然。

三是对微元法的处理，采用了较为严格的形式，避免了常见于一些教科书中的“近似于”等模糊概念以及使用未曾定义量的矛盾现象。尽管对初学者来说，这种处理方式的优点未必能完全体会到，但从数学的严格性来说可看出编者已经做了很大的努力，而严格性的训练正是数学教育的重要内容之一。

四是始终注意抓住培养学生“用数学”的意识和能力这一重要环节。教材中精选了大量有实际背景的例题和习题，并专门编写了数学建模初步一章，引导学生把学到的数学知识应用到实际问题中去。在知识经济已见端倪的今天，学生的创新意识和创新能力的培养成为当今教育界关注的焦点。加强学生使用数学工具解决实际问题的能力的培养，不仅有助于提高他们学习数学的兴趣，加强他们对数学知识的理解，也有助于他们的创新意识和创新能力的加强和提高。

这本教材把数学软件 Maple 的介绍作为附录，指导学生尽量使用计算机来完成有关计算。实际工作中大量的计算问题（甚至某些数学公式运算）都是可以通过采用现代计算机技术来完成的。这种做法体现了时代精神，也为在农林院校开设数学实验课提供了重要的参考。此外，书中在所涉及的主要数学名词及外国数学家人名后附以英文原文，也是适应经济全球化形势对教材的要求的。

相信《微积分及其应用》教材的出版，能够在促进农林院校高等数学教学改革中发挥很好的作用。

安幼山

2000年10月

第三版前言

本书第三版是在第二版的基础上结合编者多年教学实践的经验进行修订的。

本次修订对原有的教材体系作了较大的改动,具体表现在以下几个方面:

1. 精简了教材内容,如删去了无穷级数、三重积分、差分方程、曲线积分等内容。

2. 调整了教材内容的编排顺序。第一、二版的内容按照函数与极限、一元函数微积分、空间解析几何与向量代数、多元函数微积分、微分方程与差分方程、无穷级数、数学建模的顺序编写。第三版的内容顺序则是函数的概念及其性质、空间解析几何与向量代数、函数的极限与连续、微分学(包括一元函数微分学和多元函数微分学)、积分学(包括定积分、不定积分、二重积分)、微分方程、数学建模。

3. 采取纸质教材与数字课程相结合的模式。数字课程资源为重难点讲解微视频,可以直观形象地帮助学生准确把握教材中的重点和难点。

4. 对全书习题和答案再次进行了认真校正和部分调整。

纸质教材的修订工作由白银凤、张丽娜和王爱茹完成,重难点讲解微视频的制作由陈俊英、冀德刚、田苗、李雪非、陈亚婷、邵洪波完成,全书习题与答案的校正由王丽娟完成。

感谢高等教育出版社数学分社在本次修订中给予的指导与帮助,感谢审稿专家提出的宝贵意见和建议,感谢天津商业大学、河北科技师范学院、华北科技学院、燕山大学、河北工程大学的大力支持。欢迎专家、同行和读者对本书第三版中的不妥之处批评指正,我们将不胜感激。

编　者

2019 年 3 月

第三版前言

第二版前言

本书自2001年出版至今，得到了使用本书的教师和学生广泛认同和支持，并提出了一些改进意见，指出了印刷上的错误，在此我们表示诚挚的谢意。同时激励和促进我们对本书进行认真的修订和勘误。

在这次修订中，我们保留了原书的系统和风格及其结构严谨、通俗易懂、理论与实际结合紧密、利于提高学生学习兴趣、培养学生应用数学解决实际问题的意识和能力等特点。充分考虑了第一版正文编写者白银凤、罗蕴玲、刘瑞芹、宋向东及使用单位和有关专家的意见和建议，同时吸收了当前数学教学内容改革中的先进成果，使修订后的内容更适应农林院校数学教学的需要。

在这一版，我们对一些内容进行了更动和修改，如将第一章中函数的极限与连续这一节分成了两节，目的是使学生能更及时地进行课后练习、消化相关内容；对全书的习题和答案进行了再次审核和部分调整；增加了单元自测题，以帮助学生更好地了解自己的学习状况，提高学生综合应用知识解决问题的能力；修改和重绘了部分插图；附录中增加了有关行列式的一些知识及常用三角公式和常用曲线；改正了第一版中的排版错误。

在本书修订工作中，得到了高等教育出版社理科分社同志们的大力支持，对此我们表示衷心的感谢。

本版正文部分的修订工作由河北农业大学白银凤和天津商学院罗蕴玲完成。参加本次修订工作的还有河北农业大学、新疆农业大学、北京农学院、河北科技师范大学、西南大学的王爱茹等老师。

第二版中若有不妥之处，热忱欢迎专家、同行和读者批评指正，我们不胜感激。

编　者

2004年10月

第一版前言

本书是教育部高教司〔1996〕61 号文件批准立项的《高等农林院校本科数学(含生物统计)系列课程教学内容和课程体系改革的研究与实践》的 04—6 课题的研究成果。

按照教育部制定并实施的《高等教育面向 21 世纪教学内容和课程体系改革计划》的目标和要求，河北农业大学作为 04—6 课题组的成员，对高等数学课程教学内容的改革进行了研究与实践，在初步总结改革的看法和设想的基础上，于 1999 年完成了书稿《高等数学》并在河北农业大学、四川农业大学、新疆农业大学等院校农林类本科各专业进行了使用。根据两年的使用情况以及新世纪高等农林教育的发展需要，在征求了多方面的意见后，河北农业大学联合四川农业大学、东北农业大学、新疆农业大学、北京农学院、河北职业技术师范学院等院校对《高等数学》进行了较大的调整、修改、补充和完善，从而形成现在这本面向 21 世纪课程教材《微积分及其应用》。

在编写这本教材时，我们努力在概念与理论、方法与技巧、实践与应用这三方面作出较为合理的安排；在内容的深度和广度上力求以适应农林、经济类不同专业使用；在整体结构上力求严谨简明；语言表述上力求通俗易懂；适当减少一些繁难的定理证明和复杂的运算技巧，突出基本概念、基本方法、基本技能和几何直观，并在各章又分别增加了涉及物理、力学、生物、医学、经济、管理及日常生活等多方面的实际例子，力求较好地体现微积分与现实问题的密切联系，以提高学生学习微积分的兴趣，增强学生应用数学知识解决实际问题的意识。另外还特别增加了数学建模初步及数学软件 Maple 的简明介绍，以达到提高学生综合数学素质的目的。

本书由农业部教学指导委员会数学组成员安幼山教授审稿。安幼山教授在百忙中对本书提出了很多前瞻性和指导性意见，为本书增色不少。

在本书出版的时候，我们衷心地感谢教育部适时地、富有远见地推出了《高等教育面向 21 世纪教学内容和课程体系改革计划》，为农林类本科数学教学改革指明了方向，也为我们提供了参与的机会。还要感谢 04—6 课题组，感谢农业部教学指导委员会给予的鼓励，感谢河北农业大学教务处、数学教研室所给予的支持和帮助。

高等教育出版社负责农林类面向21世纪课程教材的同志们，对本书的出版给予了极大的支持，对他们的工作，我们表示由衷的感谢！

由于编者水平所限，错误和不妥之处在所难免，敬请批评指正，我们将不胜感激。

编　者

2000年10月

目　录

第一章　函数的概念及其性质

函数是微积分学的主要研究对象，用以描述变量之间的依存关系. 函数是现代数学的基本概念之一，在自然科学、农业科学、工程技术等领域有很重要的应用. 本章主要介绍函数的基本概念及其性质.

1.1　函数概念及其特性

一、函数概念

1. 函数概念

在同一自然现象或技术过程中，往往同时有几个变量在变化，这些变量的变化又不是相互独立的，而是遵循一定规则相互联系的.

例 1　设有一圆，半径为 R，则面积 S 与半径 R 之间有下面关系：

$$S=\pi R^2$$

周长 C 与半径 R 之间的关系为

$$C=2\pi R$$

例 2　设有一物体做自由落体运动，下落的时间为 t，开始下落的时刻为 $t=0$，则该物体下落的距离 s 与时间 t 之间有如下关系：

$$s=\frac{1}{2}gt^2$$

从上面两个例题可看出，在所给的问题中，都只涉及两个变量，而两个变量的变化是按照一定的规则相互联系的，只要指定其中一个变量的值，另一个变量就可按相应的法则有确定的值与其对应，两个变量的这种对应关系称为函数. 下面对函数概念给出确切的定义.

定义　设 x 和 y 是两个变量，D 是一个非空数集. 如果对于每一个数 $x\in D$，变量 y 均按照一定的法则 f 有确定的值与之对应，则称 y 是 x 的函数(function)，称数集 D 为这个函数的定义域(domain)，称 x 为自变量，y 为因变量. 当 x 遍取 D 中的数值时，对应的因变量 y 所取值的全体称为这个函数的值域(range),记为 $f(D)$.

当 x 取数值 $x_0 \in D$ 时,与 x_0 对应的 y 的数值称为函数在 x_0 点处的函数值,记为 $f(x_0)$或 $f(x)\big|_{x=x_0}$.

如果当自变量在定义域内任取一个数值时,对应的函数值都只有一个,那么这种函数称为单值函数,否则称为多值函数. 例如,$y=2x$,$y=x^3$ 为 y 关于 x 的单值函数,而 $y^2=x$ 则是 y 关于 x 的多值函数.

2. 函数的基本要素

函数的定义可简单表示为

$$\text{对任意 } x\in D \xrightarrow{f} \text{有确定的函数值 } y=f(x)\in f(D)$$

其中 f 为对应法则.

显然,只要函数的定义域和对应法则确定了,那么这个函数的值域也就确定了,因此函数的定义域和对应法则称为函数的两个基本要素.

如果两个函数的定义域和对应法则相同,那么这两个函数相等,否则不然. 比如,函数 $y=\sqrt{x^2}$ 与 $y=|x|$ 相等,而与函数 $y=x$ 不相等,因为它们的对应法则不同.

在实际问题中,函数的定义域应根据问题的实际意义具体确定. 如果仅考虑纯数学问题,那么函数的定义域是指使函数表达式有意义的一切实数所构成的集合,这种定义域称为函数的自然定义域.

例 3　求下列函数的定义域:

(1) $y=\dfrac{1}{9-x^2}+\sqrt{x+3}$;　　　　(2) $y=\lg\dfrac{x}{x-2}$.

解　(1) 要使函数有意义,必须满足

$$\begin{cases}9-x^2\neq 0,\\ x+3\geqslant 0\end{cases}$$

即

$$\begin{cases}x\neq\pm 3,\\ x\geqslant -3\end{cases}$$

所以函数的定义域为$(-3,3)\cup(3,+\infty)$.

(2) 要使函数有意义,必须满足

$$\frac{x}{x-2}>0$$

即 $x>2$ 或 $x<0$,所以函数的定义域为$(-\infty,0)\cup(2,+\infty)$.

3. 显函数与隐函数

函数的表示通常有列表法、图示法和解析法三种形式. 由于图示法直

观，解析式便于研究，因此在讨论函数时总是将图示法和解析法相结合.

函数的解析表达式常用 $y=f(x)$ 形式表示，也可以用方程 $F(x,y)=0$ 的形式表示.一般地，称用 $y=f(x)$ 形式表示的函数为显函数，称由方程 $F(x,y)=0$ 表示的函数为隐函数.比如，$y=x^2+1$ 和 $y=2\sin x$ 为显函数，由方程 $x^2-y=6$ 和 $x^2+y^2=1$ 表示的函数为隐函数.

显函数都能变形为隐函数，但不是所有的隐函数都能变形为显函数.比如，方程 $x^2+y\sin x-\cos(x-y)=0$ 所确定的 y 关于 x 的函数不能变形为 $y=f(x)$ 的形式.

4. 分段函数

有的函数在整个定义域内不能用一个解析式表示，而必须由多个解析式表示，这种函数称为分段函数.简而言之，不能用同一个解析式表示的函数称为分段函数.

例如，函数 $y=\begin{cases}1, & x>0,\\ 0, & x=0,\\ -1, & x<0\end{cases}$ 和 $y=\begin{cases}x+1, & x>0,\\ 2, & x=0,\\ x^2, & x<0\end{cases}$ 均为分段函数.

二、函数的几种特性

1. 函数的有界性

设函数 $y=f(x)$ 的定义域为 D，数集 $W\subset D$.如果存在正数 M，使得对于 W 中的一切 x，有

$$|f(x)|\leqslant M$$

则称函数 $y=f(x)$ 在 W 上是**有界**的(bounded).否则称函数 $y=f(x)$ 在 W 上是**无界**的(unbounded).

例如，函数 $y=\sin x$ 在 $(-\infty,+\infty)$ 内是有界的.函数 $y=\frac{1}{x}$ 在 $(0,1)$ 内是无界的，在 $(1,2)$ 内是有界的.

2. 函数的单调性

设函数 $y=f(x)$ 的定义域为 D，区间 $I\subset D$.如果对于 I 上任意两点 x_1 及 x_2，当 $x_1<x_2$ 时，恒有

$$f(x_1)<f(x_2)\quad (\text{或 } f(x_2)<f(x_1))$$

则称函数 $y=f(x)$ 在区间 I 上是**单调增加**(monotone increasing)(或**单调减少**(monotone decreasing))的.

例如，函数 $y=x^3$ 在 $(-\infty,+\infty)$ 内是单调增加的.函数 $y=x^2$ 在 $[0,+\infty)$ 上是单调增加的，在 $(-\infty,0]$ 上是单调减少的.

3. 函数的奇偶性

设函数 $y=f(x)$ 的定义域为 D，且 D 关于原点对称. 如果对于任一 $x\in D$，恒有

$$f(-x)=f(x)$$

则称函数 $y=f(x)$ 为**偶函数**(even function). 如果对于任一 $x\in D$，恒有

$$f(-x)=-f(x)$$

则称函数 $y=f(x)$ 为**奇函数**(odd function).

例如，函数 $y=x^2$ 为偶函数. 函数 $y=x^3$ 为奇函数.

奇函数的图形关于原点对称. 偶函数的图形关于 y 轴对称.

4. 函数的周期性

设函数 $y=f(x)$ 的定义域为 D. 如果存在一个非零常数 a，使得对于任一 $x\in D$，有 $(x\pm a)\in D$，且恒有

$$f(x+a)=f(x)$$

则称 $y=f(x)$ 为**周期函数**(periodic function)，a 为 $f(x)$ 的周期，通常我们说的周期函数的**周期**(period)是指使上面等式成立的最小正数 a，即**最小正周期**.

例如，函数 $y=\sin x$ 的周期为 2π. 函数 $y=\tan x$ 的周期为 π.

习题 1.1

1. 求下列函数的定义域：

(1) $y=\dfrac{2x}{x^2-3x+2}$；　　(2) $y=\sqrt{\dfrac{1-x}{1+x}}$；

(3) $y=\arccos(x-3)$；　　(4) $y=\begin{cases}x^2+1, & 1<x<2,\\ x^3-1, & 2<x\leqslant 4;\end{cases}$

(5) $y=\dfrac{1}{x}+\lg(1-x^2)$；　　(6) $y=\sqrt{\sin x}$；

(7) $y=\ln(\ln x)$；　　(8) $y=\mathrm{e}^{-\sqrt{x}}$.

2. 下列函数是否相等？为什么？

(1) $f(x)=\lg x^2, g(x)=2\lg x$；

(2) $f(x)=x, g(x)=\sqrt{x^2}$；

(3) $f(x)=\sqrt[3]{x^4-x^3}, g(x)=x\sqrt[3]{x-1}$.

3. 求下列函数值：

(1) $f(x)=x^2-3x+2$，求 $f(0), f(1), f\left(-\dfrac{1}{x}\right), f(h+1)$；

(2) $F(x)=2^{(|x|-1)}$,求 $F(0),F(1),F(-1)$;

(3) $f(x)=\begin{cases}|\sin x|, & |x|<\dfrac{\pi}{3},\\ 0, & |x|\geqslant\dfrac{\pi}{3},\end{cases}$ 求 $f\left(\dfrac{\pi}{6}\right),f\left(\dfrac{\pi}{4}\right),f\left(-\dfrac{\pi}{4}\right),f(-2)$;

(4) $\varphi(x)=\begin{cases}0, & 0\leqslant x<1,\\ \dfrac{1}{2}, & x=1,\\ 1, & 1<x\leqslant 2,\end{cases}$ 求 $\varphi(0),\varphi\left(\dfrac{1}{2}\right),\varphi(1),\varphi\left(\dfrac{5}{4}\right)$.

4. 判断下列函数的奇偶性:

(1) $y=3x^2-x^6$; (2) $y=\sin x-\cos x+1$; (3) $y=\dfrac{a^x+1}{a^x-1}\ (a>0)$;

(4) $y=\begin{cases}-1, & x<0,\\ 0, & x=0,\\ 1, & x>0;\end{cases}$ (5) $y=\begin{cases}x, & x>1,\\ 1, & |x|\leqslant 1,\\ -x, & x<-1;\end{cases}$ (6) $y=\mathrm{e}^{-x^2}+\tan x$.

5. 设下面所考虑的函数都是定义在对称区间 $(-l,l)$ 上的,证明:

(1) 两个偶函数的和是偶函数,两个奇函数的和是奇函数;

(2) 两个偶函数的乘积是偶函数,两个奇函数的乘积是偶函数,奇函数与偶函数的乘积是奇函数;

(3) 对于定义在对称区间 $(-l,l)$ 上的任意函数 $f(x)$,$f(x)+f(-x)$ 是偶函数,$f(x)-f(-x)$ 是奇函数.

6. 判断下列函数的单调性:

(1) $y=2x+1$; (2) $y=2^x$;

(3) $y=\left(\dfrac{1}{2}\right)^x$; (4) $y=\log_a x\quad(0<a<1)$.

7. 下列函数中哪些是周期函数?对于周期函数求出其周期.

(1) $y=\sin 4x$; (2) $y=\cos x^2$; (3) $y=x\cos x$;

(4) $y=1+\sin \pi x$; (5) $y=A\sin \omega x+B\cos \omega x$($\omega,A,B$ 是常数).

1.2 反函数与复合函数

一、反函数

通常在函数 $y=f(x)$ 中,x 为自变量,y 为因变量. 但哪个作为自变量,哪个作为因变量不是绝对的,会根据问题的具体要求而变化. 例如,在自由落体运动中,位移 s(单位:m)和时间 t(单位:s)这两个变量是相互联系的. 如果研究的问题是:物体经过 t s 下落了多少位移?那么其函数关

系是 $s=f(t)=\frac{1}{2}gt^2$，此时时间 t 为自变量，位移 s 是因变量. 如果研究的问题是：物体下落 s m 时经过了多少时间？那么其函数关系是 $t=\varphi(s)=\sqrt{\frac{2s}{g}}$，此时位移 s 为自变量，时间 t 是因变量.

一般地，设函数 $y=f(x)$ 是其定义域 D 上的单值函数，其值域为 W. 如果对于值域 W 内的每一个 y 值，都可以从 $y=f(x)$ 中找到确定的 x 值（$x\in D$）与之相对应，那么由此确定的以 y 为自变量，以 x 为因变量的函数称为函数 $y=f(x)$ 的反函数，记为 $x=\varphi(y)$.

易知，$x=\varphi(y)$ 的定义域为 W，值域为 D.

下面对反函数概念作五点说明：

1° 一个函数的反函数可以是多值函数.

例如，函数 $y=x^2$ 的定义域为 $(-\infty,+\infty)$，值域为 $[0,+\infty)$. 在 $[0,+\infty)$ 内任取一数值 $y\neq 0$，则适合关系

$$y=x^2$$

的数值 x 有两个，一个是 $x=\sqrt{y}$，另一个是 $x=-\sqrt{y}$，所以 $y=x^2$ 的反函数为多值函数.

2° 函数 $y=f(x)$ 是单值函数，其反函数 $x=\varphi(y)$ 却不一定是单值函数. 但如果函数 $y=f(x)$ 是单调函数，则其反函数 $x=\varphi(y)$ 一定是单值函数.

事实上，若 $y=f(x)$ 是单调函数，则任取 D 内不同的两个数值 x_1 和 x_2 时，必有 $f(x_1)\neq f(x_2)$，所以在 W 内任取一个数值 y_0 时，D 内不可能有两个不同的数值 x_1 和 x_2，使 $f(x_1)=f(x_2)$ 成立.

3° 为保证反函数是单值函数，我们通常将函数 $y=f(x)$ 限制在其定义域内的某个单调区间上，此时所得反函数又称主值分支，反函数值域称为主值范围.

4° 习惯上用字母 x 表示自变量，用 y 表示因变量，这样函数 $y=f(x)$ 的反函数就表示为

$$y=\varphi(x)$$

这时，函数 $x=\varphi(y)$ 与 $y=\varphi(x)$ 表示同一函数.

5° 由定义可知，如果 $y=\varphi(x)$ 是 $y=f(x)$ 的反函数，则 $y=f(x)$ 也是 $y=\varphi(x)$ 的反函数. 把 $y=f(x)$ 和 $y=\varphi(x)$ 的图形绘在同一坐标平面上，那么这两个图形关于直线 $y=x$ 对称.

例 1　求函数 $y=\frac{1}{2}x+1$ 的反函数.

解　由 $y=\frac{1}{2}x+1$ 解出 x，得 $x=2(y-1)$，因此函数 $y=\frac{1}{2}x+1$ 的反函数为 $x=2(y-1)$，也可记为 $y=2(x-1)$.

易知，在同一坐标系中 $y=\frac{1}{2}x+1$ 与 $x=2(y-1)$ 的图形完全相同，$y=\frac{1}{2}x+1$ 与 $y=2(x-1)$ 的图形关于直线 $y=x$ 对称.

二、复合函数

我们先看一个简单的例子.

例 2　从点 L 垂直发射一火箭，火箭 R 在时刻 t 与发射点的距离设为 h，且 $h=g(t)$，观察站 O 设在距发射点 1 km 处. 我们要求把火箭与观察站的距离 d 确定为时间的函数.

解　由图 1-1 可知，d 可表示为 h 的函数

$$d=\sqrt{1+h^2}$$

又因为 $h=g(t)$，所以在时刻 t，R 到 O 的距离是

$$d(t)=\sqrt{1+[g(t)]^2}$$

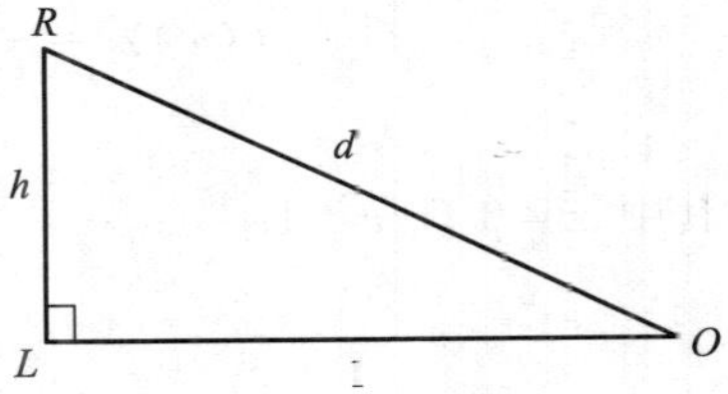

图 1-1

上述 $d(t)$ 是由两个函数构造而成的，这个构造 $d(t)$ 的过程称为复合，所得函数称为这两个函数的复合函数.

下面给出复合函数的定义.

一般地，若 y 是 u 的函数

$$y=f(u)$$

而 u 是 x 的函数

$$u=\varphi(x)$$

又设 D_1 为函数 $u=\varphi(x)$ 的定义域或其定义域的非空子集. 如果对于 x 在 D_1 上取值所对应的 u 值，函数 $y=f(u)$ 有定义，则 y 成为 x 的函数，记作 $y=f[\varphi(x)]$，称这个函数为由函数 $y=f(u)$ 及 $u=\varphi(x)$ 复合而成的**复合函数**(composite function，compound function)，称 u 为中间变量.

下面对复合函数概念作两点说明：

1°　不是任意两个函数都可以复合成一个复合函数. 只有当内层函数

的值域与外层函数的定义域有非空交集时，两个函数才能进行复合. 如函数 $y=\sqrt{u}$，$u=\sin x-2$ 就不能复合成一个复合函数，这是因为对于函数 $u=\sin x-2$ 的定义域 $(-\infty,+\infty)$ 内任一 x 所对应的 u，都使 $y=\sqrt{u}$ 无意义.

2° 复合函数不仅可以由两个函数复合而成，还可由多于两个的函数复合而成. 如 $y=\mathrm{e}^{1+\sqrt{1+x^2}}$ 就可以看成由 $y=\mathrm{e}^u$，$u=1+v$，$v=\sqrt{w}$，$w=1+x^2$ 四个函数复合而成. 这时 u,v,w 均称为中间变量.

例 3 设 $f(x)=\dfrac{1}{1-x}$，求 $f[f(x)]$，$f[f(f(x))]$.

解 $f(x)$ 的定义域为 $D=\{x\mid x\neq 1\}$. 要使 $f[f(x)]$ 有意义，需 $f(x)\neq 1$，即 $x\neq 0$，因此

$$f[f(x)]=\frac{1}{1-f(x)}=\frac{1}{1-\dfrac{1}{1-x}}=\frac{1-x}{-x}=1-\frac{1}{x}$$

其中 $x\neq 0$ 且 $x\neq 1$. 同理，

$$f[f(f(x))]=\frac{1}{1-f[f(x)]}=\frac{1}{1-\left(1-\dfrac{1}{x}\right)}=x$$

其中 $x\neq 0$ 且 $x\neq 1$.

习题 1.2

1. 求下列函数的反函数：

(1) $y=2\sin 3x$；　(2) $y=1+\ln(x+2)$.

2. 下列函数是由哪些简单函数复合而成的？

(1) $y=\sin 5x$；　(2) $y=\ln(1+2x)$；　(3) $y=a^{-2x}$ $(a>0$ 且 $a\neq 1)$；

(4) $y=\sqrt{\cot x}$；　(5) $y=\ln\sin\dfrac{x}{2}$；　(6) $y=\mathrm{e}^{(x+1)^2}$；

(7) $y=\arccos\dfrac{1}{x^2}$；　(8) $y=\cos^3(2x+1)$.

3. 设 $f(x)=x$，$\varphi(x)=\begin{cases}x, & x\geqslant 0,\\ 0, & x<0,\end{cases}$ 求 $f[\varphi(x)]$ 和 $\varphi[f(x)]$.

4. 设 $f(x)=x^2$，$\varphi(x)=\mathrm{e}^x$，求 $f[\varphi(x)]$ 和 $\varphi[f(x)]$.

5. 设 $f(x)$ 的定义域是 $[0,1]$，求

(1) $f(x^2)$ 的定义域；

(2) $f(\sin x)$ 的定义域；

(3) $f(x+a)$ $(a>0)$ 的定义域.

1.3 基本初等函数、初等函数

常量、幂函数、指数函数、对数函数、三角函数及反三角函数统称为**基本初等函数**.

1. 常量(constant):$y=c$(c 为常数).

定义域为$(-\infty,+\infty)$,图形为平行于 x 轴、截距为 c 的直线,如图 1-2 所示.

2. 幂函数(power function):$y=x^{\mu}$(μ 为常数).

定义域随 μ 而异,但不论 μ 为何值,x^{μ} 在$(0,+\infty)$内总有定义,而且图形都过点(1,1).

如 $y=x^2$,$y=x^{\frac{2}{3}}$,定义域均为$(-\infty,+\infty)$,图形关于 y 轴对称,如图 1-3 所示.

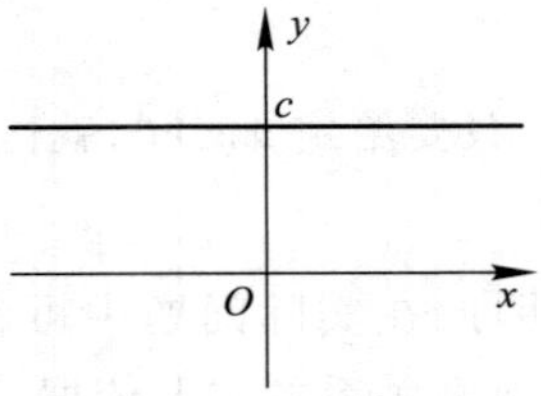

图 1-2

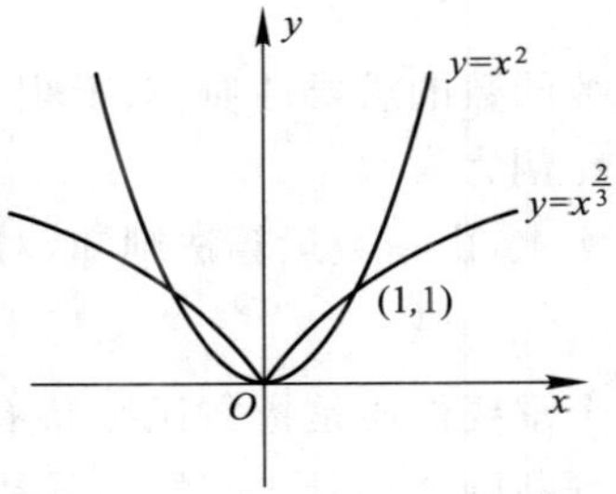

图 1-3

$y=x^3$,$y=x^{\frac{1}{3}}$,定义域为$(-\infty,+\infty)$,图形关于原点对称,如图 1-4 所示.

$y=x^{-1}$,定义域为$(-\infty,0)\cup(0,+\infty)$,图形关于原点对称,如图 1-5 所示.

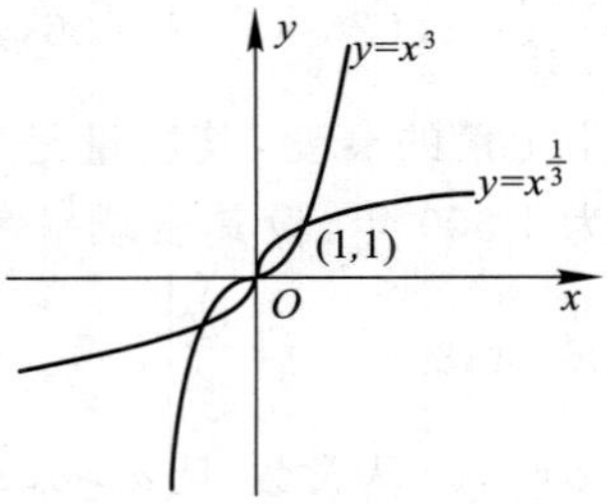

图 1-4

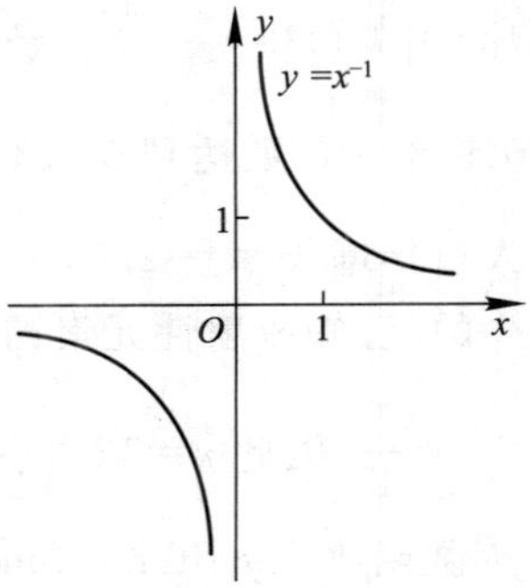

图 1-5

$y=x^{\frac{1}{2}}$，定义域为$[0,+\infty)$，如图 1-6 所示.

3. 指数函数(exponential function)：$y=a^x$(a 为常数，且 $a>0,a\neq1$).

定义域为$(-\infty,+\infty)$，值域为$(0,+\infty)$，图形通过点$(0,1)$. 当 $a>1$ 时，函数单调增加，当 $0<a<1$ 时，函数单调减少，如图 1-7 所示.

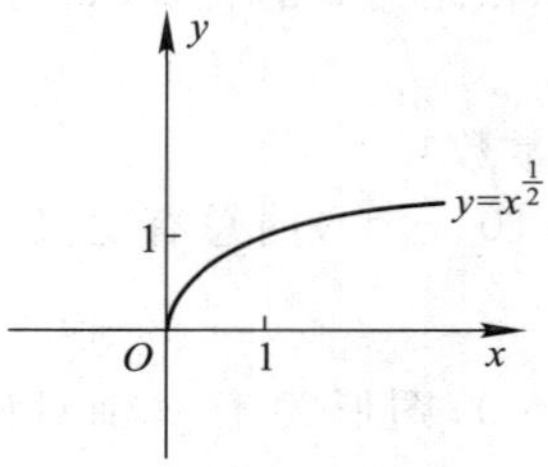

图 1-6

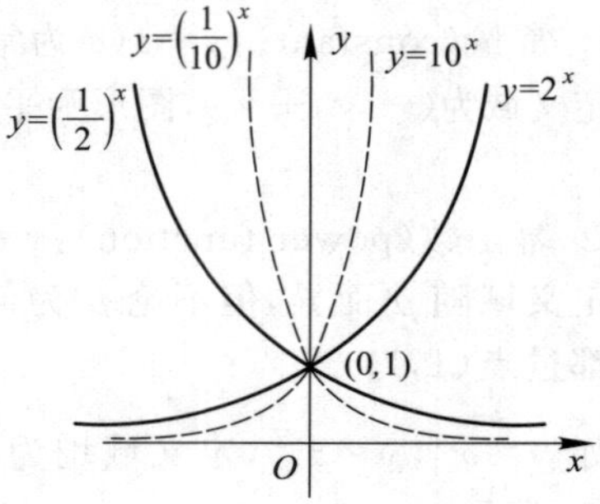

图 1-7

指数函数的重要性质：对于相等间隔的自变量 x 的取值，指数函数对应值的比例为常数.

事实上，由指数运算法则知，对任意的 x，只要给定 $x_0>0$，就恒有

$$a^{x+x_0}/a^x=a^{x_0}$$

这个重要性质是指数函数特有的性质，因此在实际问题中可将此性质作为判断两个变量之间的关系是否为指数函数关系的主要依据.

特别地，若取 $x_0=1$，则因

$$a^{x+1}/a^x=a$$

恰为指数函数的底，所以也称 a 为比例因子. 换成习惯的记法就是：当 $a>1$ 时，记 $a=1+r$，则 r 是增长率；当 $0<a<1$ 时，记 $a=1-r$，则 r 为衰减率.

例如，当人口增长满足指数规律时，若某地区 2018 年人口数为 6 738 万人，2019 年人口数达到 6 913 万人，则$\frac{6\,913}{6\,738}\approx1.026=1+0.026$，这说明该地区人口年增长率是 2.6%. 又如放射性元素的衰变，其质量是依指数规律减少的. 已知放射性元素镭的半衰期为 1 600 年，设其衰减率为 r，则 $(1-r)^{1\,600}=\frac{1}{2}$，因此 $r=1-\left(\frac{1}{2}\right)^{\frac{1}{1\,600}}\approx0.000\,433$.

4. 对数函数(logarithmic function)：$y=\log_a x$ (a 为常数，且 $a>0,a\neq1$).

定义域为$(0,+\infty)$，图形通过点$(1,0)$，当 $a>1$ 时，函数单调增加；当 $0<$

$a<1$ 时，函数单调减少，如图 1－8 所示. 对数函数与指数函数互为反函数.

5. 三角函数(trigonometric function)：$y=\sin x$，$y=\cos x$，$y=\tan x$，$y=\cot x$，$y=\sec x$，$y=\csc x$.

正弦函数 $y=\sin x$ 与余弦函数 $y=\cos x$ 定义域均为$(-\infty,+\infty)$，周期均为 2π，且都为有界函数. $y=\sin x$ 为奇函数，$y=\cos x$ 为偶函数，如图 1－9 所示.

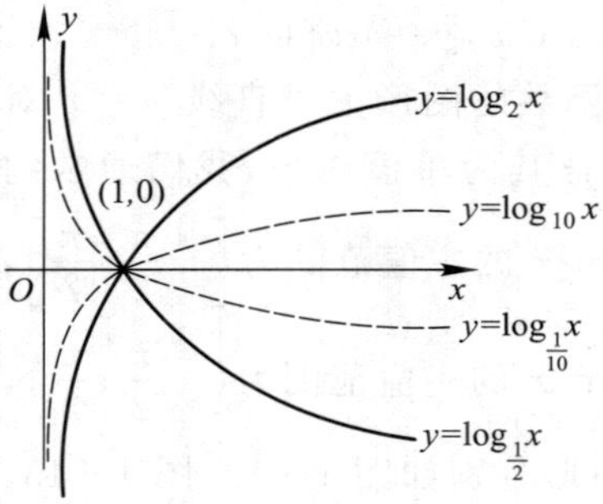

图 1－8

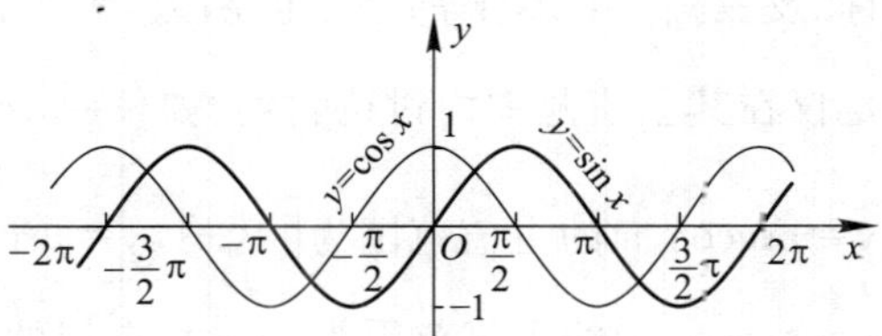

图 1－9

正切函数 $y=\tan x$ 的定义域为 $x\neq(2n+1)\dfrac{\pi}{2}$ $(n=0,\pm1,\pm2,\cdots)$的一切实数. 余切函数 $y=\cot x$ 的定义域为 $x\neq n\pi$ $(n=0,\pm1,\pm2,\cdots)$的一切实数. 它们的值域均为$(-\infty,+\infty)$，在$(-\infty,+\infty)$上有无穷多个无定义的点，在两个相邻的无定义点之间，$\tan x$ 单调增加，$\cot x$ 单调减少. 它们都是以 π 为周期的周期函数，且都为奇函数，如图 1－10 和图 1－11 所示.

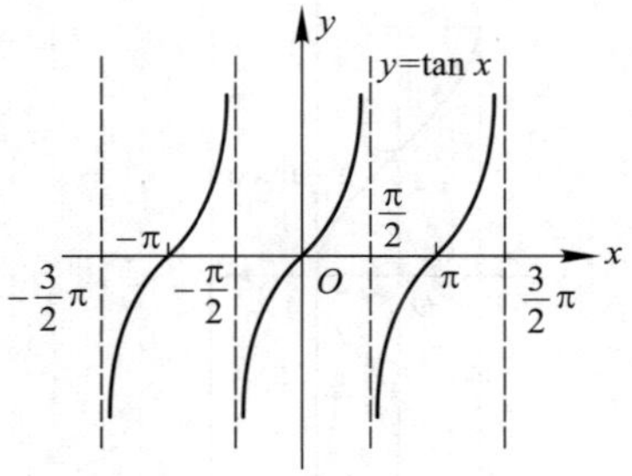

图 1－10

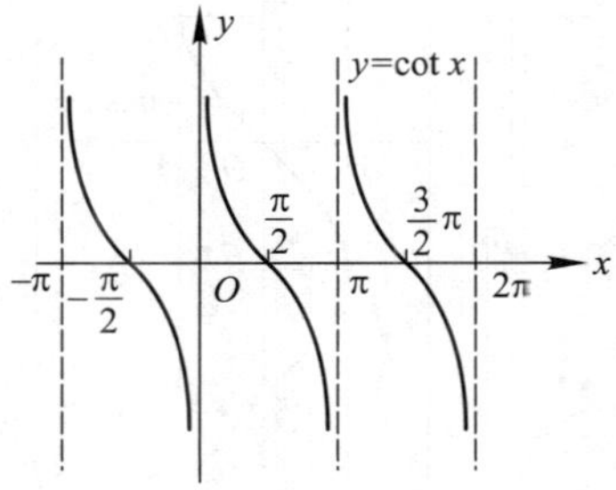

图 1－11

当 x 是满足 $\cos x\neq0$ 的任意实数时，定义正割函数为

$$y=\sec x=\frac{1}{\cos x}$$

当 x 是满足 $\sin x\neq0$ 的任意实数时，定义余割函数为

$$y=\csc x=\frac{1}{\sin x}$$

正割函数 $y=\sec x$ 的定义域为 $x\neq(2n+1)\frac{\pi}{2}(n=0,\pm1,\pm2,\cdots)$ 的一切实数. 余割函数 $y=\csc x$ 的定义域为 $x\neq n\pi(n=0,\pm1,\pm2,\cdots)$ 的一切实数. 它们的值域均为 $(-\infty,+\infty)$，且都是以 2π 为周期的周期函数.

6. 反三角函数(inverse trigonometric function)：$y=\arcsin x$，$y=\arccos x$，$y=\arctan x$，$y=\operatorname{arccot} x$，$y=\operatorname{arcsec} x$，$y=\operatorname{arccsc} x$.

反三角函数的图形与其相对应的三角函数的图形关于直线 $y=x$ 对称. 反三角函数本来都是多值函数，为了保证其为单值函数，我们通常约定仅在其主值范围内讨论它们. 如 $y=\arcsin x$ 的主值范围为 $\left[-\frac{\pi}{2},\frac{\pi}{2}\right]$，$y=\arccos x$ 的主值范围为 $[0,\pi]$，$y=\arctan x$ 的主值范围为 $\left(-\frac{\pi}{2},\frac{\pi}{2}\right)$，$y=\operatorname{arccot} x$ 的主值范围为 $(0,\pi)$，它们的图形分别如图 1-12，图 1-13，图 1-14 和图 1-15(实线部分)所示.

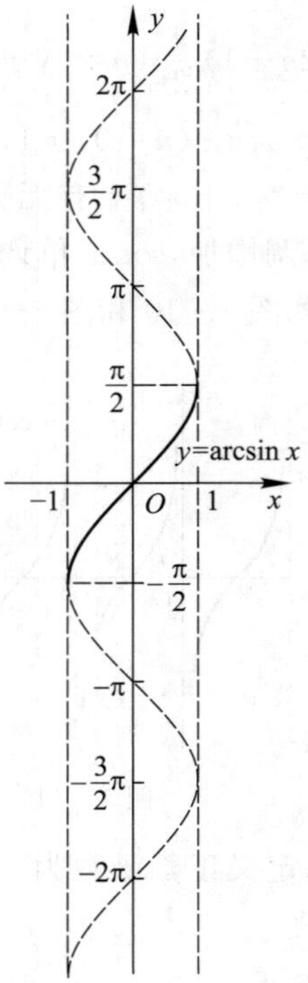

图 1-12

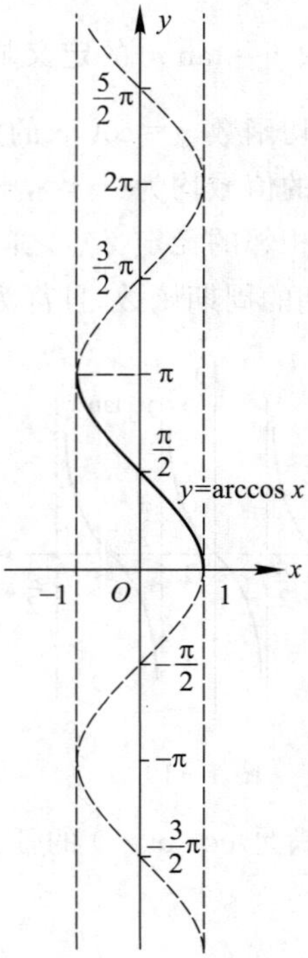

图 1-13

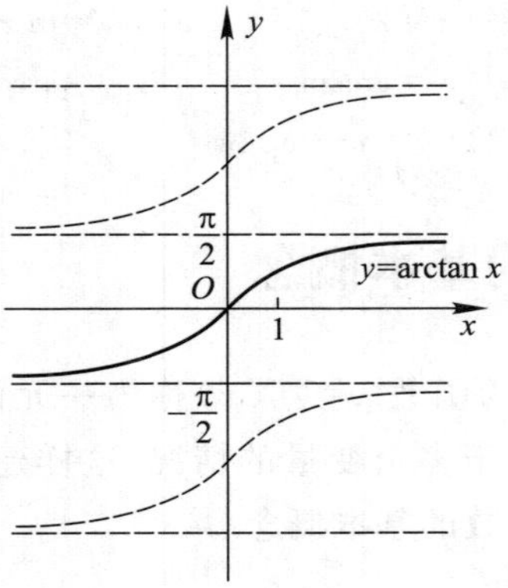

图 1-14

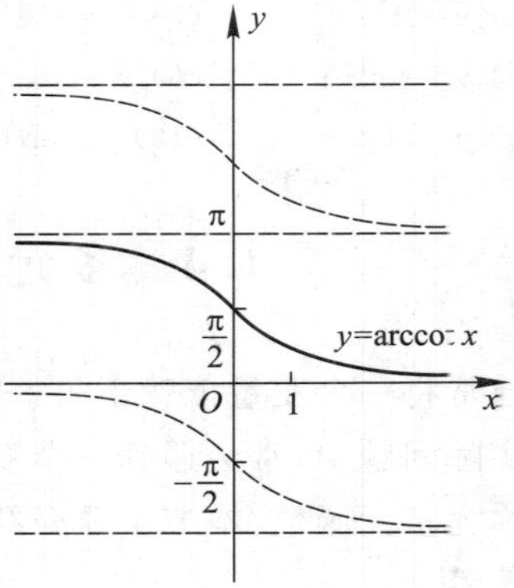

图 1-15

定义　由基本初等函数经过有限次四则运算及有限次复合步骤所构成的并可用一个式子表示的函数称为**初等函数**(elementary function).

例如，$y=x^2+\sqrt{1+\cos x}$，$y=1+\arccos x$ 等均为初等函数.

习题 1.3

1. 填空题.

(1) 若 $\log_x 8=\frac{3}{2}$，则 $x=$________；

(2) 函数 $y=\left(\frac{1}{2}\right)^{x^2+2x}$ 的值域是________；

(3) $y=a^x$ 在$[0,1]$上的最大值与最小值之和为 3，则 $a=$________；

(4) 函数 $y=3^x$ 与 $y=\left(\frac{1}{3}\right)^x$ 的图形关于________对称；

(5) 函数 $y=\ln x$ 与 $y=e^x$ 的图形关于________对称.

2. 下列函数中哪些是初等函数？哪些是基本初等函数？

(1) $y=\sin x$；　(2) $y=\cos 2x$；　(3) $y=\tan^2 x$；

(4) $y=\arctan\left(\frac{x-3}{3}\right)$；　(5) $y=\ln(x+2)$；　(6) $y=e^{x^2}$；

(7) $y=\ln\frac{2x}{1+x^2}$；　(8) $y=\ln(x+\sqrt{1+x^2})$；　(9) $y=\ln|x|$；

(10) $y=\begin{cases}-1 & x<0,\\ 0, & x=0,\\ 1, & x>0.\end{cases}$

3. 下列函数中哪些是奇函数？哪些是偶函数？哪些是单调增函数？哪些是单调减函数？

(1) $y=x^2$；　(2) $y=x^3$；　(3) $y=2^x$；　(4) $y=\ln x$；
(5) $y=\sin x$；　(6) $y=\cos 2x$；　(7) $y=\arcsin x$；　(8) $y=\arccos x$；
(9) $y=\arctan x$；　(10) $y=\operatorname{arccot} x$；　(11) $y=x+\ln x$.

1.4　多元函数的基本概念

通常将一个变量依赖于另一个变量的函数 $y=f(x)$称为一元函数. 但在实际问题中,常会遇到一个变量依赖于多个变量的情况,这样建立的函数称为多元函数. 本节主要介绍二元函数的基本概念.

1. 引例

例 1　圆柱体的体积 V 和它的底半径 r,高 h 之间具有关系 $V=\pi r^2 h\ (r>0,h>0)$,这里 r,h 是两个独立的自变量,当它们在集合$\{(r,h)|r>0,h>0\}$内取定一对数值(r,h)时,体积 V 就有确定的值与之对应.

例 2　一定量的理想气体的压强 p,体积 V 和绝对温度 T 之间具有关系

$$p=\frac{RT}{V}$$

其中 R 为常数,当 V,T 在集合$\{(V,T)|V>0,T>0\}$内取定一对数值(V,T)时,p 就有确定的值与之对应.

上面两个例子的具体意义虽然不同,但它们却有共同的性质,我们抽出这些共性,就得到二元函数的定义.

2. 二元函数的定义

定义 1　设 x,y,z 是三个变量,D 是一个非空平面点集,如果对于每一对值$(x,y)\in D$,变量 z 按照一定的对应规律 f,总有确定的值与之对应,则称 z 是 x,y 的**二元函数**,记作

$$z=f(x,y)\quad 或\quad z=z(x,y)$$

其中 x,y 叫做**自变量**,而 z 叫做**因变量**,非空点集 D 称为函数的**定义域**. 对应的函数值的集合 $W=\{z|z=f(x,y),(x,y)\in D\}$称为函数的值域.

下面对二元函数定义作几点说明：

1°　自变量 x,y 的每一对值(x,y)都可看作 xOy 平面上的一个点 $P(x,y)$,因此二元函数的定义域是 xOy 平面上的点集. 当自变量 x,y 在定义域内取定一点 $P_0(x_0,y_0)$时,因变量 z 有确定的值 $z_0=f(x_0,y_0)$,称这个值为二元函数 $z=f(x,y)$在点 $P_0(x_0,y_0)$处的函数值. 这时也称函数 $z=f(x,y)$在 $P_0(x_0,y_0)$点有定义.

2°　如果当自变量 x,y 在函数的定义域中任取一对值时，因变量 z 都只有唯一的值与之对应，这时称其为单值函数，否则称为多值函数. 对多值函数进行研究时，与一元多值函数情形类似，也是通过附加条件将其分成几个单值分支进行研究.

3°　定义域的确定：如果函数具有实际意义，则根据实际意义确定；如果函数只是抽象地用解析式表达的，而不考虑其实际意义，这时约定：其定义域就是使解析式有意义的自变量所取值的全体.

4°　二元函数的定义域在几何上往往是一个平面区域. 所谓平面区域是指坐标平面上满足某些条件的点的集合，围成平面区域的曲线称为该区域的边界. 不含边界的平面区域称为开区域，包含边界的平面区域称为闭区域，包含部分边界的区域称为半开区域. 如果一个平面区域总可以被包含在一个以原点为圆心的圆域内，则称此区域为有界区域.

例 3　求函数 $z=\ln(x+y)$ 的定义域.

解　因为只有当 $x+y>0$ 时，z 才有确定的实数值与之对应，所以定义域为

$$D=\{(x,y)\mid x+y>0\}$$

即直线 $x+y=0$ 上方（不包含直线 $x+y=0$ 上的点）的半个平面（如图 1－16 所示），这是一个无界（开）区域.

例 4　求函数 $z=\arcsin(x^2+y^2)+\sqrt{2x-y^2}$ 的定义域.

解　要使函数有意义，须 x,y 同时满足不等式

$$x^2+y^2\leqslant 1 \quad 及 \quad 2x-y^2\geqslant 0$$

所以函数的定义域为

$$D=\{(x,y)\mid x^2+y^2\leqslant 1 \text{ 且 } 2x-y^2\geqslant 0\}$$

（如图 1－17 所示），这是一个有界闭区域.

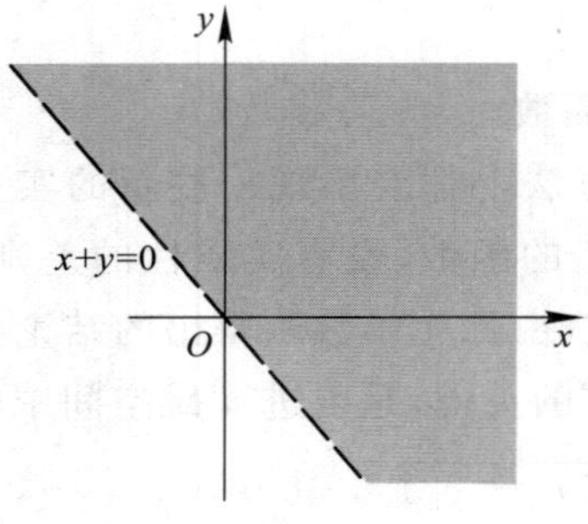

图 1－16

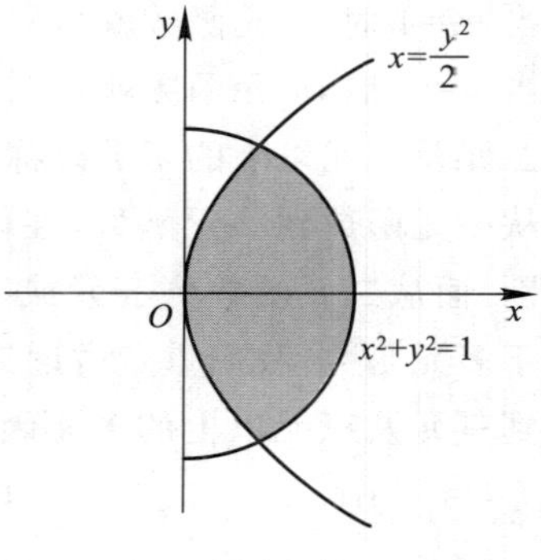

图 1－17

3. 二元函数的几何图形

我们曾在平面直角坐标系中描绘一元函数 $y=f(x)$ 的图形，一般来说，它是平面上一条曲线. 对于二元函数 $z=f(x,y)$，类似地，我们可以在空间直角坐标系中描绘它的图形. 设函数 $z=f(x,y)$ 的定义域是 xOy 坐标平面上某一点集 D，对于 D 上每一点 $P(x,y)$，对应的函数值为 $z=f(x,y)$，也就是说对于 D 中每一点 $P(x,y)$，在空间中则对应一个点 $M(x,y,z)$，即 $M(x,y,f(x,y))$，当点 $P(x,y)$ 在 D 上变动时，点 $M(x,y,f(x,y))$ 就相应地在空间中变动，一般说来，它的轨迹是一个曲面，这个曲面就称为二元函数 $z=f(x,y)$ 的图形（如图 1-18 所示）.

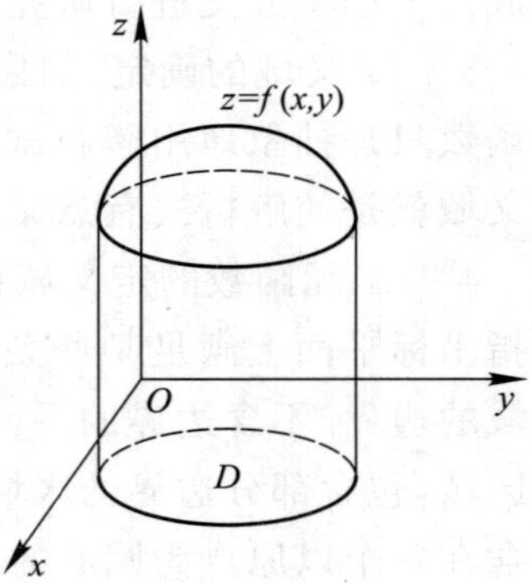

图 1-18

与一元隐函数类似，我们称由方程 $F(x,y,z)=0$ 确定的 z 关于 x,y 的函数为二元隐函数. 它的图形为空间曲面，我们将在第二章空间解析几何中做详细介绍.

类似于二元函数的定义，我们可以得到 n 元函数的定义.

4. n 元函数

定义 2　设有 $n+1$ 个变量 $u,x_1,x_2,\cdots,x_n$ 和非空的空间点集 D，如果对于 $x_1,x_2,\cdots,x_n$ 所能取的每一组值 $(x_1,x_2,\cdots,x_n)\in D$，$u$ 按照一定的对应规律，总有确定的值与之对应，则称 u 是 $x_1,x_2,\cdots,x_n$ 的 **n 元函数**(function of n-variables)，记作

$$u=f(x_1,x_2,\cdots,x_n)$$

并称 $x_1,x_2,\cdots,x_n$ 为**自变量**，u 为**因变量**，D 为函数的定义域.

当 $n=1$ 时，n 元函数就是一元函数.

当 $n=2$ 时，n 元函数就是二元函数.

二元及二元以上的函数统称为**多元函数**.

从一元函数到二元函数，在内容和方法上都会出现一些新的实质性的差别. 而从二元函数到三元或三元以上的函数，没有实质性的差别. 因此对于多元函数，我们重点讨论二元函数，由二元函数所得出的结论都可推广到三元及三元以上的多元函数. 推广的关键，是引进 n 维空间中的距离公式 $|P_0P_0'|=\sqrt{(x_1-x_1')^2+\cdots+(x_n-x_n')^2}$，其中 $(x_1,\cdots,x_n)$ 和 $(x_1',\cdots,x_n')$ 分别为 n 维空间中的点 P_0 和 P_0' 的坐标.

习题 1.4

1. 求下列函数的定义域：

(1) $z=\sqrt{4x^2+y^2-1}$；

(2) $z=\dfrac{1}{\sqrt{x+1}}+\dfrac{1}{\sqrt{x-y}}$；

(3) $z=\ln(y^2-4x+8)$；

(4) $z=\arcsin\dfrac{y}{x}$；

(5) $z=\sqrt{1-x^2}+\sqrt{1-y^2}$；

(6) $z=\ln(y-x^2)+\sqrt{1-x^2-y^2}$.

2. 若 $f(x,y)=\sqrt{x^4+y^4}-2xy$，试证 $f(tx,ty)=t^2f(x,y)$.

3. 已知 $f(x,y)=x^3-2xy+3y^2$，求：

(1) $f(2,3)$；

(2) $f\left(\dfrac{1}{x},\dfrac{2}{y}\right)$；

(3) $f\left(1,\dfrac{y}{x}\right)$；

(4) $\dfrac{f(x,y+h)-f(x,y)}{h}$.

1.5 函数关系的建立

在客观世界中，许多变量之间都存在着相互依赖的关系，这种关系反映了事物发展的内在规律. 而描述这些规律的重要手段，就是利用函数关系. 因此，为了解决实际问题，我们首先要对问题进行量化，分析哪些是常量，哪些是变量，哪个作为自变量，哪个作为因变量，然后要把实际问题中变量之间的函数关系正确抽象出来，根据问题的需要建立数学模型. 数学模型的建立有助于我们利用已有的数学知识探索变量间隐藏的规律，帮助我们深入地理解问题，把握现状，规划未来.

本节给出几个简单的建立函数关系的例题，以后将结合课程内容逐步深入地探讨. 对于数学建模的一般步骤以及较复杂的应用案例将在第九章介绍.

例 1 有一工厂 A 与铁路的垂直距离为 a km，它的垂足 B 到火车站 C 的铁路长为 b km，工厂的产品必须经火车站 C 才能转销外地. 已知汽车运费是 m 元/(10^3 kg · km)，火车运费是 n 元/(10^3 kg · km)($m>n$)，为使运费最省，想在铁路上另修一小站 M 作为转运站，那么运费的多少取决于 M 的地点，试将运费表示为距离 $|BM|$ 的函数，如图 1 - 19 所示.

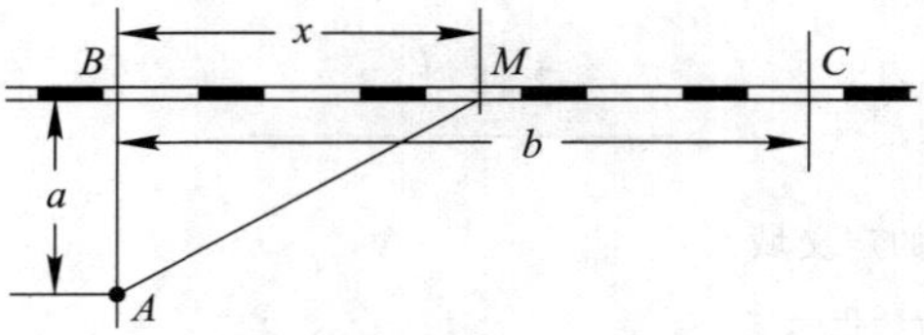

图 1-19

解　设$|BM|=x$,运费为 y.

根据题意

$$|AM|=\sqrt{a^2+x^2},\quad |MC|=b-x$$

则

$$y=m\sqrt{a^2+x^2}+n(b-x)$$

其定义域为$[0,b]$.

例 2　某运输公司规定货物的单位运价为:在 a km 以内,k 元/(10^3 kg·km);超过 a km,超过部分$\frac{4}{5}k$ 元/(10^3 kg·km),求运价和里程之间的函数关系.

解　设运价为 m,里程为 s.则由题意可列出函数关系如下:

$$m=\begin{cases}ks, & 0<s\leqslant a,\\ ka+\frac{4}{5}k(s-a), & s>a\end{cases}$$

这里运价 m 和里程 s 之间的函数关系是用分段函数表示的,其定义域为$(0,+\infty)$.

例 3　设室温为 20 ℃,在一个标准大气压下,将一杯热水放在桌子上,它的温度就会下降.设其温度改变的速率遵循牛顿冷却定律,即速率正比于热水和周围空气之间的温度差.将热水温度改变的速率表示成热水温度的函数.

解　设热水温度改变的速率为 R,热水温度为 H ℃.由于热水温度是下降的,因此我们可把速率 R 看作是一个带负号的量,由题意可得

$$R=-k(H-20)$$

其中$-k$ 为比例因子,$k>0$,定义域为$[20,100]$,100 是根据在一个标准大气压下水的沸点为 100 ℃确定的.

例 4　某人要购买一套两居室住房,共 100 万元.此人现有 40 万元,另外 60 万元申请商业贷款,贷款期限为 30 年,年利率为 4.9%,采取等额

本息还款(即借款人每月按相等的金额偿还贷款本息),还款从借款之日的下一个月开始.试问此人每月要还多少钱?

解 设贷款期限为 N 个月,贷款额为 A_0,月利率为 R,因为每月还款额相同,设为 x.于是开始还款的第一个月还了 x 后欠款余额(简称第一个月欠款余额,下同)为

$$A_1=(1+R)A_0-x$$

第二个月欠款余额为

$$A_2=(1+R)A_1-x$$

…………

第 N 个月欠款余额为

$$A_N=(1+R)A_{N-1}-x$$

逐项代入后,可得

$$\begin{aligned}A_N&=A_0(1+R)^N-x[(1+R)^{N-1}+(1+R)^{N-2}+\cdots+1]\\&=A_0(1+R)^N-x\frac{(1+R)^N-1}{R}\end{aligned}$$

N 月还清,即 $A_N=0$,由上式解得

$$x=\frac{A_0R(1+R)^N}{(1+R)^N-1}$$

对于此人来说,$N=360$ 个月,$A_0=60$ 万元,$R=\frac{4.9\%}{12}\approx 0.408\%$,所以 $x\approx 3\,184.36$ 元,即此人每月要还 3 184.36 元.

例 5 某厂要用铁板做成一个体积为 2 m^3 的有盖长方体水箱,问当长、宽、高分别为多少时,才能使用料最省?

解 设水箱的长为 x m,宽为 y m,则其高应为 $\frac{2}{xy}$ m.此水箱所用材料的面积为

$$\begin{aligned}S&=2\left(xy+y\cdot\frac{2}{xy}+x\cdot\frac{2}{xy}\right)\\&=2\left(xy+\frac{2}{x}+\frac{2}{y}\right)\end{aligned}$$

其中 $x>0,y>0$.

可见材料面积 S 是变量 x 和 y 的二元函数.根据问题的需要,要考虑 x 和 y 分别取多少时使得 S 取得最小值,也就是长、宽分别为多少时用料最省.这个问题的解决方案将利用二元函数的极值与最值.

习题 1.5

1. 在半径为 r 的球内嵌进一内接圆柱，试将圆柱的体积 V 表示为圆柱高 h 的函数，并求此函数的定义域.

2. 有一油泵的曲柄连杆机构(如图 1-20 所示)，主动轮转动时，连杆带动滑块 B 做往复直线运动. 设曲柄 OA 的长度为 r，连杆 AB 的长为 l，旋转的角速度为 ω，开始时，曲柄 OA 与 OB 重合. 求滑块的运动规律.

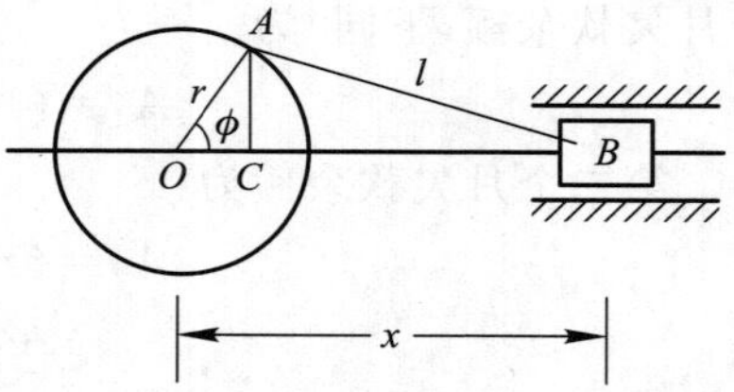

图 1-20

3. 某品牌充电宝每个售价 90 元，成本为 60 元. 厂家为鼓励销售商大量采购，决定凡是订购量超过 100 个以上的，每多订购一个，售价就降低 0.01 元(例如某商行订购了 300 个，订购量比 100 个多 200 个，于是每个就降价 $0.01\times200=2$(元)，商行可以 88 元/个的价格购进 300 个)，但最低价为 75 元/个.

(1) 把每个的实际售价 p 表示为订购量 x 的函数；

(2) 把厂家利润 P 表示成订购量 x 的函数；

(3) 当一商行订购了 1 000 个时，厂家可获多少利润？

第二章 空间解析几何与向量代数

同平面解析几何一样，空间解析几何就是通过建立空间直角坐标系，使空间的点与三元有序实数组之间建立起一一对应的关系，并将空间图形与三元方程联系在一起，从而达到用代数方法研究空间几何问题的目的. 空间解析几何的知识是学习多元函数微积分的必不可少的基础.

本章将首先建立空间直角坐标系，然后介绍向量代数的基本内容，并以向量为工具来讨论空间的平面与直线，最后介绍空间曲面和空间曲线.

2.1 空间直角坐标系

一、空间直角坐标系

在空间取一定点 O，过 O 点作三条相互垂直且一般具有相同长度单位的数轴，称这三条数轴分别为 x 轴（横轴）、y 轴（纵轴）、z 轴（竖轴），这三条数轴统称为**坐标轴**（axis of coordinates），点 O 称为**坐标原点**（origin of coordinates），通常把 x 轴和 y 轴放置在水平面上，z 轴则铅直放置，它们的正方向符合**右手定则**（right-hand rule），即伸出右手，拇指与其余并拢的四指垂直，四指指向 x 轴的正方向，然后让四指从 x 轴正方向向 y 轴正方向紧握，握住 z 轴时，拇指的指向为 z 轴的正方向. 图 2－1 中箭头的指向表示 x 轴、y 轴、z 轴的正方向，

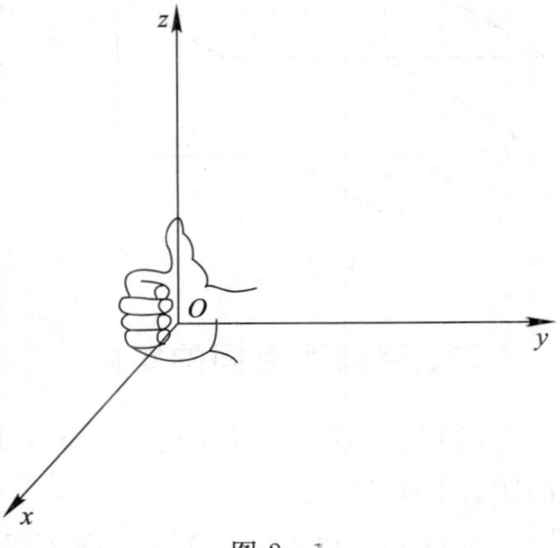

图 2－1

这样的三条坐标轴就构成了一个**空间直角坐标系**(space rectangular coordinates system)，记为 $Oxyz$.

每两条坐标轴确定一个平面，称为**坐标平面**(coordinate planes). 由 x 轴和 y 轴确定的平面称为 xOy 平面，由 y 轴和 z 轴确定的平面称为 yOz 平面，由 z 轴和 x 轴确定的平面称为 zOx 平面. 三个坐标平面将空间分成八个部分，每个部分称为一个**卦限**(octant). 这八个卦限的编号如图 2-2 所示.

有了空间直角坐标系，就可以建立空间的点与有序数组之间的一一对应关系，即确定空间点的直角坐标.

设 M 为空间一点，过点 M 作三个平面分别垂直于 x 轴、y 轴和 z 轴，并各交 x 轴、y 轴、z 轴于点 P,Q,R(如图 2-3 所示)，设这三点在 x 轴、y 轴、z 轴上依次取坐标为 x,y,z，于是空间一点 M 就唯一确定了一个有序数组(x,y,z). 反之，若已知一有序数组(x,y,z)，分别在 x 轴、y 轴、z 轴上依次取坐标为 x,y,z 的点 P,Q,R，并过 P,Q,R 分别作与 x 轴、y 轴、z 轴垂直的平面，则这三个平面交于唯一的一点 M，这样就建立了空间的点 M 与有序数组(x,y,z)之间的一一对应关系. 这组数(x,y,z)称为点 M 的**坐标**(coordinate)，坐标为(x,y,z)的点 M 通常记为 $M(x,y,z)$，并称 x,y,z 分别为点 M 的**横坐标**、**纵坐标**、**竖坐标**.

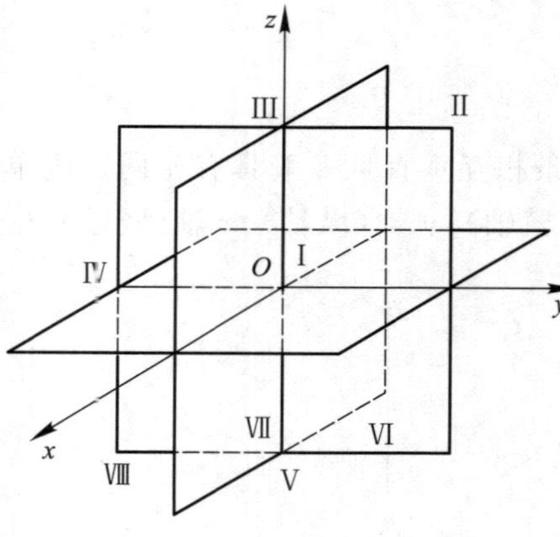

图 2-2

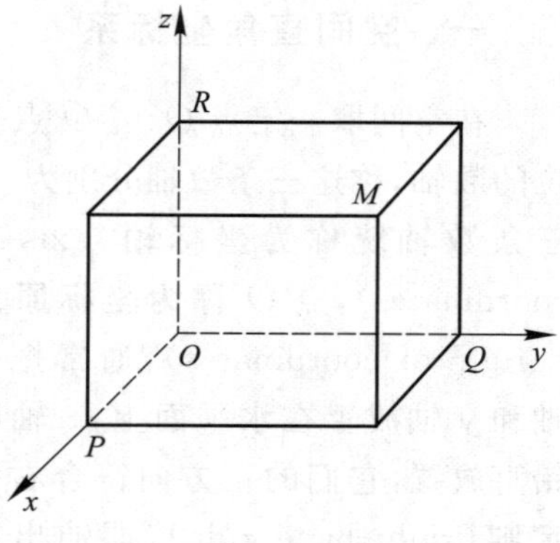

图 2-3

二、空间两点间的距离

已知空间两点 $M_1(x_1,y_1,z_1)$和 $M_2(x_2,y_2,z_2)$，求 M_1 和 M_2 之间的距离 $|M_1M_2|$.

过点 M_1 和 M_2 各作三个分别垂直于三条坐标轴的平面，这六个平面

围成一个以 M_1M_2 为体对角线的长方体(如图 2-4 所示).

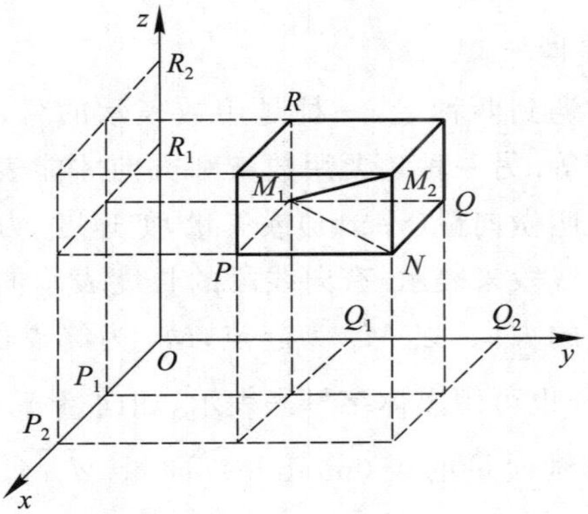

图 2-4

易知,

$$|M_1M_2|^2=|M_1P|^2+|M_1Q|^2+|M_1R|^2$$

而

$$|M_1P|=|P_1P_2|=|x_2-x_1|$$
$$|M_1Q|=|Q_1Q_2|=|y_2-y_1|$$
$$|M_1R|=|R_1R_2|=|z_2-z_1|$$

于是有空间两点 M_1 和 M_2 的距离公式

$$|M_1M_2|=\sqrt{(x_2-x_1)^2+(y_2-y_1)^2+(z_2-z_1)^2}$$

特别地,点 $M(x,y,z)$ 与原点 $O(0,0,0)$ 间的距离为

$$|OM|=\sqrt{x^2+y^2+z^2}$$

习题 2.1

1. 点 $P(x,y,z)$ 的三个坐标 x,y,z 中若有一个为 0,点 P 在何处? 若有两个为 0,点 P 又在何处?
2. 空间点的坐标在八个卦限中的符号如何?
3. 求点 $M(1,-2,3)$ 与原点及坐标轴、坐标面的距离.
4. 证明以点 $A(4,1,9)$,$B(10,-1,6)$,$C(2,4,3)$ 为顶点的三角形是等腰三角形.
5. 在 yOz 面上,求与三个已知点 $A(3,1,2)$,$B(4,-2,-2)$ 和 $C(0,5,1)$ 等距离的点.

2.2 向量代数

为了讨论空间中平面与直线,这里还要介绍一些向量代数的内容.

一、向量及其线性运算

1. 向量及其线性运算

在实际中经常遇到两种量，一种是用数表示的量，叫做数量或标量，如质量、温度、体积等. 另一种是要用数量和方向才能表示的量，即既有大小、又有方向的量，叫做**向量**(vector)或矢量，如速度、力等.

向量常用有向线段来表示. 有向线段的长度表示向量的大小，有向线段的方向表示向量的方向，以 M_1 为起点，M_2 为终点的有向线段所表示的向量记作 $\overrightarrow{M_1M_2}$. 也可用黑体字母来表示，如向量 $\boldsymbol{a}$，$\boldsymbol{b}$ 等.

向量的大小叫做向量的**模**(module)，向量 $\overrightarrow{M_1M_2}$，$\boldsymbol{a}$ 的模分别记为 $|\overrightarrow{M_1M_2}|$，$|\boldsymbol{a}|$.

模为 1 的向量叫做**单位向量**(unit vector).

模为 0 的向量叫做**零向量**(zero vector)，记作 $\mathbf{0}$. 零向量的方向可看作是任意的.

与向量 $\boldsymbol{a}$ 大小相等方向相反的向量，叫做向量 $\boldsymbol{a}$ 的**负向量**(negative vector)，记作 $-\boldsymbol{a}$.

若两个向量 $\boldsymbol{a}$ 与 $\boldsymbol{b}$ 的大小相等、方向相同，则称这两个**向量相等**，记作 $\boldsymbol{a}=\boldsymbol{b}$.

由向量相等的定义可知，一个向量平行移动(即不改变向量的方向)后，向量是不变的，因此向量的起点可以画在空间任何位置，这种与起点位置无关的向量，叫做**自由向量**(free vector). 今后我们所讨论的都是自由向量.

在空间直角坐标系下，以原点 O 为起点，以点 M 为终点的向量 $\overrightarrow{OM}$ 称为 M 对于原点 O 的向径.

向量的线性运算(加法、减法、数乘向量)与平面向量的线性运算完全类似. 比如，向量的加法符合平行四边形法则和三角形法则，两个非零向量 $\boldsymbol{a}$ 与 $\boldsymbol{b}$ 平行的充分必要条件是存在实数 λ，使得 $\boldsymbol{b}=\lambda\boldsymbol{a}$.

2. 向量及其线性运算的坐标表示

在给定的空间直角坐标系中，取三个分别与 x 轴、y 轴、z 轴正向方向相同的单位向量 $\boldsymbol{i}$，$\boldsymbol{j}$，$\boldsymbol{k}$，称其为空间直角坐标系下的三个基本单位向量.

对于任意一个向量 $\boldsymbol{a}$，我们来定义它的坐标. 将 $\boldsymbol{a}$ 平移，使原点 O 为 $\boldsymbol{a}$ 的始点，终点记为 M，则 $\overrightarrow{OM}=\boldsymbol{a}$(如图 2-5 所示). 过 M 点作垂直于三个坐标轴的平面，分别交 x 轴、y 轴、z 轴于点 A，B，C，则

$$\overrightarrow{OM}=\overrightarrow{ON}+\overrightarrow{NM}$$

$$\overrightarrow{ON}=\overrightarrow{OA}+\overrightarrow{OB},\overrightarrow{NM}=\overrightarrow{OC}$$

所以

$$\overrightarrow{OM}=\overrightarrow{OA}+\overrightarrow{OB}+\overrightarrow{OC}$$

记 x,y,z 分别是点 A,B,C 在 x 轴、y 轴、z 轴上的坐标，显然有

$$\overrightarrow{OA}=x\boldsymbol{i},\quad \overrightarrow{OB}=y\boldsymbol{j},\quad \overrightarrow{OC}=z\boldsymbol{k}$$

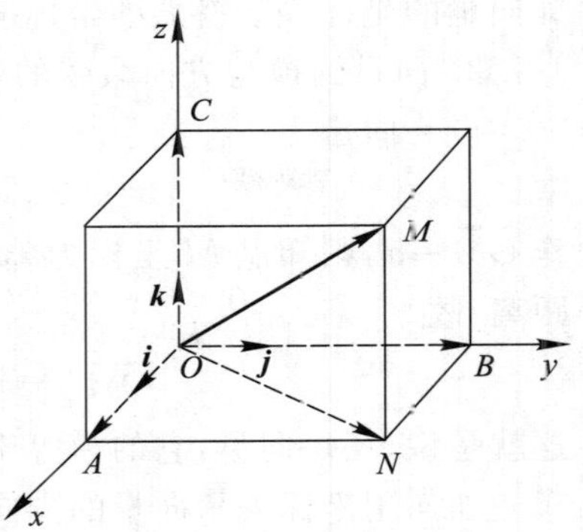

图 2-5

故有

$$\boldsymbol{a}=\overrightarrow{OM}=x\boldsymbol{i}+y\boldsymbol{j}+z\boldsymbol{k}$$

这就是向量的坐标表示式. 也可简记作

$$\boldsymbol{a}=\{x,y,z\}$$

并称 x,y,z 为向量 $\boldsymbol{a}$ 的坐标. $x\boldsymbol{i},y\boldsymbol{j},z\boldsymbol{k}$ 分别为向量 $\boldsymbol{a}$ 在 x,y,z 坐标轴上的分向量.

由空间点的坐标定义知，起点在原点的向量 $\overrightarrow{OM}$ 的坐标 x,y,z 也恰是终点 M 的坐标. 并且易验证向量的坐标表示是唯一的.

下面来讨论向量运算的坐标表示.

设

$$\boldsymbol{a}=\{x_1,y_1,z_1\}=x_1\boldsymbol{i}+y_1\boldsymbol{j}+z_1\boldsymbol{k}$$

$$\boldsymbol{b}=\{x_2,y_2,z_2\}=x_2\boldsymbol{i}+y_2\boldsymbol{j}+z_2\boldsymbol{k}$$

则有

$$\begin{aligned}\boldsymbol{a}\pm\boldsymbol{b}&=(x_1\boldsymbol{i}+y_1\boldsymbol{j}+z_1\boldsymbol{k})\pm(x_2\boldsymbol{i}+y_2\boldsymbol{j}+z_2\boldsymbol{k})\\&=(x_1\pm x_2)\boldsymbol{i}+(y_1\pm y_2)\boldsymbol{j}+(z_1\pm z_2)\boldsymbol{k}\\&=\{x_1\pm x_2,y_1\pm y_2,z_1\pm z_2\}\\ \lambda\boldsymbol{a}&=\lambda(x_1\boldsymbol{i}+y_1\boldsymbol{j}+z_1\boldsymbol{k})\\&=\lambda x_1\boldsymbol{i}+\lambda y_1\boldsymbol{j}+\lambda z_1\boldsymbol{k}\\&=\{\lambda x_1,\lambda y_1,\lambda z_1\}\end{aligned}$$

例 1 设 $A(x_1,y_1,z_1)$，$B(x_2,y_2,z_2)$ 为空间两点（如图 2-6 所示），求向量 $\overrightarrow{AB}$ 的坐标表示.

解 $\overrightarrow{OA}=\{x_1,y_1,z_1\}$

$\overrightarrow{OB}=\{x_2,y_2,z_2\}$

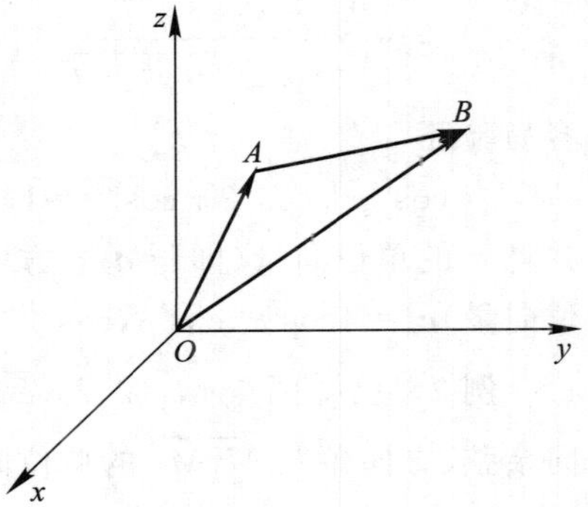

图 2-6

所以

$$\begin{aligned}\overrightarrow{AB}&=\overrightarrow{OB}-\overrightarrow{OA}\\&=\{x_2-x_1,y_2-y_1,z_2-z_1\}\end{aligned}$$

即向量的坐标等于终点的坐标减去始点的对应坐标.

3. 向量的模与方向余弦的坐标表示式

设一向量

$$\boldsymbol{a}=\{x,y,z\}=x\boldsymbol{i}+y\boldsymbol{j}+z\boldsymbol{k}$$

作 $\overrightarrow{OM}=\boldsymbol{a}$,则知点 M 坐标为(x,y,z),且 $\overrightarrow{OM}$ 的模等于点 M 到点 O 的距离,故

$$|\overrightarrow{OM}|=|\boldsymbol{a}|=\sqrt{x^2+y^2+z^2}$$

这就是说,任一向量,它的模等于坐标的平方和再开平方.

如何用坐标表示向量的方向呢?先引入空间两向量间夹角的概念.

设 $\boldsymbol{a},\boldsymbol{b}$ 是任两个非零向量,把它们的始点放在一起,则 $\boldsymbol{a}$ 与 $\boldsymbol{b}$ 所在直线形成的不超过 π 的角 $\varphi(0\leqslant\varphi\leqslant\pi)$称为 $\boldsymbol{a}$ 与 $\boldsymbol{b}$ 的夹角,记作 $\varphi=(\widehat{\boldsymbol{a},\boldsymbol{b}})$(如图 2-7 所示).

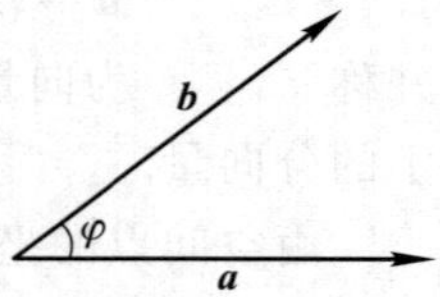

图 2-7

任给定向量 $\boldsymbol{a}=\{x,y,z\}$,把向量 $\boldsymbol{a}$ 与 x 轴、y 轴、z 轴正向间的夹角 α,β,γ 称为向量 $\boldsymbol{a}$ 的方向角(图 2-8 所示).

方向角的余弦 $\cos\alpha,\cos\beta,\cos\gamma$ 称为向量 $\boldsymbol{a}$ 的**方向余弦**(direction cosine).向量 $\boldsymbol{a}$ 的方向角是唯一的,它完全确定了 $\boldsymbol{a}$ 的方向.由图 2-8 可知

$$\cos\alpha=\frac{x}{|\boldsymbol{a}|},\quad\cos\beta=\frac{y}{|\boldsymbol{a}|},\quad\cos\gamma=\frac{z}{|\boldsymbol{a}|}$$

或表示成

$$\cos\alpha=\frac{x}{\sqrt{x^2+y^2+z^2}}$$

$$\cos\beta=\frac{y}{\sqrt{x^2+y^2+z^2}}$$

$$\cos\gamma=\frac{z}{\sqrt{x^2+y^2+z^2}}$$

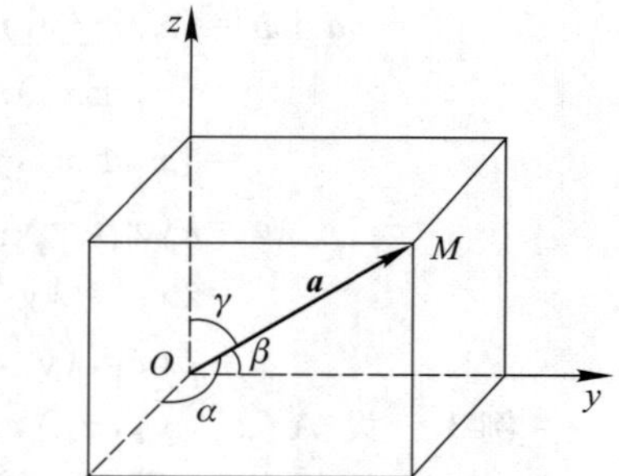

图 2-8

容易验证

$$\cos^2\alpha+\cos^2\beta+\cos^2\gamma=1$$

并且 $\boldsymbol{a}$ 的单位向量(即与 $\boldsymbol{a}$ 同方向的单位向量)$\boldsymbol{e}_{\boldsymbol{a}}=\{\cos\alpha,\cos\beta,\cos\gamma\}$.

例 2　已知两点 $M_1(2,2,\sqrt{2}),M_2(1,3,0)$,试求向量 $\overrightarrow{M_1M_2}$ 的模、方向余弦、方向角及 $\overrightarrow{M_1M_2}$ 的单位向量 $\boldsymbol{e}_{\overrightarrow{M_1M_2}}$.

解　$\overrightarrow{M_1M_2}=\{1-2,3-2,0-\sqrt{2}\}=\{-1,1,-\sqrt{2}\}$

$$|\overrightarrow{M_1M_2}|=\sqrt{(-1)^2+1^2+(-\sqrt{2})^2}=2$$

$$\cos\alpha=-\frac{1}{2},\quad \cos\beta=\frac{1}{2},\quad \cos\gamma=-\frac{\sqrt{2}}{2}$$

$$\alpha=\frac{2}{3}\pi,\quad \beta=\frac{1}{3}\pi,\quad \gamma=\frac{3}{4}\pi$$

单位向量$\boldsymbol{e}_{\overrightarrow{M_1M_2}}=\{\cos\alpha,\cos\beta,\cos\gamma\}=\left\{-\frac{1}{2},\frac{1}{2},-\frac{\sqrt{2}}{2}\right\}$.

二、向量的数量积

定义 1 对于任意两个向量 $\boldsymbol{a},\boldsymbol{b}$,数

$$|\boldsymbol{a}|\cdot|\boldsymbol{b}|\cos(\widehat{\boldsymbol{a},\boldsymbol{b}})$$

称为向量 $\boldsymbol{a}$ 和 $\boldsymbol{b}$ 的**数量积**(scalar product)(或称**点积**(point product)、**内积**(inner product)),记作 $\boldsymbol{a}\cdot\boldsymbol{b}$,即

$$\boldsymbol{a}\cdot\boldsymbol{b}=|\boldsymbol{a}|\cdot|\boldsymbol{b}|\cos(\widehat{\boldsymbol{a},\boldsymbol{b}})$$

数$|\boldsymbol{a}|\cos(\widehat{\boldsymbol{a},\boldsymbol{b}})$称为 $\boldsymbol{a}$ 在 $\boldsymbol{b}$ 上的投影,记作

$$\mathrm{Prj}_{\boldsymbol{b}}\boldsymbol{a}=|\boldsymbol{a}|\cos(\widehat{\boldsymbol{a},\boldsymbol{b}})$$

同样

$$\mathrm{Prj}_{\boldsymbol{a}}\boldsymbol{b}=|\boldsymbol{b}|\cos(\widehat{\boldsymbol{a},\boldsymbol{b}})$$

于是

$$\boldsymbol{a}\cdot\boldsymbol{b}=|\boldsymbol{b}|\mathrm{Prj}_{\boldsymbol{b}}\boldsymbol{a}=|\boldsymbol{a}|\mathrm{Prj}_{\boldsymbol{a}}\boldsymbol{b}$$

由数量积的定义可知:

(1) $\boldsymbol{a}\cdot\boldsymbol{a}=|\boldsymbol{a}|^2$.

(2) 任意两个非零向量 $\boldsymbol{a},\boldsymbol{b}$ 互相垂直的充分必要条件是 $\boldsymbol{a}\cdot\boldsymbol{b}=0$. 特别地有 $\boldsymbol{i}\cdot\boldsymbol{j}=\boldsymbol{j}\cdot\boldsymbol{k}=\boldsymbol{k}\cdot\boldsymbol{i}=0$.

(3) 两个非零向量 $\boldsymbol{a}$ 与 $\boldsymbol{b}$ 的夹角余弦可用数量积表示为

$$\cos(\widehat{\boldsymbol{a},\boldsymbol{b}})=\frac{\boldsymbol{a}\cdot\boldsymbol{b}}{|\boldsymbol{a}|\cdot|\boldsymbol{b}|}$$

数量积符合下列运算规律:

(4) 交换律 $\boldsymbol{a}\cdot\boldsymbol{b}=\boldsymbol{b}\cdot\boldsymbol{a}$.

(5) 分配律 $(\boldsymbol{a}+\boldsymbol{b})\cdot\boldsymbol{c}=\boldsymbol{a}\cdot\boldsymbol{c}+\boldsymbol{b}\cdot\boldsymbol{c}$.

(6) 结合律 $(\lambda\boldsymbol{a})\cdot\boldsymbol{b}=\boldsymbol{a}\cdot(\lambda\boldsymbol{b})=\lambda(\boldsymbol{a}\cdot\boldsymbol{b})$($\lambda$ 为数).

利用数量积的运算规律及数量积的性质,可以推得数量积的坐标表达式.

设 $\boldsymbol{a}=\{a_x,a_y,a_z\}$，$\boldsymbol{b}=\{b_x,b_y,b_z\}$，则

$$\boldsymbol{a}\cdot\boldsymbol{b}=a_xb_x+a_yb_y+a_zb_z$$

事实上，

$$\begin{aligned}\boldsymbol{a}\cdot\boldsymbol{b}&=(a_x\boldsymbol{i}+a_y\boldsymbol{j}+a_z\boldsymbol{k})\cdot(b_x\boldsymbol{i}+b_y\boldsymbol{j}+b_z\boldsymbol{k})\\&=a_x\boldsymbol{i}\cdot(b_x\boldsymbol{i}+b_y\boldsymbol{j}+b_z\boldsymbol{k})+a_y\boldsymbol{j}\cdot(b_x\boldsymbol{i}+b_y\boldsymbol{j}+b_z\boldsymbol{k})+\\&\quad a_z\boldsymbol{k}\cdot(b_x\boldsymbol{i}+b_y\boldsymbol{j}+b_z\boldsymbol{k})\\&=a_xb_x\boldsymbol{i}\cdot\boldsymbol{i}+a_xb_y\boldsymbol{i}\cdot\boldsymbol{j}+a_xb_z\boldsymbol{i}\cdot\boldsymbol{k}+a_yb_x\boldsymbol{j}\cdot\boldsymbol{i}+a_yb_y\boldsymbol{j}\cdot\boldsymbol{j}+\\&\quad a_yb_z\boldsymbol{j}\cdot\boldsymbol{k}+a_zb_x\boldsymbol{k}\cdot\boldsymbol{i}+a_zb_y\boldsymbol{k}\cdot\boldsymbol{j}+a_zb_z\boldsymbol{k}\cdot\boldsymbol{k}\\&=a_xb_x+a_yb_y+a_zb_z\end{aligned}$$

由向量数量积的坐标表达式得：若 $\boldsymbol{a}$，$\boldsymbol{b}$ 为非零向量，

(7) $\boldsymbol{a}\perp\boldsymbol{b}\Leftrightarrow a_xb_x+a_yb_y+a_zb_z=0$.

(8) $\cos(\widehat{\boldsymbol{a},\boldsymbol{b}})=\dfrac{\boldsymbol{a}\cdot\boldsymbol{b}}{|\boldsymbol{a}|\cdot|\boldsymbol{b}|}=\dfrac{a_xb_x+a_yb_y+a_zb_z}{\sqrt{a_x^2+a_y^2+a_z^2}\cdot\sqrt{b_x^2+b_y^2+b_z^2}}$.

例 3　已知点 $A(1,1,2)$，$B(2,2,1)$，$C(2,1,2)$，求 $\overrightarrow{AB}\cdot\overrightarrow{AC}$ 及 $\overrightarrow{AB}$ 与 $\overrightarrow{AC}$ 的夹角.

解　$$\overrightarrow{AB}=\{1,1,-1\},\quad \overrightarrow{AC}=\{1,0,0\}$$

所以

$$\overrightarrow{AB}\cdot\overrightarrow{AC}=1\times1+1\times0+(-1)\times0=1$$

$$\begin{aligned}\cos(\widehat{\overrightarrow{AB},\overrightarrow{AC}})&=\frac{\overrightarrow{AB}\cdot\overrightarrow{AC}}{|\overrightarrow{AB}|\cdot|\overrightarrow{AC}|}\\&=\frac{1}{\sqrt{1^2+1^2+(-1)^2}\cdot\sqrt{1^2+0^2+0^2}}\\&=\frac{1}{\sqrt{3}}=\frac{\sqrt{3}}{3}\end{aligned}$$

从而

$$(\widehat{\overrightarrow{AB},\overrightarrow{AC}})=\arccos\frac{\sqrt{3}}{3}$$

三、向量的向量积

定义 2　给定向量 $\boldsymbol{a}$ 和 $\boldsymbol{b}$，$\boldsymbol{a}$ 与 $\boldsymbol{b}$ 的**向量积**(cross product)(或称**外积**(exterior product)、**叉积**(cross product))是满足下面条件的一个向量，记为 $\boldsymbol{a}\times\boldsymbol{b}$，它的模和方向为：

(1) $|\boldsymbol{a}\times\boldsymbol{b}|=|\boldsymbol{a}|\cdot|\boldsymbol{b}|\sin(\widehat{\boldsymbol{a},\boldsymbol{b}})$

(2) $\boldsymbol{a}\times\boldsymbol{b}$ 分别垂直于 $\boldsymbol{a}$ 和 $\boldsymbol{b}$，且 $\boldsymbol{a},\boldsymbol{b},\boldsymbol{a}\times\boldsymbol{b}$ 符合右手规则（如图 2-9 所示）.

由图 2-9 及定义知，$\boldsymbol{a}\times\boldsymbol{b}$ 的模在几何上恰为以 $\boldsymbol{a}$ 和 $\boldsymbol{b}$ 为边的平行四边形的面积，$\boldsymbol{a}\times\boldsymbol{b}$ 的方向垂直于这个平行四边形所在平面.

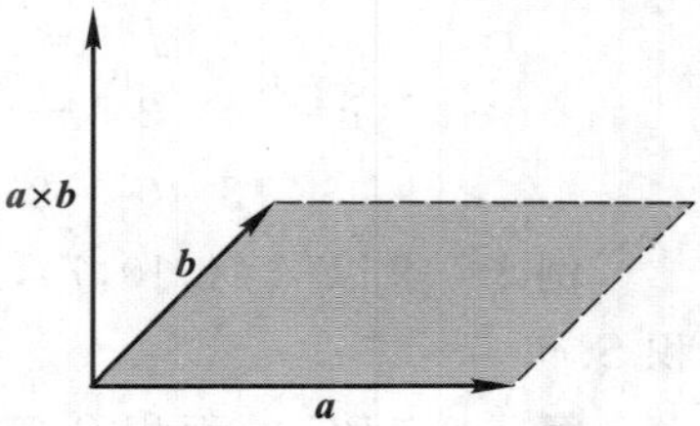

图 2-9

两个向量的向量积满足以下运算律及性质：

(1) 反交换律 $\boldsymbol{b}\times\boldsymbol{a}=-\boldsymbol{a}\times\boldsymbol{b}$

(2) 与数乘向量的结合律 $(\lambda\boldsymbol{a})\times\boldsymbol{b}=\boldsymbol{a}\times(\lambda\boldsymbol{b})=\lambda(\boldsymbol{a}\times\boldsymbol{b})$（$\lambda$ 是实数）

(3) 分配律
$$(\boldsymbol{a}+\boldsymbol{b})\times\boldsymbol{c}=\boldsymbol{a}\times\boldsymbol{c}+\boldsymbol{b}\times\boldsymbol{c}$$
$$\boldsymbol{a}\times(\boldsymbol{b}+\boldsymbol{c})=\boldsymbol{a}\times\boldsymbol{b}+\boldsymbol{a}\times\boldsymbol{c}$$

(4) 两个非零向量 $\boldsymbol{a}$ 与 $\boldsymbol{b}$ 平行的充分必要条件是
$$\boldsymbol{a}\times\boldsymbol{b}=\boldsymbol{0}$$

(5)
$$\boldsymbol{a}\times\boldsymbol{a}=\boldsymbol{0}$$

另外，关于基本单位向量间的向量积有
$$\boldsymbol{i}\times\boldsymbol{i}=\boldsymbol{j}\times\boldsymbol{j}=\boldsymbol{k}\times\boldsymbol{k}=\boldsymbol{0}$$
$$\boldsymbol{i}\times\boldsymbol{j}=\boldsymbol{k},\quad \boldsymbol{j}\times\boldsymbol{k}=\boldsymbol{i},\quad \boldsymbol{k}\times\boldsymbol{i}=\boldsymbol{j}$$
$$\boldsymbol{i}\times\boldsymbol{k}=-\boldsymbol{j},\quad \boldsymbol{k}\times\boldsymbol{j}=-\boldsymbol{i},\quad \boldsymbol{j}\times\boldsymbol{i}=-\boldsymbol{k}$$

下面利用上述性质，给出向量积的坐标表示式.

设 $\boldsymbol{a}=\{a_x,a_y,a_z\},\boldsymbol{b}=\{b_x,b_y,b_z\}$，则
$$\begin{aligned}\boldsymbol{a}\times\boldsymbol{b}&=(a_x\boldsymbol{i}+a_y\boldsymbol{j}+a_z\boldsymbol{k})\times(b_x\boldsymbol{i}+b_y\boldsymbol{j}+b_z\boldsymbol{k})\\&=a_xb_x\boldsymbol{i}\times\boldsymbol{i}+a_xb_y\boldsymbol{i}\times\boldsymbol{j}+a_xb_z\boldsymbol{i}\times\boldsymbol{k}+\\&\quad a_yb_x\boldsymbol{j}\times\boldsymbol{i}+a_yb_y\boldsymbol{j}\times\boldsymbol{j}+a_yb_z\boldsymbol{j}\times\boldsymbol{k}+\\&\quad a_zb_x\boldsymbol{k}\times\boldsymbol{i}+a_zb_y\boldsymbol{k}\times\boldsymbol{j}+a_zb_z\boldsymbol{k}\times\boldsymbol{k}\\&=(a_yb_z-a_zb_y)\boldsymbol{i}+(a_zb_x-a_xb_z)\boldsymbol{j}+(a_xb_y-a_yb_x)\boldsymbol{k}\end{aligned}$$

为便于记忆，上式可用行列式表示：
$$\boldsymbol{a}\times\boldsymbol{b}=\begin{vmatrix}\boldsymbol{i}&\boldsymbol{j}&\boldsymbol{k}\\a_x&a_y&a_z\\b_x&b_y&b_z\end{vmatrix}=\begin{vmatrix}a_y&a_z\\b_y&b_z\end{vmatrix}\boldsymbol{i}-\begin{vmatrix}a_x&a_z\\b_x&b_z\end{vmatrix}\boldsymbol{j}+\begin{vmatrix}a_x&a_y\\b_x&b_y\end{vmatrix}\boldsymbol{k}$$

由上式容易推得，向量 $\boldsymbol{a}$ 与 $\boldsymbol{b}$ 平行的充分必要条件是
$$\frac{a_x}{b_x}=\frac{a_y}{b_y}=\frac{a_z}{b_z}$$

即对应坐标成比例.

例 4　已知 $\boldsymbol{a}=\{4,2,-1\}$，$\boldsymbol{b}=\{3,0,2\}$，求 $\boldsymbol{a}\times\boldsymbol{b}$.

解

$$\boldsymbol{a}\times\boldsymbol{b}=\begin{vmatrix}\boldsymbol{i} & \boldsymbol{j} & \boldsymbol{k}\\ 4 & 2 & -1\\ 3 & 0 & 2\end{vmatrix}=4\boldsymbol{i}-11\boldsymbol{j}-6\boldsymbol{k}=\{4,-11,-6\}$$

例 5　求以 $A(4,10,7)$，$B(7,9,8)$，$C(5,5,8)$ 为顶点的三角形的面积 S.

解　$\triangle ABC$ 的面积 S 等于以 $\overrightarrow{AB}$，$\overrightarrow{AC}$ 为邻边的平行四边形面积的一半，而

$$\overrightarrow{AB}=\{3,-1,1\},\quad \overrightarrow{AC}=\{1,-5,1\}$$

$$\overrightarrow{AB}\times\overrightarrow{AC}=\begin{vmatrix}\boldsymbol{i} & \boldsymbol{j} & \boldsymbol{k}\\ 3 & -1 & 1\\ 1 & -5 & 1\end{vmatrix}=4\boldsymbol{i}-2\boldsymbol{j}-14\boldsymbol{k}$$

因此

$$S=\frac{1}{2}|\overrightarrow{AB}\times\overrightarrow{AC}|=\frac{1}{2}\sqrt{4^2+(-2)^2+(-14)^2}=3\sqrt{6}$$

习题 2.2

1. 设在 $\triangle ABC$ 中，M，N，P 分别为 BC，CA，AB 的中点，$\boldsymbol{a}=\overrightarrow{BC}$，$\boldsymbol{b}=\overrightarrow{CA}$，$\boldsymbol{c}=\overrightarrow{AB}$，求 $\overrightarrow{AM}$，$\overrightarrow{BN}$，$\overrightarrow{CP}$.

2. 设 M 为有向线段 AB 上任意一点，若 $\overrightarrow{AM}=\lambda\overrightarrow{MB}\ (\lambda\neq-1)$，试证：对任一点 O，有

$$\overrightarrow{OM}=\frac{\overrightarrow{OA}+\lambda\overrightarrow{OB}}{1+\lambda}$$

3. 一向量的坐标依次为 $4,-4,7$，终点为 $B(2,-1,7)$，求它的始点 A 的坐标.

4. 已知 $M_1(4,\sqrt{2},1)$ 和 $M_2(3,0,2)$，计算 $\overrightarrow{M_1M_2}$ 的模、方向余弦、方向角及单位向量.

5. 分别求向量 $\boldsymbol{a}=\boldsymbol{i}+\boldsymbol{j}+\boldsymbol{k}$，$\boldsymbol{b}=2\boldsymbol{i}-3\boldsymbol{j}+5\boldsymbol{k}$ 及 $\boldsymbol{c}=-2\boldsymbol{i}-\boldsymbol{j}+2\boldsymbol{k}$ 的模，并分别用其单位向量 $\boldsymbol{e}_a$，$\boldsymbol{e}_b$，$\boldsymbol{e}_c$ 表示向量 $\boldsymbol{a}$，$\boldsymbol{b}$，$\boldsymbol{c}$.

6. 从点 $A(2,4,7)$ 沿向量 $\boldsymbol{a}=8\boldsymbol{i}+9\boldsymbol{j}-12\boldsymbol{k}$ 的方向取 $|\overrightarrow{AB}|=34$，求点 B 的坐标.

7. 设 $\boldsymbol{a}=\{3,-1,-2\}$，$\boldsymbol{b}=\{1,2,-1\}$，求：

(1) $\boldsymbol{a}\cdot\boldsymbol{b}$；　(2) $\boldsymbol{a}\times\boldsymbol{b}$；　(3) $(-2\boldsymbol{a})\cdot 3\boldsymbol{b}$；

(4) $\boldsymbol{a}\times 2\boldsymbol{b}$；　(5) $\cos(\widehat{\boldsymbol{a},\boldsymbol{b}})$.

8. 设 $\boldsymbol{a}=\{1,2,3\}$，$\boldsymbol{b}=\{6,6,7\}$，求 $\boldsymbol{a}$ 在 $\boldsymbol{b}$ 上的投影.

9. 已知 $M_1(1,-1,2)$，$M_2(3,3,1)$ 和 $M_3(3,1,3)$，求与 $\overrightarrow{M_1M_2}$，$\overrightarrow{M_2M_3}$ 同时垂直的单位向量.

10. 已知向量 $\boldsymbol{a}=\{2,-3,1\}$，$\boldsymbol{b}=\{1,-1,3\}$，$\boldsymbol{c}=\{1,-2,0\}$，计算：

(1) $(\boldsymbol{a}\cdot\boldsymbol{b})\boldsymbol{c}-(\boldsymbol{a}\cdot\boldsymbol{c})\boldsymbol{b}$； (2) $(\boldsymbol{a}+\boldsymbol{b})\times(\boldsymbol{b}+\boldsymbol{c})$； (3) $(\boldsymbol{a}\times\boldsymbol{b})\cdot\boldsymbol{c}$.

11. 已知 $\overrightarrow{OA}=\{1,0,3\}$，$\overrightarrow{OB}=\{0,1,3\}$，求△$OAB$ 的面积及 $\cos\angle AOB$.

12. 已知 $\boldsymbol{a},\boldsymbol{b},\boldsymbol{c}$ 都是单位向量，且满足 $\boldsymbol{a}+\boldsymbol{b}+\boldsymbol{c}=\boldsymbol{0}$，求 $\boldsymbol{a}\cdot\boldsymbol{b}+\boldsymbol{b}\cdot\boldsymbol{c}+\boldsymbol{c}\cdot\boldsymbol{a}$ 的值.

13. 设向量 $\boldsymbol{a}=\{2,-1,1\}$，$\boldsymbol{b}=\{4,k,2\}$，问 k 为何值时 $\boldsymbol{a}$ 与 $\boldsymbol{b}$ 垂直？k 为何值时 $\boldsymbol{a}$ 与 $\boldsymbol{b}$ 平行？

2.3 平面与空间直线

这一节我们将利用向量来研究空间最简单的图形——平面和直线.

一、平面

1. 平面的点法式方程

给定空间平面 Π，把垂直于平面 Π 的非零向量 $\boldsymbol{n}$ 称为平面 Π 的**法向量**(normal vector)，如图 2-10 所示.

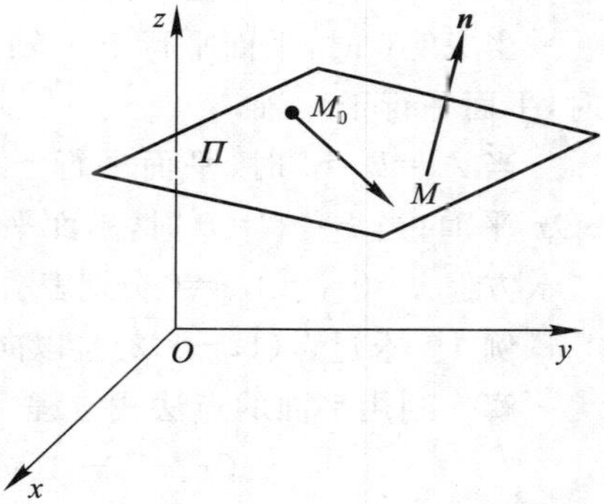

图 2-10

显然，一个平面的法向量有无穷多个.

已知平面 Π 过点 $M_0(x_0,y_0,z_0)$，且其法向量为 $\boldsymbol{n}=\{A,B,C\}$，建立平面 Π 的方程.

在平面 Π 上任取一点 $M(x,y,z)$，则向量 $\overrightarrow{M_0M}=\{x-x_0,y-y_0,z-z_0\}$ 与平面 Π 的法向量 $\boldsymbol{n}$ 垂直，于是

$$\overrightarrow{M_0M}\cdot\boldsymbol{n}=0$$

即

$$A(x-x_0)+B(y-y_0)+C(z-z_0)=0 \tag{1}$$

这就是平面 Π 上任一点 $M(x,y,z)$ 的坐标所满足的方程，而不在平面 Π 上的点的坐标均不满足上述方程，因此，这方程即为平面 Π 的方程. 由于此方程是由平面 Π 上的一个已知点及平面的一个法向量来确定的，所以称其为平面 Π 的**点法式方程**.

2. 平面的一般方程

由前面的讨论知，任一平面都可以用它上面的一点及它的法向量确

定，而平面的点法式方程是三元一次方程，所以任一平面都可以用三元一次方程来表示. 反之，设三元一次方程

$$Ax+By+Cz+D=0 \tag{2}$$

任取满足该方程的一组数 x_0,y_0,z_0，有

$$Ax_0+By_0+Cz_0+D=0 \tag{3}$$

将(2)、(3)两个式子相减，得

$$A(x-x_0)+B(y-y_0)+C(z-z_0)=0 \tag{4}$$

显然(4)式是过点 $M_0(x_0,y_0,z_0)$ 且法向量为 $\boldsymbol{n}=\{A,B,C\}$ 的平面方程，由于(2)式与(4)式同解，所以(2)式也表示一个平面，即任一个 x,y,z 的三元一次方程都表示一个平面，称方程(2)为**平面的一般方程**，其中 A,B,C 就是该平面的一个法向量 $\boldsymbol{n}$ 的坐标，即 $\boldsymbol{n}=\{A,B,C\}$.

在平面的一般方程(2)中，有一些特殊情形：

当 $D=0$ 时，平面过原点；

当 $A=0$ 时，平面平行于 x 轴；当 $B=0$ 时，平面平行于 y 轴；当 $C=0$ 时，平面平行于 z 轴；

当 $A=B=0$ 时，平面平行于 xOy 平面；当 $A=C=0$ 时，平面平行 zOx 平面；当 $B=C=0$ 时，平面平行于 yOz 平面.

方程 $x=0,y=0,z=0$ 分别表示 yOz 坐标面、zOx 坐标面和 xOy 坐标面.

例 1　求过点(1,−1,2)且以向量 $\boldsymbol{n}=\{1,-3,4\}$ 为法向量的平面方程.

解　利用平面的点法式方程，得

$$(x-1)-3(y+1)+4(z-2)=0$$

即所要求的平面方程为

$$x-3y+4z-12=0$$

例 2　求过两点 $P_1(1,0,-1)$，$P_2(-2,1,3)$ 且与向量 $\boldsymbol{a}=\{2,-1,1\}$ 平行的平面方程.

解　设所求平面的法向量为 $\boldsymbol{n}$. 因为 P_1,P_2 在所求平面上，所以 $\boldsymbol{n}\perp\overrightarrow{P_1P_2}$. 又所求平面与 $\boldsymbol{a}$ 平行，所以 $\boldsymbol{n}\perp\boldsymbol{a}$. 而 $\overrightarrow{P_1P_2}=\{-3,1,4\}$，$\boldsymbol{a}=\{2,-1,1\}$，由此

$$\boldsymbol{n}=\boldsymbol{a}\times\overrightarrow{P_1P_2}=\begin{vmatrix}\boldsymbol{i}&\boldsymbol{j}&\boldsymbol{k}\\2&-1&1\\-3&1&4\end{vmatrix}=\{-5,-11,-1\}$$

取定点 $P_1(1,0,-1)$，由平面的点法式，得所要求的平面方程为

$$-5(x-1)-11(y-0)-(z+1)=0$$

即

$$5x+11y+z-4=0$$

例 3 求过点(3,0,5)且平行于平面 $2x-8y+z-2=0$ 的平面方程.

解 平面

$$2x-8y+z-2=0$$

的法向量为

$$\boldsymbol{n}=\{2,-8,1\}$$

所求平面与已知平面平行,故所求平面的法向量可取

$$\boldsymbol{n}=\{2,-8,1\}$$

由点法式方程得

$$2(x-3)-8(y-0)+1(z-5)=0$$

即

$$2x-8y+z-11=0$$

这就是所求平面的方程.

例 4 求过点 $M_1(a,0,0)$,$M_2(0,b,0)$,$M_3(0,0,c)$的平面方程,其中 a,b,c 都不为零(如图 2-11 所示).

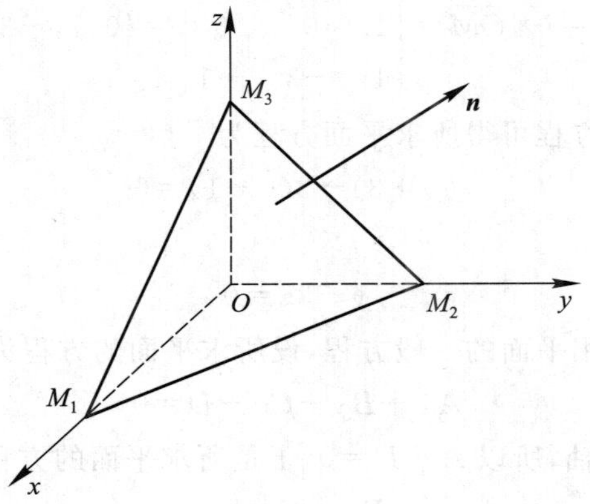

图 2-11

解 由向量积的定义,向量 $\overrightarrow{M_1M_3}\times\overrightarrow{M_1M_2}$ 垂直于 $\overrightarrow{M_1M_3}$ 及 $\overrightarrow{M_1M_2}$ 所在平面,故可取 $\boldsymbol{n}=\overrightarrow{M_1M_3}\times\overrightarrow{M_1M_2}$ 为所求平面的法向量,而

$$\overrightarrow{M_1M_3}=\{-a,0,c\},\quad \overrightarrow{M_1M_2}=\{-a,b,0\}$$

所以

$$\boldsymbol{n}=\overrightarrow{M_1M_3}\times\overrightarrow{M_1M_2}=\begin{vmatrix}\boldsymbol{i} & \boldsymbol{j} & \boldsymbol{k}\\ -a & 0 & c\\ -a & b & 0\end{vmatrix}=\{-bc,-ac,-ab\}$$

由点法式方程,得所求平面方程为

$$-bc(x-a)-ac(y-0)-ab(z-0)=0$$

整理得

$$-bcx-acy-abz=-abc$$

即

$$\frac{x}{a}+\frac{y}{b}+\frac{z}{c}=1 \tag{5}$$

称方程(5)为平面的**截距式方程**,而 a,b,c 依次称为该平面在 x 轴、y 轴、z 轴上的**截距**(intercept).

例 5 求过点 $M(4,-3,-1)$ 和 x 轴的平面方程.

解 方法一 利用平面的点法式方程,先求所求平面的法向量.

由于所求平面过 x 轴,所以原点 $O(0,0,0)$ 和向量 $\boldsymbol{i}=\{1,0,0\}$ 在此平面上. 现联结 OM,则向量 $\overrightarrow{OM}=\{4,-3,-1\}$ 也在此平面上,所以可取此平面的法向量为

$$\boldsymbol{n}=\boldsymbol{i}\times\overrightarrow{OM}=\begin{vmatrix}\boldsymbol{i} & \boldsymbol{j} & \boldsymbol{k}\\ 1 & 0 & 0\\ 4 & -3 & -1\end{vmatrix}=\{0,1,-3\}$$

由平面的点法式方程可得所求平面方程为

$$(y+3)-3(z+1)=0$$

即

$$y-3z=0$$

方法二 利用平面的一般方程,设所求平面的方程为

$$Ax+By+Cz+D=0$$

由于此平面过 x 轴,所以 $A=D=0$,于是所求平面的方程为

$$By+Cz=0$$

因为点 $M(4,-3,-1)$ 在此平面上,所以有

$$B(-3)+C(-1)=0$$

即

$$C=-3B$$

从而所求平面方程应为

$$By-3Bz=0$$

消去 B,得

$$y-3z=0$$

*例 6 设 $M_0(x_0,y_0,z_0)$ 是平面 $Ax+By+Cz+D=0$ 外的一点，求 M_0 到此平面的距离 d.

解 如图 2-12 所示，在平面上任取一点 $M_1(x_1,y_1,z_1)$，并作法向量 $\boldsymbol{n}=\{A,B,C\}$，考虑到 $\overrightarrow{M_1M_0}=\{x_0-x_1,y_0-y_1,z_0-z_1\}$ 与 $\boldsymbol{n}$ 的夹角也可能是钝角，因此所求距离为

$$\begin{aligned}d&=|\mathrm{Prj}_{\boldsymbol{n}}\overrightarrow{M_1M_0}|=\left||\overrightarrow{M_1M_0}|\cos(\widehat{\overrightarrow{M_1M_0},\boldsymbol{n}})\right|\\&=\left|\frac{\overrightarrow{M_1M_0}\cdot\boldsymbol{n}}{|\boldsymbol{n}|}\right|=\left|\frac{A(x_0-x_1)+B(y_0-y_1)+C(z_0-z_1)}{\sqrt{A^2+B^2+C^2}}\right|\\&=\left|\frac{Ax_0+By_0+Cz_0-(Ax_1+By_1+Cz_1)}{\sqrt{A^2+B^2+C^2}}\right|\end{aligned}$$

由于 $M_1(x_1,y_1,z_1)$ 是此平面上的点，所以

$$Ax_1+By_1+Cz_1+D=0$$

因此

$$d=\frac{|Ax_0+By_0+Cz_0+D|}{\sqrt{A^2+B^2+C^2}} \qquad (6)$$

(6)式即为点 $M_0(x_0,y_0,z_0)$ 到平面 $Ax+By+Cz+D=0$ 的**距离公式**.

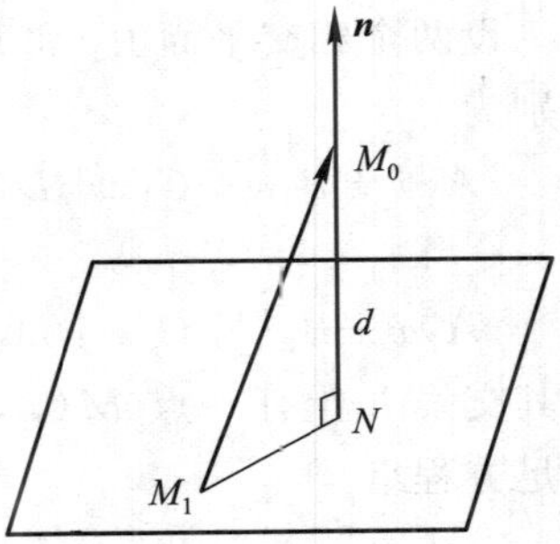

图 2-12

例如点(2,1,3)到平面 $x+y-z+1=0$ 的距离为

$$d=\frac{|2+1-3+1|}{\sqrt{1^2+1^2+(-1)^2}}=\frac{1}{\sqrt{3}}=\frac{\sqrt{3}}{3}$$

两个平面的相互关系由它们的法向量之间的关系来决定. 称两平面法向量间的夹角为**两平面的夹角**(通常指锐角).

设平面 Π_1 和 Π_2 的方程分别为

$$A_1x+B_1y+C_1z+D_1=0$$

和

$$A_2x+B_2y+C_2z+D_2=0$$

则两平面的夹角 θ 可由下式确定：

$$\cos\theta=\frac{|A_1A_2+B_1B_2+C_1C_2|}{\sqrt{A_1^2+B_1^2+C_1^2}\sqrt{A_2^2+B_2^2+C_2^2}}$$

由两向量垂直、平行的条件可得下面结论：

(1) Π_1 与 Π_2 垂直的充分必要条件为

$$A_1A_2+B_1B_2+C_1C_2=0$$

(2) Π_1 与 Π_2 平行的充分必要条件为

$$\frac{A_1}{A_2}=\frac{B_1}{B_2}=\frac{C_1}{C_2}$$

特别地，Π_1 与 Π_2 重合的充分必要条件为

$$\frac{A_1}{A_2}=\frac{B_1}{B_2}=\frac{C_1}{C_2}=\frac{D_1}{D_2}$$

二、空间直线

1. 空间直线的一般方程

空间直线 L 可看作两个平面 Π_1 与 Π_2 的交线，如图 2－13 所示.

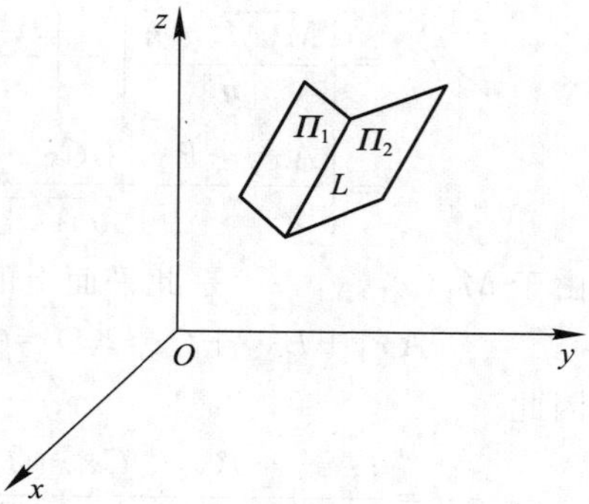

图 2－13

设两个相交平面 Π_1 和 Π_2 的方程分别为

$$A_1x+B_1y+C_1z+D_1=0$$

和

$$A_2x+B_2y+C_2z+D_2=0$$

则其交线 L 上任一点 $M(x,y,z)$ 的坐标应同时满足这两个平面方程，即满足方程组

$$\begin{cases}A_1x+B_1y+C_1z+D_1=0,\\A_2x+B_2y+C_2z+D_2=0\end{cases}\tag{7}$$

反之，不在直线 L 上的点的坐标一定不能同时满足这两个平面方程，即不能满足方程组(7). 因此空间直线 L 可以用方程组(7)来表示，称方程组(7)为空间直线 L 的**一般方程**.

由于过直线 L 的平面可以有无穷多个，由其中任意两个平面的方程联立的方程组均可表示直线 L，所以直线 L 的一般方程不是唯一的.

2. 空间直线的点向式方程和参数方程

我们先给出直线的方向向量的概念.

给定空间直线 L，把平行于直线 L 的非零向量 $\boldsymbol{s}$ 叫做 L 的**方向向量**(direction vector). 显然 L 的方向向量不是唯一的，有无穷多个.

已知空间直线 L 上一点 $M_0(x_0,y_0,z_0)$ 及 L 的一个方向向量 $\boldsymbol{s}=\{m,n,p\}$，建立直线 L 的方程.

在直线 L 上任取一点 $M(x,y,z)$(如图 2－14 所示)，则 $\overrightarrow{M_0M}$ 与 L 的方向向量 $\boldsymbol{s}$ 平行，所以它们对应的坐标成比例，而 $\overrightarrow{M_0M}=\{x-x_0,y-y_0,z-z_0\}$，$\boldsymbol{s}=\{m,n,p\}$，于是有

$$\frac{x-x_0}{m}=\frac{y-y_0}{n}=\frac{z-z_0}{p} \tag{8}$$

这就是直线 L 上任一点 $M(x,y,z)$ 的坐标所满足的方程，而不在直线 L 上的点的坐标均不满足(8)式，因此(8)式就是直线 L 的方程，称其为直线 L 的**点向式方程**，也称为**标准方程**或**对称式方程**.

在方程(8)中，若 m,n,p 中有一个为零，例如 $m=0$，而 $n,p\neq 0$，则方程组(8)应理解为

$$\begin{cases}x-x_0=0,\\ \dfrac{y-y_0}{n}=\dfrac{z-z_0}{p}\end{cases}$$

当 m,n,p 中有两个为零，例如 $m=n=0$，则方程组应理解为

$$\begin{cases}x-x_0=0,\\ y-y_0=0\end{cases}$$

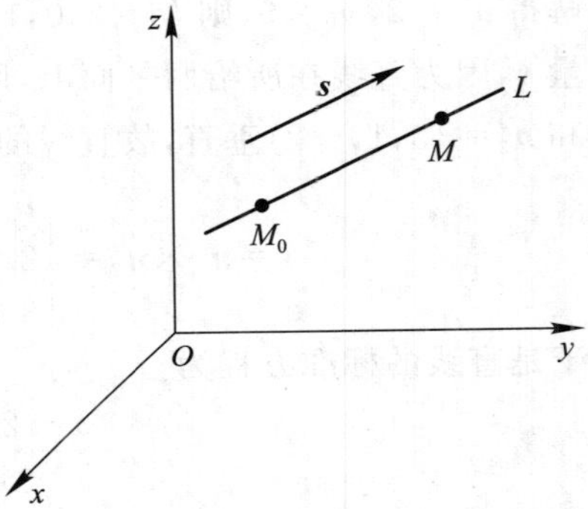

图 2-14

在方程(8)中，令

$$\frac{x-x_0}{m}=\frac{y-y_0}{n}=\frac{z-z_0}{p}=t$$

则得

$$\begin{cases}x=x_0+mt,\\ y=y_0+nt,\\ z=z_0+pt\end{cases} \tag{9}$$

当 t 取不同值时，就对应得到直线上不同的点，(9)式称为直线的**参数方程**，t 称为参数.

例 7 求过点 $M_0(-1,0,2)$，且垂直于平面 $x-y+3x+1=0$ 的直线方程.

解 所求直线垂直于已知平面，所以平面的法向量 $\boldsymbol{n}=\{1,-1,3\}$ 可以作为直线的方向向量 $\boldsymbol{s}$，即 $\boldsymbol{s}=\boldsymbol{n}=\{1,-1,3\}$，由直线的点向式方程得

$$\frac{x+1}{1}=\frac{y}{-1}=\frac{z-2}{3}$$

这就是所求直线的方程.

例 8 将直线的一般方程

$$\begin{cases}2x-3y+z-5=0,\\ 3x+y-2z-4=0\end{cases}$$

化为标准方程.

解　先在直线上取一定点 $M_0(x_0,y_0,z_0)$. 例如,令 $z_0=1$,代入方程组,得

$$\begin{cases}2x-3y=4,\\3x+y=6\end{cases}$$

解得 $x_0=2,y_0=0$,则 $M_0(2,0,1)$是直线上的一个点. 再求直线的方向向量 $\boldsymbol{s}$,因为直线在所给两平面上,所以 $\boldsymbol{s}$ 与两平面的法向量 $\boldsymbol{n}_1=\{2,-3,1\}$ 和 $\boldsymbol{n}_2=\{3,1,-2\}$垂直,故直线的方向向量 $\boldsymbol{s}$ 可取为

$$\boldsymbol{s}=\boldsymbol{n}_1\times\boldsymbol{n}_2=\begin{vmatrix}\boldsymbol{i}&\boldsymbol{j}&\boldsymbol{k}\\2&-3&1\\3&1&-2\end{vmatrix}=\{5,7,11\}$$

于是直线的标准方程为

$$\frac{x-2}{5}=\frac{y}{7}=\frac{z-1}{11}$$

直线与平面的相互关系及直线间的相互关系由直线的方向向量与平面的法向量之间的关系及两直线的方向向量之间的关系来决定.

空间直线与平面的夹角是指直线的方向向量与平面的法向量的夹角(通常指锐角)的余角. 两直线的夹角是指两直线的方向向量的夹角(通常指锐角).

设平面 Π 的方程为

$$Ax+By+Cz+D=0$$

直线 L_1 和 L_2 的方程分别为

$$\frac{x-x_1}{m_1}=\frac{y-y_1}{n_1}=\frac{z-z_1}{p_1}$$

和

$$\frac{x-x_2}{m_2}=\frac{y-y_2}{n_2}=\frac{z-z_2}{p_2}$$

由直线与平面的夹角和两直线的夹角的定义及两向量垂直、平行的条件可得下面结论:

(1) 直线 L_1 与平面 Π 垂直的充分必要条件为

$$\frac{A}{m_1}=\frac{B}{n_1}=\frac{C}{p_1}$$

(2) 直线 L_1 与平面 Π 平行的充分必要条件为

$$Am_1+Bn_1+Cp_1=0$$

(3) 直线 L_1 与 L_2 垂直的充分必要条件为

$$m_1m_2+n_1n_2+p_1p_2=0$$

(4) 直线 L_1 与 L_2 平行的充分必要条件为

$$\frac{m_1}{m_2}=\frac{n_1}{n_2}=\frac{p_1}{p_2}$$

习题 2.3

1. 指出下列平面的特点：

(1) $z=0$；　(2) $3y-1=0$；　(3) $2x-3y-6=0$；

(4) $y+z=0$；　(5) $6x+5y-z=0$.

2. 求过点 $(3,-1,1)$ 且与平面 $3x-6y+4z-5=0$ 平行的平面方程.

3. 求过三点 $(1,1,-1)$，$(-2,-2,2)$ 和 $(1,-1,2)$ 的平面方程.

4. 求平行于 x 轴且经过两点 $(4,0,-2)$ 和 $(5,1,7)$ 的平面方程.

5. 求过点 $(1,-1,1)$ 且垂直于两平面 $x+y-z=1$ 和 $2x+y+z=-1$ 的平面方程.

6. 求点 $(1,2,1)$ 到平面 $x+2y+2z=10$ 的距离.

7. 求过点 $(4,-1,3)$ 且平行于直线 $\frac{x-4}{3}=\frac{y-1}{4}=\frac{z-1}{-2}$ 的直线方程.

8. 求过两点 $M_1(2,3,-1)$ 和 $M_2(-1,4,2)$ 的直线方程.

9. 用点向式方程及参数方程表示直线

$$\begin{cases}x-y+z=1,\\2x+y+z=4\end{cases}$$

10. 求过点 $(2,0,-3)$ 且与直线

$$\begin{cases}x-2y+4z-7=0,\\3x+5y-2z+1=0\end{cases}$$

垂直的平面方程.

11. 求过点 $(0,2,4)$ 且与两平面 $x+2z=1$ 和 $y-3z=2$ 平行的直线方程.

12. 求过点 $(3,1,-2)$ 且过直线 $\frac{x-4}{5}=\frac{y+3}{2}=\frac{z}{1}$ 的平面方程.

2.4 空间曲面与空间曲线

一、空间曲面

1. 空间曲面方程的概念

在空间直角坐标系中，如果曲面 S 与三元方程

$$F(x,y,z)=0 \tag{1}$$

有如下关系：

(1) 曲面 S 上任一点的坐标都满足方程(1)；

(2) 不在曲面 S 上的点的坐标不满足方程(1)，则称方程(1)为曲面 S 的方程，而曲面 S 为方程(1)的图形.

2. 几个常见的曲面

(1) 球面

建立球心在点 $M_0(x_0,y_0,z_0)$，半径为 R 的球面方程.

设 $M(x,y,z)$ 为球面上的任意一点，则

$$|M_0M|=R$$

即

$$\sqrt{(x-x_0)^2+(y-y_0)^2+(z-z_0)^2}=R$$

或

$$(x-x_0)^2+(y-y_0)^2+(z-z_0)^2=R^2 \tag{2}$$

这就是球面上的点的坐标所满足的方程，而不在球面上的点的坐标都不满足这个方程. 因此方程(2)就是以 $M_0(x_0,y_0,z_0)$ 为球心，R 为半径的**球面方程**(spherical equation).

如果球心在原点，则 $x_0=y_0=z_0=0$，球面方程为

$$x^2+y^2+z^2=R^2$$

该方程也可表示为

$$\frac{x^2}{R^2}+\frac{y^2}{R^2}+\frac{z^2}{R^2}=1$$

将该方程形式推广可得到椭球面的方程.

(2) 椭球面

椭球面的标准方程为

$$\frac{x^2}{a^2}+\frac{y^2}{b^2}+\frac{z^2}{c^2}=1 \tag{3}$$

如图 2-15 所示. 当 $a=b=c$ 时，椭球面即为球面.

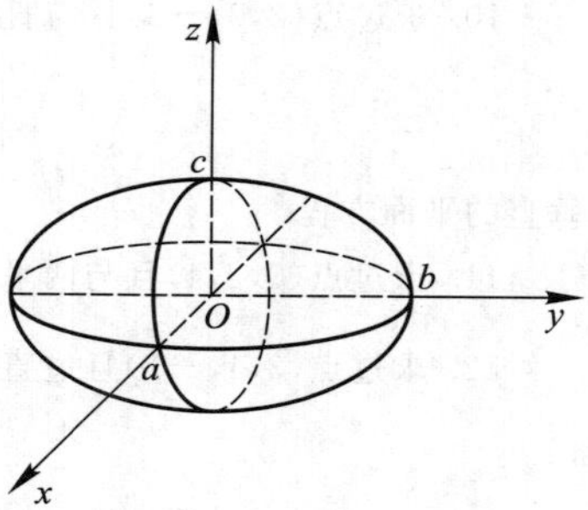

图 2-15

(3) 旋转曲面

给定一条平面曲线 C，它绕该平面上的一条定直线 L 旋转一周所形成的曲面，称为**旋转曲面**(surface of revolution)，其中平面曲线 C 称为该旋转曲面的**母线**(generating line)，定直线 L 称为该旋转曲面的**轴**(axis).

设在 yOz 坐标面上有一已知曲线 C，其方程为

$$f(y,z)=0$$

把曲线 C 绕 z 轴旋转一周，就得到一个以 z 轴为轴的旋转曲面（如图 2－16 所示）. 下面来建立这个旋转曲面的方程.

在旋转曲面上任取一点 $M(x,y,z)$，它是由曲线 C 上某点 $M_1(O,y_1,z_1)$ 绕 z 轴旋转得到的. 因此 M_1 和 M 的纵坐标相等，且到 z 轴的距离相等，即 $z_1=z$，$|y_1|=\sqrt{x^2+y^2}$. 因为 M_1 在曲线 C 上，所以 $f(y_1,z_1)=0$.

将 $y_1=\pm\sqrt{x^2+y^2}$，$z_1=z$ 代入得

$$f(\pm\sqrt{x^2+y^2},z)=0 \tag{4}$$

这就是所求的旋转曲面上任一点 $M(x,y,z)$ 的坐标所满足的方程，而不在这个旋转曲面上的点的坐标均不满足此方程，因此(4)式即为所求旋转曲面的方程.

同理可得，母线为 xOy 平面上的曲线，其方程为 $f(x,y)=0$，轴为 y 轴的旋转曲面的方程为

$$f(\pm\sqrt{x^2+z^2},y)=0$$

例 1 求 yOz 平面上抛物线 $z=y^2$ 绕 z 轴旋转而成的旋转曲面的方程.

解 绕 z 轴旋转而成的旋转曲面的方程为

$$z=x^2+y^2$$

如图 2－17 所示，它是由 yOz 平面上的抛物线绕其对称轴旋转而成的，故称旋转抛物面，它是椭圆抛物面的一种特殊情况. 一般地，

$$z=\frac{x^2}{a^2}+\frac{y^2}{b^2} \tag{5}$$

表示椭圆抛物面.

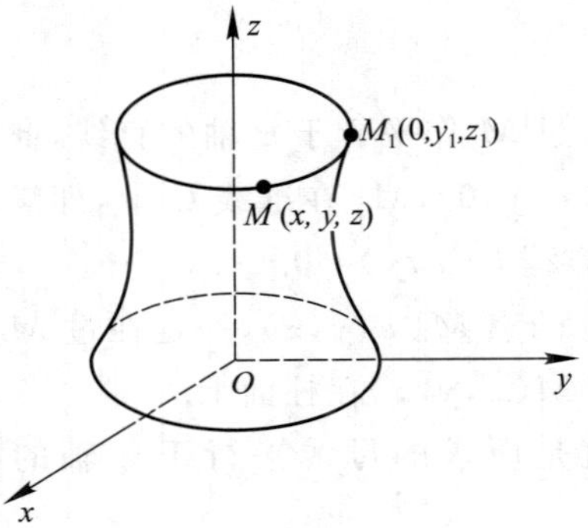

图 2－16

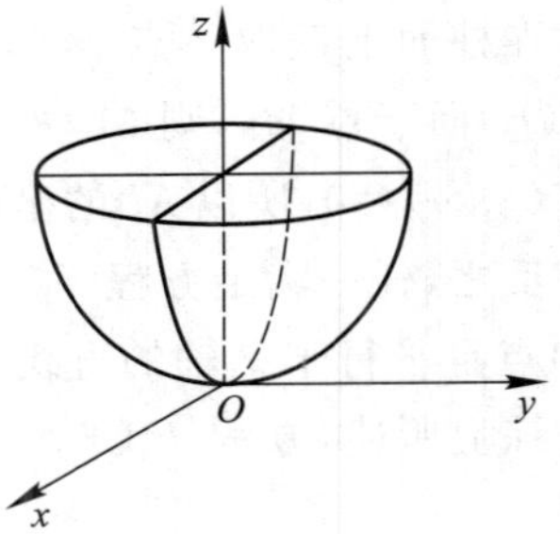

图 2－17

例 2 求 yOz 平面上直线 $z=ay$ （a 为常数)绕 z 轴旋转而成的旋转曲面方程(如图 2-18 所示).

解 绕 z 轴旋转而成的旋转曲面方程为

$$z=\pm a\sqrt{x^2+y^2} \tag{6}$$

或

$$z^2=a^2(x^2+y^2)$$

它是一个圆锥面.原点 O 叫做它的顶点.

(4) 柱面方程

平行于定直线 L 且沿定曲线 C 移动的直线 l 所形成的曲面叫**柱面**(cylindrical surface),定曲线 C 叫做柱面的**准线**,动直线 l 叫做柱面的**母线**.

下面来讨论母线平行于坐标轴的柱面方程.

设柱面的母线平行于 z 轴,准线是 xOy 面上的曲线 C(如图 2-19 所示),在平面直角坐标系 xOy 中,C 的方程为

$$F(x,y)=0$$

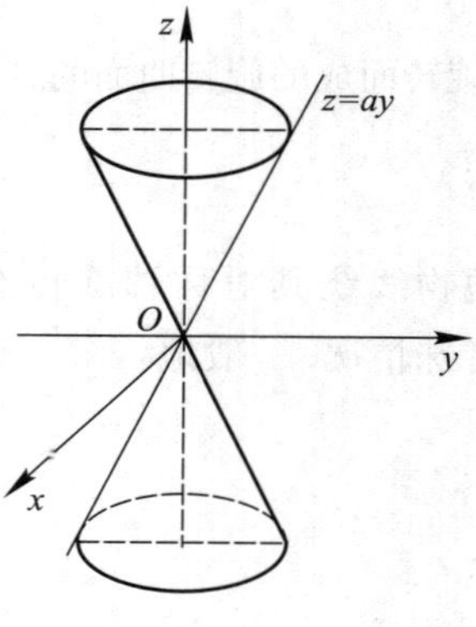

图 2-18

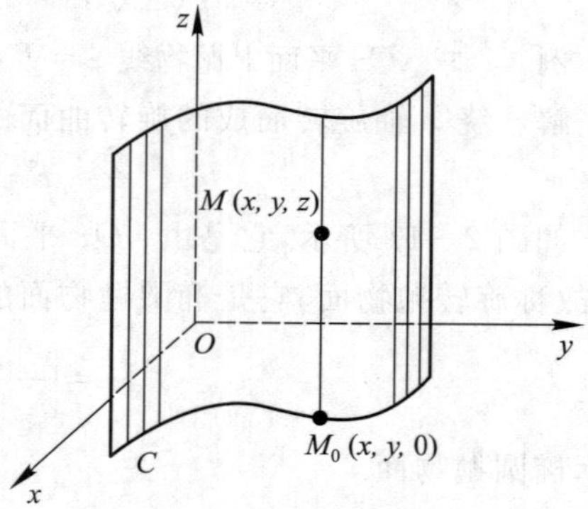

图 2-19

在柱面上任取一点 $M(x,y,z)$,过 M 作平行于 z 轴的直线,此直线交 xOy 面于点 M_0,则 M_0 的坐标为$(x,y,0)$,M_0 在准线 C 上,即满足方程 $F(x,y)=0$,所以 M 的坐标满足方程 $F(x,y)=0$.

反之,任一满足方程 $F(x,y)=0$ 的点 $M(x,y,z)$,一定在过 $M_0(x,y,0)$点且平行于 z 轴的直线上,即点 $M(x,y,z)$在柱面上.

综上所述,方程 $F(x,y)=0$ 就是所求的母线平行于 z 轴的柱面方程.

这里需要注意的是,同一个方程 $F(x,y)=0$,在平面直角坐标系

xOy 下,它是曲线(准线 C)的方程,而在空间直角坐标系下,它是母线平行于 z 轴的柱面(以 C 为准线)方程.

同理,在空间直角坐标系中,$F(y,z)=0$ 表示母线平行于 x 轴的柱面;$F(z,x)=0$ 表示母线平行于 y 轴的柱面.

例如,$\frac{x^2}{a^2}+\frac{y^2}{b^2}=1$ 表示母线平行于 z 轴,准线为 xOy 面上的椭圆的椭圆柱面,如图 2-20 所示. $z=x^2$ 表示母线平行于 y 轴,准线为 zOx 平面上的抛物线的抛物柱面,如图 2-21 所示.

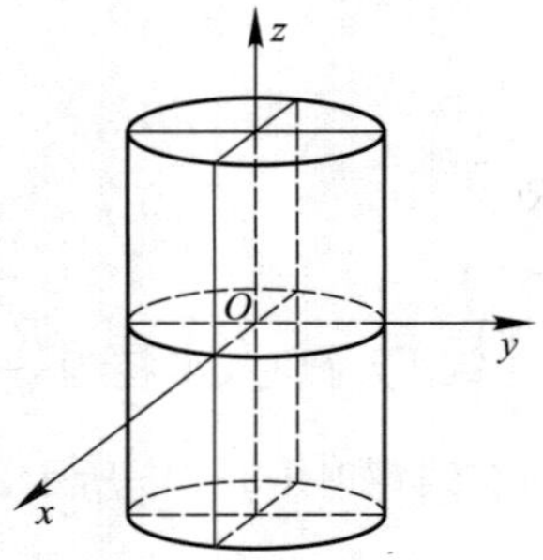

图 2-20

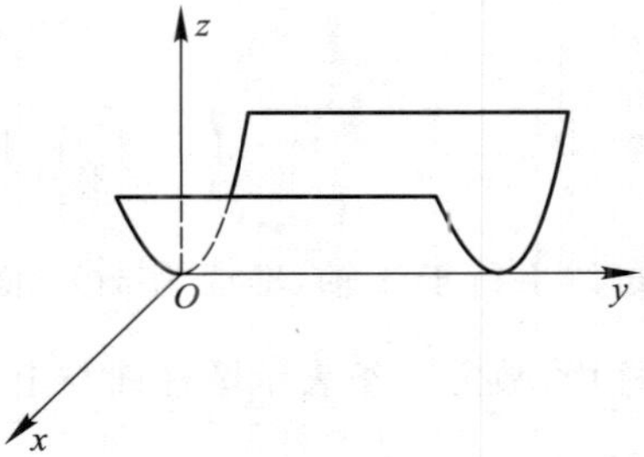

图 2-21

一般地,二元函数表示空间的曲面. 例如,$z=x^2+y^2$ 表示旋转抛物面,$z=\sqrt{x^2+y^2}$ 表示上半圆锥面,$z=\sqrt{4-x^2-y^2}$ 表示球心在原点、半径为 2 的上半球面,而 $x^2+y^2+z^2=4$ 表示球心在原点、半径为 2 的整个球面.

二、空间曲线

1. 空间曲线的方程

前面已经讨论过,空间直线可以看作是两个平面的交线,同样空间曲线可以看作两个曲面的交线.

设曲线 C 是两个曲面 S_1 和 S_2 的交线,曲面 S_1 与 S_2 的方程分别为 $F_1(x,y,z)=0$ 和 $F_2(x,y,z)=0$,那么曲线 C 上的点的坐标必同时满足这两个方程,而不在曲线 C 上的点,其坐标不能同时满足这两个方程,所以曲线 C 可用联立方程组

$$\begin{cases}F_1(x,y,z)=0,\\F_2(x,y,z)=0\end{cases}\tag{7}$$

来表示,这个方程组叫做曲线的一般方程.

例 3　方程组$\begin{cases}x^2+y^2+z^2=1,\\z=0\end{cases}$表示怎样的曲线？

解　方程 $x^2+y^2+z^2=1$ 表示以原点为球心、半径为 1 的球面，$z=0$ 表示 xOy 平面，其交线是 xOy 面上的以原点为圆心、半径为 1 的圆(如图 2－22 所示).

例 4　方程组$\begin{cases}z=\sqrt{R^2-x^2-y^2},\\x^2+y^2=Rx\end{cases}$表示怎样的曲线？

解　方程 $z=\sqrt{R^2-x^2-y^2}$ 表示球心在原点、半径为 R 的上半球面，方程

$$x^2+y^2=Rx$$

即

$$\left(x-\frac{R}{2}\right)^2+y^2=\left(\frac{R}{2}\right)^2$$

表示母线平行于 z 轴，准线为 xOy 面上，以$\left(\frac{R}{2},0\right)$为圆心，半径为$\frac{R}{2}$的圆的圆柱面，故方程组表示圆柱面与上半球面的交线(如图 2－23 所示).

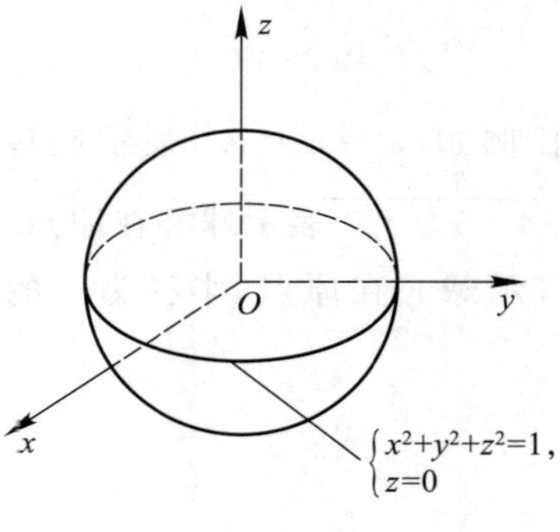

图 2－22

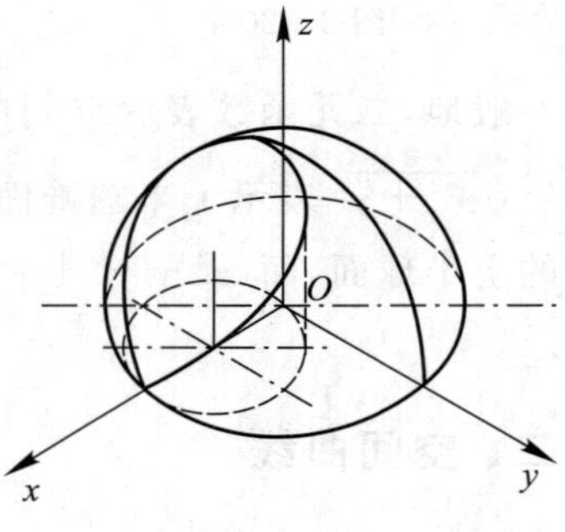

图 2－23

当空间曲线 C 上点的坐标 x,y,z 用参数 t 的函数来表示时，空间曲线 C 的方程可表示为参数方程

$$\begin{cases}x=x(t),\\y=y(t),\\z=z(t)\end{cases}\tag{8}$$

给定一个参数 t 的值，就得到 C 上一个点 $M(x,y,z)$，随着 t 的变动就可得出 C 上全部点. 方程(8)称为空间曲线的参数方程，其中 t 称为参数或参变量.

2. 空间曲线在坐标面上的投影

设空间曲线 C 的一般方程为

$$\begin{cases}F_1(x,y,z)=0,\\F_2(x,y,z)=0\end{cases}\tag{9}$$

现在考虑由方程组(9)消去变量 z 后所得的方程

$$H(x,y)=0\tag{10}$$

由于方程(10)是由方程组(9)消去 z 后得到的，因此当 x,y,z 满足方程组(9)时，前两个坐标 x,y 一定满足方程(10)，这就说明曲线 C 上的所有点都在由方程(10)所表示的柱面上.

方程(10)表示一个母线平行于 z 轴的柱面，由上面讨论知，这个柱面也包含曲线 C. 以 C 为准线、母线平行于 z 轴（即垂直于 xOy 面）的柱面叫做曲线 C 关于 xOy 面的投影柱面. 投影柱面与 xOy 面的交线叫做空间曲线 C 在 xOy 面上的**投影曲线**，简称为**投影**（projection）. 因此，由方程(10)所表示的柱面就是**投影柱面**，而方程组

$$\begin{cases}H(x,y)=0,\\z=0\end{cases}\tag{11}$$

所表示的曲线就是空间曲线 C 在 xOy 面的投影.

同理，由方程组(9)消去变量 x 或 y，得方程 $R(y,z)=0$ 或 $T(x,z)=0$，再分别和 $x=0$ 或 $y=0$ 联立，就可得到曲线 C 在 yOz 平面或 zOx 平面上的投影曲线方程

$$\begin{cases}R(y,z)=0,\\x=0\end{cases}\quad\text{或}\quad\begin{cases}T(x,z)=0,\\y=0\end{cases}$$

例 5 已知两球面的方程为 $x^2+y^2+z^2=1$ 和 $x^2+(y-1)^2+(z-1)^2=1$，试求它们的交线在 xOy 面上的投影.

解 将方程组

$$\begin{cases}x^2+y^2+z^2=1,\\x^2+(y-1)^2+(z-1)^2=1\end{cases}$$

中两方程相减得 $y+z=1$，再以 $z=1-y$ 代入

$$x^2+y^2+z^2=1,$$

得投影柱面方程为

$$x^2+2y^2-2y=0,$$

于是两球面的交线在 xOy 面上的投影方程为

$$\begin{cases}x^2+2y^2-2y=0,\\z=0\end{cases}$$

例 6 设一立体由旋转抛物面 $z=2-x^2-y^2$ 和上半锥面 $z=$

$\sqrt{x^2+y^2}$所围成（如图 2-24 所示），求它在 xOy 面上的投影.

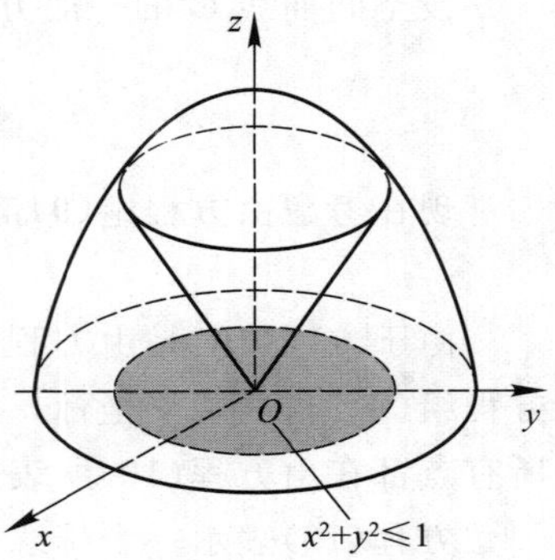

图 2-24

解　旋转抛物面与锥面的交线为 C：

$$\begin{cases} z=2-x^2-y^2, \\ z=\sqrt{x^2+y^2} \end{cases}$$

从方程组中消去 z，得投影柱面方程 $x^2+y^2=1$，将其和 $z=0$ 联立，便得到投影曲线方程为

$$\begin{cases} x^2+y^2=1, \\ z=0 \end{cases}$$

投影曲线是 xOy 面上的单位圆，而整个立体在 xOy 面上的投影，就是单位圆所围部分：

$$\begin{cases} x^2+y^2\leqslant 1, \\ z=0 \end{cases}$$

习题 2.4

1. 建立球心在$(1,3,-2)$且过坐标原点的球面方程.

2. 方程 $x^2+y^2+z^2-2x+4y+2z=0$ 表示什么曲面？

3. 将 yOz 面上的抛物线 $z^2=6y$ 绕 y 轴旋转一周，求所形成的旋转曲面的方程.

4. 将 xOy 面上的双曲线 $4x^2-5y^2=20$ 分别绕 x 轴及 y 轴旋转一周，求所生成的旋转曲面的方程.

5. 指出下列方程在平面直角坐标系和空间直角坐标系中各表示什么图形：

(1) $x-y=1$；　　(2) $x^2+y^2=4$；

(3) $x^2-y^2=2$；　　(4) $z^2=2x$；

(5) $\begin{cases} y=5x+1, \\ y=2x-3; \end{cases}$　　(6) $\begin{cases} \dfrac{x^2}{4}+\dfrac{y^2}{9}=1, \\ y=3. \end{cases}$

6. 分别求母线平行于 x 轴及 y 轴且过曲线

$$\begin{cases} 2x^2+y^2+z^2=16, \\ x^2+z^2-y^2=0 \end{cases}$$

的柱面方程.

7. 求球面 $x^2+y^2+z^2=9$ 与平面 $x+z=1$ 的交线在 xOy 面上的投影曲线的方程.

8. 求由上半球面 $z=\sqrt{a^2-x^2-y^2}$、柱面 $x^2+y^2-ax=0$ 及平面 $z=0$ 所围成

的立体在 xOy 面上的投影.

9. 求旋转抛物面 $z=x^2+y^2$ $(0\leqslant z\leqslant 4)$在 xOy 面上的投影.

10. 画出下列方程所表示的曲面:

(1) $\dfrac{x^2}{9}+\dfrac{y^2}{4}+z^2=1$;　　(2) $\dfrac{z}{3}=\dfrac{x^2}{4}+\dfrac{y^2}{9}$;

(3) $z=\sqrt{x^2+y^2}$;　　(4) $x^2+y^2=1$.

11. 指出下列方程组所表示的曲线:

(1) $\begin{cases}x^2+y^2+z^2=25,\\ x=3;\end{cases}$　　(2) $\begin{cases}x^2+4y^2+9z^2=36,\\ y=1.\end{cases}$

12. 画出下列由所给曲面围成的立体的图形:

(1) $x=0, y=0, z=0, x=2, y=1, 3x+4y+2z-12=0$;

(2) $x=0, y=0, z=0, x^2+y^2=R^2, y^2+z^2=R^2$ (在第一卦限内);

(3) $z=\sqrt{a^2-x^2-y^2}, x^2+y^2-ax=0, z=0$;

(4) $z=0, z=\sqrt{x^2+y^2}, x^2+y^2=2ax$.

第三章　函数的极限与连续

极限是研究函数变化规律的基础，其思想和分析方法将贯穿微积分学的始终. 微分法和积分法都是基于极限思想来研究和讨论的，因此极限是微积分学最基本最重要的概念. 连续函数是刻画变量之间连续变化的数学模型，是微积分学的主要研究对象. 本章将讨论函数极限与连续的基本概念、基本性质和基本运算以及它们的一些应用.

3.1　数列的极限

一、数列极限的概念

极限思想是在求解某些实际问题时产生的. 比如，中国古代数学家刘徽的“割圆术”是利用圆内接正多边形来推算圆面积的方法，也是极限思想在几何上的应用. 又比如，春秋战国时期的哲学家庄子的一段名言“一尺之棰，日取其半，万世不竭”中蕴含了深刻的极限思想.

一尺长的木棍，每天截取一半，每天截取的长度按照天数可以排成一个数列：

$$\frac{1}{2},\frac{1}{2^2},\frac{1}{2^3},\cdots,\frac{1}{2^n},\cdots,$$

数列的通项为 $x_n=\frac{1}{2^n}$. 当项数 n 无限增大时，$x_n=\frac{1}{2^n}$ 与常数 0 无限接近. 在数学上，将这个常数 0 称为数列 $\left\{\frac{1}{2^n}\right\}$ 当 n 无限增大时的极限.

对于一般数列 $\{x_n\}$，当项数 n 无限增大时，如果 x_n 与某一个常数 a 无限接近，那么就称这个常数 a 为数列 $\{x_n\}$ 当 n 无限增大时的极限. 记作 $\lim\limits_{n\to\infty}x_n=a$. 因此对于数列 $\{x_n\}$，我们现在所关心的问题是，当项数 n 无限增大时数列的变化趋势如何？该数列能否无限接近于一个常数？若能，那么这个常数是多少？

比如，下面四个数列：

(1) $1,\frac{1}{2},\frac{1}{3},\cdots,\frac{1}{n},\cdots$；

(2) $\frac{1}{2},\frac{2}{3},\frac{3}{4},\cdots,\frac{n}{n+1},\cdots$；

(3) $1,2,3,\cdots,n,\cdots$；

(4) $1,-1,1,-1,\cdots,(-1)^{n-1},\cdots$.

当项数 n 无限增大时，数列(1)中的 $x_n=\frac{1}{n}$ 与常数 0 无限接近，数列(2)中的 $x_n=\frac{n}{n+1}$ 与常数 1 无限接近. 因此当项数 n 无限增大时称数列(1)和(2)分别有极限 0 和 1.

当项数 n 无限增大时，数列(3)中 $x_n=n$ 无限增大，数列(4)中的 $x_n=(-1)^{n-1}$ 的取值始终在 1 和 -1 之间交替，它们不与任何确定的数值无限接近.

一般地，对于数列$\{x_n\}$，当项数 n 无限增大时，如果 x_n 不与任何确定的数值无限接近，那么就称数列$\{x_n\}$的极限不存在.

二、数列极限的定义

在上述极限的描述性概念中，我们采用的是“无限增大”和“无限接近”，那么它们用数学语言如何刻画呢？下面以数列$\frac{1}{2},\frac{2}{3},\frac{3}{4},\cdots,\frac{n}{n+1},\cdots$为例来说明.

n 无限增大又称为 n 趋向于无穷大，记作 $n\to\infty$. 我们知道，x_n 与常数 a 之间的接近程度可以用数轴上的动点 x_n 与定点 a 之间的距离来度量，因此 x_n 与常数 1 之间的接近程度可以用 $|x_n-1|=\left|\frac{n}{n+1}-1\right|=\frac{1}{n}$ 表示. 显然，只要 n 足够大，$|x_n-1|$ 就可以小于任何给定的正数. 如果要求 $|x_n-1|<0.01$，则只要 $\frac{1}{n}<0.01$，即 $n>100$. 也就是说只要 $n>100$，那么从第 101 项开始，$x_{101},x_{102},\cdots$ 均满足 $|x_n-1|<0.01$. 同理，如果要求 $|x_n-1|<0.001$，则只要 $\frac{1}{n}<0.001$，即 $n>1\,000$. 也就是从第 1 001 项开始，$x_{1\,001},x_{1\,002},\cdots$ 均满足 $|x_n-1|<0.001$. 以此类推.

一般地，无论给定的正数 ε 多么小，总存在一个正整数 N，使得从第 $N+1$ 项开始，以后的所有项都使不等式 $|x_n-1|<\varepsilon$ 恒成立. 这就是 $n\to\infty$ 时 x_n 无限接近于 1 的精确刻画. 下面给出数列极限的精确定义：

定义 1　如果对于任意给定的正数 ε，总存在正整数 N，使得当 $n>N$ 时，不等式

$$|x_n-a|<\varepsilon$$

恒成立，则称数列 $\{x_n\}$ 以常数 a 为**极限**(limit)，或说数列 $\{x_n\}$ 的极限为 a，或说数列 $\{x_n\}$ 收敛于 a. 记作

$$\lim_{n\to\infty}x_n=a$$

或

$$x_n\to a\quad(n\to\infty)$$

有极限的数列又称是**收敛**的(convergent)，如果数列 $\{x_n\}$ 无极限，就说数列是**发散**的(divergent).

下面对数列极限定义作三点说明：

1° 定义中的 ε 是任意给定的正数，既是任意的，又是给定的，这点很重要. 只有这样，$|x_n-a|$ 才能用来描述当 n 无限增大时，x_n 与 a 无限接近的含义.

2° 定义中的正整数 N 是与 ε 有关的，它是随着 ε 的给定而选定的.

3° 数列极限的几何意义：将常数 a 及数列 $x_1,x_2,\cdots,x_n,\cdots$ 在数轴上用它们的对应点表示出来. 因为不等式

$$|x_n-a|<\varepsilon$$

又可表示为

$$a-\varepsilon<x_n<a+\varepsilon$$

即 $x_n\in(a-\varepsilon,a+\varepsilon)$. 所以若 $\{x_n\}$ 以 a 为极限，那么对于任意给定的正数 ε，在数轴上作以点 a 为中心、以 ε 为半径的区间 $(a-\varepsilon,a+\varepsilon)$，这时数列中从第 $N+1$ 项开始以后的一切项所对应的点均落在开区间 $(a-\varepsilon,a+\varepsilon)$ 内，而只有有限项(至多 N 项)落在该区间之外. 如图 3-1 所示.

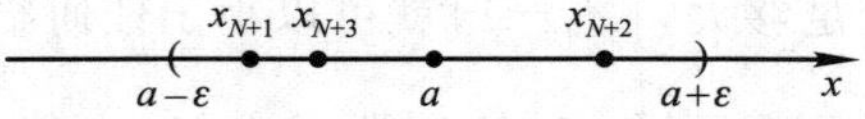

图 3-1

例 1　证明数列

$$1,-\frac{1}{2},\frac{1}{3},\cdots,(-1)^{n-1}\frac{1}{n},\cdots$$

的极限为零.

证 对任意给定的 $\varepsilon>0$,为使

$$|x_n-0|=\left|(-1)^{n-1}\frac{1}{n}-0\right|=\frac{1}{n}<\varepsilon$$

只要 $n>\frac{1}{\varepsilon}$ 即可. 因此取正整数 $N=\left[\frac{1}{\varepsilon}\right]$,其中,$\left[\frac{1}{\varepsilon}\right]$ 表示不超过 $\frac{1}{\varepsilon}$ 的最大整数,则当 $n>N$ 时,就有

$$\left|(-1)^{n-1}\frac{1}{n}-0\right|<\varepsilon$$

所以

$$\lim_{n\to\infty}(-1)^{n-1}\frac{1}{n}=0$$

相仿可证 $\lim\limits_{n\to\infty}\frac{1}{n}=0$,$\lim\limits_{n\to\infty}\frac{1}{n^2}=0$,$\lim\limits_{n\to\infty}C=C$.

三、数列极限的性质

首先介绍有界数列的概念.

定义 2 对于数列 $\{x_n\}$,如果存在正数 M,使得一切 x_n 都满足不等式

$$|x_n|\leqslant M$$

则称数列 $\{x_n\}$ 是**有界数列**(bounded sequence);否则称数列 $\{x_n\}$ 为**无界数列**(unbounded sequence).

例如,数列 $\left\{\frac{n}{n+1}\right\}$ 是有界数列,这是因为对一切 x_n,都有 $|x_n|\leqslant 1$;而数列 $\{n^2\}$ 是无界数列,这是因为当 n 无限增大时,n^2 可超过任何正数,故不存在这样的正数 M,能使一切 $|x_n|\leqslant M$.

下面给出收敛数列的有关性质.

定理1(极限的唯一性) 数列 $\{x_n\}$ 不能收敛于两个不同的极限.

证 用反证法. 设数列有两个不同的极限 a 和 b,不妨设 $a<b$. 则由数列极限的定义知,对任意给定的 $\varepsilon>0$,总存在正整数 N_1,使当 $n>N_1$ 时,总有

$$|x_n-a|<\varepsilon \tag{1}$$

存在正整数 N_2,使当 $n>N_2$ 时,总有

$$|x_n-b|<\varepsilon \tag{2}$$

现在取 $\varepsilon=\frac{b-a}{2}$，$N=\max\{N_1,N_2\}$，则当 $n>N$ 时，(1)式和(2)式同时成立. 但由(1)式可知 $x_n<\frac{a+b}{2}$，由(2)式可知 $x_n>\frac{a+b}{2}$，故假设不成立，这就证明了本定理的结论.

定理 2(收敛数列的有界性)　如果数列 $\{x_n\}$ 收敛，那么数列 $\{x_n\}$ 一定是有界数列.

证　因为数列 $\{x_n\}$ 收敛，设 $\lim\limits_{n\to\infty}x_n=a$. 由数列极限的定义，取 $\varepsilon=1$，则存在正整数 N，使得对于 $n>N$ 的一切 x_n，都有

$$|x_n-a|<1$$

于是，当 $n>N$ 时

$$|x_n|=|x_n-a+a|\leqslant|x_n-a|+|a|<1+|a|$$

取 $M=\max\{|x_1|,|x_2|,\cdots,|x_N|,1+|a|\}$，那么对数列 $\{x_n\}$ 中的一切 x_n，都有

$$|x_n|\leqslant M$$

成立，所以数列 $\{x_n\}$ 为有界数列.

由定理 2 知，如果数列 $\{x_n\}$ 为无界数列，那么数列 $\{x_n\}$ 一定发散. 但要注意，数列 $\{x_n\}$ 有界，也不一定收敛. 如数列

$$1,-1,1,\cdots,(-1)^{n-1},\cdots$$

有界，但不收敛.

由此可见，数列有界是数列收敛的必要条件但不是充分条件.

四、数列极限的运算法则

极限的定义只能用来验证极限，但不能计算极限，于是需要给出数列极限的运算法则. 利用极限的定义容易证明以下定理：

定理 3(数列极限的运算法则)　若 $\lim\limits_{n\to\infty}x_n=a$，$\lim\limits_{n\to\infty}y_n=b$，则

(1) $\lim\limits_{n\to\infty}(x_n\pm y_n)=\lim\limits_{n\to\infty}x_n\pm\lim\limits_{n\to\infty}y_n=a\pm b$；(加减法则)

(2) $\lim\limits_{n\to\infty}(x_n\cdot y_n)=\lim\limits_{n\to\infty}x_n\cdot\lim\limits_{n\to\infty}y_n=a\cdot b$；(乘法法则)

(3) $\lim\limits_{n\to\infty}\frac{x_n}{y_n}=\frac{\lim\limits_{n\to\infty}x_n}{\lim\limits_{n\to\infty}y_n}=\frac{a}{b}$ $(\lim\limits_{n\to\infty}y_n=b\neq0)$. (除法法则)

例 2　求下列数列的极限：

(1) $\lim\limits_{n\to\infty}\frac{2-5n^2}{n^2+1}$；　　(2) $\lim\limits_{n\to\infty}\frac{1+2+3+\cdots+n}{n^2}$.

解 (1) 将分子与分母同时除以 n^2，

$$\lim_{n\to\infty}\frac{2-5n^2}{n^2+1}=\lim_{n\to\infty}\frac{\frac{2}{n^2}-5}{1+\frac{1}{n^2}}=\frac{0-5}{1+0}=-5.$$

(2) 利用等差数列求和公式先对分子求和,然后再求极限.

$$\lim_{n\to\infty}\frac{1+2+3+\cdots+n}{n^2}=\lim_{n\to\infty}\frac{\frac{1}{2}n(n+1)}{n^2}=\lim_{n\to\infty}\frac{n+1}{2n}=\lim_{n\to\infty}\left(\frac{1}{2}+\frac{1}{2n}\right)=\frac{1}{2}.$$

习题 3.1

1. 观察以下数列 $\{x_n\}$,哪些收敛？哪些发散？对于收敛数列,通过观察得到其极限.

(1) $x_n=1+\frac{1}{n^3}$； (2) $x_n=n(-1)^n$； (3) $x_n=\frac{n+2}{n-3}$；

(4) $x_n=\ln\frac{1}{n}$； (5) $x_n=\frac{\sqrt{n^2+1}}{n}$； (6) $x_n=\sin n$.

2. 计算下列极限：

(1) $\lim\limits_{n\to\infty}\frac{3n^2-1}{n^2+n}$； (2) $\lim\limits_{n\to\infty}\frac{(n+1)(n+2)(n+3)}{n^3}$；

(3) $\lim\limits_{n\to\infty}\left[\frac{1}{1\times2}+\frac{1}{2\times3}+\frac{1}{3\times4}+\cdots+\frac{1}{n(n+1)}\right]$；(4) $\lim\limits_{n\to\infty}(\sqrt{n+1}-\sqrt{n})$.

3.2 函数的极限

数列 $\{x_n\}$ 的通项 x_n 可以看成项数 n 的函数即 $x_n=f(n)$,这样数列极限可表示为 $\lim\limits_{n\to\infty}x_n=\lim\limits_{n\to\infty}f(n)=a$,这里 n 为正整数. 如果将 n 换为 x,并将其取值范围扩大为 $\mathbf{R}$,那么上述极限可表示为 $\lim\limits_{x\to+\infty}f(x)=a$. 本节将介绍函数的极限.

一、自变量趋于无穷大时函数的极限

自变量 x 趋于无穷大有以下三种情况：

(1) x 的绝对值趋于无穷,记作 $x\to\infty$；

(2) $x>0$ 且 x 趋于无穷,记作 $x\to+\infty$；

(3) $x<0$ 且 x 趋于无穷,记作 $x\to-\infty$.

先来观察函数 $y=\frac{1}{x}$ 的图像(如图 3-2 所示). 当 $x\to\infty$ 时,曲线无限接近于 x 轴,即 $y=0$. 也就是说,当 $x\to\infty$ 时函数 $y=\frac{1}{x}$ 无限接近于常数 0.

一般地,假设函数 $f(x)$ 在 $|x|$ 大于某个正数时有定义,如果当 $x\to\infty$ 时对应的函数值 $f(x)$ 无限接近于某个常数 a,则称常数 a 为当 $x\to\infty$ 时函数 $f(x)$ 的极限. 函数的这种变化趋势可用下面定义精确表述:

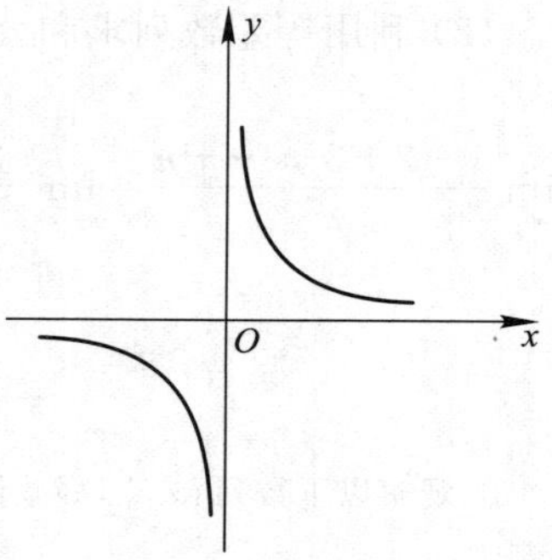

图 3-2

定义 1　设函数 $f(x)$ 当 $|x|$ 大于某个正数时有定义. 如果对于任意给定的正数 ε,总存在正数 X,使得当 $|x|>X$ 时,不等式

$$|f(x)-a|<\varepsilon$$

总成立,则称常数 a 为函数 $f(x)$ 当 $x\to\infty$ 时的**极限**,或说当 $x\to\infty$ 时,函数 $f(x)$ 趋于常数 a,记作

$$\lim_{x\to\infty}f(x)=a$$

或

$$f(x)\to a\quad(x\to\infty)$$

如果 $x\to+\infty$,那么将定义中的 $|x|>X$ 改为 $x>X$,就可得 $\lim\limits_{x\to+\infty}f(x)=a$ 的定义. 同样如果 $x\to-\infty$,那么只要将定义中的 $|x|>X$ 改为 $x<-X$,就可得 $\lim\limits_{x\to-\infty}f(x)=a$ 的定义.

$\lim\limits_{x\to\infty}f(x)=a$ 的几何意义是:对于任意给定的 $\varepsilon>0$,作直线 $y=a-\varepsilon$ 和 $y=a+\varepsilon$,则总存在 $X>0$,使得当 $|x|>X$ 时,函数 $y=f(x)$ 的图形落在图 3-3 中有阴影的区域内.

观察函数 $y=\frac{1}{x}$ 的图像可知,

$$\lim_{x\to\infty}\frac{1}{x}=\lim_{x\to-\infty}\frac{1}{x}=\lim_{x\to+\infty}\frac{1}{x}=0$$

称直线 $y=0$ 为函数 $y=\frac{1}{x}$ 的图形的水平渐近线,或曲线 $y=\frac{1}{x}$ 的水平渐近线.

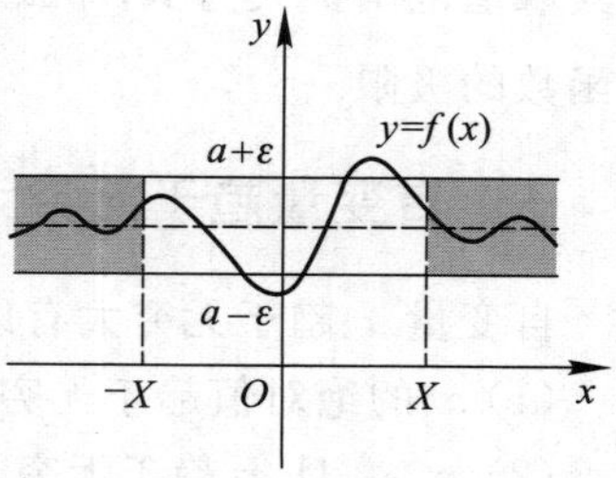

图 3-3

一般地，如果 $\lim\limits_{x\to-\infty}f(x)=a$ 或者 $\lim\limits_{x\to+\infty}f(x)=a$，那么称 $y=a$ 为曲线 $y=f(x)$ 的水平渐近线.

二、自变量趋于有限值时函数的极限

首先介绍今后要用到的邻域概念.

设 a 与 δ 是两个实数，且 $\delta>0$. 称开区间 $(a-\delta,a+\delta)$ 为点 a 的 **δ 邻域**(neighborhood)，记作 $U(a,\delta)$. 从数轴上看，这是一个以 a 为中心，长度为 2δ 的开区间(如图 3-4 所示).

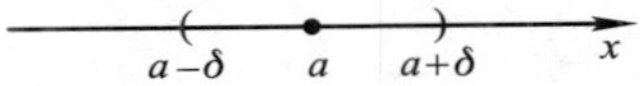

图 3-4

有时需要将邻域的中心去掉. 点 a 的 δ 邻域去掉中心 a 点后，称为点 a 的**去心 δ 邻域**，记作 $\mathring{U}(a,\delta)$，即

$$\mathring{U}(a,\delta)=U(a,\delta)-\{a\}=(a-\delta,a)\cup(a,a+\delta)$$

观察函数 $f(x)=2x+1$ 的图像(如图 3-5 所示)，可以看出当 x 无限接近于 1 时，函数值 $f(x)$ 无限接近于 3，即 $|f(x)-3|$ 的值无限接近于 0.

再观察函数 $f(x)=\dfrac{x^2-1}{x-1}$ 的图像(如图 3-6 所示)，虽然 $f(x)$ 在点 $x=1$ 没有定义，但是当 x 无限接近于 1 时，函数值 $f(x)$ 无限接近于 2，即 $|f(x)-2|$ 的值无限接近于 0.

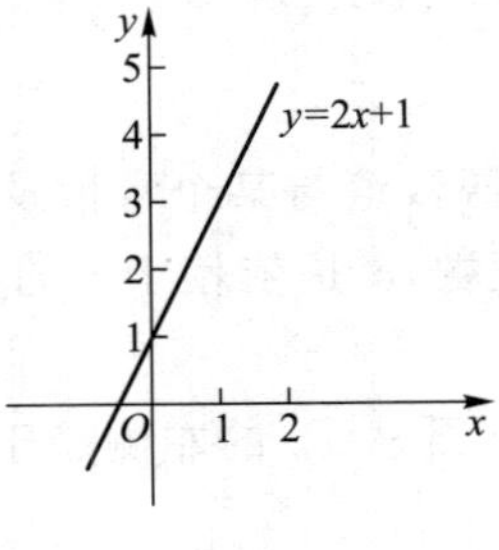

图 3-5

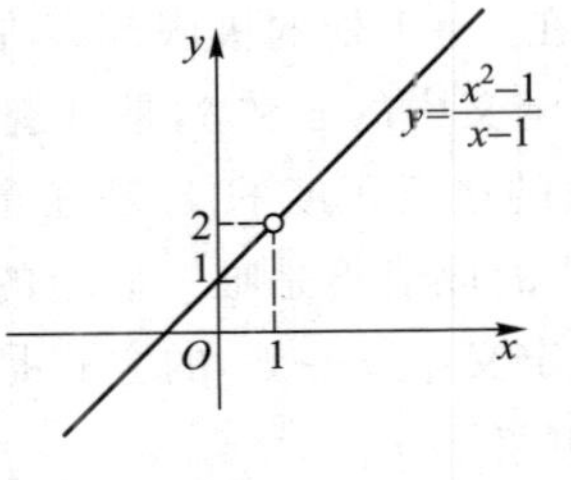

图 3-6

一般地，如果在 $x\to x_0$ 的过程中，对应的函数值 $f(x)$ 无限接近常数 a，那么我们就说 a 是函数 $f(x)$ 当 $x\to x_0$ 时的极限. 即当 $x\to x_0$ 时，$|f(x)-a|$ 可以任意小. 同数列极限概念一样，$|f(x)-a|$ 可以任意小，可用 $|f(x)-a|<\varepsilon$ 来表示，其中 ε 为任意给定的正数. 又因为函数值 $f(x)$ 无限接近于 a 是在 $x\to x_0$ 的过程中实现的，所以对于上述 ε，只要充分接近 x_0 的那些 x 所对应的函数值 $f(x)$ 满足 $|f(x)-a|<\varepsilon$ 即可(我们假定 $f(x)$ 在点 x_0 附近有定义). 而充分接近 x_0 的 x 又可用不等式 $0<|x-x_0|<\delta$ 来描述，同数列极限概念一样，这里的 δ 是一个随 ε 的变

化而变化的正数.这样就可得到下面精确的定义.

定义 2　设函数 $f(x)$ 在点 x_0 的邻域内（x_0 可除外）有定义.如果对于任意给定的正数 ε，总存在正数 δ，使得对于 x_0 的去心 δ 邻域 $\mathring{U}(x_0,\delta)$ 内的一切 x，不等式

$$|f(x)-a|<\varepsilon$$

总成立，则称常数 a 为函数 $f(x)$ 当 $x\to x_0$ 的**极限**，或说当 $x\to x_0$ 时，函数 $f(x)$ 趋于常数 a，记作

$$\lim_{x\to x_0} f(x)=a$$

或

$$f(x)\to a\quad(x\to x_0)$$

下面对函数极限定义作几点说明：

1°　定义中的 x 是在 x_0 的去心 δ 邻域 $\mathring{U}(x_0,\delta)$ 内取值，去掉了 x_0 点，即在讨论 $f(x)$ 当 $x\to x_0$ 时的极限时，不考虑 $f(x)$ 在点 x_0 的取值情况.这是因为讨论的是在 $x\to x_0$ 时，$f(x)$ 的变化趋势，而不是 $f(x)$ 在点 x_0 的取值情况.

例如，函数 $f(x)=\dfrac{x^2-1}{x-1}$ 在 $x=1$ 处无定义，但是

$$\lim_{x\to 1} f(x)=\lim_{x\to 1}\frac{x^2-1}{x-1}=\lim_{x\to 1}(x+1)=2$$

即 $f(x)$ 在 $x=1$ 处的极限却存在.

2°　定义中的 ε 和 δ，是分别用来刻画函数值与某个常数及自变量与某个常数的接近程度的.ε 是任意给定的正数，δ 是依赖于 ε 的正数，当 ε 给定后，δ 的取值不是唯一确定的.

3°　定义中 $x\to x_0$ 的方式是任意的，x 既从 x_0 的左侧趋于 x_0，又从 x_0 的右侧趋于 x_0.

若只考虑自变量 x 从 x_0 的一侧趋于 x_0，则函数 $f(x)$ 的极限有下面两种情况：

(1) 当 x 从 x_0 的左侧趋于 x_0 时，即 $x<x_0$，这时可记为 $x\to x_0^-$（或 $x\to x_0-0$），若函数 $f(x)$ 的极限存在，并且等于常数 a，则称此常数 a 为函数 $f(x)$ 在点 x_0 的左极限，记作

$$\lim_{x\to x_0^-} f(x)=\lim_{x\to x_0-0} f(x)=f(x_0-0)=a.$$

(2) 当 x 从 x_0 的右侧趋于 x_0 时，即 $x>x_0$，这时可记为 $x\to x_0^+$（或 $x\to x_0+0$），若函数 $f(x)$ 的极限存在，并且等于常数 a，则称此常数 a 为

函数$f(x)$在点 x_0 的右极限,记作

$$\lim_{x\to x_0^+} f(x)=\lim_{x\to x_0+0} f(x)=f(x_0+0)=a.$$

显然左、右极限与极限有下面关系:

定理 $\lim\limits_{x\to x_0} f(x)=a$ 的充分必要条件是

$$\lim_{x\to x_0^-} f(x)=\lim_{x\to x_0^+} f(x)=a$$

4° 定义 2 的几何意义:任意给定一正数 ε,作平行于 x 轴的两条直线 $y=a-\varepsilon$ 和 $y=a+\varepsilon$,当$\lim\limits_{x\to x_0} f(x)=a$ 时,函数 $y=f(x)$ 图形上的点 $P(x,f(x))$,其横坐标取去心邻域 $\mathring{U}(x_0,\delta)$内的值时,一定落在图 3-7 中有阴影的区域内.

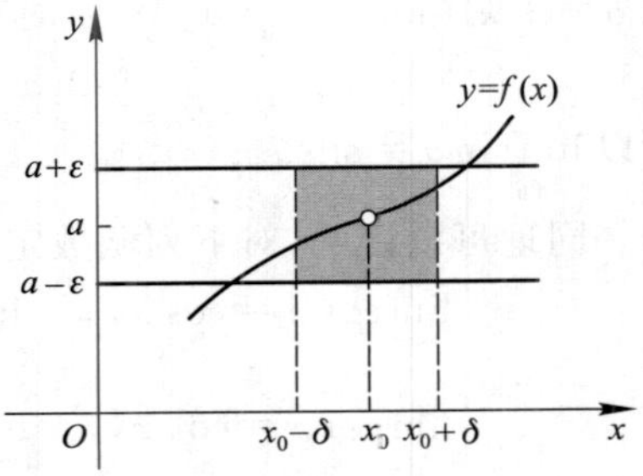

图 3-7

例 1 证明 $\lim\limits_{x\to x_0} C=C$ (C 为一常数,x_0 为$(-\infty,+\infty)$内任一点).

证 因为$|f(x)-C|=|C-C|=0$,所以对于任意给定的 $\varepsilon>0$,可任取一 $\delta>0$,当 $x\in\mathring{U}(x_0,\delta)$时,不等式

$$|f(x)-C|<\varepsilon$$

总成立,所以$\lim\limits_{x\to x_0} C=C$.

例 2 设 $f(x)=3x-1$,证明:$\lim\limits_{x\to 2} f(x)=5$.

证 对任意给定的 $\varepsilon>0$,为使

$$|f(x)-5|=|3x-1-5|=3|x-2|<\varepsilon$$

只要取 $\delta=\dfrac{\varepsilon}{3}$即可,那么当 $0<|x-2|<\delta$ 时,就有

$$|(3x-1)-5|<\varepsilon$$

所以

$$\lim_{x\to 2} f(x)=\lim_{x\to 2}(3x-1)=5$$

更一般地,可证明,对任意常数 a,b 及任意点 x_0,有

$$\lim_{x\to x_0}(ax+b)=ax_0+b$$

例 3 对任意实数 x_0,证明 $\lim\limits_{x\to x_0}\sin x=\sin x_0$

证 $\sin x-\sin x_0=2\sin\dfrac{x-x_0}{2}\cos\dfrac{x+x_0}{2}$

由于

$$\left|\sin\frac{x-x_0}{2}\right|\leqslant\frac{1}{2}|x-x_0|,\quad \left|\cos\frac{x+x_0}{2}\right|\leqslant 1$$

所以

$$|\sin x-\sin x_0|\leqslant|x-x_0|$$

对于任意给定的 $\varepsilon>0$，要使 $|\sin x-\sin x_0|<\varepsilon$，只需 $|x-x_0|<\varepsilon$. 因此取 $\delta=\varepsilon$，则当 $0<|x-x_0|<\delta$ 时有

$$|\sin x-\sin x_0|<\varepsilon$$

所以 $\lim\limits_{x\to x_0}\sin x=\sin x_0$.

同理可以证明，对下列函数定义域内的任意一点 x_0，均有

$$\lim_{x\to x_0}\cos x=\cos x_0,\quad \lim_{x\to x_0}\tan x=\tan x_0$$

$$\lim_{x\to x_0}\cot x=\cot x_0,\quad \lim_{x\to x_0}a^x=a^{x_0}\quad (a>0 \text{ 且 } a\neq 1)$$

$$\lim_{x\to x_0}x^\mu=x_0^\mu$$

例 4　讨论函数

$$f(x)=\begin{cases}x^2+1, & x<1,\\ 1, & x=1,\\ x-1, & x>1\end{cases}$$

当 $x\to 1$ 时的极限.

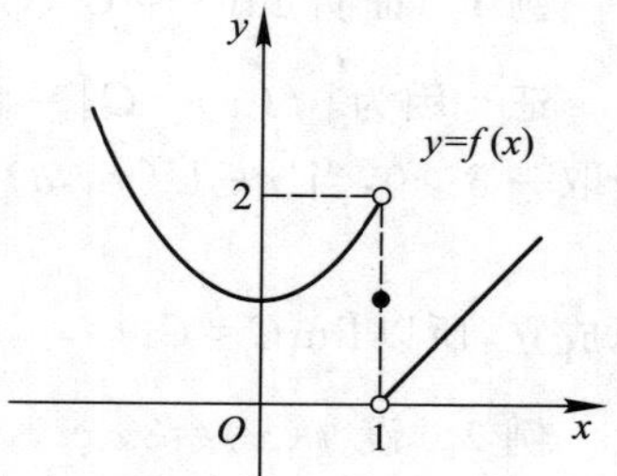

图 3-8

解　由图 3-8 易看出

$$f(1-0)=\lim_{x\to 1^-}(x^2+1)=2$$

$$f(1+0)=\lim_{x\to 1^+}(x-1)=0$$

由于 $f(1-0)\neq f(1+0)$，所以当 $x\to 1$ 时，$f(x)$ 的极限不存在.

习题 3.2

1. 用定义验证：

(1) $\lim\limits_{x\to 2}(3x+5)=11$；　　(2) $\lim\limits_{x\to+\infty}\dfrac{3x+1}{2x+1}=\dfrac{3}{2}$.

2. 设 $f(x)=\begin{cases}x, & x\geqslant 0,\\ \sin x, & x<0,\end{cases}$ 讨论 $f(x)$ 在点 $x=0$ 的极限是否存在.

3. 证明极限 $\lim\limits_{x\to 0}\dfrac{|x|}{x}$ 不存在.

3.3 函数极限的性质及运算法则

本节只就当 $x\to x_0$ 时的情形进行讨论,当 $x\to\infty$ 时的情形有完全类似的结果.

一、函数极限的性质

定理 1(函数极限的唯一性定理) 如果函数极限存在,那么极限值只有一个.

证 用反证法.假设 $\lim\limits_{x\to x_0}f(x)=a$,$\lim\limits_{x\to x_0}f(x)=b$,且 $a\neq b$.不妨设 $a<b$.由函数极限的定义知,对任意给定的 $\varepsilon>0$,总存在 $\delta_1>0$,使得当 $0<|x-x_0|<\delta_1$ 时,总有

$$|f(x)-a|<\varepsilon \tag{1}$$

和 $\delta_2>0$,使得当 $0<|x-x_0|<\delta_2$ 时,总有

$$|f(x)-b|<\varepsilon \tag{2}$$

现在取 $\varepsilon=\dfrac{b-a}{2}$,$\delta=\min\{\delta_1,\delta_2\}$,则当 $0<|x-x_0|<\delta$ 时,(1)式和(2)式同时成立.但由(1)式可知 $f(x)<\dfrac{a+b}{2}$;由(2)式可知 $f(x)>\dfrac{a+b}{2}$.所以假设不成立,故有 $a=b$.即如果函数的极限存在,那么极限值只能有一个.

定理 2(函数极限的局部有界性) 如果 $\lim\limits_{x\to x_0}f(x)=a$,那么 $f(x)$ 为 x_0 的某一去心邻域 $\mathring{U}(x_0,\delta)$ 内的有界函数.

证 因为 $\lim\limits_{x\to x_0}f(x)=a$,所以对于任意给定的 $\varepsilon>0$,存在 $\delta>0$,使得当 $x\in\mathring{U}(x_0,\delta)$ 时,

$$|f(x)-a|<\varepsilon \tag{3}$$

现在取 $\varepsilon=1$,则上式化为

$$|f(x)-a|<1$$

于是当 $x\in\mathring{U}(x_0,\delta)$ 时,有

$$\begin{aligned}|f(x)|&=|f(x)-a+a|\\&\leqslant|f(x)-a|+|a|\\&<1+|a|\end{aligned}$$

令 $M=1+|a|$,则当 $x\in\mathring{U}(x_0,\delta)$ 时,有

$$|f(x)|<M$$

故 $f(x)$ 为去心邻域 $\mathring{U}(x_0,\delta)$ 内的有界函数.

下面再给出三个定理.读者可就数列极限情形写出类似的结果.

定理 3(函数极限的局部保号性)　如果 $\lim\limits_{x \to x_0} f(x)=a$,且 $a>0$ (或 $a<0$),那么存在点 x_0 的某一去心邻域 $\mathring{U}(x_0,\delta)$,使得当 $x \in \mathring{U}(x_0,\delta)$ 时,$f(x)>0$ (或 $f(x)<0$).

证　只证 $a>0$ 的情形.

因为 $\lim\limits_{x \to x_0} f(x)=a$,所以取 $\varepsilon=\dfrac{a}{2}>0$,则存在 $\delta>0$,使得当 $x \in \mathring{U}(x_0,\delta)$ 时,有

$$|f(x)-a|<\frac{a}{2}$$

即

$$\frac{a}{2}<f(x)<\frac{3a}{2}$$

即当 $x \in \mathring{U}(x_0,\delta)$ 时,$f(x)>0$.

$a<0$ 的情形可类似证明.

由定理 3 的证明可得下面的结论:

定理 3′　如果 $\lim\limits_{x \to x_0} f(x)=a\ (a \neq 0)$,那么存在 x_0 的某个去心邻域 $\mathring{U}(x_0,\delta)$,使得当 $x \in \mathring{U}(x_0,\delta)$ 时,$|f(x)|>\dfrac{|a|}{2}$.

定理 4　如果 $\lim\limits_{x \to x_0} f(x)=a$,且存在 $\delta_0>0$,使得当 $x \in \mathring{U}(x_0,\delta_0)$ 时,$f(x) \geqslant 0$ (或 $f(x) \leqslant 0$),那么 $a \geqslant 0$ (或 $a \leqslant 0$).

证　只证 $f(x) \geqslant 0$ 的情形,用反证法.

假设 $a<0$,则由定理 3 知,存在 $\delta_1>0$,使得当 $x \in \mathring{U}(x_0,\delta_1)$ 时,$f(x)<0$.

取 $\delta=\min\{\delta_0,\delta_1\}$,则当 $x \in \mathring{U}(x_0,\delta)$ 时,$f(x)<0$ 和 $f(x) \geqslant 0$ 应同时成立,显然矛盾.因此 $a \geqslant 0$.

$f(x) \leqslant 0$ 的情形可类似证明.

二、函数极限的运算法则

定理 5　若 $\lim\limits_{x \to x_0} f(x)=a$,$\lim\limits_{x \to x_0} g(x)=b$,则有

(1) $\lim\limits_{x \to x_0}[f(x) \pm g(x)]=\lim\limits_{x \to x_0} f(x) \pm \lim\limits_{x \to x_0} g(x)=a \pm b$;

(2) $\lim\limits_{x \to x_0}[f(x)g(x)]=\lim\limits_{x \to x_0} f(x) \cdot \lim\limits_{x \to x_0} g(x)=a \cdot b$;

(3) $\lim\limits_{x\to x_0}\dfrac{f(x)}{g(x)}=\dfrac{\lim\limits_{x\to x_0}f(x)}{\lim\limits_{x\to x_0}g(x)}=\dfrac{a}{b}$ $(b\neq0)$.

证 我们只证(1)中的加法情形,其他各条证明方法类似,从略.

由于 $\lim\limits_{x\to x_0}f(x)=a$,$\lim\limits_{x\to x_0}g(x)=b$,则对于任意给定的 $\varepsilon>0$,总存在 $\delta_1>0$ 和 $\delta_2>0$,使得当 $x\in\mathring{U}(x_0,\delta_1)$ 时,有

$$|f(x)-a|<\varepsilon/2 \tag{4}$$

当 $x\in\mathring{U}(x_0,\delta_2)$ 时,有

$$|g(x)-b|<\varepsilon/2 \tag{5}$$

取 $\delta=\min\{\delta_1,\delta_2\}$,则当 $x\in\mathring{U}(x_0,\delta)$ 时,(4),(5)两式同时成立,所以有

$$\begin{aligned}|f(x)+g(x)-(a+b)|&=|[f(x)-a]+[g(x)-b]|\\&\leqslant|f(x)-a|+|g(x)-b|\\&<\frac{\varepsilon}{2}+\frac{\varepsilon}{2}=\varepsilon\end{aligned}$$

因此

$$\lim_{x\to x_0}[f(x)+g(x)]=\lim_{x\to x_0}f(x)+\lim_{x\to x_0}g(x)=a+b$$

定理 5 中的(1),(2)可推广到有限个具有极限的函数情形.

定理 6 如果 $\lim\limits_{x\to x_0}f(x)=0$,$g(x)$ 在点 x_0 的某一去心邻域内有界,那么

$$\lim_{x\to x_0}f(x)g(x)=0$$

证 设 $g(x)$ 在点 x_0 的某一去心邻域 $\mathring{U}(x_0,\delta_1)$ 内是有界的,则存在 $M>0$,使得当 $x\in\mathring{U}(x_0,\delta_1)$ 时,总有

$$|g(x)|\leqslant M \tag{6}$$

又因为 $\lim\limits_{x\to x_0}f(x)=0$,所以对任意给定的 $\varepsilon>0$,存在 $\delta_2>0$,使得当 $x\in\mathring{U}(x_0,\delta_2)$ 时,总有

$$|f(x)-0|=|f(x)|<\varepsilon/M \tag{7}$$

取 $\delta=\min\{\delta_1,\delta_2\}$,则当 $x\in\mathring{U}(x_0,\delta)$ 时,(6),(7)两式同时成立,所以有

$$\begin{aligned}|f(x)g(x)-0|&=|f(x)g(x)|\\&=|f(x)||g(x)|<\frac{\varepsilon}{M}\cdot M=\varepsilon\end{aligned}$$

因此,

$$\lim_{x\to x_0}f(x)g(x)=0$$

例 1　求 $\lim\limits_{x\to 2}(6x^3+2x^2+5)$.

解　$\lim\limits_{x\to 2}(6x^3+2x^2+5)$

$=\lim\limits_{x\to 2}6x^3+\lim\limits_{x\to 2}2x^2+\lim\limits_{x\to 2}5$

$=6\cdot 2^3+2\cdot 2^2+5=61$

例 2　求 $\lim\limits_{x\to 1}\dfrac{2x-2}{x^2-1}$.

解　当 $x\to 1$ 时，分母的极限为零，不能直接用定理 5. 但因分子及分母有公因子 $x-1$，而当 $x\to 1$ 时，$x\neq 1$，$x-1\neq 0$，故可约去这个公因子. 所以

$$\lim_{x\to 1}\frac{2x-2}{x^2-1}=\lim_{x\to 1}\frac{2}{x+1}=\frac{\lim\limits_{x\to 1}2}{\lim\limits_{x\to 1}(x+1)}=\frac{2}{2}=1$$

例 3　求 $\lim\limits_{x\to 0}\dfrac{x}{1-\sqrt{x+1}}$.

解　当 $x\to 0$ 时，分子、分母的极限均为零. 分子、分母同时乘 $1+\sqrt{x+1}$ 后可得

$$\lim_{x\to 0}\frac{x}{1-\sqrt{x+1}}=\lim_{x\to 0}[-(1+\sqrt{x+1})]=-2$$

定理 7（复合函数的极限运算法则）　设函数 $y=f[\varphi(x)]$ 是由函数 $y=f(u)$ 和 $u=\varphi(x)$ 复合而成的，函数 $f[\varphi(x)]$ 在点 x_0 的某一去心邻域内有定义，若 $\lim\limits_{x\to x_0}\varphi(x)=u_0$，$\lim\limits_{u\to u_0}f(u)=a$，且存在 $\delta_0>0$，当 $x\in\mathring{U}(x_0,\delta_0)$ 时，有 $\varphi(x)\neq u_0$，则

$$\lim_{x\to x_0}f[\varphi(x)]=\lim_{u\to u_0}f(u)=a$$

***证**　要证 $\lim\limits_{x\to x_0}f[\varphi(x)]=a$，由函数极限的定义知，只需证对任意给定的 $\varepsilon>0$，能够找到 $\delta>0$，使得当 $0<|x-x_0|<\delta$ 时，$|f[\varphi(x)]-a|<\varepsilon$ 成立即可.

因为 $\lim\limits_{u\to u_0}f(u)=a$，所以对任意给定的 $\varepsilon>0$，存在 $\eta>0$，使当 $0<|u-u_0|<\eta$ 时，有 $|f(u)-a|<\varepsilon$ 成立.

又因为 $\lim\limits_{x\to x_0}\varphi(x)=u_0$，所以对于上面的 $\eta>0$，总存在 $\delta_1>0$，使当 $0<|x-x_0|<\delta_1$ 时，有 $|\varphi(x)-u_0|<\eta$ 成立.

由假设知，当 $x\in\mathring{U}(x_0,\delta_0)$ 时，$\varphi(x)\neq u_0$. 取 $\delta=\min\{\delta_0,\delta_1\}$，则当 $0<|x-x_0|<\delta$ 时，$|\varphi(x)-u_0|<\eta$ 与 $|\varphi(x)-u_0|\neq 0$ 同时成立，即

$0<|\varphi(x)-u_0|=|u-u_0|<\eta$ 成立，从而

$$|f[\varphi(x)]-a|=|f(u)-a|<\varepsilon$$

成立. 即

$$\lim_{x\to x_0} f[\varphi(x)]=\lim_{u\to u_0} f(u)=a.$$

在此定理中，将 $\lim\limits_{x\to x_0}\varphi(x)=u_0$ 换成 $\lim\limits_{x\to x_0}\varphi(x)=\infty$，而将 $\lim\limits_{u\to u_0} f(u)=a$ 换成 $\lim\limits_{u\to\infty} f(u)=a$，可得类似定理.

此定理表明，若 $f(u)$ 和 $\varphi(x)$ 满足定理的条件，则可通过变量替换 $u=\varphi(x)$，将求 $\lim\limits_{x\to x_0} f[\varphi(x)]$ 转化为求 $\lim\limits_{u\to u_0} f(u)$，这里 $u_0=\lim\limits_{x\to x_0}\varphi(x)$.

三、极限存在准则和两个重要极限

1. 极限存在准则

准则Ⅰ（夹逼定理） 设在 x_0 的某一去心邻域 $\mathring{U}(x_0,\delta_0)$ 内，有

$$g(x)\leqslant f(x)\leqslant h(x)$$

且

$$\lim_{x\to x_0} g(x)=\lim_{x\to x_0} h(x)=a$$

则当 $x\to x_0$ 时，$f(x)$ 的极限存在，且

$$\lim_{x\to x_0} f(x)=a$$

证 因为 $\lim\limits_{x\to x_0} g(x)=a$，$\lim\limits_{x\to x_0} h(x)=a$，所以对任意给定的 $\varepsilon>0$，存在 $\delta_1>0,\delta_2>0$，使当 $x\in\mathring{U}(x_0,\delta_1)$ 时，有

$$|g(x)-a|<\varepsilon$$

即

$$a-\varepsilon<g(x)<a+\varepsilon \tag{8}$$

当 $x\in\mathring{U}(x_0,\delta_2)$ 时，有

$$|h(x)-a|<\varepsilon$$

即

$$a-\varepsilon<h(x)<a+\varepsilon \tag{9}$$

又因为当 $x\in\mathring{U}(x_0,\delta_0)$ 时，

$$g(x)\leqslant f(x)\leqslant h(x) \tag{10}$$

取 $\delta=\min\{\delta_0,\delta_1,\delta_2\}$. 当 $x\in\mathring{U}(x_0,\delta)$ 时，(8)，(9)，(10)式同时成立. 所以有

$$a-\varepsilon<f(x)<a+\varepsilon$$

即

$$|f(x)-a|<\varepsilon$$

所以

$$\lim_{x \to x_0} f(x) = a$$

对于数列的极限也有类似的准则：

准则 Ⅰ′　如果数列$\{x_n\}$，$\{y_n\}$和$\{z_n\}$满足

$$y_n \leqslant x_n \leqslant z_n \quad (n=1,2,3,\cdots)$$

且

$$\lim_{n \to \infty} y_n = \lim_{n \to \infty} z_n = a$$

则数列$\{x_n\}$的极限存在，且

$$\lim_{n \to \infty} x_n = a$$

如果数列$\{x_n\}$满足条件

$$x_1 \leqslant x_2 \leqslant \cdots \leqslant x_n \leqslant x_{n+1} \leqslant \cdots$$

就称数列$\{x_n\}$是单调增加数列；如果数列$\{x_n\}$满足条件

$$x_1 \geqslant x_2 \geqslant \cdots \geqslant x_n \geqslant x_{n+1} \geqslant \cdots$$

就称数列$\{x_n\}$是单调减少数列. 单调增加数列和单调减少数列统称为单调数列.

准则 Ⅱ　单调有界数列必有极限.

我们不对准则Ⅱ做严格证明，只作一个几何解释：从数轴上看，单调数列的点 x_n 是向一个方向移动的，所以当 $n \to \infty$ 时，动点 x_n 或者沿数轴趋向于无穷远，或者无限接近于某个定点 a（如图 3－9 所示）. 由于数列是有界数列，即 $|x_n| \leqslant M$，因此前一种情况不可能发生，数列$\{x_n\}$只能与某个数无限接近. 即单调有界数列必有极限. 并且这个极限的绝对值不会超过 M.

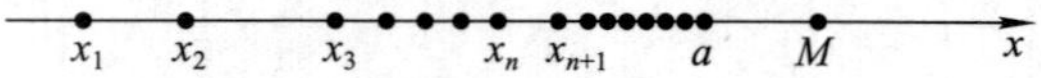

图 3－9

2. 两个重要极限

(1) $\lim\limits_{x \to 0} \dfrac{\sin x}{x} = 1$.

证　如图 3－10 所示，作一单位圆，设圆心角$\angle AOB = x \left(0 < x < \dfrac{\pi}{2}\right)$，点 A 处的切线与 OB 的延长线交于 D，且 $BC \perp OA$，则

$$\sin x = BC, \quad x = \overset{\frown}{AB}, \quad \tan x = AD$$

因为

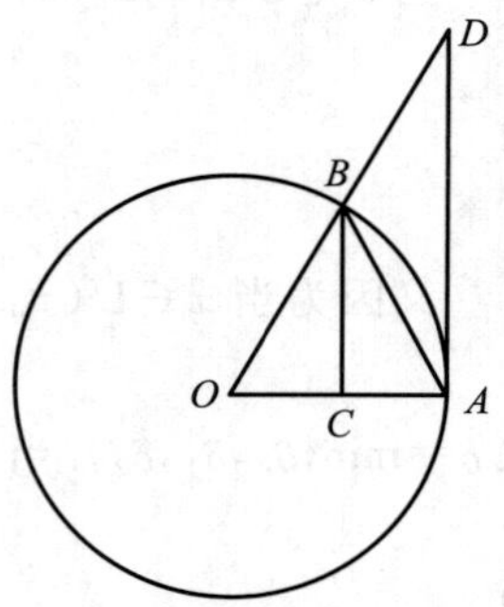

图 3－10

$$S_{\triangle AOB}<S_{\text{扇形}AOB}<S_{\triangle AOD}$$

所以

$$\frac{1}{2}\sin x<\frac{1}{2}x<\frac{1}{2}\tan x$$

即

$$\sin x<x<\tan x$$

将上式各项均除以 $\sin x$ 得

$$1<\frac{x}{\sin x}<\frac{1}{\cos x}$$

从而

$$\cos x<\frac{\sin x}{x}<1$$

当用 $-x$ 代替 x 时，$\cos x$ 和 $\frac{\sin x}{x}$ 均不变，所以当 $-\frac{\pi}{2}<x<0$ 时，上面不等式也成立. 因此当 $0<|x|<\frac{\pi}{2}$ 时，有

$$\cos x<\frac{\sin x}{x}<1$$

由于当 $0<|x|<\frac{\pi}{2}$ 时，

$$0<|\cos x-1|=1-\cos x=2\sin^2\frac{x}{2}<\frac{x^2}{2}$$

而

$$\lim_{x\to 0}\frac{x^2}{2}=0$$

故由准则Ⅰ，有

$$\lim_{x\to 0}\cos x=1$$

所以再由 $\lim\limits_{x\to 0}1=1$ 及极限存在的准则Ⅰ知

$$\lim_{x\to 0}\frac{\sin x}{x}=1$$

例 4 求 $\lim\limits_{x\to 0}\frac{\tan x}{x}$.

解 $\lim\limits_{x\to 0}\frac{\tan x}{x}=\lim\limits_{x\to 0}\frac{\sin x}{x\cos x}=\lim\limits_{x\to 0}\frac{\sin x}{x}\cdot\lim\limits_{x\to 0}\frac{1}{\cos x}=1$

例 5 求 $\lim\limits_{x\to 0}\frac{1-\cos x}{x^2}$.

解 $\lim\limits_{x\to 0}\frac{1-\cos x}{x^2}=\lim\limits_{x\to 0}\frac{2\sin^2\frac{x}{2}}{x^2}=\lim\limits_{x\to 0}\frac{1}{2}\cdot\left(\frac{\sin\frac{x}{2}}{\frac{x}{2}}\right)^2=\frac{1}{2}$

(2) $\lim\limits_{x\to\infty}\left(1+\frac{1}{x}\right)^x=\mathrm{e}$.

这里仅就 x 取正整数且趋于 $+\infty$ 的情形进行讨论. 设 $x_n=\left(1+\frac{1}{n}\right)^n$，证明

$$\lim_{n\to\infty}\left(1+\frac{1}{n}\right)^n=\mathrm{e}$$

证 先证明数列 $\{x_n\}$ 的单调性.

由于

$$\begin{aligned}x_n&=\left(1+\frac{1}{n}\right)^n\\&=1+n\cdot\frac{1}{n}+\frac{n(n-1)}{2!}\cdot\frac{1}{n^2}+\frac{n(n-1)(n-2)}{3!}\cdot\frac{1}{n^3}+\cdots+\\&\quad\frac{n(n-1)\cdots(n-n+1)}{n!}\cdot\frac{1}{n^n}\\&=1+\frac{1}{1!}+\frac{1}{2!}\left(1-\frac{1}{n}\right)+\frac{1}{3!}\left(1-\frac{1}{n}\right)\left(1-\frac{2}{n}\right)+\cdots+\\&\quad\frac{1}{n!}\left(1-\frac{1}{n}\right)\left(1-\frac{2}{n}\right)\cdots\left(1-\frac{n-1}{n}\right)\end{aligned}$$

$$\begin{aligned}x_{n+1}&=1+\frac{1}{1!}+\frac{1}{2!}\left(1-\frac{1}{n+1}\right)+\frac{1}{3!}\left(1-\frac{1}{n+1}\right)\left(1-\frac{2}{n+1}\right)+\cdots+\\&\quad\frac{1}{n!}\left(1-\frac{1}{n+1}\right)\left(1-\frac{2}{n+1}\right)\cdots\left(1-\frac{n-1}{n+1}\right)+\\&\quad\frac{1}{(n+1)!}\left(1-\frac{1}{n+1}\right)\left(1-\frac{2}{n+1}\right)\cdots\left(1-\frac{n}{n+1}\right)\end{aligned}$$

比较 x_n 与 x_{n+1}，可知

$$x_n<x_{n+1}\quad(n=1,2,\cdots)$$

即数列 $\{x_n\}$ 为单调增加数列.

再证数列 $\{x_n\}$ 的有界性.

用 1 代替 x_n 右端括号中的数，就有

$$x_n<1+1+\frac{1}{2!}+\frac{1}{3!}+\cdots+\frac{1}{n!}$$

$$<1+1+\frac{1}{2}+\frac{1}{2^2}+\cdots+\frac{1}{2^{n-1}}$$

$$=1+\frac{1-\frac{1}{2^n}}{1-\frac{1}{2}}=3-\frac{1}{2^{n-1}}<3$$

所以数列$\{x_n\}$为有界数列.

由极限存在准则Ⅱ知，$\lim\limits_{n\to\infty}\left(1+\frac{1}{n}\right)^n$ 存在. 并记此极限值为 e，即

$$\lim_{n\to\infty}\left(1+\frac{1}{n}\right)^n=\mathrm{e}$$

可证明 e 是一个无理数，它的值为 2.718 281 828 459 045…，在实际计算中，通常取到小数点后四位.

可以证明，当 x 取实数趋向于$+\infty$或$-\infty$时，函数$\left(1+\frac{1}{x}\right)^x$ 的极限仍存在且等于 e，即

$$\lim_{x\to\infty}\left(1+\frac{1}{x}\right)^x=\mathrm{e}$$

指数函数 $y=\mathrm{e}^x$ 与自然对数 $y=\ln x$ 的底数 e 就是这个常数 e.

例 6 求 $\lim\limits_{x\to\infty}\left(1+\frac{3}{x}\right)^x$.

解 $$\lim_{x\to\infty}\left(1+\frac{3}{x}\right)^x=\lim_{x\to\infty}\left[\left(1+\frac{1}{\frac{x}{3}}\right)^{\frac{x}{3}}\right]^3=\mathrm{e}^3$$

例 7 求 $\lim\limits_{x\to\infty}\left(\frac{2x+3}{2x+1}\right)^{x+1}$.

解 $$\lim_{x\to\infty}\left(\frac{2x+3}{2x+1}\right)^{x+1}=\lim_{x\to\infty}\left(1+\frac{2}{2x+1}\right)^{x+1}=\lim_{x\to\infty}\left(1+\frac{1}{x+\frac{1}{2}}\right)^{x+\frac{1}{2}+\frac{1}{2}}$$

$$=\lim_{x\to\infty}\left(1+\frac{1}{x+\frac{1}{2}}\right)^{x+\frac{1}{2}}\cdot\lim_{x\to\infty}\left(1+\frac{1}{x+\frac{1}{2}}\right)^{\frac{1}{2}}$$

$$=\mathrm{e}$$

重难点讲解微视频

重要极限

例 8　求 $\lim\limits_{x\to\infty}\left(1-\dfrac{1}{x}\right)^{x}$.

解
$$\lim_{x\to\infty}\left(1-\frac{1}{x}\right)^{x}=\lim_{x\to\infty}\left(1+\frac{1}{-x}\right)^{-x\cdot(-1)}$$
$$=\lim_{x\to\infty}\left[\left(1+\frac{1}{-x}\right)^{-x}\right]^{-1}=\mathrm{e}^{-1}$$

例 9　求 $\lim\limits_{x\to 0}(1+x)^{\frac{1}{x}}$.

解　令 $z=\dfrac{1}{x}$，则当 $x\to 0$ 时，$z\to\infty$. 所以
$$\lim_{x\to 0}(1+x)^{\frac{1}{x}}=\lim_{z\to\infty}\left(1+\frac{1}{z}\right)^{z}=\mathrm{e}$$

例 10　求 $\lim\limits_{x\to 0}(1-2x)^{\frac{1}{x}}$.

解　$\lim\limits_{x\to 0}(1-2x)^{\frac{1}{x}}=\lim\limits_{x\to 0}[1+(-2x)]^{\frac{1}{-2x}\cdot(-2)}$
$$=\{\lim_{x\to 0}[1+(-2x)]^{\frac{1}{-2x}}\}^{-2}=\mathrm{e}^{-2}$$

习题 3.3

1. 计算下列极限：

(1) $\lim\limits_{x\to 2}\dfrac{x^2+4}{x-3}$；

(2) $\lim\limits_{x\to\sqrt{3}}\dfrac{x^2-3}{x^2+1}$；

(3) $\lim\limits_{x\to 1}\dfrac{x^2-1}{x^2-3x+2}$；

(4) $\lim\limits_{x\to 0}\dfrac{4x^3-2x^2+x}{3x^2+2x}$；

(5) $\lim\limits_{x\to\infty}\dfrac{x^2-1}{3x^2-x-1}$；

(6) $\lim\limits_{x\to 0}\dfrac{x^2+x}{x^4-3x^2+1}$；

(7) $\lim\limits_{n\to\infty}\dfrac{n^2+n-1}{(n+1)^2}$；

(8) $\lim\limits_{n\to\infty}\dfrac{1+\dfrac{1}{2}+\dfrac{1}{4}+\cdots+\dfrac{1}{2^n}}{1+\dfrac{1}{3}+\dfrac{1}{9}+\cdots+\dfrac{1}{3^n}}$；

(9) $\lim\limits_{x\to 1}\left(\dfrac{1}{1-x}-\dfrac{3}{1-x^3}\right)$；

(10) $\lim\limits_{x\to+\infty}(\sqrt{x^2+x}-\sqrt{x^2-x})$；

(11) $\lim\limits_{x\to 0}x^2\sin\dfrac{1}{x}$；

(12) $\lim\limits_{x\to\infty}\dfrac{\arctan x}{x}$；

(13) $\lim\limits_{x\to 0}\dfrac{\sin 3x}{x}$；

(14) $\lim\limits_{x\to 0}x\cot x$；

(15) $\lim\limits_{x\to 0}\dfrac{1-\cos 2x}{x\sin x}$；

(16) $\lim\limits_{n\to\infty}2^n\sin\dfrac{x}{2^n}$　$(x\neq 0)$；

(17) $\lim\limits_{x\to 0}(1-x)^{\frac{1}{x}}$；　　(18) $\lim\limits_{x\to\infty}\left(\dfrac{1+x}{x}\right)^{2x}$；

(19) $\lim\limits_{x\to\infty}\left(\dfrac{x+1}{x-1}\right)^{x}$；　　(20) $\lim\limits_{x\to\infty}\left(\dfrac{3-2x}{2-2x}\right)^{x}$.

2. 利用极限存在准则计算下列极限：

(1) $\lim\limits_{n\to\infty}\left(\dfrac{1}{\sqrt{n^2+1}}+\dfrac{1}{\sqrt{n^2+2}}+\cdots+\dfrac{1}{\sqrt{n^2+n}}\right)$；

(2) $\lim\limits_{n\to\infty}n^2\left[\dfrac{1}{(n^2+1)^2}+\dfrac{2}{(n^2+2)^2}+\cdots+\dfrac{n}{(n^2+n)^2}\right]$.

3.4 无穷小与无穷大

讨论函数极限时经常遇到两种特殊的变化趋势，即自变量在某一变化过程中函数值无限接近于零或其绝对值无限增大，这里将它们单独进行讨论.

一、无穷小与无穷大

实际问题中有时会遇到极限为零的变量. 比如，单摆离开铅直位置而摆动，其振幅是关于时间 t 的函数 $f(t)$. 单摆在摆动过程中由于受到空气阻力等影响，其振幅 $f(t)$ 随着时间 t 的增加而逐渐减小以致无限接近于零. 又比如，在洗衣服的过程中，衣服的污渍浓度随着洗涤时间的无限增大而趋于零. 数学上，将这种极限为零的变量称为无穷小量，简称为无穷小.

定义 1　如果函数 $f(x)$ 当 $x\to x_0$（或 $x\to\infty$）时的极限为零，则称函数 $f(x)$ 为当 $x\to x_0$（或 $x\to\infty$）时的**无穷小**(infinitesimal).

例如，函数 $f(x)=\dfrac{1}{x}$ 是当 $x\to\infty$ 时的无穷小，因为 $\lim\limits_{x\to\infty}\dfrac{1}{x}=0$；函数 $f(x)=x-1$ 是当 $x\to 1$ 时的无穷小，这是因为 $\lim\limits_{x\to 1}(x-1)=0$.

由函数极限及无穷小的定义，易得出下面结论：

有限个无穷小的和与差仍是无穷小；有限个无穷小的乘积仍是无穷小；有界函数与无穷小的乘积仍是无穷小.

定理 1　$\lim\limits_{x\to x_0}f(x)=a$ 的充分必要条件是 $f(x)=a+\alpha(x)$，其中 $\alpha(x)$ 是当 $x\to x_0$ 的无穷小.

此定理对于 $x\to\infty$ 也有类似结果.

这个定理说明,具有极限的函数可以用它的极限和一个无穷小之和来表示.

定义 2　如果对于任意给定的正数 M,总存在正数 δ(或 X),使得当 $x\in\mathring{U}(x_0,\delta)$(或 $|x|>X$)时,不等式

$$|f(x)|>M$$

总成立,则称函数 $f(x)$ 为当 $x\to x_0$(或 $x\to\infty$)时的**无穷大**(infinity),或说当 $x\to x_0$(或 $x\to\infty$)时,函数 $f(x)$ 趋于无穷大,记作

$$\lim_{x\to x_0}f(x)=\infty\ (\text{或}\ \lim_{x\to\infty}f(x)=\infty)$$

如果定义中所考虑的 x 对应的函数值 $f(x)$ 都是正的(或负的),则记作

$$\lim_{x\to x_0}f(x)=+\infty\ (\text{或}\ \lim_{x\to x_0}f(x)=-\infty)$$

$$\lim_{x\to\infty}f(x)=+\infty\ (\text{或}\ \lim_{x\to\infty}f(x)=-\infty)$$

例如,$f(x)=\dfrac{1}{x}$ 是当 $x\to 0$ 时的无穷大,这是因为 $\lim\limits_{x\to 0}\dfrac{1}{x}=\infty$. 而 $\lim\limits_{x\to 0^+}\dfrac{1}{x}=+\infty$, $\lim\limits_{x\to 0^-}\dfrac{1}{x}=-\infty$.

无穷大与无穷小之间有如下关系:

定理 2　在自变量的同一变化过程中,如果 $f(x)$ 为无穷大,则 $\dfrac{1}{f(x)}$ 为无穷小;反之,如果 $f(x)\ (\neq 0)$ 为无穷小,则 $\dfrac{1}{f(x)}$ 为无穷大.

证　只就 $x\to x_0$ 的情形证明,对于 $x\to\infty$ 及其他极限过程可同样证明.

设 $\lim\limits_{x\to x_0}f(x)=\infty$.

对任意给定的 $\varepsilon>0$. 由无穷大的定义,对于 $M=\dfrac{1}{\varepsilon}$,必存在 $\delta>0$,使当 $x\in\mathring{U}(x_0,\delta)$ 时,不等式

$$|f(x)|>M=\frac{1}{\varepsilon}$$

总成立,即

$$\left|\frac{1}{f(x)}\right|<\varepsilon$$

总成立,所以

$$\lim_{x\to x_0}\frac{1}{f(x)}=0$$

即$\dfrac{1}{f(x)}$是当 $x\to x_0$ 时的无穷小.

反之,设 $\lim\limits_{x\to x_0}f(x)=0$,且 $f(x)\neq 0$.

对于任意给定的 $M>0$,由无穷小及函数极限的定义,对于 $\varepsilon=\dfrac{1}{M}$,必存在 $\delta>0$,使当 $x\in\mathring{U}(x_0,\delta)$时,有

$$|f(x)|<\varepsilon=\frac{1}{M}$$

由于 $f(x)\neq 0$,所以

$$\left|\frac{1}{f(x)}\right|>M$$

因此,$\dfrac{1}{f(x)}$是当 $x\to x_0$ 时的无穷大.

例 1 求 $\lim\limits_{x\to\infty}\dfrac{3x^2-5x+1}{2x^3-x^2+2}$.

解 由于当 $x\to\infty$时,分子和分母的极限都是无穷大,用 x^3 除分子和分母,然后求极限,可得

$$\lim_{x\to\infty}\frac{3x^2-5x+1}{2x^3-x^2+2}=\lim_{x\to\infty}\frac{\dfrac{3}{x}-\dfrac{5}{x^2}+\dfrac{1}{x^3}}{2-\dfrac{1}{x}+\dfrac{2}{x^3}}=\frac{0}{2}=0$$

例 2 求 $\lim\limits_{x\to\infty}\dfrac{5x^4+6x^2-8}{8x^4+3x^3+x^2}$.

解 先用 x^4 除分子和分母,然后求极限,得

$$\lim_{x\to\infty}\frac{5x^4+6x^2-8}{8x^4+3x^3+x^2}=\lim_{x\to\infty}\frac{5+\dfrac{6}{x^2}-\dfrac{8}{x^4}}{8+\dfrac{3}{x}+\dfrac{1}{x^2}}=\frac{5}{8}$$

例 3 求 $\lim\limits_{x\to 1}\dfrac{2x-3}{x^2-5x+4}$.

解 因为当 $x\to 1$ 时,分母的极限为零,又

$$\lim_{x\to 1}\frac{x^2-5x+4}{2x-3}=\frac{\lim\limits_{x\to 1}(x^2-5x+4)}{\lim\limits_{x\to 1}(2x-3)}=\frac{0}{-1}=0$$

故由定理 2 知，

$$\lim_{x\to 1}\frac{2x-3}{x^2-5x+4}=\infty$$

例 4　求 $\lim\limits_{x\to\infty}\dfrac{2x^3-x^2+2}{3x^2-5x+1}$.

解　由例 1 的结果

$$\lim_{x\to\infty}\frac{3x^2-5x+1}{2x^3-x^2+2}=0$$

及定理 2，知

$$\lim_{x\to\infty}\frac{2x^3-x^2+2}{3x^2-5x+1}=\infty$$

由上面例题的结果，可得下面一般形式：

$$\lim_{x\to\infty}\frac{a_0x^m+a_1x^{m-1}+\cdots+a_m}{b_0x^n+b_1x^{n-1}+\cdots+b_n}=\begin{cases}0, & m<n,\\ \dfrac{a_0}{b_0}, & m=n,\\ \infty, & m>n,\end{cases}$$

其中 $a_0\neq 0, b_0\neq 0, m, n$ 为非负整数.

例 5　求 $\lim\limits_{x\to\infty}\dfrac{\sin x}{x}$.

解　由于当 $x\to\infty$ 时，分子和分母的极限都不存在，所以不能直接应用定理 2 求极限. 但因 $\lim\limits_{x\to\infty}\dfrac{1}{x}=0$，$\sin x$ 是有界函数，所以

$$\lim_{x\to\infty}\frac{\sin x}{x}=0$$

二、无穷小的比较

在自变量同一变化过程中的两个无穷小，虽然它们都趋于零，但趋于零的速度却往往不同. 比如在 $x\to 0$ 的过程中，x 和 x^2 都趋于零，但显然 x^2 趋于零的速度要比 x 趋于零的速度快. 为了进行这种比较，现作如下规定：

定义 3　设 $\alpha(x)$ 与 $\beta(x)$ 是自变量同一变化过程中的两个无穷小.

(1) 如果 $\lim\dfrac{\beta(x)}{\alpha(x)}=0$，则称 $\beta(x)$ 是比 $\alpha(x)$ **高阶的无穷小**，记为

$\beta(x)=o[\alpha(x)]$（这时 $\beta(x)$ 比 $\alpha(x)$ 趋于零的速度快得多）；

(2) 如果 $\lim\dfrac{\beta(x)}{\alpha(x)}=\infty$，则称 $\beta(x)$ 是比 $\alpha(x)$ **低阶的无穷小**（这时 $\beta(x)$ 比 $\alpha(x)$ 趋于零的速度慢得多）；

(3) 如果 $\lim\dfrac{\beta(x)}{\alpha(x)}=k\ (k\neq0)$，则称 $\beta(x)$ 与 $\alpha(x)$ 是**同阶无穷小**（这时 $\beta(x)$ 与 $\alpha(x)$ 趋向于零的快慢大体上保持倍数关系）；

特别地，当 $k=1$，即 $\lim\dfrac{\beta(x)}{\alpha(x)}=1$，则称 $\beta(x)$ 与 $\alpha(x)$ 是**等价无穷小**，记为 $\beta(x)\sim\alpha(x)$（这时 $\beta(x)$ 与 $\alpha(x)$ 趋于零的快慢相仿）.

注意 上面定义中的 $\lim\dfrac{\beta}{\alpha}$ 是与 α 和 β 的自变量在同一变化过程中的极限.

例 6 设 $\alpha=\tan x$，$\beta=\sin x$，证明当 $x\to0$ 时，$\beta\sim\alpha$.

证 因为

$$\lim_{x\to0}\alpha=\lim_{x\to0}\tan x=0$$

$$\lim_{x\to0}\beta=\lim_{x\to0}\sin x=0$$

$$\lim_{x\to0}\frac{\beta}{\alpha}=\lim_{x\to0}\frac{\sin x}{\tan x}=\lim_{x\to0}\cos x=1$$

所以

$$\beta\sim\alpha$$

例 7 设 $\alpha=x+x^3$，$\beta=x^2-2x^3$，证明当 $x\to0$ 时，β 是比 α 高阶的无穷小.

解 因为

$$\lim_{x\to0}\alpha=\lim_{x\to0}(x+x^3)=0$$

$$\lim_{x\to0}\beta=\lim_{x\to0}(x^2-2x^3)=0$$

$$\lim_{x\to0}\frac{\beta}{\alpha}=\lim_{x\to0}\frac{x^2-2x^3}{x+x^3}=\lim_{x\to0}\frac{x-2x^2}{1+x^2}=0$$

所以 β 是比 α 高阶的无穷小.

例 8 设 $\alpha=\dfrac{1}{x^2}$，$\beta=\dfrac{1}{x}$，证明当 $x\to\infty$ 时，β 是比 α 低阶的无穷小.

证 因为

$$\lim_{x\to\infty}\alpha=\lim_{x\to\infty}\frac{1}{x^2}=0$$

$$\lim_{x\to\infty}\beta=\lim_{x\to\infty}\frac{1}{x}=0$$

$$\lim_{x\to\infty}\frac{\beta}{\alpha}=\lim_{x\to\infty}\frac{1/x}{1/x^2}=\lim_{x\to\infty}x=\infty$$

所以 β 是比 α 低阶的无穷小.

等价无穷小还有一个重要的性质，即

重难点讲解微视频

等价无穷小代换

定理 3　设 $\alpha\sim\alpha'$，$\beta\sim\beta'$，且 $\lim\frac{\beta'}{\alpha'}$ 存在，则

$$\lim\frac{\beta}{\alpha}=\lim\frac{\beta'}{\alpha'}$$

证　$\lim\frac{\beta}{\alpha}=\lim\frac{\beta}{\beta'}\cdot\frac{\beta'}{\alpha'}\cdot\frac{\alpha'}{\alpha}=\lim\frac{\beta}{\beta'}\cdot\lim\frac{\beta'}{\alpha'}\cdot\lim\frac{\alpha'}{\alpha}=\lim\frac{\beta'}{\alpha'}$

这个性质表明，在求两个无穷小之比的极限时，分子和分母都可用等价无穷小来代替. 如果替代适当，可以简化计算，但要注意等价无穷小可以在乘积的因子中替代，而在加减法中不可随意使用.

当 $x\to 0$ 时常见的等价无穷小有

$$\sin x\sim x,\quad \tan x\sim x,\quad \arcsin x\sim x,\quad \arctan x\sim x$$

$$e^x-1\sim x,\quad \ln(1+x)\sim x,\quad 1-\cos x\sim\frac{x^2}{2}$$

对于上述的等价无穷小，读者可自行验证.

例 9　求 $\lim\limits_{x\to 0}\frac{\tan 3x}{\sin 5x}$.

解　因为当 $x\to 0$ 时，$\tan 3x\sim 3x$，$\sin 5x\sim 5x$，所以

$$\lim_{x\to 0}\frac{\tan 3x}{\sin 5x}=\lim_{x\to 0}\frac{3x}{5x}=\frac{3}{5}$$

例 10　求 $\lim\limits_{x\to 0}\frac{\tan x-\sin x}{x^3}$.

解　$\lim\limits_{x\to 0}\frac{\tan x-\sin x}{x^3}=\lim\limits_{x\to 0}\frac{\sin x(1-\cos x)}{x^3\cos x}=\lim\limits_{x\to 0}\frac{\sin x\cdot 2\sin^2\frac{x}{2}}{x^3\cos x}$

$$=\lim_{x\to 0}\frac{x\cdot 2\cdot\left(\frac{x}{2}\right)^2}{x^3\cos x}=\frac{1}{2}$$

习题 3.4

1. 求下列极限：

(1) $\lim\limits_{x\to0}\dfrac{\tan 4x}{\sin 3x}$；　　(2) $\lim\limits_{x\to0}\dfrac{1-\cos x}{x^2}$；

(3) $\lim\limits_{x\to0}\dfrac{\sin x^3}{\sin^2 x}$；　　(4) $\lim\limits_{x\to0}\dfrac{\tan x-\sin x}{\sin^3 x}$；

(5) $\lim\limits_{x\to1}\dfrac{x^2-1}{x^2-2x+1}$；　　(6) $\lim\limits_{x\to\infty}\dfrac{x^2-2x+5}{x-1}$.

2. 当 $x\to0$ 时，$2x-x^2$ 与 x^2-x^3 相比，哪一个是高阶无穷小？

3. 当 $x\to1$ 时，$1-x$ 与下面两个函数是否同阶？是否等价？

(1) $1-x^3$；　　(2) $\dfrac{1}{3}(1-x^3)$.

3.5　函数的连续性与间断点

函数的连续性在日常生活中普遍存在. 比如，气温随时间的变化而连续变化，当时间变化很微小时，气温的变化也很微小. 这种现象在数学上反映为函数的连续性，其图形表现为连续而不间断的曲线.

一、函数的连续性

所谓连续就是接连不断，先看图 3－11. 显然在 $x=x_0$ 处，图 3－11(a) 中的 $f_1(x)$ 连续，而图 3－11(b) 中的 $f_2(x)$ 不连续.

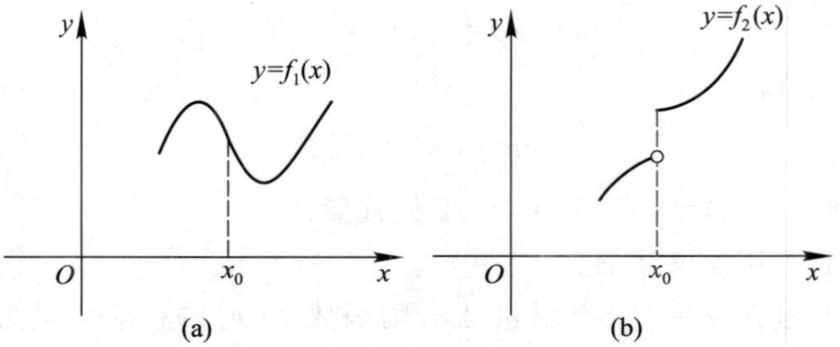

图 3－11

从图 3－11(a) 可看出函数 $f_1(x)$ 在 x_0 处具有下面特征：

(1) $f_1(x)$ 在 x_0 处有定义；

(2) $f_1(x)$在x_0处的极限存在且等于$f_1(x_0)$，即

$$\lim_{x\to x_0} f_1(x)=f_1(x_0)$$

下面我们给出函数在一点连续的定义.

定义 1　设函数$y=f(x)$在x_0的某一邻域内有定义，若$\lim\limits_{x\to x_0} f(x)=f(x_0)$，则称函数$f(x)$在点$x_0$ **连续**(continuous)，称x_0为函数$f(x)$的**连续点**(continuity point).

由此可见，函数$f(x)$在点x_0连续是$f(x)$在点x_0有极限的一种特殊情况，即极限值为函数值的特殊情况.

此定义还可用另外形式给出，为此先给出**增量**(increment)的概念.

设函数$f(x)$在点x_0的某一邻域$U(x_0,\delta)$内有定义，x是$U(x_0,\delta)$内的另外一点，当自变量从x_0变到x时，称差$x-x_0$为自变量在点x_0的增量(或改变量)，记作Δx，即$\Delta x=x-x_0$，对应的函数值之差$f(x)-f(x_0)=f(x_0+\Delta x)-f(x_0)$称为$f(x)$在点$x_0$的增量，记为$\Delta y$，即$\Delta y=f(x_0+\Delta x)-f(x_0)$.

有了增量的概念，可看出$x\to x_0$相当于$\Delta x\to 0$，而$f(x)\to f(x_0)$相当于$\Delta y\to 0$，因此定义1又可用下面形式给出：

定义 1′　设函数$y=f(x)$在点x_0的某一邻域$U(x_0,\delta)$内有定义，如果当自变量在点x_0的增量Δx趋于零时，相应的函数增量Δy也趋于零，即

$$\lim_{\Delta x\to 0}\Delta y=\lim_{\Delta x\to 0}[f(x_0+\Delta x)-f(x_0)]=0$$

则称函数$y=f(x)$在点x_0 **连续**.

例 1　证明$f(x)=3x-1$在$x=2$处连续.

证　方法一　由于

$$\lim_{x\to 2}f(x)=\lim_{x\to 2}(3x-1)=5$$

而$f(2)=5$，所以

$$\lim_{x\to 2}f(x)=f(2)$$

由定义1知，$f(x)=3x-1$在$x=2$处连续.

方法二　用定义1′证.

设自变量在$x=2$处有增量Δx，则函数$f(x)$的相应增量为

$$\Delta y=f(2+\Delta x)-f(2)=3(2+\Delta x)-1-5=3\Delta x$$

由于

$$\lim_{\Delta x\to 0}\Delta y=\lim_{\Delta x\to 0}3\Delta x=0$$

所以由定义1′知$f(x)=3x-1$在$x=2$处连续.

与左、右极限概念相对应，也有左、右连续的概念.

若 $\lim\limits_{x\to x_0^-} f(x)=f(x_0)$（或 $\lim\limits_{x\to x_0^+} f(x)=f(x_0)$），则称函数 $f(x)$ 在点 x_0 **左(或右)连续**(left(right) continuous).

显然，函数 $f(x)$ 在点 x_0 **连续的充分必要条件**是

$$\lim_{x\to x_0^-} f(x)=\lim_{x\to x_0^+} f(x)=f(x_0)$$

定义 2 如果函数 $f(x)$ 在某区间上每一点都连续，则称函数 $f(x)$ 在该区间上连续，或称 $f(x)$ 为该区间上的连续函数. 如果区间包括端点，那么函数 $f(x)$ 在端点连续是指 $f(x)$ 在左端点右连续，在右端点左连续.

例 2 证明函数 $f(x)=ax+b$（a,b 为常数）在区间 $(-\infty,+\infty)$ 内连续.

证 由于 $f(x)=ax+b$ 在任一点 $x_0\in(-\infty,+\infty)$，都有

$$\lim_{x\to x_0} f(x)=\lim_{x\to x_0}(ax+b)=ax_0+b$$

则由定义 1 和定义 2，即知 $f(x)=ax+b$ 在 $(-\infty,+\infty)$ 上连续.

此例还表明，形如 $f(x)=ax+b$ 的线性函数在其定义区间 $(-\infty,+\infty)$ 内连续.

例 3 证明

$$f(x)=\begin{cases}-2x+1, & x\leqslant 1,\\ x-2, & x>1\end{cases}$$

在 $x=1$ 处连续.

证 因为

$$\lim_{x\to 1^-} f(x)=\lim_{x\to 1^-}(-2x+1)=-1$$

$$\lim_{x\to 1^+} f(x)=\lim_{x\to 1^+}(x-2)=-1$$

所以

$$\lim_{x\to 1^-} f(x)=\lim_{x\to 1^+} f(x)=f(1)$$

故函数 $f(x)$ 在 $x=1$ 处连续.

二、函数的间断点

由定义 1 知，x_0 为函数 $f(x)$ 的连续点，必须满足下面三个条件：

(1) 函数 $f(x)$ 在点 x_0 有定义；

(2) 函数 $f(x)$ 在点 x_0 有极限；

(3) 函数 $f(x)$ 在点 x_0 的极限值等于在点 x_0 的函数值，即 $\lim\limits_{x\to x_0} f(x)=f(x_0)$.

上述三条有一条不满足，x_0 就不是函数 $f(x)$ 的连续点，即 x_0 是函数 $f(x)$ 的**不连续点**(discontinuity point)，此时也称 x_0 为 $f(x)$ 的**间断点**.

例 4　看图 3－12，讨论函数 $y=f(x)$ 在 x_0 处的连续性.

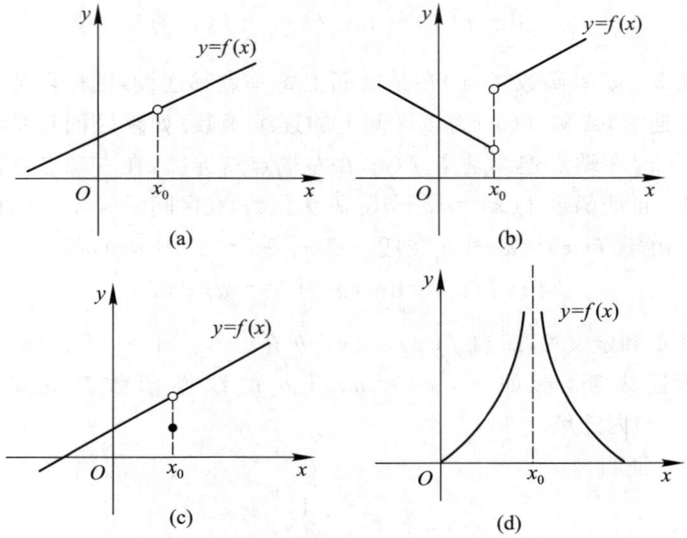

图 3－12

解　从图 3－12 中可看出，(a)，(b)，(c)中函数 $f(x)$ 在点 x_0 的左、右极限都存在，但(a)中函数 $f(x)$ 在点 x_0 无定义；(b)中函数 $f(x)$ 在点 x_0 的左、右极限不相等；(c)中函数 $f(x)$ 在点 x_0 的极限值与函数值不相等；而(d)中函数 $f(x)$ 在点 x_0 的极限为∞. 所以图 3－12 中的函数 $f(x)$ 在点 x_0 均不连续.

上例中，(a)，(b)，(c)，(d)中点 x_0 虽然都是函数 $f(x)$ 的间断点，但它们也有相同和不同之处. 如果函数在间断点处的左、右极限存在，就称这类间断点为**第一类间断点**；其他类型的间断点称为**第二类间断点**. 而在第一类间断点中，左、右极限相等的间断点又称为**可去间断点**；左、右极限不相等的间断点称为**跳跃间断点**. 在第二类间断点中，左、右极限至少有一个为无穷大的间断点又称为**无穷间断点**.

例 4(a)，(b)，(c)中的间断点都为第一类间断点，且(a)，(c)的间断点 x_0 为可去间断点. 在这种情况，可通过补充(当 $f(x)$ 在点 x_0 无定义时)或改变函数 $f(x)$ 在点 x_0 的定义(当 $\lim\limits_{x\to x_0}f(x)\neq f(x_0)$ 时)，即令 $f(x_0)=$

$\lim\limits_{x \to x_0} f(x)$，使函数 $f(x)$ 在点 x_0 处变成连续；(b)中的间断点为跳跃间断点；(d)中的间断点为第二类间断点中的无穷间断点.

例 5　讨论函数 $y=\dfrac{x^2-1}{x-1}$ 在 $x=1$ 处的连续性；若间断，试指出间断点的类型.

解　因为 $y=\dfrac{x^2-1}{x-1}$ 在 $x=1$ 处无定义，所以 $x=1$ 是函数的间断点. 由于

$$\lim_{x \to 1} \frac{x^2-1}{x-1}=\lim_{x \to 1}(x+1)=2$$

所以 $x=1$ 是函数的可去间断点.

如果我们补充 y 在 $x=1$ 处的定义，令 $y\Big|_{x=1}=2$，则函数在 $x=1$ 处连续.

例 6　讨论函数 $f(x)=\begin{cases} x^2-1, & x<0, \\ 0, & x=0, \\ x^2+1, & x>0 \end{cases}$ 在 $x=0$ 处的连续性；若间断，试指出间断点的类型.

解　因为

$$\lim_{x \to 0^-} f(x)=\lim_{x \to 0^-}(x^2-1)=-1$$

$$\lim_{x \to 0^+} f(x)=\lim_{x \to 0^+}(x^2+1)=1$$

$$\lim_{x \to 0^-} f(x) \neq \lim_{x \to 0^+} f(x)$$

所以 $f(x)$ 在 $x=0$ 处间断，且点 $x=0$ 是 $f(x)$ 的跳跃间断点.

重难点讲解微视频

函数的间断点

习题 3.5

1. 研究下列函数的连续性，并画出函数的图形：

(1) $f(x)=\begin{cases} x^2+1, & x \leqslant 0, \\ x-1, & x>0; \end{cases}$

(2) $f(x)=\begin{cases} e^x, & x \leqslant 0, \\ x+1, & x>0. \end{cases}$

2. 确定常数 a，使分段函数在分段点处连续.

(1) $f(x)=\begin{cases} \dfrac{x^2-4}{x-2}, & x \neq 2, \\ a, & x=2; \end{cases}$　　(2) $f(x)=\begin{cases} x^2, & 0<x \leqslant 2, \\ ax+1, & 2<x<+\infty; \end{cases}$

(3) $f(x)=\begin{cases} e^x, & x<0, \\ a+x, & x\geqslant 0; \end{cases}$　　(4) $y=\begin{cases} x\sin\dfrac{1}{x}, & x\neq 0, \\ a, & x=0. \end{cases}$

3. 下列函数在指出的点处间断，指出间断点的类型，若是可去间断点，则补充或改变函数在该点的定义，使之连续.

(1) $y=\dfrac{1}{x-3}, x=3$;

(2) $y=\dfrac{x^2-1}{x^2-3x+2}, x=1, x=2$;

(3) $y=\cot x, x=k\pi, k=0,\pm 1,\pm 2,\cdots$;

(4) $y=\cos^2\dfrac{1}{x}, x=0$;

(5) $y=\begin{cases} x-1, x\leqslant 1, \\ x+3, x>1, \end{cases}$ $x=1$;

(6) $y=(1+x)^{\frac{1}{x}}, x=0$;

(7) $y=e^{\frac{1}{x}}, x=0$.

3.6　连续函数的性质

一、连续函数的四则运算

由函数在某点连续的定义及极限的四则运算法则，可得下面定理.

定理 1　如果函数 $f(x)$ 和 $g(x)$ 在点 x_0 连续，那么它们的和 $f(x)+g(x)$，差 $f(x)-g(x)$，积 $f(x)\cdot g(x)$ 在点 x_0 也连续；如果 $g(x_0)\neq 0$，那么它们的商 $\dfrac{f(x)}{g(x)}$ 在点 x_0 也连续.

二、反函数与复合函数的连续性

定理 2　如果函数 $y=f(x)$ 是区间 I_x 上的单调连续函数，那么它的反函数 $x=f^{-1}(y)$ 在对应区间 $I_y=\{y\,|\,y=f(x), x\in I_x\}$ 上也是单调连续函数.

证明从略.

定理 3　设函数 $y=f[\varphi(x)]$ 是由函数 $y=f(u)$ 和 $u=\varphi(x)$ 复合而成的，函数 $f[\varphi(x)]$ 在点 x_0 的某一去心邻域内有定义，若 $\lim\limits_{x\to x_0}\varphi(x)=u_0$，而函数 $y=f(u)$ 在 $u=u_0$ 处连续，则

$$\lim_{x \to x_0} f[\varphi(x)] = \lim_{u \to u_0} f(u) = f(u_0)$$

由节 3.3 定理 7 易证此定理.

此定理表明,若函数 $f(u)$ 和 $\varphi(x)$ 满足定理的条件,则在求复合函数 $f[\varphi(x)]$ 的极限时,函数符号 f 与极限号 $\lim\limits_{x \to x_0}$ 可以交换次序,即

$$\lim_{x \to x_0} f[\varphi(x)] = f[\lim_{x \to x_0} \varphi(x)]$$

将定理 3 中的 $x \to x_0$ 换成 $x \to \infty$ 也有类似的定理.

定理 4 设函数 $y = f[\varphi(x)]$ 是由函数 $y = f(u)$ 和 $u = \varphi(x)$ 复合而成的,函数 $f[\varphi(x)]$ 在点 x_0 的某一邻域内有定义. 若函数 $u = \varphi(x)$ 在点 x_0 连续,且 $\varphi(x_0) = u_0$,而函数 $y = f(u)$ 在 $u = u_0$ 处连续,则复合函数 $y = f[\varphi(x)]$ 在点 x_0 连续.

将定理 3 中 u_0 记为 $\varphi(x_0)$,即 $u_0 = \varphi(x_0)$,就可证明此定理.

三、初等函数的连续性

1. 常量的连续性

显然,常量 $y = C$ 在其定义域 $(-\infty, +\infty)$ 内连续.

2. 三角函数和反三角函数的连续性

先证明 $y = \sin x$ 在 $(-\infty, +\infty)$ 内的连续性.

设 x_0 是 $(-\infty, +\infty)$ 内的任一点,当 x 在 x_0 处有一增量 Δx 时,函数 y 取得相应的增量

$$\begin{aligned} \Delta y &= \sin(x_0 + \Delta x) - \sin x_0 \\ &= 2\sin \frac{\Delta x}{2} \cos \frac{2x_0 + \Delta x}{2} \end{aligned}$$

由于

$$|\Delta y| \leqslant 2 \cdot \left| \frac{\Delta x}{2} \right| \cdot 1 = |\Delta x|$$

即

$$-|\Delta x| \leqslant \Delta y \leqslant |\Delta x|$$

由夹逼定理即知

$$\lim_{\Delta x \to 0} \Delta y = 0$$

所以 $y = \sin x$ 在点 x_0 连续. 又因 x_0 是 $(-\infty, +\infty)$ 内的任意点,所以 $y = \sin x$ 在 $(-\infty, +\infty)$ 内连续.

由复合函数的连续性定理知 $\cos x = \sin\left(x + \frac{\pi}{2}\right)$ 在 $(-\infty, +\infty)$ 内连

续. 再由定理 1 知 $\tan x=\dfrac{\sin x}{\cos x}$, $\cot x=\dfrac{\cos x}{\sin x}$, $\sec x=\dfrac{1}{\cos x}$, $\csc x=\dfrac{1}{\sin x}$在它们各自的定义域内连续.

利用定理 2 即知反三角函数在它们的定义域内是连续的.

同理可以证明,指数函数、对数函数和幂函数在其定义域内连续.

综上所述,基本初等函数在其定义域内是连续的.

由基本初等函数的连续性及定理 1 和定理 4,可得下面定理.

定理 5　一切初等函数在其定义区间内都是连续的.

由定理 5 知,若点 x_0 是初等函数 $f(x)$ 定义区间*内的点,则

$$\lim_{x\to x_0} f(x)=f(x_0)$$

例 1　求 $\lim\limits_{x\to 1}\dfrac{2\arctan x}{1+\ln(1+x^2)}$.

解　由于函数 $y=\dfrac{2\arctan x}{1+\ln(1+x^2)}$是初等函数,且其定义域为$(-\infty,+\infty)$,而 $x=1$ 是$(-\infty,+\infty)$内的点,所以

$$\lim_{x\to 1}\frac{2\arctan x}{1+\ln(1+x^2)}=\frac{2\cdot\arctan 1}{1+\ln(1+1)}=\frac{\pi}{2(1+\ln 2)}$$

例 2　求 $\lim\limits_{x\to+\infty} x[\ln(x+1)-\ln x]$.

解　先将上式改写为

$$\lim_{x\to+\infty} x[\ln(x+1)-\ln x]=\lim_{x\to+\infty}\ln\left(1+\frac{1}{x}\right)^x$$

注意:$\lim\limits_{x\to+\infty}\left(1+\dfrac{1}{x}\right)^x=\mathrm{e}$,而函数 $y=\ln u$ 在$(0,+\infty)$上(特别在 $u=\mathrm{e}$ 处)连续,由定理 3 可得

$$\lim_{x\to+\infty} x[\ln(x+1)-\ln x]=\ln\lim_{x\to+\infty}\left(1+\frac{1}{x}\right)^x=\ln \mathrm{e}=1$$

例 3　求 $\lim\limits_{x\to 0}\dfrac{\sqrt{1+x}-1}{x}$.

解

$$\lim_{x\to 0}\frac{\sqrt{1+x}-1}{x}=\lim_{x\to 0}\frac{(\sqrt{1+x}-1)(\sqrt{1+x}+1)}{x(\sqrt{1+x}+1)}$$

$$=\lim_{x\to 0}\frac{1}{\sqrt{1+x}+1}=\frac{1}{2}$$

---

*　所谓定义区间,是指包含在定义域内的区间.

例 4 求 $\lim\limits_{x\to 0}\dfrac{\ln(1+x)}{x}$.

解
$$\lim_{x\to 0}\frac{\ln(1+x)}{x}=\lim_{x\to 0}\ln(1+x)^{\frac{1}{x}}=\ln e=1$$

例 5 求 $\lim\limits_{x\to 0}\dfrac{a^x-1}{x}$ $(a>0)$.

解 令 $a^x-1=u$,则 $x=\log_a(1+u)$,当 $x\to 0$ 时,$u\to 0$,于是

$$\lim_{x\to 0}\frac{a^x-1}{x}=\lim_{u\to 0}\frac{u}{\log_a(1+u)}=\lim_{u\to 0}\frac{1}{\log_a(1+u)^{\frac{1}{u}}}=\frac{1}{\log_a e}=\ln a$$

例 6 设 $u(x),v(x)$ 在 x_0 的某个去心邻域内有定义,$\lim\limits_{x\to x_0}u(x)=A>0$,$\lim\limits_{x\to x_0}v(x)=B$,求 $\lim\limits_{x\to x_0}u(x)^{v(x)}$.

解 因为

$$u(x)^{v(x)}=e^{v(x)\ln u(x)}$$

由指数函数、对数函数的连续性及定理 3,即知

$$\begin{aligned}\lim_{x\to x_0}u(x)^{v(x)}&=e^{\lim\limits_{x\to x_0}v(x)\ln u(x)}\\&=e^{\lim\limits_{x\to x_0}v(x)\cdot\ln\lim\limits_{x\to x_0}u(x)}\\&=e^{B\ln A}=A^B\end{aligned}$$

四、闭区间上连续函数的性质

下面介绍闭区间上连续函数的两个重要性质,不做证明.

定理 6(最大值和最小值定理) 如果函数 $y=f(x)$ 在闭区间 $[a,b]$ 上连续,则函数 $y=f(x)$ 在闭区间 $[a,b]$ 上一定有最大值和最小值.

如图 3-13 中,函数 $y=f(x)$ 在闭区间 $[a,b]$ 上连续,在 x_1 处取得最小值 $f(x_1)$,在 x_2 处取得最大值 $f(x_2)$.

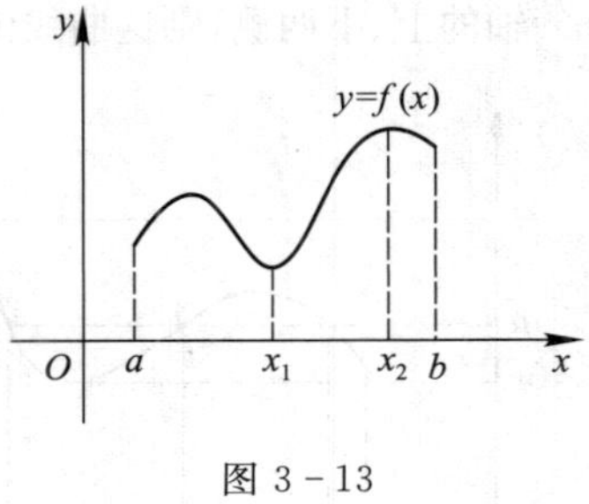

图 3-13

推论 如果函数 $y=f(x)$ 在闭区间 $[a,b]$ 上连续,则函数 $y=f(x)$ 在闭区间 $[a,b]$ 上一定有界.

证 因为函数 $y=f(x)$ 在闭区间上连续,那么由定理 6 知函数 $y=f(x)$ 在闭区间 $[a,b]$ 上一定可以取得最大值和最小值. 设最大值为 M,最小值为 m,则对于任意 $x\in[a,b]$ 都有

$$m \leqslant f(x) \leqslant M$$

取 $K=\max\{|m|,|M|\}$，则

$$|f(x)| \leqslant K$$

所以函数 $y=f(x)$ 在闭区间 $[a,b]$ 上有界.

定理 7（介值定理）　设函数 $y=f(x)$ 在闭区间 $[a,b]$ 上连续，m 和 M 分别为函数 $y=f(x)$ 在闭区间 $[a,b]$ 上的最小值和最大值，则对介于 m 和 M 之间的任一实数 μ（即 $m<\mu<M$），在开区间 (a,b) 内至少存在一点 ξ，使得

$$f(\xi)=\mu$$

定理 7 的几何意义是，闭区间 $[a,b]$ 上的连续曲线 $y=f(x)$ 与直线 $y=\mu$ 至少有一个交点，如图 3－14 所示.

推论（根的存在定理）　设函数 $y=f(x)$ 在闭区间 $[a,b]$ 上连续，且

$$f(a)f(b)<0$$

则在开区间 (a,b) 内至少存在一点 ξ，使得

$$f(\xi)=0$$

证　因为函数 $y=f(x)$ 在闭区间 $[a,b]$ 上连续，且

$$f(a)f(b)<0$$

那么函数 $y=f(x)$ 在闭区间 $[a,b]$ 上的最小值 $m<0$，最大值 $M>0$，取 $\mu=0$，则由定理 7 知，在开区间 (a,b) 内，至少存在一点 ξ，使得

$$f(\xi)=0$$

此推论说明：如果函数 $f(x)$ 在闭区间 $[a,b]$ 上连续，且 $f(a)$ 与 $f(b)$ 异号，则方程 $f(x)=0$ 在开区间 (a,b) 内至少有一实根.

从几何上看，如果闭区间 $[a,b]$ 上的连续曲线 $y=f(x)$ 的两个端点分别位于 x 轴的上、下两侧，则这曲线弧与 x 轴至少有一个交点，如图 3－15 所示.

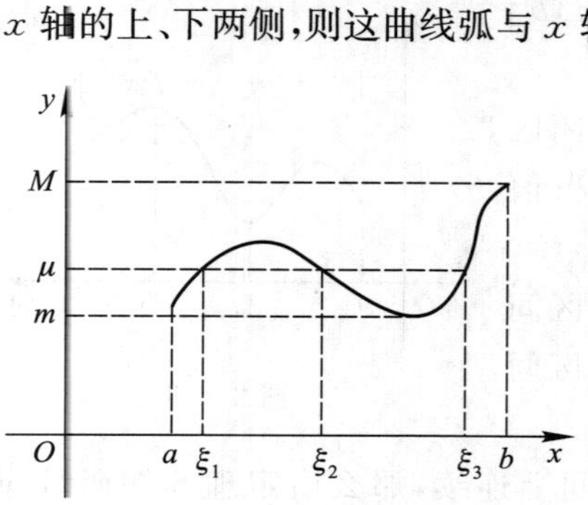

图 3－14

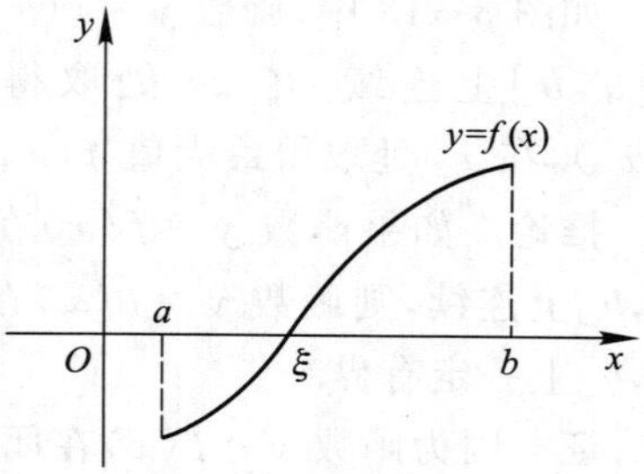

图 3－15

例 7　证明方程 $x^3+2x^2+x-1=0$ 在区间 $(0,1)$ 内至少有一个实根.

证 设 $f(x)=x^3+2x^2+x-1$. 因为 $f(x)$ 的定义区间为 $(-\infty,+\infty)$，而 $[0,1]\subset(-\infty,+\infty)$，所以 $f(x)$ 在闭区间 $[0,1]$ 上连续. 又因为 $f(0)=-1$，$f(1)=3$，所以由定理 7 的推论知，在开区间 $(0,1)$ 内至少存在一点 ξ，使得

$$f(\xi)=0$$

即方程

$$x^3+2x^2+x-1=0$$

在区间 $(0,1)$ 内至少有一实根.

习题 3.6

1. 求函数 $f(x)=\dfrac{x^3+3x^2-x-3}{x^2+x-6}$ 的连续区间，并求 $\lim\limits_{x\to 0}f(x)$，$\lim\limits_{x\to 2}f(x)$，$\lim\limits_{x\to -3}f(x)$.

2. 求下列极限：

(1) $\lim\limits_{x\to 0}\sqrt{x^2-2x+5}$；

(2) $\lim\limits_{x\to 0}(1+3\tan x)^{\cot x}$；

(3) $\lim\limits_{x\to 0}\dfrac{2a^x-\sin\dfrac{\pi}{2}x}{\sqrt{x^2+1}}$ $(a>0$ 且 $a\neq 1)$；

(4) $\lim\limits_{x\to a}\dfrac{\sin x-\sin a}{x-a}$；

(5) $\lim\limits_{x\to 0}(1+\sin x)^{\cos x}$；

(6) $\lim\limits_{x\to 1}\left(1+\dfrac{1}{x}\right)^{x+2}$；

(7) $\lim\limits_{x\to\infty}\mathrm{e}^{\frac{1}{x}}$；

(8) $\lim\limits_{x\to 0}\ln\dfrac{\sin x}{x}$；

(9) $\lim\limits_{x\to \mathrm{e}}\dfrac{\ln x-1}{x-\mathrm{e}}$；

(10) $\lim\limits_{x\to+\infty}2x(\sqrt{x^2+1}-x)$；

(11) $\lim\limits_{x\to 0^+}\dfrac{2^{\frac{1}{x}}-1}{2^{\frac{1}{x}}+1}$；

(12) $\lim\limits_{x\to 0^-}\dfrac{2^{\frac{1}{x}}-1}{2^{\frac{1}{x}}+1}$.

3. 证明方程 $x^5-3x=2$ 在 $(1,2)$ 内至少有一实根.

4. 证明方程 $x\mathrm{e}^x-1=0$ 至少有一个小于 1 的正根.

5. 证明方程 $x=a\sin x+b\,(a>0,b>0)$ 在 $(0,a+b]$ 内至少有一实根.

3.7 二元函数的极限与连续

一元函数的极限与连续可以推广到多元函数的情况. 本节将以二元函数为主要讨论对象，这是因为二元函数的有关概念和方法大多有比较

直观的解释，便于理解，而且这些概念和方法大多能自然地推广到二元以上的多元函数.

一、二元函数的极限

1. 邻域

设 $P_0(x_0,y_0)$ 为 xOy 平面上的一点，δ 是某一正数，称与点 $P_0(x_0,y_0)$ 距离小于 δ 的点 $P(x,y)$ 的全体为点 P_0 的 δ **邻域**，记作 $U(P_0,\delta)$. 即

$$U(P_0,\delta)=\{(x,y)\mid\sqrt{(x-x_0)^2+(y-y_0)^2}<\delta\}$$

从几何上看，$U(P_0,\delta)$ 就是 xOy 平面上以点 $P_0(x_0,y_0)$ 为中心，δ 为半径的圆的内部点 $P(x,y)$ 的全体.

将 $U(P_0,\delta)$ 的中心 $P_0(x_0,y_0)$ 点去掉后，称其为点 P_0 的去心 δ 邻域，记作 $\mathring{U}(P_0,\delta)$，即

$$\mathring{U}(P_0,\delta)=U(P_0,\delta)-\{P_0\}$$

2. 二元函数的极限

首先给出二元函数极限的描述性定义.

定义 1　设函数 $z=f(x,y)$ 在点 $P_0(x_0,y_0)$ 的任一去心邻域内总有无数多个使 $f(x,y)$ 有定义的点，$P(x,y)$ 为 $f(x,y)$ 有定义的任意一点，如果存在一个确定的常数 A，当点 $P(x,y)$ 沿使 $f(x,y)$ 有定义的点以任何方式趋向于 $P_0(x_0,y_0)$ 时，对应的函数值 $f(x,y)$ 都无限接近于 A，则称 A 为函数 $f(x,y)$ 当 $x\to x_0,y\to y_0$ 时的**极限**. 记作

$$\lim_{\substack{x\to x_0\\y\to y_0}}f(x,y)=A\quad\text{或}\quad\lim_{P\to P_0}f(x,y)=A$$

类似于一元函数极限的"$\varepsilon-\delta$"定义，现给出二元函数极限的"$\varepsilon-\delta$"定义.

定义 2　设函数 $z=f(x,y)$ 在点 $P_0(x_0,y_0)$ 的任一去心邻域内总有无穷多个使 $f(x,y)$ 有定义的点，如果对于任意给定的正数 ε，总存在正数 δ，对于适合不等式

$$0<\sqrt{(x-x_0)^2+(y-y_0)^2}<\delta$$

的一切使 $f(x,y)$ 有定义的点 $P(x,y)$，都有不等式

$$|f(x,y)-A|<\varepsilon$$

成立，则称常数 A 为二元函数 $z=f(x,y)$ 当 $x\to x_0,y\to y_0$（或 $P(x,y)\to P_0(x_0,y_0)$）时的**极限**. 记作 $\lim\limits_{\substack{x\to x_0\\y\to y_0}}f(x,y)=A$ 或 $\lim\limits_{P\to P_0}f(x,y)=A$.

要特别注意的是：二元函数的极限存在，是指 $P(x,y)$ 沿着使 $f(x,$

y)有定义的点以任何方式趋向于 $P_0(x_0,y_0)$时，函数都趋向于同一数值 A. 因此，如果 $P(x,y)$以某一特殊方式，例如沿一条定直线或定曲线趋向于 $P_0(x_0,y_0)$时，即使函数无限接近于某一确定值，我们也不能就断定函数的极限存在. 但是，如果当 $P(x,y)$以不同方式趋向于 $P_0(x_0,y_0)$时，函数趋向不同的值，则可以断定 $f(x,y)$的极限不存在. 下面用例子说明.

例 1 讨论二元函数

$$f(x,y)=\begin{cases}\dfrac{xy}{x^2+y^2}, & x^2+y^2\neq 0,\\ 0, & x^2+y^2=0\end{cases}$$

当 $P(x,y)\to O(0,0)$时的极限是否存在.

解 当 $P(x,y)$沿 x 轴($y=0$)趋向于点(0,0)时，

$$\lim_{\substack{x\to 0\\ y=0}} f(x,y)=\lim_{x\to 0} f(x,0)=\lim_{x\to 0}\frac{x\cdot 0}{x^2+0^2}=0$$

当 $P(x,y)$沿 y 轴($x=0$)趋向于点(0,0)时，

$$\lim_{\substack{x=0\\ y\to 0}} f(x,y)=\lim_{y\to 0} f(0,y)=\lim_{y\to 0}\frac{0\cdot y}{0^2+y^2}=0$$

虽然当 $P(x,y)$沿上述两条特殊路径趋向于原点时，函数趋向于同一数值 0，但是$\lim\limits_{\substack{x\to 0\\ y\to 0}} f(x,y)$并不存在. 因为当 $P(x,y)$沿直线 $y=kx$ 趋向于(0,0)时，有

$$\lim_{\substack{x\to 0\\ y=kx}}\frac{xy}{x^2+y^2}=\lim_{x\to 0}\frac{kx^2}{x^2+k^2x^2}=\frac{k}{1+k^2}$$

上式右端的值随 k 而变化，即当 $P(x,y)$沿不同的直线趋向于(0,0)时，$f(x,y)$趋向于不同的数值，因此 $f(x,y)$当 $P(x,y)$趋向于点(0,0)时的极限不存在.

二、二元函数的连续性

与一元函数类似，如果函数 $z=f(x,y)$在点 $P_0(x_0,y_0)$的极限存在，且等于在该点处的函数值，则称函数 $z=f(x,y)$在点 $P_0(x_0,y_0)$处连续.

定义 3 设二元函数 $z=f(x,y)$的定义域为 D，点 $P_0(x_0,y_0)\in D$，且

$$\lim_{\substack{x\to x_0\\ y\to y_0}} f(x,y)=f(x_0,y_0)$$

则称函数 $z=f(x,y)$在点 $P_0(x_0,y_0)$处**连续**，点 $P_0(x_0,y_0)$也称函数的

连续点.

定义 3 的极限式子还可写成另一种等价形式

$$\lim_{\substack{x\to x_0\\ y\to y_0}}[f(x,y)-f(x_0,y_0)]=0$$

如果令 $\Delta x=x-x_0,\Delta y=y-y_0$，则称 $\Delta z=f(x,y)-f(x_0,y_0)=f(x_0+\Delta x,y_0+\Delta y)-f(x_0,y_0)$ 为函数在点 $P_0(x_0,y_0)$ 处对应于增量 Δx 和 Δy 的全增量. 而 $x\to x_0,y\to y_0$ 等价于 $\Delta x\to 0,\Delta y\to 0$，因此我们得到二元函数连续的等价定义.

定义 3′　设 $z=f(x,y)$ 在点 $P_0(x_0,y_0)$ 的某个邻域内有定义，且当自变量增量 $\Delta x\to 0$ 与 $\Delta y\to 0$ 时，函数的全增量 Δz 的极限等于零，即

$$\lim_{\substack{\Delta x\to 0\\ \Delta y\to 0}}\Delta z=0$$

则称函数 $z=f(x,y)$ 在点 $P_0(x_0,y_0)$ 处**连续**.

如果函数 $z=f(x,y)$ 在区域 D 上各点处都连续，则称 $f(x,y)$ 在区域 D 上连续，或称 $f(x,y)$ 是 D 上的**连续函数**.

函数的不连续点称为**间断点**，例如函数

$$f(x,y)=\begin{cases}\dfrac{xy}{x^2+y^2}, & x^2+y^2\neq 0,\\ 0, & x^2+y^2=0\end{cases}$$

当 $x\to 0,y\to 0$ 时的极限不存在，故 $(0,0)$ 是函数 $f(x,y)$ 的一个间断点. 与一元函数不同的是，二元函数的间断点有时可以形成一条曲线，例如 $z=\dfrac{1}{y-x^2}$ 在抛物线 $y=x^2$ 上没有定义，故抛物线 $y=x^2$ 上的各点都是该函数的间断点.

一元函数中关于极限的运算法则，对于二元函数仍然适用，根据极限的运算法则可以证明：

(1) 二元连续函数的和、差、积、商(在分母不为零处)仍为连续函数；

(2) 二元连续函数的复合函数仍为连续函数.

所谓二元复合函数是指 $z=f(u,v)$，而 $u=\varphi(x,y),v=\psi(x,y)$，且 $z=f[\varphi(x,y),\psi(x,y)]$ 定义了一个 x,y 的二元函数，则称此函数为 x,y 的二元复合函数，u,v 为中间变量.

与一元初等函数相类似，二元初等函数是指可用 x,y 的一个式子表示而且这个式子是由常量与 x,y 的基本初等函数经有限次四则运算和复合步骤所构成的二元函数. 例如，

$$\frac{x+x^2-y^2}{1+x^2},\sin(x+y),\mathrm{e}^{x+y}\cdot\ln(x^2+y^2+1)$$

等都是二元初等函数.

根据上述连续函数的和、差、积、商的连续性及连续函数的复合函数的连续性以及基本初等函数的连续性,我们很快可以得出如下结论:

一切二元初等函数在其定义区域内是连续的. 所谓定义区域是指包含在定义域内的区域.

二元初等函数的连续性为求二元初等函数的极限提供了方便,如果点 $P_0(x_0,y_0)$属于函数 $f(x,y)$的定义区域,则函数在点 $P_0(x_0,y_0)$处的极限值就等于该点的函数值. 即

$$\lim_{\substack{x\to x_0\\y\to y_0}}f(x,y)=f(x_0,y_0)$$

例 2 设 $f(x,y)=\dfrac{2xy}{x^2+y^2}$,求$\lim\limits_{\substack{x\to1\\y\to2}}f(x,y)$.

解 $f(x,y)$是二元初等函数,定义域是 $D=\{(x,y)\mid x\neq0,y\neq0\}$,而(1,2)在 $f(x,y)$的定义区域 $D_1=\{(x,y)\mid x>0,y>0\}$内,所以

$$\lim_{\substack{x\to1\\y\to2}}f(x,y)=f(1,2)=\frac{2\times1\times2}{1^2+2^2}=\frac{4}{5}$$

例 3 求$\lim\limits_{\substack{x\to0\\y\to0}}\dfrac{\sqrt{xy+1}-1}{xy}$.

解
$$\lim_{\substack{x\to0\\y\to0}}\frac{\sqrt{xy+1}-1}{xy}=\lim_{\substack{x\to0\\y\to0}}\frac{xy}{xy(\sqrt{xy+1}+1)}=\lim_{\substack{x\to0\\y\to0}}\frac{1}{\sqrt{xy+1}+1}=\frac{1}{2}$$

二元连续函数在有界闭区域上有很好的性质,这里不加证明地给出最值定理和介值定理.

定理 1(最大值和最小值定理) 有界闭区域 D 上的二元连续函数 $f(x,y)$,在 D 上一定取得最大值和最小值,即在 D 上至少有点 $P_1(x_1,y_1)$和 $P_2(x_2,y_2)$,使得 $f(x_1,y_1)$为最大值,$f(x_2,y_2)$为最小值,也就是说,对一切 $P(x,y)\in D$,有

$$f(x_2,y_2)\leqslant f(x,y)\leqslant f(x_1,y_1)$$

例如 $z=\sqrt{R^2-x^2-y^2}$ 在有界闭区域 $x^2+y^2\leqslant R^2$ 上连续,它在(0,0)点取得最大值 $f(0,0)=R$,而在圆周 $x^2+y^2=R^2$ 上取得最小值 0.

定理 2(介值定理)　在有界闭区域 D 上连续的二元函数 $f(x,y)$，若在 D 上取得两个不同的函数值，则它可以取得介于这两个值之间的任何值. 特别地，如果 μ 是此函数在 D 上的最小值 m 与最大值 M 之间的一个数，则在 D 上至少有一点 $Q(\xi,\eta)$，使 $f(\xi,\eta)=\mu$.

习题 3.7

1. 求下列极限：

(1) $\lim\limits_{\substack{x\to 0\\ y\to 1}}\dfrac{1-xy}{x^2+y^2}$；　(2) $\lim\limits_{\substack{x\to 0\\ y\to 0}}\dfrac{1}{x^2+y^2}$；

(3) $\lim\limits_{\substack{x\to 0\\ y\to 0}}\dfrac{2-\sqrt{xy+4}}{xy}$；　(4) $\lim\limits_{\substack{x\to \infty\\ y\to \infty}}\dfrac{1}{x^2+y^2}$；

(5) $\lim\limits_{\substack{x\to 0\\ y\to 0}}\dfrac{xy}{\sqrt{xy+1}-1}$；　(6) $\lim\limits_{\substack{x\to 0\\ y\to 0}}(x+y)\sin\dfrac{1}{x}\sin\dfrac{1}{y}$；

(7) $\lim\limits_{\substack{x\to \infty\\ y\to \infty}}\dfrac{1+x^2+y^2}{x^2+y^2}$；　(8) $\lim\limits_{\substack{x\to 0\\ y\to 0}}\dfrac{\sin(xy)}{x}$.

2. 证明 $\lim\limits_{\substack{x\to 0\\ y\to 0}}\dfrac{xy}{\sqrt{x^2+y^2}}=0$.

3. 证明 $\lim\limits_{\substack{x\to 0\\ y\to 0}}\dfrac{x+y}{x-y}$ 不存在.

4. 下列函数在何处间断？

(1) $z=\dfrac{y^2+2x}{y^2-2x}$；　(2) $z=\ln(1-x^2-y^2)$.

第四章　导数与微分

导数和微分是微积分学的两个重要概念.导数反映了函数的变化率,即函数相对于自变量的变化而变化的快慢程度,这使得人们可以利用导数描述事物变化的快慢程度,并解决与之相关的一系列问题.而微分则反映了当自变量有一个微小变化时,函数值近似变化的情况.导数、微分及其应用统称为微分学.

4.1　导数的概念

15—16 世纪的欧洲,工业、农业、航海与商贸等得到了大规模的发展,与之相应的许多科学问题亟待解决,其中的两类问题,即变速直线运动的瞬时速度问题、平面曲线的切线斜率问题,导致了微分学的产生.

一、变化率

1. 变速直线运动的瞬时速度

设一物体沿直线运动,该物体从开始时刻 $t=0$ 到时刻 t 所走的路程为 $s=s(t)$.求此物体在时刻 t_0 的瞬时速度 $v(t_0)$.

如果物体做匀速直线运动,那么它在任何时刻的速度都是相同的,物体在时刻 t_0 的瞬时速度 $v(t_0)$,就是从时刻 t_0 到 $t_0+\Delta t$ 这段时间内的平均速度,即物体在这段时间内走过的路程 $\Delta s=s(t_0+\Delta t)-s(t_0)$ 与这段时间的比值

$$v(t_0)=\overline{v}=\frac{\Delta s}{\Delta t}=\frac{s(t_0+\Delta t)-s(t_0)}{\Delta t}$$

如果物体做变速直线运动,$\frac{\Delta s}{\Delta t}$表示的就只是物体在时间段$[t_0,t_0+\Delta t]$上的平均速度.它反映的是物体所走过的路程关于时间的平均变化率.为了求出时刻 t_0 的瞬时速度,我们需要尽量缩小时间间隔 Δt,这是因为,尽管物体在运动的整个过程中,其速度是不断变化的,但速度的变化

是渐进的，也就是说速度相对时间的变化是连续的，当时间间隔 Δt 很小时，$\frac{\Delta s}{\Delta t}$会很接近于瞬时速度 $v(t_0)$，而且 Δt 越小，$\frac{\Delta s}{\Delta t}$就越接近于 $v(t_0)$. 因而由极限概念，我们可定义

$$\lim_{\Delta t\to 0}\frac{\Delta s}{\Delta t}=\lim_{\Delta t\to 0}\frac{s(t_0+\Delta t)-s(t_0)}{\Delta t}$$

为物体在时刻 t_0 的瞬时速度 $v(t_0)$，即

$$v(t_0)=\lim_{\Delta t\to 0}\frac{\Delta s}{\Delta t}=\lim_{\Delta t\to 0}\frac{s(t_0+\Delta t)-s(t_0)}{\Delta t}$$

从极限的观点来说，上述的瞬时速度为函数增量与自变量增量之比的极限.

2. 平面曲线的切线斜率

设函数 $y=f(x)$的图形为 l，如图 4－1 所示. $M_0(x_0,y_0)$是曲线 l 上的一点，求此曲线在点 M_0 的切线的斜率 k.

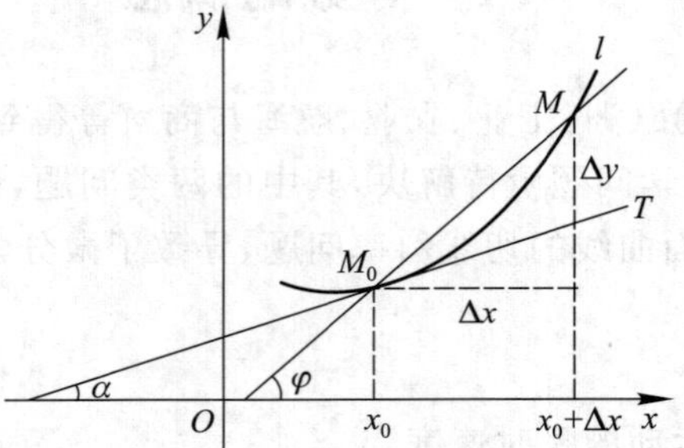

图 4－1

在曲线 l 上再取一点 $M(x_0+\Delta x,y_0+\Delta y)$，作割线 M_0M，其斜率为

$$\tan\varphi=\frac{\Delta y}{\Delta x}=\frac{f(x_0+\Delta x)-f(x_0)}{\Delta x}$$

当点 M 沿曲线 l 趋于点 M_0 时，对应的割线就趋于切线 M_0T. 即如果当 $\Delta x\to 0$ 时，$\tan\varphi$ 的极限存在，则

$$\tan\alpha=\lim_{\Delta x\to 0}\tan\varphi$$

就是所要求的切线斜率，即

$$k=\lim_{\Delta x\to 0}\tan\varphi=\lim_{\Delta x\to 0}\frac{\Delta y}{\Delta x}=\lim_{\Delta x\to 0}\frac{f(x_0+\Delta x)-f(x_0)}{\Delta x}$$

从极限观点来说，上述的切线斜率也是函数增量与自变量增量之比

的极限.

由上面两个问题可看出,虽然它们的实际意义不同,但所要求的量都可以归结为:计算一个已知函数 $y=f(x)$ 的增量 Δy 与自变量增量 Δx 的比值当 $\Delta x\to 0$ 时的极限:$\lim\limits_{\Delta x\to 0}\dfrac{\Delta y}{\Delta x}=\lim\limits_{\Delta x\to 0}\dfrac{f(x_0+\Delta x)-f(x_0)}{\Delta x}$. 称 $\dfrac{\Delta y}{\Delta x}$ 为函数 $f(x)$ 相对于自变量 x 在以 x_0 和 $x_0+\Delta x$ 为端点的区间上的**平均变化率**,称 $\lim\limits_{\Delta x\to 0}\dfrac{\Delta y}{\Delta x}$ 为函数 $f(x)$ 在点 x_0 的**瞬时变化率**,简称为**变化率**. 它反映了函数 $f(x)$ 随自变量 x 的变化而变化的快慢程度.

二、导数的概念

在科学领域中,许多变量的变化问题,例如化学反应速度、生物繁殖率、电流强度、人口增长率、经济增长率等,都可以归结为求函数的变化率问题,所以求函数的变化率是非常重要的. 为此引入导数概念.

定义 设函数 $y=f(x)$ 在点 x_0 的某一邻域内有定义,当自变量在点 x_0 取得增量 Δx($x_0+\Delta x$ 仍在该邻域内)时,相应地函数 y 取得增量 $\Delta y=f(x_0+\Delta x)-f(x_0)$. 如果当 $\Delta x\to 0$ 时,比值 $\dfrac{\Delta y}{\Delta x}$ 的极限存在,则称函数 $y=f(x)$ 在点 x_0 处可导,并称此极限为函数 $y=f(x)$ 在点 x_0 处的**导数**(derivative),记为 $f'(x_0)$,或 $y'|_{x=x_0}$,$\left.\dfrac{dy}{dx}\right|_{x=x_0}$,$\left.\dfrac{df(x)}{dx}\right|_{x=x_0}$,即

$$f'(x_0)=\lim_{\Delta x\to 0}\frac{\Delta y}{\Delta x}=\lim_{\Delta x\to 0}\frac{f(x_0+\Delta x)-f(x_0)}{\Delta x} \tag{1}$$

函数 $y=f(x)$ 在点 x_0 处可导也常称作 $f(x)$ 在点 x_0 具有导数或导数存在.

导数的定义还有一些等价形式,例如

$$f'(x_0)=\lim_{h\to 0}\frac{f(x_0+h)-f(x_0)}{h} \tag{2}$$

和

$$f'(x_0)=\lim_{x\to x_0}\frac{f(x)-f(x_0)}{x-x_0} \tag{3}$$

如果极限 $\lim\limits_{\Delta x\to 0}\dfrac{\Delta y}{\Delta x}$ 不存在,则称函数 $y=f(x)$ 在点 x_0 处**不可导**,或称

函数 $y=f(x)$ 在点 x_0 处导数不存在. 如果不可导的原因是 $\lim\limits_{\Delta x\to 0}\dfrac{\Delta y}{\Delta x}=\infty$，为方便起见，这时也称函数 $y=f(x)$ 在点 x_0 处的导数为无穷大，记为 $f'(x_0)=\infty$.

如果函数 $y=f(x)$ 在区间 (a,b) 内的任意一点 x 都可导，则称函数 $y=f(x)$ 在区间 (a,b) 内可导. 此时对区间 (a,b) 内任一点 x，都有唯一确定的导数值 $f'(x)$ 与之对应，由函数的定义知 $f'(x)$ 是 x 的函数，这个函数称为函数 $y=f(x)$ 的**导函数**(derived function)，记为 $f'(x)$，或 y'，$\dfrac{\mathrm{d}y}{\mathrm{d}x}$，$\dfrac{\mathrm{d}f(x)}{\mathrm{d}x}$，即

$$f'(x)=\lim_{\Delta x\to 0}\frac{f(x+\Delta x)-f(x)}{\Delta x}$$

显然 $f'(x_0)$ 是导函数 $f'(x)$ 在点 x_0 的函数值. 通常在不引起混淆的情况下，也称导函数 $f'(x)$ 为导数 $f'(x)$.

由导数的定义可知，做变速直线运动的物体，若路程 $s=s(t)$，则在时刻 t_0 的瞬时速度 $v(t_0)=s'(t_0)$；平面曲线 $y=f(x)$ 在点 $M_0(x_0,y_0)$ 的切线的斜率 $k=f'(x_0)$.

例 1　求函数 $y=x^2$ 的导函数，并求它在点 $x=0$ 和 $x=2$ 处的导数.

解　$$y'=\lim_{\Delta x\to 0}\frac{\Delta y}{\Delta x}=\lim_{\Delta x\to 0}\frac{(x+\Delta x)^2-x^2}{\Delta x}$$

$$=\lim_{\Delta x\to 0}\frac{2x\cdot\Delta x+(\Delta x)^2}{\Delta x}=\lim_{\Delta x\to 0}(2x+\Delta x)=2x$$

$$y'|_{x=0}=0,\quad y'|_{x=2}=4$$

函数 $f(x)$ 在点 x_0 处的导数 $f'(x_0)$ 是一个极限值 $\lim\limits_{\Delta x\to 0}\dfrac{f(x_0+\Delta x)-f(x_0)}{\Delta x}$. 我们由第三章知道，极限存在的充分必要条件是左、右极限存在且相等，所以函数 $f(x)$ 在点 x_0 处可导的充分必要条件是 $\lim\limits_{\Delta x\to 0^-}\dfrac{f(x_0+\Delta x)-f(x_0)}{\Delta x}$ 和 $\lim\limits_{\Delta x\to 0^+}\dfrac{f(x_0+\Delta x)-f(x_0)}{\Delta x}$ 都存在而且相等. 分别称这两个极限为函数 $f(x)$ 在点 x_0 的**左导数**和**右导数**，记为 $f'_-(x_0)$ 和 $f'_+(x_0)$. 左导数、右导数统称为单侧导数.

导数的几何意义：函数 $y=f(x)$ 在点 x_0 处的导数 $f'(x_0)$ 在几何上表示曲线 $y=f(x)$ 在点 $M_0(x_0,f(x_0))$ 处的切线的斜率.

由导数的几何意义和直线的点斜式方程，可知若 $f'(x_0)$ 存在，且 $f'(x_0)\neq 0$，则曲线 $y=f(x)$ 在点 $M_0(x_0,y_0)$ 处的切线方程为

$$y-y_0=f'(x_0)(x-x_0)$$

法线方程为

$$y-y_0=-\frac{1}{f'(x_0)}(x-x_0)$$

若 $f'(x_0)=0$，则曲线 $y=f(x)$ 在 $M_0(x_0,y_0)$ 处的切线方程为

$$y=y_0$$

法线方程为

$$x=x_0$$

若 $f'(x_0)=\infty$，曲线 $y=f(x)$ 在 $M_0(x_0,y_0)$ 处有垂直于 x 轴的切线，这时切线方程为

$$x=x_0$$

法线方程为

$$y=y_0$$

例 2 求曲线 $y=x^2$ 在点(2,4)处的切线方程和法线方程.

解 由例 1 知 $y'\Big|_{x=2}=4$. 所以曲线 $y=x^2$ 在点(2,4)处的切线方程为

$$y-4=4(x-2)$$

即

$$4x-y-4=0$$

法线方程为

$$y-4=-\frac{1}{4}(x-2)$$

即

$$x+4y-18=0$$

由前面的讨论，我们知道函数 $y=f(x)$ 的导数 $f'(x)$ 仍是 x 的函数. 如果 $f'(x)$ 仍可导，则 $f'(x)$ 的导数称为函数 y 对 x 的**二阶导数**或函数 $f(x)$ 的二阶导数，记为 $f''(x)$，或 y''，$\frac{d^2y}{dx^2}$，$\frac{d^2f(x)}{dx^2}$，即

$$f''(x)=[f'(x)]'$$

或

$$\frac{d^2y}{dx^2}=\frac{d\left(\frac{dy}{dx}\right)}{dx}$$

用极限形式表示，即是

$$f''(x)=\lim_{\Delta x\to 0}\frac{f'(x+\Delta x)-f'(x)}{\Delta x}$$

例如，变速直线运动的速度 $v(t)$ 是路程 $s(t)$ 对时间 t 的导数，即 $v(t)=s'(t)$；而加速度 $a(t)$ 又是速度对时间 t 的导数，即 $a(t)=v'(t)$，所以 $a(t)=s''(t)=\frac{\mathrm{d}^2 s}{\mathrm{d}t^2}$.

类似地，如果二阶导数 $f''(x)$ 的导数存在，称二阶导数 $f''(x)$ 的导数为 y 对 x 的**三阶导数**或 $f(x)$ 的三阶导数，记为 $f'''(x)$，或 y'''，$\frac{\mathrm{d}^3 y}{\mathrm{d}x^3}$，$\frac{\mathrm{d}^3 f(x)}{\mathrm{d}x^3}$. 而三阶导数 $f'''(x)$ 的导数，称为 y 对 x 的**四阶导数**或 $f(x)$ 的四阶导数，记为 $f^{(4)}(x)$，或 $y^{(4)}$，$\frac{\mathrm{d}^4 y}{\mathrm{d}x^4}$，$\frac{\mathrm{d}^4 f(x)}{\mathrm{d}x^4}$，…；以此类推，一般地，$n-1$ 阶导数 $f^{(n-1)}(x)$ 的导数称为 y 对 x 的 n 阶导数或 $f(x)$ 的 **n 阶导数**，记作 $f^{(n)}(x)$，或 $y^{(n)}$，$\frac{\mathrm{d}^n y}{\mathrm{d}x^n}$，$\frac{\mathrm{d}^n f(x)}{\mathrm{d}x^n}$.

函数 $y=f(x)$ 具有 n 阶导数，也称函数 $f(x)$ n 阶可导. 二阶及二阶以上的导数统称为**高阶导数**(derivative of higher order).

三、可导性与连续性的关系

定理　如果函数 $y=f(x)$ 在点 x 处可导，则函数 $y=f(x)$ 在该点必连续.

证　由于函数 $y=f(x)$ 在点 x 处可导，即

$$\lim_{\Delta x\to 0}\frac{\Delta y}{\Delta x}=f'(x)$$

再由具有极限的函数与无穷小的关系知

$$\frac{\Delta y}{\Delta x}=f'(x)+\alpha(\Delta x)$$

其中 $\lim\limits_{\Delta x\to 0}\alpha(\Delta x)=0$. 将上式两边同乘以 Δx，得

$$\Delta y=f'(x)\Delta x+\alpha(\Delta x)\cdot\Delta x$$

由此可知

$$\lim_{\Delta x\to 0}\Delta y=\lim_{\Delta x\to 0}[f'(x)\Delta x+\alpha(\Delta x)\cdot\Delta x]=0$$

故函数 $y=f(x)$ 在点 x 处连续.

注意这个定理的逆命题不成立，即一个函数在某点连续，却不一定在该点可导.

例如，函数

$$y=|x|=\begin{cases}-x, & x\leqslant 0,\\ x, & x>0\end{cases}$$

在点 $x=0$ 处连续，但在点 $x=0$ 处不可导，如图 4-2 所示.

因为

$$\lim_{x\to 0^-}|x|=\lim_{x\to 0^-}(-x)=0$$

$$\lim_{x\to 0^+}|x|=\lim_{x\to 0^+}x=0$$

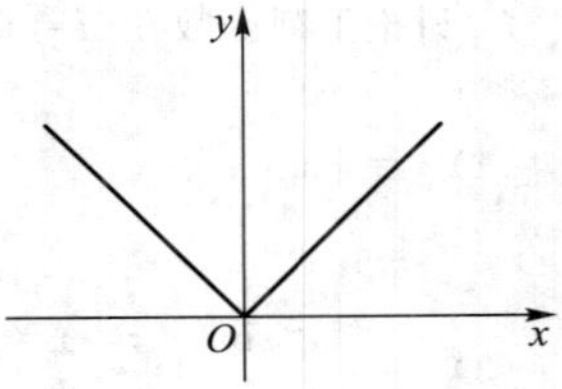

图 4-2

而 $y|_{x=0}=0$，所以函数 $y=|x|$ 在点 $x=0$ 处连续.

但是，由于

$$\lim_{\Delta x\to 0^-}\frac{\Delta y}{\Delta x}=\lim_{\Delta x\to 0^-}\frac{|0+\Delta x|-0}{\Delta x}=\lim_{\Delta x\to 0^-}\frac{-\Delta x}{\Delta x}=-1$$

$$\lim_{\Delta x\to 0^+}\frac{\Delta y}{\Delta x}=\lim_{\Delta x\to 0^+}\frac{|0+\Delta x|-0}{\Delta x}=\lim_{\Delta x\to 0^+}\frac{\Delta x}{\Delta x}=1$$

所以函数 $y=|x|$ 在点 $x=0$ 处不可导.

综上所述，函数在某点处连续是函数在该点处可导的必要条件，但不是充分条件.

由上例及图 4-2 类推，若连续函数 $y=f(x)$ 的图形在 x_0 处出现"尖点"，则函数 $f(x)$ 在该点不可导.

习题 4.1

1. 用导数定义求下列函数的导数：

(1) $f(x)=ax+b$ (a,b 为常数)；

(2) $f(x)=\dfrac{1}{x^2}$.

2. 下列各题均假设 $f'(x_0)$ 存在，根据导数定义指出下列极限各表示什么？

(1) $\lim\limits_{\Delta x\to 0}\dfrac{f(x_0-\Delta x)-f(x_0)}{\Delta x}$；

(2) $\lim\limits_{h\to 0}\dfrac{f(x_0+h)-f(x_0)}{h}$；

(3) $\lim\limits_{\Delta x\to 0}\dfrac{f(x_0+\Delta x)-f(x_0-\Delta x)}{\Delta x}$.

3. 气球半径 r 是关于气球体积 V 的函数，其函数表达式为

$$r(V)=\left(\frac{3V}{4\pi}\right)^{\frac{1}{3}}$$

(1) 分别求在区间$[0.5,1]$和$[1,1.5]$上，半径 r 关于 V 的平均变化率；

(2) 当向一个气球充气时，刚开始气球膨胀得比较快，到后来充的气多了，气球膨胀得就会缓慢一些，试解释这现象.

4. 设 $f(x)$是偶函数，且 $f'(0)$存在，求证：$f'(0)=0$.

5. 讨论下列函数在 $x=0$ 处的连续性和可导性：

(1) $y=|\sin x|$；

(2) $y=\begin{cases}x\sin\dfrac{1}{x}, & x\neq 0,\\ 0, & x=0;\end{cases}$

(3) $y=\begin{cases}x^2\sin\dfrac{1}{x}, & x\neq 0,\\ 0, & x=0;\end{cases}$

(4) $y=\sqrt[3]{x^2}$.

6. 设 $f(x)=\begin{cases}x^2, & x<1,\\ ax+b, & x\geqslant 1,\end{cases}$ 当 a,b 各取何值时，能使 $f(x)$在 $x=1$ 处连续且可导.

7. 求曲线 $y=\sqrt{x}$ 在点$(4,2)$处的切线方程和法线方程.

8. 三次抛物线 $y=x^3$ 上哪一点的切线的斜率等于 3? 求出该点.

4.2　导数的运算法则

一、基本初等函数的导数

1. 常数的导数

$$(C)'=0\quad (C\text{ 为常数})$$

证　因为 $f(x)=C$，所以

$$\Delta y=f(x+\Delta x)-f(x)=C-C=0$$

故

$$y'=\lim_{\Delta x\to 0}\frac{\Delta y}{\Delta x}=0$$

即

$$(C)'=0$$

2. 幂函数的导数

$$(x^n)'=nx^{n-1}\quad (n\text{ 为正整数})$$

证　对于自变量 x 的增量 Δx，有

$$\begin{aligned}\Delta y &= (x+\Delta x)^n - x^n \\ &= x^n + nx^{n-1}\Delta x + \frac{n(n-1)}{2!}x^{n-2}(\Delta x)^2 + \cdots + (\Delta x)^n - x^n \\ &= nx^{n-1}\Delta x + \frac{n(n-1)}{2!}x^{n-2}(\Delta x)^2 + \cdots + (\Delta x)^n\end{aligned}$$

于是

$$\lim_{\Delta x\to 0}\frac{\Delta y}{\Delta x} = \lim_{\Delta x\to 0}\left[nx^{n-1} + \frac{n(n-1)}{2!}x^{n-2}\Delta x + \cdots + (\Delta x)^{n-1}\right] = nx^{n-1}$$

所以

$$(x^n)' = nx^{n-1}$$

对于一切幂函数 $y=x^{\mu}$(μ 为实数),仍有 $(x^{\mu})'=\mu x^{\mu-1}$,这个结论将在本节后面例 7 中予以证明.

3. 三角函数的导数

$$(\sin x)' = \cos x$$

证 对于自变量 x 的增量 Δx,有

$$\begin{aligned}\Delta y &= \sin(x+\Delta x) - \sin x \\ &= 2\cos\left(x+\frac{\Delta x}{2}\right)\sin\frac{\Delta x}{2}\end{aligned}$$

于是

$$\begin{aligned}\lim_{\Delta x\to 0}\frac{\Delta y}{\Delta x} &= \lim_{\Delta x\to 0}\frac{2\cos\left(x+\frac{\Delta x}{2}\right)\sin\frac{\Delta x}{2}}{\Delta x} \\ &= \lim_{\Delta x\to 0}\cos\left(x+\frac{\Delta x}{2}\right)\cdot\frac{\sin\frac{\Delta x}{2}}{\frac{\Delta x}{2}} \\ &= \lim_{\Delta x\to 0}\cos\left(x+\frac{\Delta x}{2}\right)\cdot\lim_{\Delta x\to 0}\frac{\sin\frac{\Delta x}{2}}{\frac{\Delta x}{2}} \\ &= \cos x\cdot 1 = \cos x\end{aligned}$$

所以

$$(\sin x)' = \cos x$$

类似可证 $(\cos x)' = -\sin x$.

其余三角函数的导数见本节例 3.

4. 指数函数的导数

$$(a^x)'=a^x\ln a \quad (a>0,a\neq 1)$$

证 对于自变量 x 的增量 Δx，有

$$\Delta y=a^{x+\Delta x}-a^x=a^x(a^{\Delta x}-1)$$

于是

$$\lim_{\Delta x\to 0}\frac{\Delta y}{\Delta x}=\lim_{\Delta x\to 0}\frac{a^x(a^{\Delta x}-1)}{\Delta x}=\lim_{\Delta x\to 0}a^x\cdot\frac{a^{\Delta x}-1}{\Delta x}$$

$$=\lim_{\Delta x\to 0}a^x\cdot\lim_{\Delta x\to 0}\frac{a^{\Delta x}-1}{\Delta x}\xlongequal{\text{令 } a^{\Delta x}-1=t}a^x\cdot\lim_{t\to 0}\frac{t}{\log_a(1+t)}$$

$$=a^x\cdot\lim_{t\to 0}\frac{1}{\log_a(1+t)^{\frac{1}{t}}}=a^x\cdot\ln a$$

所以

$$(a^x)'=a^x\ln a$$

特别地，当 $a=\mathrm{e}$ 时，有

$$(\mathrm{e}^x)'=\mathrm{e}^x$$

在给出对数函数以及反三角函数的导数之前，先给出一个有关反函数导数的定理.

定理 1 如果函数 $x=\varphi(y)$ 在某区间 I_y 内单调可导，且 $\varphi'(y)\neq 0$，那么它的反函数 $y=f(x)$ 在对应区间 I_x 内可导，且

$$f'(x)=\frac{1}{\varphi'(y)}$$

证 任取 $x\in I_x$，给 x 以增量 $\Delta x(\Delta x\neq 0,x+\Delta x\in I_x)$，由于 $x=\varphi(y)$ 在 I_y 内单调可导，所以 $x=\varphi(y)$ 在 I_y 内单调连续，由节 3.6 定理 2 知，$y=f(x)$ 在 I_x 内单调连续，故

$$\Delta y=f(x+\Delta x)-f(x)\neq 0$$

且当 $\Delta x\to 0$ 时，$\Delta y\to 0$，又 $\varphi'(y)\neq 0$. 于是

$$\lim_{\Delta x\to 0}\frac{\Delta y}{\Delta x}=\lim_{\Delta y\to 0}\frac{1}{\dfrac{\Delta x}{\Delta y}}=\frac{1}{\lim\limits_{\Delta y\to 0}\dfrac{\Delta x}{\Delta y}}=\frac{1}{\varphi'(y)}$$

所以

$$f'(x)=\frac{1}{\varphi'(y)}$$

5. 对数函数的导数

$$(\log_a x)'=\frac{1}{x\ln a} \quad (a>0,a\neq 1)$$

证 $y=\log_a x$ 是函数 $x=a^y$ 的反函数. 当 $a>1$ 时,$x=a^y$ 在$(-\infty,+\infty)$内单调增加且可导,$(a^y)'=a^y\ln a>0$,由定理1可知,当 $x>0$ 时,

$$(\log_a x)'=\frac{1}{(a^y)'}=\frac{1}{a^y\ln a}=\frac{1}{x\ln a}$$

所以当 $x>0,a>1$ 时,

$$(\log_a x)'=\frac{1}{x\ln a}$$

同理当 $x>0,0<a<1$ 时,

$$(\log_a x)'=\frac{1}{x\ln a}$$

综上,

$$(\log_a x)'=\frac{1}{x\ln a}\quad(a>0,a\neq1)$$

特别地,当 $a=\mathrm{e}$ 时

$$(\ln x)'=\frac{1}{x}$$

6. 反三角函数的导数

$$(\arcsin x)'=\frac{1}{\sqrt{1-x^2}}$$

证 因为 $y=\arcsin x$ 是 $x=\sin y$ 的反函数,而 $x=\sin y$ 在区间$\left(-\frac{\pi}{2},\frac{\pi}{2}\right)$内单调可导,且$(\sin y)'=\cos y>0$,因此由定理1有

$$(\arcsin x)'=\frac{1}{(\sin y)'}=\frac{1}{\cos y}=\frac{1}{\sqrt{1-\sin^2 y}}=\frac{1}{\sqrt{1-x^2}}$$

其中 $x\in(-1,1)$. 即

$$(\arcsin x)'=\frac{1}{\sqrt{1-x^2}}$$

类似可证

$$(\arccos x)'=-\frac{1}{\sqrt{1-x^2}}$$

二、函数的和、差、积、商的导数

定理2 如果函数 $u=u(x)$ 和 $v=v(x)$ 在点 x 处可导,则它们的和、差、积、商(分母不为零)在点 x 处也都可导,且

(1) $(u\pm v)'=u'\pm v'$,

(2) $(uv)'=u'v+uv'$,

(3) $\left(\frac{u}{v}\right)'=\frac{u'v-uv'}{v^2}\ (v\neq 0)$.

定理中的(1),(2),(3)均可用导数定义及极限的运算法则证明.在此我们仅给出(2)的证明.

证　设 $y=u(x)v(x)$,对于点 x 给出增量 Δx,有

$$\begin{aligned}\Delta y&=u(x+\Delta x)v(x+\Delta x)-u(x)v(x)\\&=u(x+\Delta x)v(x+\Delta x)-u(x)v(x+\Delta x)+u(x)v(x+\Delta x)-u(x)v(x)\\&=[u(x+\Delta x)-u(x)]v(x+\Delta x)+u(x)[v(x+\Delta x)-v(x)]\\&=\Delta u\cdot v(x+\Delta x)+u(x)\Delta v\end{aligned}$$

于是

$$\lim_{\Delta x\to 0}\frac{\Delta y}{\Delta x}=\lim_{\Delta x\to 0}\left[\frac{\Delta u}{\Delta x}v(x+\Delta x)+u(x)\frac{\Delta v}{\Delta x}\right]$$

由定理的假设 $u=u(x)$ 和 $v=v(x)$ 在点 x 处可导,有

$$\begin{aligned}\lim_{\Delta x\to 0}\frac{\Delta y}{\Delta x}&=\lim_{\Delta x\to 0}\frac{\Delta u}{\Delta x}\cdot\lim_{\Delta x\to 0}v(x+\Delta x)+u(x)\lim_{\Delta x\to 0}\frac{\Delta v}{\Delta x}\\&=u'(x)v(x)+u(x)v'(x)\end{aligned}$$

即 $y=u(x)v(x)$ 在点 x 处可导,且

$$(uv)'=u'v+uv'$$

此定理中的三个公式通常称为求导的四则运算.另外定理中的(1),(2)还可推广到有限多个函数的情形,例如

$$(u\pm v\pm w)'=u'\pm v'\pm w'$$
$$(uvw)'=u'vw+uv'w+uvw'$$

例 1　(1) $y=x^5-5\mathrm{e}^x+7\sin x-2$,求 y';(2) $y=\mathrm{e}^x\sin x$,求 y'.

解　(1) $$\begin{aligned}y'&=(x^5-5\mathrm{e}^x+7\sin x-2)'\\&=(x^5)'-(5\mathrm{e}^x)'+(7\sin x)'-(2)'\\&=5x^4-5\mathrm{e}^x+7\cos x\end{aligned}$$

(2) $$\begin{aligned}y'&=(\mathrm{e}^x\sin x)'\\&=(\mathrm{e}^x)'\sin x+\mathrm{e}^x(\sin x)'\\&=\mathrm{e}^x\sin x+\mathrm{e}^x\cos x\\&=\mathrm{e}^x(\sin x+\cos x)\end{aligned}$$

例 2　$y=\frac{\cos x}{x^2+1}$,求 y'.

解　$y'=\left(\frac{\cos x}{x^2+1}\right)'=\frac{(\cos x)'(x^2+1)-\cos x(x^2+1)'}{(x^2+1)^2}$

$$=\frac{(-\sin x)(x^2+1)-2x\cos x}{(x^2+1)^2}$$

$$=-\frac{(x^2+1)\sin x+2x\cos x}{(x^2+1)^2}$$

例 3 $y=\tan x$，求 y'.

解 $y'=(\tan x)'=\left(\frac{\sin x}{\cos x}\right)'$

$$=\frac{(\sin x)'\cos x-\sin x(\cos x)'}{(\cos x)^2}$$

$$=\frac{\cos^2 x+\sin^2 x}{\cos^2 x}=\frac{1}{\cos^2 x}=\sec^2 x$$

同理，

$$(\cot x)'=-\csc^2 x$$

$$(\sec x)'=\sec x\tan x$$

$$(\csc x)'=-\csc x\cot x$$

用类似于求 $(\arcsin x)'$ 的方法可得

$$(\arctan x)'=\frac{1}{1+x^2}$$

$$(\operatorname{arccot} x)'=-\frac{1}{1+x^2}$$

为今后使用方便，将上面推得的基本初等函数的导数公式（也称**基本导数公式**）汇集如下：

(1) $(C)'=0$；　　(2) $(x^{\mu})'=\mu x^{\mu-1}$；

(3) $(\sin x)'=\cos x$；　　(4) $(\cos x)'=-\sin x$；

(5) $(\tan x)'=\sec^2 x$；　　(6) $(\cot x)'=-\csc^2 x$；

(7) $(\sec x)'=\tan x\sec x$；　　(8) $(\csc x)'=-\cot x\csc x$；

(9) $(a^x)'=a^x\ln a\quad(a>0$ 且 $a\neq 1)$；

(10) $(\mathrm{e}^x)'=\mathrm{e}^x$；

(11) $(\log_a x)'=\frac{1}{x\ln a}\quad(a>0$ 且 $a\neq 1)$；

(12) $(\ln x)'=\frac{1}{x}$；

(13) $(\arcsin x)'=\frac{1}{\sqrt{1-x^2}}$；　　(14) $(\arccos x)'=-\frac{1}{\sqrt{1-x^2}}$；

(15) $(\arctan x)'=\frac{1}{1+x^2}$；　　(16) $(\operatorname{arccot} x)'=-\frac{1}{1+x^2}$.

三、复合函数的导数

定理 3　设函数 $y=f[\varphi(x)]$ 是由函数 $y=f(u)$ 和 $u=\varphi(x)$ 复合而成的. 若函数 $u=\varphi(x)$ 在点 x 处可导，函数 $y=f(u)$ 在对应点 $u=\varphi(x)$ 处可导，则复合函数 $y=f[\varphi(x)]$ 在点 x 处可导，且

$$[f[\varphi(x)]]'=f'(u)\cdot\varphi'(x)\quad,$$

简记为 $y'_x=y'_u\cdot u'_x$ 或 $\dfrac{\mathrm{d}y}{\mathrm{d}x}=\dfrac{\mathrm{d}y}{\mathrm{d}u}\cdot\dfrac{\mathrm{d}u}{\mathrm{d}x}$.

证　对于自变量 x 的增量 Δx，对应地有函数 $u=\varphi(x)$ 的改变量 Δu；而对于 u 的这个改变量 Δu 又对应地有函数 $y=f(u)$ 的改变量 Δy.

由定理的假设及函数极限与无穷小的关系，有

$$\Delta y=f'(u)\Delta u+\alpha\Delta u$$

其中 $\lim\limits_{\Delta u\to 0}\alpha=0$. 然而现在 u 是 x 的函数，Δu 也可能为零. 当 $\Delta u=0$ 时，我们规定 $\alpha=0$，使得它仍然保持为无穷小量，这时上式的右边等于零，左边 $\Delta y=f(u+\Delta u)-f(u)=f(u)-f(u)=0$，所以无论 Δu 是否为零，上式都成立. 这样将上式两端除以 Δx，得

$$\frac{\Delta y}{\Delta x}=f'(u)\frac{\Delta u}{\Delta x}+\alpha\ \frac{\Delta u}{\Delta x}$$

当 $\Delta x\to 0$ 时，$\Delta u\to 0$. 从而有 $\alpha\to 0$，于是我们得到

$$\begin{aligned}\lim_{\Delta x\to 0}\frac{\Delta y}{\Delta x}&=\lim_{\Delta x\to 0}\left[f'(u)\frac{\Delta u}{\Delta x}+\alpha\ \frac{\Delta u}{\Delta x}\right]\\&=f'(u)\varphi'(x)\end{aligned}$$

即

$$[f(\varphi(x))]'=f'(u)\varphi'(x)$$

定理中的公式称为复合函数求导的**链式法则**(chain rule). 此法则可推广到复合函数的中间变量多于两个的情形. 例如 $y=f(u)$，$u=\varphi(v)$，$v=\psi(x)$ 均为可导函数，则复合函数 $y=f(\varphi(\psi(x)))$ 的导数是

$$\frac{\mathrm{d}y}{\mathrm{d}x}=\frac{\mathrm{d}y}{\mathrm{d}u}\cdot\frac{\mathrm{d}u}{\mathrm{d}v}\cdot\frac{\mathrm{d}v}{\mathrm{d}x}$$

例 4　$y=\mathrm{e}^{x^3}$，求 $\dfrac{\mathrm{d}y}{\mathrm{d}x}$.

解　$y=\mathrm{e}^{x^3}$ 可看作由 $y=\mathrm{e}^u$，$u=x^3$ 复合而成，所以

$$\frac{\mathrm{d}y}{\mathrm{d}x}=\frac{\mathrm{d}y}{\mathrm{d}u}\cdot\frac{\mathrm{d}u}{\mathrm{d}x}=\mathrm{e}^u\cdot 3x^2=3x^2\mathrm{e}^{x^3}$$

例 5 $y=\ln\tan\dfrac{x}{3}$，求 y'.

解 $y=\ln\tan\dfrac{x}{3}$ 可看作由 $y=\ln u, u=\tan v, v=\dfrac{x}{3}$ 复合而成，所以

$$\frac{\mathrm{d}y}{\mathrm{d}x}=\frac{\mathrm{d}y}{\mathrm{d}u}\cdot\frac{\mathrm{d}u}{\mathrm{d}v}\cdot\frac{\mathrm{d}v}{\mathrm{d}x}=\frac{1}{u}\cdot\sec^2 v\cdot\frac{1}{3}$$

$$=\frac{1}{3}\frac{\sec^2\dfrac{x}{3}}{\tan\dfrac{x}{3}}=\frac{1}{3\sin\dfrac{x}{3}\cos\dfrac{x}{3}}=\frac{2}{3}\csc\frac{2}{3}x$$

另外，在计算比较熟练后可以不将中间变量写出. 这时例 5 的求导过程可写为

$$y'=\frac{1}{\tan\dfrac{x}{3}}\left(\tan\frac{x}{3}\right)'=\frac{1}{\tan\dfrac{x}{3}}\sec^2\frac{x}{3}\cdot\left(\frac{x}{3}\right)'$$

$$=\frac{1}{3}\frac{\sec^2\dfrac{x}{3}}{\tan\dfrac{x}{3}}=\frac{2}{3}\csc\frac{2x}{3}$$

例 6 $y=\ln(x+\sqrt{x^2+a^2})$，求 y' 和 y''.

重难点讲解微视频

复合函数的导数

解
$$y'=\frac{1}{x+\sqrt{x^2+a^2}}(x+\sqrt{x^2+a^2})'$$

$$=\frac{1}{x+\sqrt{x^2+a^2}}\left(1+\frac{2x}{2\sqrt{x^2+a^2}}\right)$$

$$=\frac{1}{\sqrt{x^2+a^2}}$$

$$y''=(y')'=\left(\frac{1}{\sqrt{x^2+a^2}}\right)'=-\frac{x}{(x^2+a^2)^{3/2}}$$

例 7 $y=x^{\mu}$（μ 为任意实数，$x>0$），求 y'.

解 将 $y=x^{\mu}$ 看作复合函数 $y=\mathrm{e}^{\mu\ln x}$，于是

$$y'=\mathrm{e}^{\mu\ln x}(\mu\ln x)'=x^{\mu}\cdot\frac{\mu}{x}=\mu x^{\mu-1}$$

例 8 求 $y=ax^2+bx+c$ 的各阶导数.

解
$$y'=2ax+b$$
$$y''=2a$$

$$y'''=0$$

…………

$$y^{(n)}=0 \quad (n\geqslant 3)$$

例 9　$y=\sin x$,求 $y^{(n)}$.

解

$$y'=\cos x=\sin\left(x+\frac{\pi}{2}\right)$$

$$y''=\cos\left(x+\frac{\pi}{2}\right)=\sin\left(x+2\cdot\frac{\pi}{2}\right)$$

…………

$$y^{(n)}=\sin\left(x+n\cdot\frac{\pi}{2}\right)$$

同理可得

$$(\cos x)^{(n)}=\cos\left(x+n\cdot\frac{\pi}{2}\right)$$

例 10　$y=\ln x$,求 $y^{(n)}$.

解

$$y'=\frac{1}{x}$$

$$y''=-\frac{1}{x^2}$$

$$y'''=\frac{1\cdot 2}{x^3}=\frac{2!}{x^3}$$

…………

$$y^{(n)}=(-1)^{n-1}\,\frac{(n-1)!}{x^n}$$

四、隐函数的导数

我们知道,有的隐函数可表示成显函数,有的则不能,因此有必要研究隐函数的求导方法.下面介绍一种不从方程 $F(x,y)=0$ 中解出隐函数 y,而直接求隐函数的导数 y' 的方法.

设方程 $F(x,y)=0$ 确定一个单值可导函数 $y=y(x)$.将 $y=y(x)$ 代入方程得恒等式 $F(x,y(x))\equiv 0$,在恒等式两边对 x 求导,便得到一个含有 y' 的方程,解出 y' 就求出了隐函数 $y=y(x)$ 的导数.在恒等式两边对 x 求导时,必须注意 y 是 x 的函数,要利用复合函数求导法.

例 11　求由方程 $x+y^3-10=0$ 所确定的隐函数 y 对 x 的导数.

解 我们在方程两端对 x 求导，注意 y 是 x 的函数，于是 y^3 则是 x 的复合函数，运用复合函数求导法则，可得

$$1+3y^2y'=0$$

所以

$$y'=-\frac{1}{3y^2}$$

例 12 求由方程 $xy+e^x-e^y=0$ 所确定的隐函数 y 对 x 的导数，并求 $y'|_{x=0}$ 及当 $x=0$ 时曲线的切线方程和法线方程.

解 在方程两端对 x 求导，得

$$y+xy'+e^x-e^y\cdot y'=0$$

解得

$$y'=\frac{e^x+y}{e^y-x}\quad(e^y-x\neq 0)$$

当 $x=0$ 时，由原方程解得 $y=0$，所以

$$y'|_{x=0}=\frac{e^0+0}{e^0-0}=1$$

故在 $x=0$ 时的切线方程为

$$y=x$$

即

$$x-y=0$$

法线方程为

$$y=-x$$

即

$$x+y=0$$

例 13 求由方程 $x-y+\frac{1}{2}\sin y=0$ 所确定的隐函数 y 对 x 的二阶导数 y''.

解 在方程两边对 x 求导，得

$$1-y'+\frac{1}{2}\cos y\cdot y'=0$$

解得

$$y'=\frac{2}{2-\cos y}$$

两边再对 x 求导，注意 y 是 x 的函数，得

$$y''=-\frac{2}{(2-\cos y)^2}\cdot(2-\cos y)'$$
$$=-\frac{2}{(2-\cos y)^2}\cdot\sin y\cdot y'$$
$$=-\frac{2\sin y}{(2-\cos y)^2}\cdot\frac{2}{2-\cos y}$$
$$=-\frac{4\sin y}{(2-\cos y)^3}$$

某些显函数的导数直接去求十分烦琐，有时可以通过取对数的方法使其化为隐函数的形式，再用隐函数求导法则去求导数. 这种求导方法称为对数求导法. 它常用于下面两类函数的求导.

1. 幂指函数

形如 $y=u(x)^{v(x)}$ 的函数称为**幂指函数**，其中 $u(x)$，$v(x)$ 不恒为常数，$u(x)>0$.

例 14　求 $y=x^{\sin x}(x>0)$ 的导数.

解　先在两端取自然对数，得

$$\ln y=\sin x\ln x$$

再应用隐函数求导法则，在上式两端对 x 求导，得

$$\frac{1}{y}y'=\cos x\cdot\ln x+\frac{\sin x}{x}$$

所以

$$y'=y\left(\cos x\cdot\ln x+\frac{\sin x}{x}\right)=x^{\sin x}\left(\cos x\cdot\ln x+\frac{\sin x}{x}\right)$$

2. 含有多个因子连乘连除及乘方开方的函数

例 15　求 $y=\sqrt[3]{\dfrac{(x-1)(x-2)}{(x-3)}}$ 的导数.

解　先在两端取自然对数，得

$$\ln|y|=\frac{1}{3}(\ln|x-1|+\ln|x-2|-\ln|x-3|)$$

再应用隐函数求导法则，在上式两端对 x 求导，得

$$\frac{1}{y}y'=\frac{1}{3}\left(\frac{1}{x-1}+\frac{1}{x-2}-\frac{1}{x-3}\right)$$

所以

$$y'=\frac{1}{3}\sqrt[3]{\frac{(x-1)(x-2)}{x-3}}\left(\frac{1}{x-1}+\frac{1}{x-2}-\frac{1}{x-3}\right)$$

五、由参数方程所确定的函数的导数

设由参数方程

$$\begin{cases} x=\varphi(t), \\ y=\psi(t) \end{cases}$$

确定了 y 是 x 的函数 $y=y(x)$，则称这个函数为由**参数方程所确定的函数**，其中 t 为**参数**(parameter).

下面讨论由参数方程所确定的函数的求导方法.

设函数 $x=\varphi(t)$ 具有单调连续的反函数 $t=t(x)$，且此反函数能与函数 $y=\psi(t)$ 复合成复合函数，则由上面参数方程所确定的函数 $y=y(x)$ 就可看成是由 $y=\psi(t)$，$t=t(x)$ 复合而成的函数 $y=y(x)=\psi(t(x))$. 假设 $x=\varphi(t)$，$y=\psi(t)$ 都可导，且 $\varphi'(t)\neq 0$，则由复合函数求导法则和反函数求导公式，有

$$\frac{\mathrm{d}y}{\mathrm{d}x}=\frac{\mathrm{d}y}{\mathrm{d}t}\cdot\frac{\mathrm{d}t}{\mathrm{d}x}=\frac{\mathrm{d}y}{\mathrm{d}t}\frac{1}{\frac{\mathrm{d}x}{\mathrm{d}t}}=\frac{\psi'(t)}{\varphi'(t)},$$

即

$$\frac{\mathrm{d}y}{\mathrm{d}x}=\frac{\psi'(t)}{\varphi'(t)}=\frac{\frac{\mathrm{d}y}{\mathrm{d}t}}{\frac{\mathrm{d}x}{\mathrm{d}t}}.$$

若 $x=\varphi(t)$，$y=\psi(t)$ 都二阶可导，则有

$$\begin{aligned}\frac{\mathrm{d}^2y}{\mathrm{d}x^2}&=\frac{\mathrm{d}}{\mathrm{d}x}\left(\frac{\mathrm{d}y}{\mathrm{d}x}\right)=\frac{\frac{\mathrm{d}}{\mathrm{d}t}\left(\frac{\psi'(t)}{\varphi'(t)}\right)}{\frac{\mathrm{d}x}{\mathrm{d}t}}\\&=\frac{\frac{\psi''(t)\varphi'(t)-\psi'(t)\varphi''(t)}{(\varphi'(t))^2}}{\varphi'(t)}\\&=\frac{\psi''(t)\varphi'(t)-\psi'(t)\varphi''(t)}{(\varphi'(t))^3}.\end{aligned}$$

我们不必死记这个公式. 而应当注意它实际上是对由

$$\begin{cases} \frac{\mathrm{d}y}{\mathrm{d}x}=\frac{\psi'(t)}{\varphi'(t)}=\psi_1(t), \\ x=\varphi(t) \end{cases}$$

所确定的函数$\dfrac{dy}{dx}$应用前面的公式关于 x 求导，即$\dfrac{d^2y}{dx^2}=\dfrac{d}{dx}\left(\dfrac{dy}{dx}\right)=\dfrac{\dfrac{d}{dt}\left(\dfrac{dy}{dx}\right)}{\dfrac{dx}{dt}}$.

重难点讲解微视频

由参数方程所确定的函数的导数

类似地可对 y 关于 x 求出更高阶的导数. 例如

$$\frac{d^3y}{dx^3}=\frac{\dfrac{d}{dt}\left(\dfrac{d^2y}{dx^2}\right)}{\dfrac{dx}{dt}}$$

例 16　求由参数方程$\begin{cases}x=a(t-\sin t),\\y=a(1-\cos t)\end{cases}$所确定的函数 y 对 x 的导数$\dfrac{dy}{dx}$及二阶导数$\dfrac{d^2y}{dx^2}$.

解　$$\frac{dy}{dx}=\frac{\dfrac{dy}{dt}}{\dfrac{dx}{dt}}=\frac{a\sin t}{a(1-\cos t)}$$

$$=\frac{\sin t}{1-\cos t}\quad(t\neq 2n\pi,n=0,1,2,\cdots)$$

$$\frac{d^2y}{dx^2}=\frac{\dfrac{d}{dt}\left(\dfrac{dy}{dx}\right)}{\dfrac{dx}{dt}}$$

$$=\frac{\cos t\cdot(1-\cos t)-\sin^2 t}{(1-\cos t)^2}\cdot\frac{1}{a(1-\cos t)}$$

$$=-\frac{1}{a(1-\cos t)^2}\quad(t\neq 2n\pi,n=0,1,2,\cdots)$$

例 17　已知抛物体的运动轨迹的参数方程为$\begin{cases}x=v_1t,\\y=v_2t-\dfrac{1}{2}gt^2,\end{cases}$求抛物体在时刻 t 的运动速度的大小和方向.

解　先求速度的大小.

由于速度的水平分量为

$$\frac{\mathrm{d}x}{\mathrm{d}t}=v_1$$

垂直分量为

$$\frac{\mathrm{d}y}{\mathrm{d}t}=v_2-gt$$

所以抛物体运动速度的大小为

$$v=\sqrt{\left(\frac{\mathrm{d}x}{\mathrm{d}t}\right)^2+\left(\frac{\mathrm{d}y}{\mathrm{d}t}\right)^2}=\sqrt{v_1^2+(v_2-gt)^2}$$

再求速度的方向,也即轨迹的切线方向.

设 α 是切线的倾角,则由导数的几何意义,有

$$\tan\alpha=\frac{\mathrm{d}y}{\mathrm{d}x}=\frac{\frac{\mathrm{d}y}{\mathrm{d}t}}{\frac{\mathrm{d}x}{\mathrm{d}t}}=\frac{v_2-gt}{v_1}$$

所以,在抛物体刚抛出(即 $t=0$)时,

$$\tan\alpha\Big|_{t=0}=\frac{\mathrm{d}y}{\mathrm{d}x}\Big|_{t=0}=\frac{v_2}{v_1}$$

当 $t=\frac{v_2}{g}$时,

$$\tan\alpha\Big|_{t=\frac{v_2}{g}}=\frac{\mathrm{d}y}{\mathrm{d}x}\Big|_{t=\frac{v_2}{g}}=0$$

这说明,这时运动方向是水平的,即抛物体达到最高点.

习题 4.2

1. 求下列函数的导数:

(1) $y=3x^2-\frac{2}{x^2}+5$;

(2) $y=a^x+\mathrm{e}^x(a>0$ 且 $a\neq1)$;

(3) $y=x\sin x$;

(4) $y=\sqrt{x}\sin x$;

(5) $y=2\tan x+\csc x+1$;

(6) $y=\frac{x-1}{x+1}$;

(7) $y=\frac{\ln x}{x}+\ln 5$;

(8) $y=\frac{2\sec x}{1+x^2}$;

(9) $y=\frac{\sqrt{x}+\cos x}{x}$.

2. 求下列函数在指定点处的导数:

(1) $y=\sin x-\cos x$，求 $y'\Big|_{x=\frac{\pi}{6}}$ 和 $y'\Big|_{x=\frac{\pi}{4}}$；

(2) $y=\dfrac{1-\sqrt{x}}{1+\sqrt{x}}$，求 $y'\Big|_{x=4}$.

3. 求下列函数的导数：

(1) $y=\sin^2 x\cdot\sin x^2$；　(2) $y=2^{\sin x}$；

(3) $y=\sin(2^x)$；　(4) $y=\arcsin\dfrac{1}{x}$；

(5) $y=\arccos(1-2x)$；　(6) $y=\mathrm{e}^{-3x}\cos 2x$；

(7) $y=\ln(\ln x)$；　(8) $y=\mathrm{e}^{-\sin^2 x}$；

(9) $y=x\cdot\sin x\cdot\ln x$；　(10) $y=\mathrm{e}^{\arctan\sqrt{x}}$；

(11) $y=\dfrac{\arctan x}{\sqrt{1+x^2}}$；　(12) $y=\sqrt{x+\sqrt{x}}$；

(13) $y=\arccos\sqrt{x}$；　(14) $y=\ln(\sec x+\tan x)$；

(15) $y=\left(\arcsin\dfrac{x}{2}\right)^2$；　(16) $y=\dfrac{\sin 2x}{x}$；

(17) $y=\ln(x+\sqrt{x^2+2})$；　(18) $y=\ln(\csc x-\cot x)$；

(19) $y=\dfrac{\arcsin x}{\arccos x}$；　(20) $y=\arcsin\sqrt{\dfrac{1-x}{1+x}}$.

4. 设 $f(x)$可导，求下列函数 y 的导数$\dfrac{\mathrm{d}y}{\mathrm{d}x}$：

(1) $y=f(x^2)$；　(2) $y=f(\sin^2 x)+f(\cos^2 x)$.

5. 求由下列方程所确定的隐函数 y 的导数：

(1) $y^2-2xy+9=0$；　(2) $x^3+y^3-3axy=0$；

(3) $\mathrm{e}^{x+y}=xy$；　(4) $y^x=x^2$.

6. 用对数求导法求下列函数的导数：

(1) $y=\left(\dfrac{x}{1+x}\right)^x$；　(2) $y=\sin x^{\cos x}+\cos x^{\sin x}$；

(3) $y=\sqrt[5]{\dfrac{x-5}{\sqrt[5]{x^2+2}}}$；　(4) $y=\dfrac{\sqrt{x+2}\,(3-x)^4}{(x+1)^5}$；

(5) $y=\sqrt{x\sin x\sqrt{1-\mathrm{e}^x}}$；　(6) $y=\sqrt{\dfrac{(x-1)\sin x}{\arctan x}}$.

7. 求下列参数方程所确定的函数的导数$\dfrac{\mathrm{d}y}{\mathrm{d}x}$：

(1) $\begin{cases}x=1-t^2,\\ y=t-t^3;\end{cases}$　(2) $\begin{cases}x=a\cos^3\varphi,\\ y=a\sin^3\varphi;\end{cases}$

(3) $\begin{cases}x=\mathrm{e}^t\sin t,\\ y=\mathrm{e}^t\cos t.\end{cases}$

8. 求下列曲线在给定点处的切线方程和法线方程：

(1) $\frac{x^2}{16}+\frac{y^2}{9}=1$,在 $x=2$ 处；　　(2) $\begin{cases}x=\frac{t^2}{2},\\ y=t^2(t-1),\end{cases}$ 在 $t=2$ 处.

9. 求下列函数的二阶导数 $\frac{\mathrm{d}^2y}{\mathrm{d}x^2}$：

(1) $y=x\cos x$；　　(2) $y=\mathrm{e}^{2x-1}$；

(3) $y=\cos^2 x\cdot\ln x$；　　(4) $y=\frac{\mathrm{e}^x}{x}$；

(5) $y=\sin(x+y)$；　　(6) $x^2-y^2=1$；

(7) $\begin{cases}x=a\cos t,\\ y=b\sin t;\end{cases}$　　(8) $\begin{cases}x=3\mathrm{e}^{-t},\\ y=2\mathrm{e}^{t}.\end{cases}$

10. 若 $f''(x)$存在,求下列函数 y 的二阶导数 $\frac{\mathrm{d}^2y}{\mathrm{d}x^2}$：

(1) $y=f(x^2)$；　　(2) $y=\ln f(x)$.

11. 验证函数 $y=c_1\mathrm{e}^{\lambda x}+c_2\mathrm{e}^{-\lambda x}$ (λ,c_1,c_2 是常数)满足关系式：

$$y''-\lambda^2 y=0$$

12. 求下列函数的 n 阶导数：

(1) $y=\mathrm{e}^{ax}$ (a 是常数)；　　(2) $y=\ln(x+1)$；

(3) $y=x\ln x$；　　(4) $y=x\mathrm{e}^x$；

(5) $y=\sin^2 x$；　　(6) $y=\frac{1}{x^2-3x+2}$.

13. 设 $f(x)=\mathrm{e}^x\sin x$,求 $f'(0)$,$f''(0)$,$f'''(0)$.

4.3 函数的微分

微分是微分学中另一个重要概念,它与导数关系极为密切.本节将介绍微分概念及其应用.

一、微分的概念

在实际应用中,常常遇到计算函数 $y=f(x)$增量 Δy 的问题.但对于较复杂的函数 $f(x)$,其增量 Δy 往往不易计算,所以需要寻求计算 Δy 近似值的简便方法,微分概念的提出解决了这个问题.

先来看一个实例.

自由落体运动 $s=\frac{1}{2}gt^2$,当时间 t 有改变量 Δt 时,相应地

$$\Delta s=\frac{1}{2}g(t+\Delta t)^2-\frac{1}{2}gt^2$$

$$=gt\Delta t+\frac{1}{2}g(\Delta t)^2$$

从上式可以看出增量 Δs 分成两部分，第一部分 $gt\Delta t$ 是 Δt 的线性函数；当 $\Delta t\to 0$ 时第二部分 $\frac{1}{2}g(\Delta t)^2$ 是比 Δt 高阶的无穷小，即 $\frac{1}{2}g(\Delta t)^2=o(\Delta t)$. 由此可见，当 Δt 很小时，可以取第一部分 $gt\Delta t$ 作为 Δs 的近似值，即

$$\Delta s\approx gt\Delta t$$

一般地，如果函数 $y=f(x)$ 满足一定的条件，则当 x 有一个增量 Δx 时，相应的函数的增量 Δy 可表示为

$$\Delta y=A\Delta x+o(\Delta x)$$

其中 A 与 Δx 无关，$o(\Delta x)$ 为当 $\Delta x\to 0$ 时比 Δx 高阶的无穷小. $A\Delta x$ 就称为函数 $y=f(x)$ 在点 x 的微分. 下面给出微分的定义.

定义　设函数 $y=f(x)$ 在某区间内有定义，点 x 及 $x+\Delta x$ 在该区间内，如果相应地函数的增量

$$\Delta y=f(x+\Delta x)-f(x)$$

可表示为

$$\Delta y=A\Delta x+o(\Delta x)$$

其中 A 是 x 的函数且与 Δx 无关，而 $o(\Delta x)$ 是当 $\Delta x\to 0$ 时比 Δx 高阶的无穷小，则称函数 $y=f(x)$ 在点 x 可微，而称 $A\Delta x$ 为函数 $y=f(x)$ 在点 x 的**微分**(differential)，记为 $\mathrm{d}y$，即

$$\mathrm{d}y=A\Delta x$$

因为 $A\Delta x$ 是 Δx 的线性函数，且当 Δx 很小时 $\Delta y\approx A\Delta x$，即当 $A\neq 0$ 时，$A\Delta x$ 是 Δy 的主要部分，所以有时也称微分 $\mathrm{d}y=A\Delta x$ 为函数增量 Δy 的线性主部.

下面讨论微分与导数的关系.

定理　函数 $y=f(x)$ 在点 x 可微的充分必要条件是函数 $y=f(x)$ 在点 x 可导.

证　必要性. 设函数 $y=f(x)$ 在点 x 可微，则

$$\Delta y=A\Delta x+o(\Delta x)$$

其中 A 是 x 的函数且与 Δx 无关，$o(\Delta x)$ 是当 $\Delta x\to 0$ 时比 Δx 高阶的无穷小. 将上式两端同除以 Δx，得

$$\frac{\Delta y}{\Delta x}=A+\frac{o(\Delta x)}{\Delta x}$$

于是

$$\lim_{\Delta x\to 0}\frac{\Delta y}{\Delta x}=\lim_{\Delta x\to 0}\left[A+\frac{o(\Delta x)}{\Delta x}\right]=A+\lim_{\Delta x\to 0}\frac{o(\Delta x)}{\Delta x}=A$$

所以函数 $y=f(x)$在点 x 可导，且 $f'(x)=A$.

充分性. 设函数 $y=f(x)$在点 x 可导，则

$$\lim_{\Delta x\to 0}\frac{\Delta y}{\Delta x}=f'(x)$$

由函数极限与无穷小的关系，有

$$\frac{\Delta y}{\Delta x}=f'(x)+\alpha(\Delta x)$$

其中$\lim\limits_{\Delta x\to 0}\alpha(\Delta x)=0$. 将上式两端同乘 Δx，得

$$\Delta y=f'(x)\Delta x+\alpha(\Delta x)\Delta x$$

因为$\lim\limits_{\Delta x\to 0}\dfrac{\alpha(\Delta x)\cdot\Delta x}{\Delta x}=0$，所以 $\alpha(\Delta x)\Delta x=o(\Delta x)$. 而 $f'(x)$是 x 的函数且与 Δx 无关. 所以可记 $A=f'(x)$. 这样上式就化为

$$\Delta y=A\Delta x+o(\Delta x)$$

故函数 $y=f(x)$在点 x 可微.

此定理表明，函数 $y=f(x)$的可微性与可导性是等价的，并且 $A=f'(x)$，因此微分 $\mathrm{d}y$ 又可表示为 $\mathrm{d}y=f'(x)\Delta x$ 或 $\mathrm{d}f(x)=f'(x)\Delta x$.

当 $y=x$ 时，由微分表达式得

$$\mathrm{d}y=\mathrm{d}x=(x)'\Delta x=\Delta x$$

因此微分 $\mathrm{d}y$ 又可写为

$$\mathrm{d}y=f'(x)\mathrm{d}x$$

或

$$\mathrm{d}f(x)=f'(x)\mathrm{d}x$$

从而有

$$\frac{\mathrm{d}y}{\mathrm{d}x}=f'(x)$$

这表明函数 $y=f(x)$的导数等于函数的微分与自变量的微分之商. 所以有时也称导数为微商.

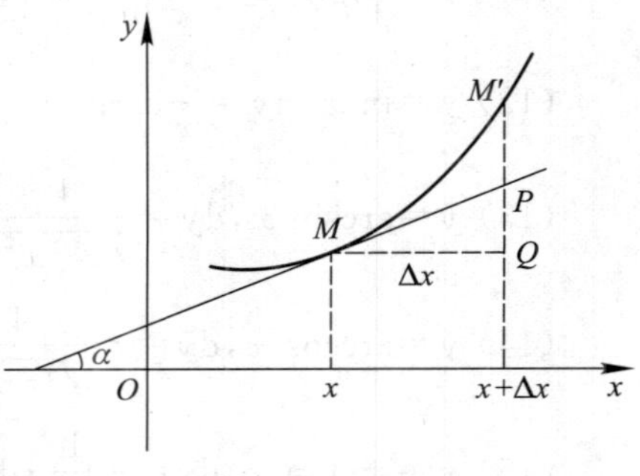

图 4-3

微分的几何意义：在直角坐标系中，函数 $y=f(x)$的图形是一条曲线(如图 4-3 所示)，设 $M(x,y)$

是此曲线上一点，直线 MP 为曲线上点 M 处的切线. $M'(x+\Delta x, y+\Delta y)$ 为曲线上与点 M 邻近的一点. 因此

$$\Delta x = MQ, \Delta y = QM'$$

$$\mathrm{d}y = f'(x)\Delta x = \tan\alpha \cdot \Delta x = \tan\alpha \cdot MQ = QP$$

由此可见，函数 $y=f(x)$ 在点 x 的微分 $\mathrm{d}y$ 就是曲线 $y=f(x)$ 在 $M(x,y)$ 处切线上纵坐标的增量，当 $|\Delta x|$ 很小时，$\Delta y \approx \mathrm{d}y$，即在点 M 附近，可以用切线段近似地代替曲线段.

二、微分的运算与微分形式的不变性

由函数 $y=f(x)$ 的微分表达式

$$\mathrm{d}y = f'(x)\mathrm{d}x$$

及导数的基本公式与导数的运算法则即可得到微分的基本公式与微分运算法则.

1. 微分基本公式

(1) $y=c, \mathrm{d}y=0$;

(2) $y=x^{\mu}, \mathrm{d}y=\mu \cdot x^{\mu-1}\mathrm{d}x$;

(3) $y=\sin x, \mathrm{d}y=\cos x\mathrm{d}x$;

(4) $y=\cos x, \mathrm{d}y=-\sin x\mathrm{d}x$;

(5) $y=\tan x, \mathrm{d}y=\sec^2 x\mathrm{d}x$;

(6) $y=\cot x, \mathrm{d}y=-\csc^2 x\mathrm{d}x$;

(7) $y=\sec x, \mathrm{d}y=\tan x\sec x\mathrm{d}x$;

(8) $y=\csc x, \mathrm{d}y=-\cot x\csc x\mathrm{d}x$;

(9) $y=a^x, \mathrm{d}y=a^x\ln a\mathrm{d}x$ ($a>0$ 且 $a\neq 1$);

(10) $y=\mathrm{e}^x, \mathrm{d}y=\mathrm{e}^x\mathrm{d}x$;

(11) $y=\log_a x, \mathrm{d}y=\dfrac{1}{x\ln a}\mathrm{d}x$ ($a>0$ 且 $a\neq 1$);

(12) $y=\ln x, \mathrm{d}y=\dfrac{1}{x}\mathrm{d}x$;

(13) $y=\arcsin x, \mathrm{d}y=\dfrac{1}{\sqrt{1-x^2}}\mathrm{d}x$;

(14) $y=\arccos x, \mathrm{d}y=-\dfrac{1}{\sqrt{1-x^2}}\mathrm{d}x$;

(15) $y=\arctan x, \mathrm{d}y=\dfrac{1}{1+x^2}\mathrm{d}x$;

(16) $y=\operatorname{arccot} x, \mathrm{d}y=-\frac{1}{1+x^2}\mathrm{d}x$.

2. 微分的四则运算

(1) $\mathrm{d}(u\pm v)=\mathrm{d}u\pm \mathrm{d}v$;

(2) $\mathrm{d}(uv)=v\mathrm{d}u+u\mathrm{d}v$;

(3) $\mathrm{d}\left(\frac{u}{v}\right)=\frac{v\mathrm{d}u-u\mathrm{d}v}{v^2}\ (v\neq 0)$.

3. 复合函数的微分法则

设函数 $y=f(u), u=\varphi(x)$，则复合函数 $y=f[\varphi(x)]$ 的微分为

$$\mathrm{d}y=y'_x\mathrm{d}x=y'_u\cdot u'_x\mathrm{d}x=f'(u)\varphi'(x)\mathrm{d}x$$

因为

$$\mathrm{d}u=u'_x\mathrm{d}x$$

所以上式又可写为

$$\mathrm{d}y=y'_u\mathrm{d}u=f'(u)\mathrm{d}u$$

可见，无论 u 是中间变量还是自变量，函数 $y=f(u)$ 的微分 $\mathrm{d}y$ 总可表示为 $f'(u)\mathrm{d}u$ 的形式. 这一性质称为**一阶微分形式的不变性**.

例 1 $y=x\mathrm{e}^x$，求 $\mathrm{d}y$.

解 方法一 应用微分法则

$$\mathrm{d}y=\mathrm{d}(x\mathrm{e}^x)=\mathrm{e}^x\mathrm{d}x+x\mathrm{d}(\mathrm{e}^x)=(1+x)\mathrm{e}^x\mathrm{d}x$$

方法二 利用微分和导数的关系 $\mathrm{d}y=y'\mathrm{d}x$. 先求 y'，再求 $\mathrm{d}y$.

因为

$$y'=(x\mathrm{e}^x)'=\mathrm{e}^x+x\mathrm{e}^x=(1+x)\mathrm{e}^x$$

所以

$$\mathrm{d}y=(1+x)\mathrm{e}^x\mathrm{d}x$$

例 2 $y=\sin(2x+1)$，求 $\mathrm{d}y$.

解 方法一

$$\begin{aligned}\mathrm{d}y&=\mathrm{d}[\sin(2x+1)]\\&=\cos(2x+1)\mathrm{d}(2x+1)=2\cos(2x+1)\mathrm{d}x\end{aligned}$$

方法二 因为

$$\begin{aligned}y'&=[\sin(2x+1)]'\\&=\cos(2x+1)\cdot(2x+1)'=2\cos(2x+1)\end{aligned}$$

所以

$$\mathrm{d}y=2\cos(2x+1)\mathrm{d}x$$

例 3 求 $y=\sin x$ 在 $x=\frac{\pi}{6}$ 处的微分.

解
$$\mathrm{d}y\Big|_{x=\frac{\pi}{6}}=y'\Big|_{x=\frac{\pi}{6}}\mathrm{d}x=\cos\frac{\pi}{6}\mathrm{d}x=\frac{\sqrt{3}}{2}\mathrm{d}x$$

三、微分在近似计算中的应用

如果函数 $y=f(x)$ 在点 x_0 的导数 $f'(x_0)\neq 0$，那么当 $|\Delta x|$ 很小时，

$$\Delta y=f(x_0+\Delta x)-f(x_0)\approx \mathrm{d}y=f'(x_0)\Delta x$$

即

$$f(x_0+\Delta x)\approx f(x_0)+f'(x_0)\Delta x$$

当 $f(x_0)$ 和 $f'(x_0)$ 易求时，可用上式来近似计算 $f(x_0+\Delta x)$.

例 4　求 $\sqrt[3]{1.02}$ 的近似值.

解　设 $f(x)=\sqrt[3]{x}$. 取 $x_0=1$，$\Delta x=0.02$，则求 $\sqrt[3]{1.02}$ 的近似值即是求 $f(x_0+\Delta x)$ 的近似值.

由前面的近似公式，得

$$f(x_0+\Delta x)\approx f(x_0)+f'(x_0)\Delta x=f(x_0)+\frac{1}{3}x_0^{-\frac{2}{3}}\Delta x$$

所要求的 $\sqrt[3]{1.02}$ 的近似值即是

$$\sqrt[3]{1.02}\approx\sqrt[3]{1}+\frac{1}{3}(1)^{-\frac{2}{3}}\cdot 0.02$$

$$=1+\frac{0.02}{3}\approx 1.006\,7$$

例 5　求 arctan 1.01 的近似值.

解　设 $f(x)=\arctan x$，则 $f'(x)=\dfrac{1}{1+x^2}$，取 $x_0=1$，$\Delta x=0.01$，则

$$\arctan 1.01\approx\arctan 1+\frac{1}{1+1^2}\times 0.01$$

$$=\frac{\pi}{4}+0.005\approx 0.785+0.005=0.790$$

例 6　当 $|x|$ 很小时，证明：$\mathrm{e}^x\approx 1+x$.

证　设 $f(x)=\mathrm{e}^x$，且在公式

$$f(x_0+\Delta x)\approx f(x_0)+f'(x_0)\Delta x$$

中，令 $x_0=0$，$\Delta x=x$，则当 $|x|$ 很小时，上式可化为

$$f(x)\approx f(0)+f'(0)x$$

因此，有

$$\mathrm{e}^x\approx\mathrm{e}^0+\mathrm{e}^0\cdot x$$

即

$$e^x \approx 1+x$$

类似地可得到工程计算中常用的计算公式. 当 $|x|$ 很小时,

$$\sqrt[n]{1+x} \approx 1+\frac{x}{n}$$

$$\ln(1+x) \approx x$$

$$\sin x \approx x \text{（其中 } x \text{ 为弧度）}$$

$$\tan x \approx x \text{（其中 } x \text{ 为弧度）}$$

习题 4.3

1. 求下列函数的微分：

(1) $y=\arcsin(2x^2-1)$；

(2) $y=(x^2+4x+1)\sqrt{x^2-\sqrt{x}}$；

(3) $y=2\ln^2 x+x$；

(4) $y=e^{-x}\cos(3-x)$；

(5) $y=[\ln(1-x)]^2$；

(6) $y=\arctan\dfrac{1-x^2}{1+x^2}$.

2. 已知 $y=x^3-x$, 计算在 $x=2$ 处当 Δx 分别等于 1, 0.1, 0.01 时的 Δy.

3. 计算 $\cos 29°$ 的近似值.

4. 计算 $\sqrt[3]{996}$ 的近似值.

5. 当 $|x|$ 较小时, 证明：

(1) $\tan x \approx x$；

(2) $\dfrac{1}{1+x} \approx 1-x$.

4.4 偏导数与全微分

一、偏导数

1. 偏导数的概念

在一元函数中, 我们研究了函数的变化率及其应用, 对于多元函数也需要研究函数的变化率, 比如, 一定量的理想气体, 我们不仅需要了解它的体积 V 随温度 T 和压强 p 变化的规律, 还要了解恒温(T 是常数)时 V 随 p 变化的规律, 以及等压(p 是常数)时 V 随 T 变化的规律.

多元函数对其中一个自变量的变化率就是偏导数, 这时其他自变量保持不变, 比如在二元函数 $z=f(x,y)$ 中, 当自变量 y 不变时, z 对 x 的变化率称为 z 对 x 的偏导数, 由此有如下定义：

定义 1　设函数 $z=f(x,y)$ 在点 $P_0(x_0,y_0)$ 的某一邻域内有定义，当 y 取定值 y_0，x 在 x_0 处有增量 Δx 时，相应地函数 z 在 $P_0(x_0,y_0)$ 处有对 x 的**偏增量**(partial increment)

$$\Delta_x z=f(x_0+\Delta x,y_0)-f(x_0,y_0)$$

如果

$$\lim_{\Delta x\to 0}\frac{\Delta_x z}{\Delta x}=\lim_{\Delta x\to 0}\frac{f(x_0+\Delta x,y_0)-f(x_0,y_0)}{\Delta x}$$

存在，则称此极限为函数 $z=f(x,y)$ 在点 $P_0(x_0,y_0)$ 处对 x 的**偏导数**(partial derivative). 记作

$$\left.\frac{\partial z}{\partial x}\right|_{(x_0,y_0)},\text{或}\left.\frac{\partial f}{\partial x}\right|_{(x_0,y_0)},z_x(x_0,y_0),f_x(x_0,y_0),z'_x(x_0,y_0),f'_x(x_0,y_0)$$

即

$$f_x(x_0,y_0)=\lim_{\Delta x\to 0}\frac{f(x_0+\Delta x,y_0)-f(x_0,y_0)}{\Delta x}$$

类似地，函数 $z=f(x,y)$ 在点 (x_0,y_0) 处对 y 的偏导数定义为

$$\lim_{\Delta y\to 0}\frac{f(x_0,y_0+\Delta y)-f(x_0,y_0)}{\Delta y}$$

记作

$$\left.\frac{\partial z}{\partial y}\right|_{(x_0,y_0)},\text{或}\left.\frac{\partial f}{\partial y}\right|_{(x_0,y_0)},z_y(x_0,y_0),f_y(x_0,y_0),z'_y(x_0,y_0),f'_y(x_0,y_0)$$

如果函数 $z=f(x,y)$ 在区域 D 内每一点 (x,y) 处对 x 的偏导数都存在，则对于 D 内每一点 (x,y)，都有一个偏导数与之对应，这样就在 D 内定义了一个新的函数，这函数称为 $z=f(x,y)$ 对 x 的**偏导函数**(简称为偏导数). 记作

$$\frac{\partial z}{\partial x},\text{或}\frac{\partial f}{\partial x},z_x,f_x(x,y),z'_x,f'_x(x,y)$$

即

$$f_x(x,y)=\lim_{\Delta x\to 0}\frac{f(x+\Delta x,y)-f(x,y)}{\Delta x}$$

类似地，可得函数 $z=f(x,y)$ 对 y 的偏导函数

$$f_y(x,y)=\lim_{\Delta y\to 0}\frac{f(x,y+\Delta y)-f(x,y)}{\Delta y}$$

记作 $\frac{\partial z}{\partial y}$，或 $\frac{\partial f}{\partial y}$，$z_y$，$f_y(x,y)$，$z'_y$，$f'_y(x,y)$.

应当注意：

1° 一个二元函数 $f(x,y)$ 在区域 D 内的偏导函数 $f_x(x,y)$（或 $f_y(x,y)$）也是一个二元函数；

2° $f(x,y)$ 在点 $P_0(x_0,y_0)$ 处对 x（或 y）的偏导数值就是偏导函数 $f_x(x,y)$（或 $f_y(x,y)$）在点 $P_0(x_0,y_0)$ 处的函数值.

在实际计算函数 $z=f(x,y)$ 的偏导数时，并不需要新的方法，只需注意在对一个变量求偏导数时，将另一个变量看作常量，按照一元函数求导的方法对该自变量求导即可. 例如，求 $\dfrac{\partial z}{\partial x}$ 时，只需把 y 看作常量而对 x 求导数，求 $\dfrac{\partial z}{\partial y}$ 时则只需把 x 看作常量而对 y 求导数.

例 1 求 $z=x^2y+y^3$ 在(1,2)处的偏导数.

解 先求偏导函数，对 x 求偏导函数，将 y 看作常量，得

$$\frac{\partial z}{\partial x}=2xy$$

对 y 求偏导函数，将 x 看作常量，得

$$\frac{\partial z}{\partial y}=x^2+3y^2$$

再将(1,2)代入，得

$$\left.\frac{\partial z}{\partial x}\right|_{(1,2)}=4,\quad \left.\frac{\partial z}{\partial y}\right|_{(1,2)}=13$$

例 2 求 $z=x^2\sin 2y$ 的偏导数.

解

$$\frac{\partial z}{\partial x}=2x\sin 2y$$

$$\frac{\partial z}{\partial y}=2x^2\cos 2y$$

例 3 设 $z=x^y\ (x>0,x\neq 1)$，求证 $\dfrac{x}{y}\dfrac{\partial z}{\partial x}+\dfrac{1}{\ln x}\dfrac{\partial z}{\partial y}=2z$.

证 因为

$$\frac{\partial z}{\partial x}=yx^{y-1},\quad \frac{\partial z}{\partial y}=x^y\ln x,$$

所以

$$\frac{x}{y}\frac{\partial z}{\partial x}+\frac{1}{\ln x}\frac{\partial z}{\partial y}=\frac{x}{y}yx^{y-1}+\frac{1}{\ln x}x^y\ln x=2x^y=2z$$

例 4 已知理想气体的状态方程 $pV=RT$（R 为常量），求证

$$\frac{\partial p}{\partial V}\cdot\frac{\partial V}{\partial T}\cdot\frac{\partial T}{\partial p}=-1$$

证 因为

$$p=\frac{RT}{V},\quad \frac{\partial p}{\partial V}=-\frac{RT}{V^2}$$

$$V=\frac{RT}{p},\quad \frac{\partial V}{\partial T}=\frac{R}{p}$$

$$T=\frac{pV}{R},\quad \frac{\partial T}{\partial p}=\frac{V}{R}$$

所以

$$\frac{\partial p}{\partial V}\cdot\frac{\partial V}{\partial T}\cdot\frac{\partial T}{\partial p}=-\frac{RT}{V^2}\cdot\frac{R}{p}\cdot\frac{V}{R}=-\frac{RT}{pV}=-1$$

我们知道,对于一元函数来说,$\frac{\mathrm{d}y}{\mathrm{d}x}$可看作函数的微分 $\mathrm{d}y$ 与自变量的微分 $\mathrm{d}x$ 之商,而上式表明,偏导数的记号是一个整体记号,不能看作分子与分母之商.这是多元函数偏导数与一元函数导数的重要区别,必须加以注意.

例 5 求 $r=\sqrt{x^2+y^2+z^2}$ 的偏导数.

解 这是一个三元函数,对 x 求偏导数,将 y,z 都看作常量,得

$$\frac{\partial r}{\partial x}=\frac{2x}{2\sqrt{x^2+y^2+z^2}}=\frac{x}{r}$$

类似地,有

$$\frac{\partial r}{\partial y}=\frac{y}{r},\quad \frac{\partial r}{\partial z}=\frac{z}{r}$$

2. 二元函数偏导数的几何意义

设 $M_0(x_0,y_0,f(x_0,y_0))$为曲面 $z=f(x,y)$上的一点,过 M_0 作平面 $y=y_0$ 截此曲面得一曲线

$$\begin{cases}y=y_0,\\ z=f(x,y_0)\end{cases}$$

二元函数 $f(x,y)$在 $M_0(x_0,y_0)$处的偏导数 $f_x(x_0,y_0)$就是一元函数 $f(x,y_0)$在点 x_0 处的导数$\frac{\mathrm{d}}{\mathrm{d}x}f(x,y_0)\Big|_{x=x_0}$,它在几何上表示曲线在点 M_0 处切线 M_0T_x 对 x 轴的斜率(如图 4-4 所示),同样偏导数 $f_y(x_0,y_0)$的几何意义是曲面被平面 $x=x_0$ 所截曲线在

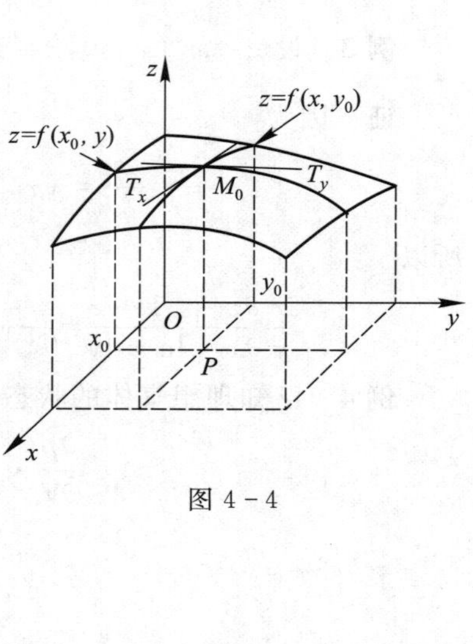

图 4-4

M_0 处的切线 M_0T_y 对 y 轴的斜率.

我们知道,如果一元函数在某点具有导数,则它在该点必连续,但对于二元函数,即使它在某点的各个偏导数都存在,也不能保证它在该点连续.例如

$$z=f(x,y)=\begin{cases}\dfrac{xy}{x^2+y^2}, & x^2+y^2\neq 0,\\ 0, & x^2+y^2=0\end{cases}$$

这个函数在(0,0)处对 x 的偏导数为

$$f_x(0,0)=\lim_{\Delta x\to 0}\frac{f(0+\Delta x,0)-f(0,0)}{\Delta x}$$

$$=\lim_{\Delta x\to 0}\frac{0-0}{\Delta x}=0$$

同理

$$f_y(0,0)=0$$

即这个函数在(0,0)点的两个偏导数均存在,但从节 3.7 例 1 的讨论知道,这个函数在(0,0)点的极限不存在.因此,这函数在(0,0)点不连续.

3. 高阶偏导数

设 $z=f(x,y)$ 在区域 D 内有偏导数 $f_x(x,y)$ 和 $f_y(x,y)$,则在 D 内 $f_x(x,y)$ 和 $f_y(x,y)$ 仍是 x,y 的函数,如果这两个函数的偏导数存在,则称它们为 $z=f(x,y)$ 的二阶偏导数,依照对变量求导次序的不同,有下列四个二阶偏导数:

$$\frac{\partial}{\partial x}\left(\frac{\partial z}{\partial x}\right)=\frac{\partial^2 z}{\partial x^2}=f_{xx}(x,y),\quad \frac{\partial}{\partial y}\left(\frac{\partial z}{\partial x}\right)=\frac{\partial^2 z}{\partial x\partial y}=f_{xy}(x,y)$$

$$\frac{\partial}{\partial x}\left(\frac{\partial z}{\partial y}\right)=\frac{\partial^2 z}{\partial y\partial x}=f_{yx}(x,y),\quad \frac{\partial}{\partial y}\left(\frac{\partial z}{\partial y}\right)=\frac{\partial^2 z}{\partial y^2}=f_{yy}(x,y)$$

其中 $f_{xy}(x,y)$ 和 $f_{yx}(x,y)$ 称为**二阶混合偏导数**.同样可以定义**三阶、四阶……n 阶偏导数**.二阶及二阶以上的偏导数统称为**高阶偏导数**(partial derivative of higher order),相对于高阶偏导数而言

$$\frac{\partial z}{\partial x}=f_x(x,y)\quad 及\quad \frac{\partial z}{\partial y}=f_y(x,y)$$

称为 $z=f(x,y)$ 的一阶偏导数.

例 6 求 $z=x^4+y^4-4x^2y^2$ 的二阶偏导数.

解 $\dfrac{\partial z}{\partial x}=4x^3-8xy^2,\quad \dfrac{\partial z}{\partial y}=4y^3-8x^2y$

$$\frac{\partial^2 z}{\partial x^2}=12x^2-8y^2,\qquad \frac{\partial^2 z}{\partial x\partial y}=-16xy$$

$$\frac{\partial^2 z}{\partial y\partial x}=-16xy,\qquad \frac{\partial^2 z}{\partial y^2}=12y^2-8x^2$$

我们看到例 6 中两个二阶混合偏导数相等,这是否是偶然的呢？事实上,在一定条件下,这不是偶然的,我们有下述定理.

定理 1　若函数 $z=f(x,y)$ 的两个二阶混合偏导数 $\frac{\partial^2 z}{\partial x\partial y}$ 与 $\frac{\partial^2 z}{\partial y\partial x}$ 在区域 D 内连续,则在该区域内这两个二阶混合偏导数相等.

定理 1 告诉我们,二阶混合偏导数在连续的条件下与求导的次序无关,定理证明从略.

例 7　验证函数 $z=\ln\sqrt{x^2+y^2}$ 满足拉普拉斯(Laplace)方程

$$\frac{\partial^2 z}{\partial x^2}+\frac{\partial^2 z}{\partial y^2}=0$$

证　因为

$$z=\ln\sqrt{x^2+y^2}=\frac{1}{2}\ln(x^2+y^2)$$

所以

$$\frac{\partial z}{\partial x}=\frac{x}{x^2+y^2}$$

$$\frac{\partial^2 z}{\partial x^2}=\frac{x^2+y^2-x\cdot 2x}{(x^2+y^2)^2}=\frac{y^2-x^2}{(x^2+y^2)^2}$$

同理

$$\frac{\partial^2 z}{\partial y^2}=\frac{x^2-y^2}{(x^2+y^2)^2}$$

因此

$$\frac{\partial^2 z}{\partial x^2}+\frac{\partial^2 z}{\partial y^2}=\frac{y^2-x^2}{(x^2+y^2)^2}+\frac{x^2-y^2}{(x^2+y^2)^2}=0$$

拉普拉斯方程是数学物理方程中一个很重要的方程.

二、全微分

1. 全微分的概念

在实际问题中,常常要研究二元函数 $z=f(x,y)$ 的自变量 x,y 都取得增量时函数 z 的全增量

$$\Delta z=f(x+\Delta x,y+\Delta y)-f(x,y)$$

一般说来，全增量的计算比较复杂，我们希望找到近似代替它的表示方法.

在一元函数中，如果当函数 $y=f(x)$ 的自变量在点 x 处有增量 Δx 时，相应地函数增量 Δy 可表示成 $\Delta y=A\cdot\Delta x+o(\Delta x)$，其中 A 与 Δx 无关而仅与 x 有关，$o(\Delta x)$ 是当 $\Delta x\to 0$ 时比 Δx 高阶的无穷小，则函数的增量 Δy 就可以用自变量增量 Δx 的线性函数即微分 $\mathrm{d}y=A\cdot\Delta x$ 来近似代替. 那么，二元函数的全增量 Δz 能不能用自变量 Δx 与 Δy 的线性函数来近似代替呢？为此我们引入二元函数全微分的定义.

定义 2 如果函数 $z=f(x,y)$ 在点 $P(x,y)$ 的某个邻域内有定义，且在点 $P(x,y)$ 处的全增量

$$\Delta z=f(x+\Delta x,y+\Delta y)-f(x,y)$$

可表示为

$$\Delta z=A\cdot\Delta x+B\cdot\Delta y+o(\rho)$$

其中 A,B 不依赖于 $\Delta x,\Delta y$ 而仅与 x,y 有关，当 $\Delta x\to 0,\Delta y\to 0$ 时，$o(\rho)$ 是比 $\rho=\sqrt{(\Delta x)^2+(\Delta y)^2}$ 高阶的无穷小，则称函数 $z=f(x,y)$ 在点 $P(x,y)$ 处**可微**，而称 $A\cdot\Delta x+B\cdot\Delta y$ 为函数 $z=f(x,y)$ 在点 $P(x,y)$ 处的**全微分**(total differential)，记作 $\mathrm{d}z$，即

$$\mathrm{d}z=A\cdot\Delta x+B\cdot\Delta y$$

如果函数在区域 D 内各点均可微，则称该函数在 D 内可微.

由定义 2 可知，如果函数 $z=f(x,y)$ 在点 $P(x,y)$ 处可微，则

$$\lim_{\substack{\Delta x\to 0\\ \Delta y\to 0}}\Delta z=\lim_{\substack{\Delta x\to 0\\ \Delta y\to 0}}[A\cdot\Delta x+B\cdot\Delta y+o(\rho)]=0$$

从而函数在点 $P(x,y)$ 处连续. 因此函数在点 $P(x,y)$ 处可微，则函数在该点一定连续. 换言之，如果函数在某点不连续，则函数在该点不可微.

在一元函数中，函数可微与可导互为充分必要条件，那么二元函数可微与偏导数存在之间有什么关系呢？下述两个定理回答了这个问题.

定理 2 如果函数 $z=f(x,y)$ 在点 (x,y) 处可微，则此函数在点 (x,y) 处的两个偏导数 $\dfrac{\partial z}{\partial x},\dfrac{\partial z}{\partial y}$ 都存在，且函数 $z=f(x,y)$ 在点 (x,y) 处的全微分为

$$\mathrm{d}z=\frac{\partial z}{\partial x}\cdot\Delta x+\frac{\partial z}{\partial y}\cdot\Delta y$$

证 已知 $z=f(x,y)$ 在点 (x,y) 处可微，于是对于点 (x,y) 的某一

邻域内的任一点$(x+\Delta x,y+\Delta y)$，都有

$$f(x+\Delta x,y+\Delta y)-f(x,y)=A\cdot\Delta x+B\cdot\Delta y+o(\rho)$$

成立，特别地，当 $\Delta y=0$ 时，$\rho=|\Delta x|$，上式就成为

$$f(x+\Delta x,y)-f(x,y)=A\cdot\Delta x+o(|\Delta x|)$$

两边同除以 Δx，再令 $\Delta x\to0$ 取极限

$$\lim_{\Delta x\to0}\frac{f(x+\Delta x,y)-f(x,y)}{\Delta x}=\lim_{\Delta x\to0}\left[A+\frac{o(|\Delta x|)}{\Delta x}\right]$$

$$=A+\lim_{\Delta x\to0}\frac{o(|\Delta x|)}{|\Delta x|}\cdot\frac{|\Delta x|}{\Delta x}=A$$

即$\frac{\partial z}{\partial x}$存在且等于$A$，同理$\frac{\partial z}{\partial y}$存在且等于$B$，因此

$$\mathrm{d}z=\frac{\partial z}{\partial x}\cdot\Delta x+\frac{\partial z}{\partial y}\cdot\Delta y$$

定理 2 说明两个偏导数存在是二元函数可微的必要条件，那么是不是充分条件呢？我们来看以下例子：

$$f(x,y)=\begin{cases}\dfrac{xy}{x^2+y^2}, & x^2+y^2\neq0,\\ 0, & x^2+y^2=0\end{cases}$$

在点$(0,0)$处有 $f_x(0,0)=0$，$f_y(0,0)=0$，但是函数在点$(0,0)$处不连续，因此在点$(0,0)$处不可微.

此例说明，偏导数存在只是全微分存在的必要条件，而不是充分条件. 但是如果再假定函数的各个偏导数连续，则可保证全微分存在.

定理 3　如果函数 $z=f(x,y)$的偏导数$\frac{\partial z}{\partial x}$，$\frac{\partial z}{\partial y}$在点 $P(x,y)$处连续，则函数在该点处可微.

证明从略.

我们所讨论的二元函数一般都满足定理 3 的条件，即它们都是可微函数，从而也容易求出它们的全微分.

习惯上，我们将自变量的增量 Δx 与 Δy 分别记作 $\mathrm{d}x$ 与 $\mathrm{d}y$，并分别称为自变量 x 与 y 的微分. 这样，函数 $z=f(x,y)$的全微分就可写为

$$\mathrm{d}z=\frac{\partial z}{\partial x}\mathrm{d}x+\frac{\partial z}{\partial y}\mathrm{d}y$$

通常我们把$\frac{\partial z}{\partial x}\mathrm{d}x$ 与$\frac{\partial z}{\partial y}\mathrm{d}y$ 分别称为二元函数对 x 和对 y 的偏微分，因此，二元函数的全微分等于它的两个偏微分之和，也称二元函数的全微

分符合叠加原理.

全微分概念及叠加原理均可推广到三元及三元以上的函数.例如三元函数 $u=f(x,y,z)$的全微分等于它的三个偏微分之和,即

$$du=\frac{\partial u}{\partial x}dx+\frac{\partial u}{\partial y}dy+\frac{\partial u}{\partial z}dz$$

例 8 求 $z=x^2y+y^2$ 的全微分.

解 因为$\frac{\partial z}{\partial x}=2xy,\frac{\partial z}{\partial y}=x^2+2y$,所以

$$dz=2xy\,dx+(x^2+2y)dy$$

例 9 求函数 $z=e^{xy}$ 在(2,1)处的全微分.

解 因为

$$\frac{\partial z}{\partial x}=ye^{xy},\quad \frac{\partial z}{\partial y}=xe^{xy}$$

$$\left.\frac{\partial z}{\partial x}\right|_{(2,1)}=e^2,\quad \left.\frac{\partial z}{\partial y}\right|_{(2,1)}=2e^2$$

所以

$$\left.dz\right|_{(2,1)}=e^2dx+2e^2dy$$

例 10 求函数 $u=x-\cos\frac{y}{2}+\arctan\frac{z}{y}$的全微分.

解 因为

$$\frac{\partial u}{\partial x}=1,\quad \frac{\partial u}{\partial y}=\frac{1}{2}\sin\frac{y}{2}-\frac{z}{y^2+z^2},\quad \frac{\partial u}{\partial z}=\frac{y}{y^2+z^2}$$

所以

$$du=dx+\left(\frac{1}{2}\sin\frac{y}{2}-\frac{z}{y^2+z^2}\right)dy+\frac{y}{y^2+z^2}dz$$

2. 全微分在近似计算中的应用

由二元函数全微分的定义及全微分存在的充分条件可知,当二元函数 $z=f(x,y)$的两个偏导数 $f_x(x,y)$和 $f_y(x,y)$在点 $P(x,y)$处连续,并且$|\Delta x|,|\Delta y|$都较小时,常用函数的全微分来近似地代替全增量.即

$$\begin{aligned}\Delta z&=f(x+\Delta x,y+\Delta y)-f(x,y)\\&\approx f_x(x,y)\Delta x+f_y(x,y)\Delta y\end{aligned}\tag{1}$$

或

$$f(x+\Delta x,y+\Delta y)\approx f(x,y)+f_x(x,y)\Delta x+f_y(x,y)\Delta y\tag{2}$$

利用(1)或(2)式,我们可以对二元函数的全增量或函数值进行近似计算.

例 11　计算$(1.04)^{2.02}$的近似值.

解　设函数$f(x,y)=x^y$,显然要计算的值是函数值$f(1.04,2.02)$.

取$x=1,y=2,\Delta x=0.04,\Delta y=0.02$,由于

$$f(1,2)=1^2=1$$
$$f_x(x,y)=yx^{y-1},\quad f_y(x,y)=x^y\ln x$$
$$f_x(1,2)=2,\quad f_y(1,2)=0$$

所以

$$\begin{aligned}(1.04)^{2.02}&\approx f(1,2)+f_x(1,2)\Delta x+f_y(1,2)\Delta y\\&=1+2\times 0.04+0\times 0.02\\&=1.08\end{aligned}$$

例 12　有一圆柱体,受压后发生形变,它的半径由 20 cm 增大到 20.05 cm,高度由 100 cm 减少到 99 cm,求此圆柱体体积变化的近似值.

解　设圆柱体的半径、高和体积依次为r,h和V,则

$$V=\pi r^2h$$

记r,h和V的增量依次是$\Delta r,\Delta h$和ΔV,应用公式(1)

$$\Delta V\approx\frac{\partial V}{\partial r}\cdot\Delta r+\frac{\partial V}{\partial h}\cdot\Delta h=2\pi rh\cdot\Delta r+\pi r^2\cdot\Delta h$$

把$r=20,h=100,\Delta r=0.05,\Delta h=-1$代入,得

$$\Delta V\approx 2\pi\times 20\times 100\times 0.05+\pi\times 20^2\times(-1)=-200\pi\ (\text{cm}^3)$$

即此圆柱体在受压后体积约减少了$200\pi\ \text{cm}^3$.

习题 4.4

1. 求下列函数的偏导数:

(1) $z=x^3y-y^3x$;　　(2) $z=x^2\ln(x^2+y^2)$;

(3) $z=\sqrt{\ln(xy)}$;　　(4) $z=\sin(xy)+\cos^2(xy)$;

(5) $z=\ln\tan\dfrac{x}{y}$;　　(6) $z=\dfrac{x^2-y^2}{\sqrt{x^2+y^2}}$;

(7) $u=\arctan(x-y)^z$;　　(8) $u=x^{\frac{y}{z}}$.

2. (1) 设$f(x,y)=x+(y-1)\arcsin\dfrac{\sqrt{x}}{y}$,求$f_x(x,1)$;

(2) 设$f(x,y,z)=xy^2+yz^2+zx^2$,求$f_{xx}(0,0,1),f_{yz}(0,-1,0)$.

3. 求下列函数的二阶偏导数:

(1) $z=x^3y^2-3xy^3-xy+1$;　　(2) $z=\arctan\dfrac{y}{x}$.

4. 证明 $z=\mathrm{e}^{-\left(\frac{1}{x}+\frac{1}{y}\right)}$ 满足 $x^2\dfrac{\partial z}{\partial x}+y^2\dfrac{\partial z}{\partial y}=2z$.

5. 求下列函数的全微分：

(1) $z=xy+\dfrac{x}{y}$；　　　　(2) $z=\mathrm{e}^{\frac{y}{x}}$；

(3) $z=\dfrac{y}{\sqrt{x^2+y^2}}$；　　　　(4) $u=x^{yz}$.

6. 求函数 $z=\dfrac{y}{x}$ 当 $x=2,y=1,\Delta x=0.1,\Delta y=-0.2$ 时的全增量与全微分.

7. 利用全微分计算近似值：

(1) $\sqrt{(1.02)^3+(1.97)^3}$；　　　　(2) $(0.97)^{1.05}$.

8. 一圆锥体发生形变，底半径 R 由 30 cm 增到 30.1 cm，高 h 由 60 cm 减到 59.5 cm，求体积变化的近似值.

9. 一个城市的大气污染指数 P 取决于两个因素，空气中固体废物的数量 x 和空气中有害气体的数量 y，在某种情况下 $P=x^2+2xy+4xy^2$.

(1) 说明 $\left.\dfrac{\partial P}{\partial x}\right|_{(a,b)},\left.\dfrac{\partial P}{\partial y}\right|_{(a,b)}$ 的意义；

(2) 计算 $\left.\dfrac{\partial P}{\partial x}\right|_{(10,5)},\left.\dfrac{\partial P}{\partial y}\right|_{(10,5)}$；

(3) 当 x 增长 10%或 y 增长 10%时，用偏导数估算 P 的改变量.

4.5　多元复合函数的求导法则

一元复合函数求导的链式法则不仅重要而且直观，将其推广到多元复合函数的情形同样如此. 下面分情况加以讨论.

一、中间变量为一元函数的情形

定理 1　设函数 $u=u(t),v=v(t)$ 在点 t 处可导，函数 $z=f(u,v)$ 在相应的点 (u,v) 处具有连续偏导数，则复合函数 $z=f[u(t),v(t)]$ 在点 t 处可导，且

$$\frac{\mathrm{d}z}{\mathrm{d}t}=\frac{\partial z}{\partial u}\cdot\frac{\mathrm{d}u}{\mathrm{d}t}+\frac{\partial z}{\partial v}\cdot\frac{\mathrm{d}v}{\mathrm{d}t}\tag{1}$$

证　因为函数 $z=f(u,v)$ 具有连续偏导数，所以函数可微，由全微分的定义，

$$\mathrm{d}z=\frac{\partial z}{\partial u}\mathrm{d}u+\frac{\partial z}{\partial v}\mathrm{d}v$$

又因为 $u=u(t)$ 和 $v=v(t)$ 都可导，所以可微，因此 $du=\frac{du}{dt}dt, dv=\frac{dv}{dt}dt$，代入上式得

$$dz=\frac{\partial z}{\partial u}\frac{du}{dt}dt+\frac{\partial z}{\partial v}\frac{dv}{dt}dt=\left(\frac{\partial z}{\partial u}\frac{du}{dt}+\frac{\partial z}{\partial v}\frac{dv}{dt}\right)dt$$

于是

$$\frac{dz}{dt}=\frac{\partial z}{\partial u}\frac{du}{dt}+\frac{\partial z}{\partial v}\frac{dv}{dt}$$

定理 1 中的变量 z 通过中间变量 u,v 与自变量 t 相关联，其复合关系如图 4-5 所示.

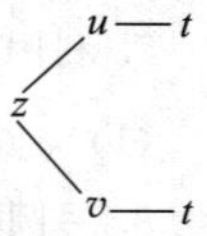

图 4-5

对此我们可以做如下解释：从 z 到 t 有两条路径，所以 z 对 t 的导数 $\frac{dz}{dt}$ 是两项的和，第一条路径 $z—u—t$ 通过两步达到，所以第一项是两个因子的乘积 $\frac{\partial z}{\partial u}\cdot\frac{du}{dt}$，同理第二条路径 $z—v—t$ 对应于 $\frac{\partial z}{\partial v}\cdot\frac{dv}{dt}$. 同时因为 z,u,v 都是 t 的一元函数，所以导数 $\frac{dz}{dt}$ 是全导数.

该定理的结论可推广到一个自变量、多个中间变量的情形. 例如由 $z=f(u,v,w), u=\varphi(t), v=\psi(t), w=w(t)$ 复合而成的复合函数 $z=f[\varphi(t),\psi(t),w(t)]$ 的全导数为

$$\frac{dz}{dt}=\frac{\partial z}{\partial u}\cdot\frac{du}{dt}+\frac{\partial z}{\partial v}\cdot\frac{dv}{dt}+\frac{\partial z}{\partial w}\cdot\frac{dw}{dt} \tag{2}$$

其复合关系如图 4-6 所示.

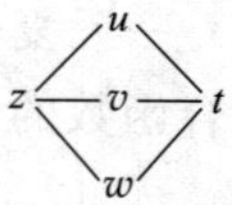

图 4-6

例 1　已知 $z=u^2v^2, u=a\sin t, v=b\cos t$，求 $\frac{dz}{dt}$.

解　本题属于定理 1 的情形，由公式(1)得

$$\begin{aligned}\frac{dz}{dt}&=\frac{\partial z}{\partial u}\cdot\frac{du}{dt}+\frac{\partial z}{\partial v}\cdot\frac{dv}{dt}\\&=2uv^2\cdot a\cos t+2u^2v\cdot(-b\sin t)\\&=2a\sin t(b\cos t)^2a\cos t+2(a\sin t)^2(b\cos t)(-b\sin t)\\&=2a^2b^2(\sin t\cos^3t-\sin^3t\cos t)\\&=\frac{1}{2}a^2b^2\sin 4t\end{aligned}$$

例 2　设 $z=uv+\sin t$，其中 $u=e^t, v=\cos t$，求 $\frac{dz}{dt}$.

解　把 z 看成三个中间变量 u,v,t 的函数，而这三个中间变量又都

是 t 的函数，由公式(2)得

$$\begin{aligned}\frac{\mathrm{d}z}{\mathrm{d}t}&=\frac{\partial z}{\partial u}\cdot\frac{\mathrm{d}u}{\mathrm{d}t}-\frac{\partial z}{\partial v}\cdot\frac{\mathrm{d}v}{\mathrm{d}t}+\frac{\partial z}{\partial t}\cdot\frac{\mathrm{d}t}{\mathrm{d}t}\\&=v\cdot\mathrm{e}^t+u(-\sin t)+\cos t\cdot 1\\&=\cos t\cdot\mathrm{e}^t+\mathrm{e}^t(-\sin t)+\cos t\\&=\mathrm{e}^t(\cos t-\sin t)+\cos t\end{aligned}$$

以上讨论的是中间变量不止一个，而自变量只有一个的简单情形，但在实际问题中遇到的自变量往往也不止一个，这时定理 1 的结论仍可以推广.

二、中间变量为多元函数的情形

定理 2 如果函数 $u=\varphi(x,y)$，$v=\psi(x,y)$ 在点 (x,y) 处的偏导数存在，函数 $z=f(u,v)$ 在对应点 (u,v) 处有连续的偏导数，则复合函数 $z=f[\varphi(x,y),\psi(x,y)]$ 在点 (x,y) 处的两个偏导数存在，且

$$\frac{\partial z}{\partial x}=\frac{\partial z}{\partial u}\cdot\frac{\partial u}{\partial x}+\frac{\partial z}{\partial v}\cdot\frac{\partial v}{\partial x}\tag{3}$$

$$\frac{\partial z}{\partial y}=\frac{\partial z}{\partial u}\cdot\frac{\partial u}{\partial y}+\frac{\partial z}{\partial v}\cdot\frac{\partial v}{\partial y}\tag{4}$$

公式(3)和(4)称为复合函数求导的**链式法则**.

事实上，在求 $\frac{\partial z}{\partial x}$ 时，把 y 看作常量，因此中间变量 u,v 仍可看作一元函数而应用定理 1 的结论，但由于 $u=\varphi(x,y)$，$v=\psi(x,y)$ 实际上是 x,y 的二元函数，因此 u,v 对 x 的导数应为偏导数，故只要将公式(1)中的导数改为偏导数，即将 d 改为 ∂，再将 t 换成 x，就可得公式(3)，同理可得公式(4).

定理 2 中的变量 z 通过中间变量 u,v 与自变量 x,y 相关联，其复合关系如图 4-7 所示. 我们可做如下直观解释：从变量 z 到 x 有两条途径，即 $z\to u\to x$ 和 $z\to v\to x$，它们分别对应于偏导数 $\frac{\partial z}{\partial u}\cdot\frac{\partial u}{\partial x}$ 和 $\frac{\partial z}{\partial v}\cdot\frac{\partial v}{\partial x}$，因此 $\frac{\partial z}{\partial x}$ 是这两项之和.

例 3 设 $z=\mathrm{e}^u\sin v$，$u=xy$，$v=x-y$，求 $\frac{\partial z}{\partial x}$ 和 $\frac{\partial z}{\partial y}$.

解 变量之间的关系如图 4-7 所示，因此

$$\frac{\partial z}{\partial x}=\frac{\partial z}{\partial u}\cdot\frac{\partial u}{\partial x}+\frac{\partial z}{\partial v}\cdot\frac{\partial v}{\partial x}=\mathrm{e}^u\sin v\cdot y+\mathrm{e}^u\cos v\cdot 1$$

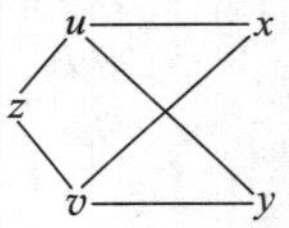

图 4-7

$$=e^u(y\sin v+\cos v)=e^{xy}[y\sin(x-y)+\cos(x-y)]$$

$$\frac{\partial z}{\partial y}=\frac{\partial z}{\partial u}\cdot\frac{\partial u}{\partial y}+\frac{\partial z}{\partial v}\cdot\frac{\partial v}{\partial y}=e^u\sin v\cdot x+e^u\cos v\cdot(-1)$$

$$=e^u(x\sin v-\cos v)=e^{xy}[x\sin(x-y)-\cos(x-y)]$$

定理 2 同样可推广到两个以上中间变量的情形. 比如,设 $z=f(u,v,w)$,其中 $u=u(x,y),v=v(x,y),w=w(x,y)$,则复合函数 z 对 x,y 的偏导数为

$$\frac{\partial z}{\partial x}=\frac{\partial z}{\partial u}\cdot\frac{\partial u}{\partial x}+\frac{\partial z}{\partial v}\cdot\frac{\partial v}{\partial x}+\frac{\partial z}{\partial w}\cdot\frac{\partial w}{\partial x}$$

$$\frac{\partial z}{\partial y}=\frac{\partial z}{\partial u}\cdot\frac{\partial u}{\partial y}+\frac{\partial z}{\partial v}\cdot\frac{\partial v}{\partial y}+\frac{\partial z}{\partial w}\cdot\frac{\partial w}{\partial y}$$

三、其他情形

若 $z=f(u,x,y),u=\varphi(x,y)$,则复合函数 $z=f[\varphi(x,y),x,y]$可看做是由 $z=f(u,v,w),u=\varphi(x,y),v=x,w=y$ 复合而成的,此时的 x,y 既是自变量又是与 u 一起形成的中间变量,其关系如图 4-8 所示.

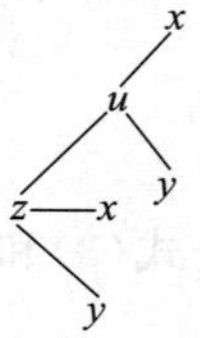

图 4-8

由于$\frac{\partial v}{\partial x}=1,\frac{\partial v}{\partial y}=0,\frac{\partial w}{\partial x}=0,\frac{\partial w}{\partial y}=1$,所以

$$\frac{\partial z}{\partial x}=\frac{\partial f}{\partial u}\cdot\frac{\partial u}{\partial x}+\frac{\partial f}{\partial x},\frac{\partial z}{\partial y}=\frac{\partial f}{\partial u}\cdot\frac{\partial u}{\partial y}+\frac{\partial f}{\partial y}$$

注意,上面的$\frac{\partial z}{\partial x}$与$\frac{\partial f}{\partial x}$不同. $\frac{\partial z}{\partial x}$是将复合函数$z=f[\varphi(x,y),x,y]$中的 y 看做常数而对 x 求的偏导数,而$\frac{\partial f}{\partial x}$是把 $z=f(u,x,y)$中的 u,y 看做常数而对 x 求的偏导数. $\frac{\partial z}{\partial y}$与$\frac{\partial f}{\partial y}$也有类似区别.

例 4　设 $u=f(x,y,z)=e^{x^2+y^2+z^2}$,而 $z=x^2\sin y$,求$\frac{\partial u}{\partial x},\frac{\partial u}{\partial y}$.

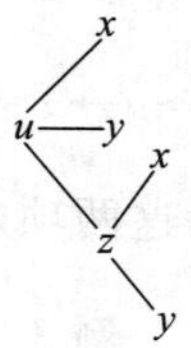

图 4-9

解　由复合关系图 4-9 得

$$\frac{\partial u}{\partial x}=\frac{\partial f}{\partial x}+\frac{\partial f}{\partial z}\cdot\frac{\partial z}{\partial x}$$

$$=2xe^{x^2+y^2+z^2}+2ze^{x^2+y^2+z^2}\cdot 2x\sin y$$

$$=2xe^{x^2+y^2+x^4\sin^2 y}+2x^2\sin y\cdot e^{x^2+y^2+x^4\sin^2 y}2x\sin y$$

$$=2x\mathrm{e}^{x^2+y^2+x^4\sin^2 y}(1+2x^2\sin^2 y)$$

$$\frac{\partial u}{\partial y}=\frac{\partial f}{\partial y}+\frac{\partial f}{\partial z}\cdot\frac{\partial z}{\partial y}$$

$$=2y\mathrm{e}^{x^2+y^2+z^2}+2z\mathrm{e}^{x^2+y^2+z^2}\cdot(x^2\cos y)$$

$$=2\mathrm{e}^{x^2+y^2+x^4\sin^2 y}(y+x^4\sin y\cos y)$$

例 5　设 $z=f\left(\frac{y}{x}\right)$，$f(u)$是可微函数，证明

$$x\cdot\frac{\partial z}{\partial x}+y\cdot\frac{\partial z}{\partial y}=0$$

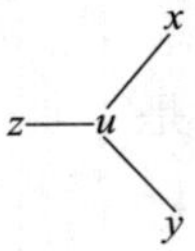

图 4-10

解　令 $u=\frac{y}{x}$，则 $z=f\left(\frac{y}{x}\right)$由 $z=f(u)$和 $u=\frac{y}{x}$复合而成，复合关系见图 4-10，因此

$$\frac{\partial z}{\partial x}=\frac{\mathrm{d}z}{\mathrm{d}u}\cdot\frac{\partial u}{\partial x}=f'(u)\cdot\left(-\frac{y}{x^2}\right)=-\frac{y}{x^2}f'(u)$$

$$\frac{\partial z}{\partial y}=\frac{\mathrm{d}z}{\mathrm{d}u}\cdot\frac{\partial u}{\partial y}=f'(u)\cdot\frac{1}{x}=\frac{1}{x}f'(u)$$

所以

$$x\cdot\frac{\partial z}{\partial x}+y\cdot\frac{\partial z}{\partial y}=x\cdot\left(-\frac{y}{x^2}\right)f'(u)+y\cdot\frac{1}{x}f'(u)$$

$$=f'(u)\left(-\frac{y}{x}+\frac{y}{x}\right)=0$$

例 6　已知 $z=f(x+y,x-y)$，且 $f(u,v)$具有连续的二阶偏导数，求$\frac{\partial^2 z}{\partial x^2}$.

解　令 $u=x+y$，$v=x-y$，则 $z=f(u,v)$. 为了表达简便，引入记号

$$f_1=\frac{\partial f(u,v)}{\partial u},\quad f_{12}=\frac{\partial^2 f(u,v)}{\partial u\partial v}$$

这里下标 1 表示对第一个变量 u 求偏导数，下标 2 表示对第二个变量 v 求偏导数，同理有 f_2，f_{11}，f_{22} 等.

因所给函数由 $z=f(u,v)$及 $u=x+y$，$v=x-y$ 复合而成，根据复合函数求导法则，有

$$\frac{\partial z}{\partial x}=\frac{\partial f}{\partial u}\cdot\frac{\partial u}{\partial x}+\frac{\partial f}{\partial v}\cdot\frac{\partial v}{\partial x}=f_1+f_2$$

$$\frac{\partial^2 z}{\partial x^2}=\frac{\partial}{\partial x}\left(\frac{\partial z}{\partial x}\right)=\frac{\partial}{\partial x}(f_1+f_2)=\frac{\partial f_1}{\partial x}+\frac{\partial f_2}{\partial x}$$

在求$\frac{\partial f_1}{\partial x}$，$\frac{\partial f_2}{\partial x}$时，应注意 f_1，f_2 仍旧是以 u，v 为中间变量，以 x，y 为自变量的复合函数，根据复合函数求导法则

$$\frac{\partial f_1}{\partial x}=\frac{\partial f_1}{\partial u}\cdot\frac{\partial u}{\partial x}+\frac{\partial f_1}{\partial v}\cdot\frac{\partial v}{\partial x}=f_{11}\cdot 1+f_{12}\cdot 1=f_{11}+f_{12}$$

$$\frac{\partial f_2}{\partial x}=\frac{\partial f_2}{\partial u}\cdot\frac{\partial u}{\partial x}+\frac{\partial f_2}{\partial v}\cdot\frac{\partial v}{\partial x}=f_{21}\cdot 1+f_{22}\cdot 1=f_{21}+f_{22}$$

于是

$$\frac{\partial^2 z}{\partial x^2}=f_{11}+f_{12}+f_{21}+f_{22}=f_{11}+2f_{12}+f_{22}$$

最后一步用到 $f_{12}=f_{21}$，这是因为 $z=f(u,v)$具有连续的二阶偏导数.

四、全微分形式的不变性

多元函数也有全微分形式的不变性，如果 $z=f(u,v)$，当 u，v 是自变量时，有

$$\mathrm{d}z=\frac{\partial z}{\partial u}\mathrm{d}u+\frac{\partial z}{\partial v}\mathrm{d}v$$

当 u，v 不是自变量，而是 x，y 的函数 $u=\varphi(x,y)$，$v=\psi(x,y)$时，也有同样的结果，即全微分形式不变.

因为 $\mathrm{d}z=\frac{\partial z}{\partial x}\mathrm{d}x+\frac{\partial z}{\partial y}\mathrm{d}y$，利用公式(3)和(4)得

$$\begin{aligned}\mathrm{d}z&=\left(\frac{\partial z}{\partial u}\cdot\frac{\partial u}{\partial x}+\frac{\partial z}{\partial v}\cdot\frac{\partial v}{\partial x}\right)\mathrm{d}x+\left(\frac{\partial z}{\partial u}\cdot\frac{\partial u}{\partial y}+\frac{\partial z}{\partial v}\cdot\frac{\partial v}{\partial y}\right)\mathrm{d}y\\&=\frac{\partial z}{\partial u}\left(\frac{\partial u}{\partial x}\mathrm{d}x+\frac{\partial u}{\partial y}\mathrm{d}y\right)+\frac{\partial z}{\partial v}\left(\frac{\partial v}{\partial x}\mathrm{d}x+\frac{\partial v}{\partial y}\mathrm{d}y\right)\\&=\frac{\partial z}{\partial u}\mathrm{d}u+\frac{\partial z}{\partial v}\mathrm{d}v\end{aligned}$$

因此不论 u，v 是自变量还是中间变量，关系式

$$\mathrm{d}z=\frac{\partial z}{\partial u}\mathrm{d}u+\frac{\partial z}{\partial v}\mathrm{d}v$$

总成立，这个性质称为全微分形式的不变性.

习题 4.5

1. 求下列函数的全导数或偏导数：

(1) 设 $z=\dfrac{v}{u}$，而 $u=\ln x, v=e^x$，求 $\dfrac{dz}{dx}$；

(2) 设 $z=\arcsin\dfrac{x}{y}$，而 $y=\sqrt{x^2+1}$，求 $\dfrac{dz}{dx}$；

(3) 设 $z=e^u\sin v$，而 $u=xy, v=x+y$，求 $\dfrac{\partial z}{\partial x}, \dfrac{\partial z}{\partial y}$；

(4) 设 $z=u^2\ln v$，而 $u=\dfrac{x}{y}, v=3x-2y$，求 $\dfrac{\partial z}{\partial x}, \dfrac{\partial z}{\partial y}$；

(5) 设 $z=f(x^2-y^2, e^{xy})$，求 $\dfrac{\partial z}{\partial x}, \dfrac{\partial z}{\partial y}$；

(6) 设 $w=f(x, xy, xyz)$，求 $\dfrac{\partial w}{\partial x}, \dfrac{\partial w}{\partial y}, \dfrac{\partial w}{\partial z}$.

2. 设 $z=xy+xF(u), u=\dfrac{y}{x}$，证明 $x\cdot\dfrac{\partial z}{\partial x}+y\cdot\dfrac{\partial z}{\partial y}=z+xy$.

3. 设 $z=f(x+at, y+bt)$，证明 $\dfrac{\partial z}{\partial t}=a\dfrac{\partial z}{\partial x}+b\cdot\dfrac{\partial z}{\partial y}$.

4.6 隐函数求导公式

在求一元隐函数的导数时，我们给出了求导方法，现在，从多元复合函数的求导法则来导出一元隐函数的求导公式，然后推广到多元函数的情形.

一、一元隐函数求导公式

设方程

$$F(x, y)=0$$

确定 y 是 x 的具有连续导数的函数 $y=f(x)$，将 $y=f(x)$ 代入上述方程就得到关于 x 的恒等式

$$F(x, y(x))\equiv 0$$

方程左端可看作 x 的复合函数，如果函数 $F(x, y)$ 具有连续偏导数，上式两端对 x 求导，根据复合函数求导法，有

$$\frac{\partial F}{\partial x}+\frac{\partial F}{\partial y}\cdot\frac{dy}{dx}=0$$

若$\dfrac{\partial F}{\partial y}\neq 0$，得

$$\frac{\mathrm{d}y}{\mathrm{d}x}=-\frac{\dfrac{\partial F}{\partial x}}{\dfrac{\partial F}{\partial y}} \tag{1}$$

这就是由方程 $F(x,y)=0$ 所确定的一元隐函数 $y=f(x)$ 的求导公式.

例 1　设 $\ln\sqrt{x^2+y^2}=\arctan\dfrac{y}{x}$，求$\dfrac{\mathrm{d}y}{\mathrm{d}x}$与$\dfrac{\mathrm{d}^2y}{\mathrm{d}x^2}$.

解　令

$$F(x,y)=\ln\sqrt{x^2+y^2}-\arctan\frac{y}{x}$$
$$=\frac{1}{2}\ln(x^2+y^2)-\arctan\frac{y}{x}$$

$$\frac{\partial F}{\partial x}=\frac{1}{2}\cdot\frac{2x}{x^2+y^2}-\frac{-\dfrac{y}{x^2}}{1+\left(\dfrac{y}{x}\right)^2}=\frac{x+y}{x^2+y^2}$$

$$\frac{\partial F}{\partial y}=\frac{1}{2}\cdot\frac{2y}{x^2+y^2}-\frac{\dfrac{1}{x}}{1+\left(\dfrac{y}{x}\right)^2}=\frac{y-x}{x^2+y^2}$$

由公式(1)，当$\dfrac{\partial F}{\partial y}\neq 0$ 时，得

$$\frac{\mathrm{d}y}{\mathrm{d}x}=-\frac{\dfrac{\partial F}{\partial x}}{\dfrac{\partial F}{\partial y}}=-\frac{\dfrac{x+y}{x^2+y^2}}{\dfrac{y-x}{x^2+y^2}}=\frac{x+y}{x-y}$$

在求二阶导数$\dfrac{\mathrm{d}^2y}{\mathrm{d}x^2}$时，必须注意 y 是 x 的函数，于是

$$\frac{\mathrm{d}^2y}{\mathrm{d}x^2}=\frac{\mathrm{d}}{\mathrm{d}x}\left(\frac{\mathrm{d}y}{\mathrm{d}x}\right)=\frac{\mathrm{d}}{\mathrm{d}x}\left(\frac{x+y}{x-y}\right)$$

$$=\frac{(x-y)\cdot\dfrac{\mathrm{d}}{\mathrm{d}x}(x+y)-(x+y)\dfrac{\mathrm{d}}{\mathrm{d}x}(x-y)}{(x-y)^2}$$

$$=\frac{(x-y)\left(1+\frac{\mathrm{d}y}{\mathrm{d}x}\right)-(x+y)\left(1-\frac{\mathrm{d}y}{\mathrm{d}x}\right)}{(x-y)^2}$$

$$=\frac{2x\frac{\mathrm{d}y}{\mathrm{d}x}-2y}{(x-y)^2}$$

将$\frac{\mathrm{d}y}{\mathrm{d}x}=\frac{x+y}{x-y}$代入上式，即得

$$\frac{\mathrm{d}^2y}{\mathrm{d}x^2}=\frac{2x^2+2y^2}{(x-y)^3}$$

二、二元隐函数求导公式

对于二元隐函数，也有与一元隐函数类似的求导公式.

设方程

$$F(x,y,z)=0$$

确定 z 是 x,y 的具有连续偏导数的函数 $z=f(x,y)$，将 $z=f(x,y)$ 代入上式就得到一个关于 x,y 的恒等式

$$F(x,y,f(x,y))\equiv 0$$

如果函数 $F(x,y,z)$ 具有连续偏导数，将上式两端分别对 x 和 y 求偏导数，利用复合函数求导法，得

$$\frac{\partial F}{\partial x}+\frac{\partial F}{\partial z}\cdot\frac{\partial z}{\partial x}=0,\quad \frac{\partial F}{\partial y}+\frac{\partial F}{\partial z}\cdot\frac{\partial z}{\partial y}=0$$

当$\frac{\partial F}{\partial z}\neq 0$ 时，就得

$$\frac{\partial z}{\partial x}=-\frac{\frac{\partial F}{\partial x}}{\frac{\partial F}{\partial z}},\quad \frac{\partial z}{\partial y}=-\frac{\frac{\partial F}{\partial y}}{\frac{\partial F}{\partial z}} \tag{2}$$

这就是由方程 $F(x,y,z)=0$ 确定的二元隐函数 $z=f(x,y)$ 的求导公式.

例 2 设 $x^2+y^2+z^2-4z=0$，求$\frac{\partial^2 z}{\partial x^2}$.

解 令

$$F(x,y,z)=x^2+y^2+z^2-4z$$

$$\frac{\partial F}{\partial x}=2x,\quad \frac{\partial F}{\partial y}=2y,\quad \frac{\partial F}{\partial z}=2z-4$$

由公式(2)，当$\frac{\partial F}{\partial z}\neq 0$时，得

$$\frac{\partial z}{\partial x}=-\frac{\frac{\partial F}{\partial x}}{\frac{\partial F}{\partial z}}=-\frac{2x}{2z-4}=\frac{x}{2-z}$$

再一次对 x 求偏导数，注意 z 是 x,y 的函数.

$$\frac{\partial^2 z}{\partial x^2}=\frac{\partial}{\partial x}\left(\frac{\partial z}{\partial x}\right)=\frac{\partial}{\partial x}\left(\frac{x}{2-z}\right)=\frac{(2-z)-x\left(-\frac{\partial z}{\partial x}\right)}{(2-z)^2}$$

$$=\frac{(2-z)+x\frac{\partial z}{\partial x}}{(2-z)^2}$$

把$\frac{\partial z}{\partial x}=\frac{x}{2-z}$代入得

$$\frac{\partial^2 z}{\partial x^2}=\frac{(2-z)+x\frac{x}{2-z}}{(2-z)^2}=\frac{(2-z)^2+x^2}{(2-z)^3}$$

习题 4.6

1. 设 $\sin y+e^x-xy^2=0$，求$\frac{dy}{dx}$.

2. 设$\frac{x}{z}=\ln\frac{z}{y}$，求$\frac{\partial z}{\partial x},\frac{\partial z}{\partial y}$，$dz$.

3. 设 $x^2+y^2+z^2-4z=0$，求$\frac{\partial^2 z}{\partial x\partial y}$.

4. 设 $\varphi(u,v)$具有连续偏导数，证明由方程 $\varphi(cx-az,cy-bz)=0$ 所确定的函数 $z=f(x,y)$满足

$$a\frac{\partial z}{\partial x}+b\frac{\partial z}{\partial y}=c$$

第五章　中值定理与导数的应用

导数作为函数的变化率刻画了函数的变化性态，在自然科学和社会科学等领域有重要的应用. 微分中值定理是微分学的基本定理，是利用导数研究函数的性质与曲线性态的理论基础.

5.1　中值定理

本节介绍的三个定理都揭示了函数在某个区间的整体性质与函数在该区间内某一点导数之间的关系，统称为微分中值定理. 微分中值定理是研究导数与函数性态之间关系的纽带，是导数应用的理论基础，在几何上有明显的直观解释.

一、罗尔中值定理

定理 1(罗尔(Rolle)中值定理)　如果函数 $f(x)$ 满足下列三个条件：

(1) 在闭区间 $[a,b]$ 上连续；

(2) 在开区间 (a,b) 内可导；

(3) 在区间端点处的函数值相等，即 $f(a)=f(b)$，

则在 (a,b) 内至少存在一点 ξ，使得

$$f'(\xi)=0 \tag{1}$$

证　函数 $f(x)$ 在闭区间 $[a,b]$ 上连续，根据闭区间上连续函数的性质知，函数 $f(x)$ 在闭区间 $[a,b]$ 上一定可以取得最大值 M 和最小值 m. 这样只有下面两种可能情形：

(1) $M=m$，这时 $f(x)$ 在闭区间 $[a,b]$ 上恒为常数，由此有 $f'(x)=0$，因此可以取 (a,b) 内任一点作为 ξ，使 $f'(\xi)=0$.

(2) $M\neq m$，则 M 与 m 中至少有一个不等于 $f(a)$，不妨设 $M\neq f(a)=f(b)$，于是，在区间 (a,b) 内至少有一点 ξ，使 $f(\xi)=M$. 由定理假设知 $f(x)$ 在 $x=\xi$ 点可导，因此函数 $f(x)$ 在 $x=\xi$ 的左、右导数都存在且相等，于是

$$f'(\xi)=f'_-(\xi)=\lim_{x\to\xi^-}\frac{f(x)-f(\xi)}{x-\xi}\geqslant 0,$$

$$f'(\xi)=f'_+(\xi)=\lim_{x\to\xi^+}\frac{f(x)-f(\xi)}{x-\xi}\leqslant 0,$$

所以

$$f'(\xi)=0.$$

罗尔中值定理的几何意义是：如果在连续曲线弧 $\overset{\frown}{AB}$ 上除端点外，处处有不平行于 y 轴的切线，且两端点 A 与 B 的纵坐标相等，则在弧 $\overset{\frown}{AB}$ 上至少存在一点 C，使曲线在 C 点的切线平行于 x 轴（如图 5－1 所示）.

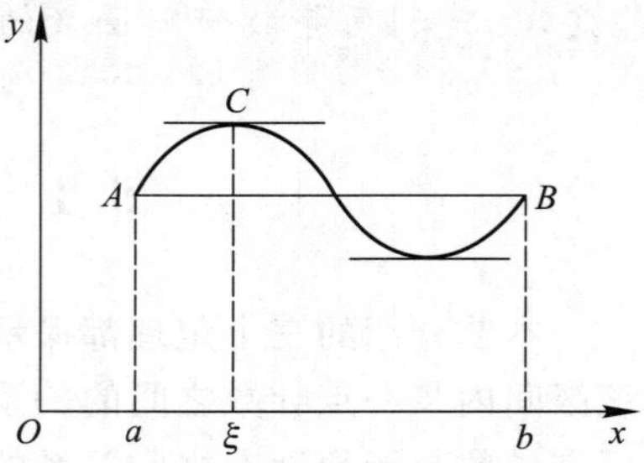

图 5－1

在罗尔中值定理的三个条件中，缺少任何一条，都不能保证结论成立.

例 1　验证函数 $y=x^2+2x-3$ 在区间 $[-3,1]$ 上满足罗尔中值定理的条件和结论.

证　(1) 多项式函数 $f(x)=x^2+2x-3$ 在 $(-\infty,+\infty)$ 内处处连续，因而在闭区间 $[-3,1]$ 上连续；

(2) $f(x)=x^2+2x-3$ 在 $(-\infty,+\infty)$ 内处处可导，从而在开区间 $(-3,1)$ 内可导；

(3) $f(-3)=f(1)=0$.

由以上三条，说明 $f(x)=x^2+2x-3$ 在闭区间 $[-3,1]$ 上满足罗尔中值定理的条件.

由于在 $(-\infty,+\infty)$ 内 $f'(x)=2x+2$，当取 $\xi=-1$ 时，有 $f'(\xi)=f'(-1)=0$，而 $-3<\xi=-1<1$，即在开区间 $(-3,1)$ 内存在一点 $\xi=-1$，使 $f'(\xi)=0$. 这表明 $f(x)=x^2+2x-3$ 在闭区间 $[-3,1]$ 上满足罗尔中值定理的结论.

例 2　设 $f(x)$ 在 $[0,1]$ 上连续，在 $(0,1)$ 内可导，且 $f(1)=0$，证明在 $(0,1)$ 内至少存在一点 ξ，使得 $f(\xi)+\xi f'(\xi)=0$.

证　设 $F(x)=xf(x)$，则 $F(x)$ 在 $[0,1]$ 上连续，在 $(0,1)$ 内可导，且

$$F(0)=0,\quad F(1)=f(1)=0,$$

由罗尔中值定理可知，在 $(0,1)$ 内至少存在一点 ξ，使得 $F'(\xi)=0$，即

$$f(\xi)+\xi f'(\xi)=0.$$

重难点讲解
微视频

罗尔中值定理

二、拉格朗日中值定理

罗尔中值定理要求的条件太强，特别是条件(3)要求区间两端点的函数值相等，对一般的函数来说难以满足，这就使得在实际应用时有较大的局限性. 如果去掉罗尔中值定理的第三个条件，并相应地改变定理的结论，就可得到拉格朗日(Lagrange)中值定理. 它的应用非常广泛，使用也很方便、灵活.

定理 2（拉格朗日中值定理） 如果函数 $y=f(x)$ 满足下列两个条件：

(1) 在闭区间$[a,b]$上连续；

(2) 在开区间(a,b)内可导，

则在开区间(a,b)内至少存在一点 ξ，使得

$$f'(\xi)=\frac{f(b)-f(a)}{b-a} \tag{2}$$

公式(2)也被称为拉格朗日中值公式. 在证明拉格朗日中值定理之前，我们先看一下它的几何意义. 由图 5-2 可以看出，$\frac{f(b)-f(a)}{b-a}$是弦 AB 的斜率，而 $f'(\xi)$是曲线 $y=f(x)$在点 C 处的切线斜率，$f'(\xi)=\frac{f(b)-f(a)}{b-a}$说明点 C 处曲线 $y=f(x)$ 的切线和弦 AB 平行. 因此拉格朗日中值定理的几何意义可叙述如下：如果连续曲线弧 $\overset{\frown}{AB}$ 上除端点外，处处有不平行于 y 轴的切线，那么在弧 $\overset{\frown}{AB}$ 上至少存在一点 C，使得曲线在点 C 处的切线和弦 AB 平行.

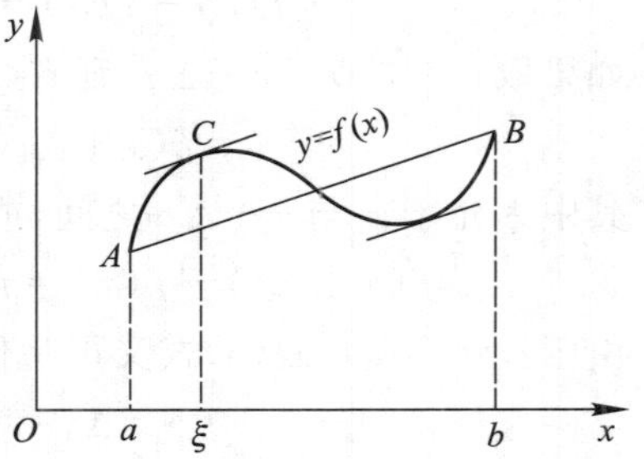

图 5-2

容易看出，当弧 $\overset{\frown}{AB}$ 的端点 A 和 B 的纵坐标相等时，弦 AB 与 x 轴平行. 所以罗尔中值定理是拉格朗日中值定理当 $f(a)=f(b)$时的特殊情况. 下面我们给出拉格朗日中值定理的证明，证明的方法是作一个辅助函数 $F(x)$，使 $F(x)$在$[a,b]$上满足罗尔中值定理的条件，然后利用罗尔中值定理的结论就可得出我们所要的结果.

下面通过分析拉格朗日中值公式，寻找要构造的辅助函数.

拉格朗日中值公式可改写为

$$f'(\xi)(b-a)-[f(b)-f(a)]=0$$

也即$\{f(x)(b-a)-[f(b)-f(a)]x\}'|_{x=\xi}=0$，因此构造辅助函数

$$F(x)=f(x)(b-a)-[f(b)-f(a)]x$$

容易验证该函数满足罗尔中值定理的三个条件，于是由此展开证明.

证　构造辅助函数

$$F(x)=f(x)(b-a)-[f(b)-f(a)]x$$

容易验证 $F(x)$在$[a,b]$上连续，在(a,b)内可导，且 $F(a)=F(b)$，所以利用罗尔中值定理，在(a,b)内至少存在一点 ξ，使得 $F'(\xi)=0$，即

$$f'(\xi)(b-a)-[f(b)-f(a)]=0$$

也即在(a,b)内至少存在一点 ξ，使得

$$f'(\xi)=\frac{f(b)-f(a)}{b-a}$$

拉格朗日中值定理是一个很重要的微分中值定理，它的应用范围极广.

拉格朗日中值公式还可以写成下列形式：

$$f(b)-f(a)=f'(\xi)(b-a),\quad a<\xi<b \tag{3}$$

若记 $\xi=a+(b-a)\theta$，其中 $0<\theta<1$，则拉格朗日中值公式又可写成：

$$f(b)-f(a)=f'[a+\theta(b-a)](b-a) \tag{4}$$

如果取 $a=x,b=x+\Delta x$，则有

$$f(x+\Delta x)-f(x)=f'(\xi)\Delta x \tag{5}$$

其中 ξ 介于 x 与 $x+\Delta x$ 之间，或写成

$$f(x+\Delta x)-f(x)=f'(x+\theta\Delta x)\Delta x,\quad 其中\ 0<\theta<1 \tag{6}$$

由于 $y=f(x)$，故(6)式又可写作

$$\Delta y=f'(x+\theta\Delta x)\Delta x \tag{7}$$

我们将(7)式与函数的微分 $dy=f'(x)\Delta x$ 加以比较可知，$f'(x)\Delta x$ 只是函数增量 Δy 的近似表达式，一般说来，以它近似代替 Δy 时所产生的误差只有当 $\Delta x\to 0$ 时才趋于零；而(7)式则表示在 Δx 为有限时，$f'(x+\theta\Delta x)\Delta x$ 就是 Δy 的准确表达式. 因此拉格朗日中值定理也称为**有限增量定理**，拉格朗日中值公式也称为**有限增量公式**，它精确地表达了函数在一个区间上的增量与函数在这区间内某点处的导数之间的关系.

推论　如果在区间(a,b)内，函数 $f(x)$的导数 $f'(x)$恒为零，则在该区间内，$f(x)$是一个常数.

证　在(a,b)内任取两点 x_1,x_2，设 $x_1<x_2$，在闭区间$[x_1,x_2]$上，

$f(x)$满足拉格朗日定理的条件,因此存在点$\xi \in (x_1, x_2)$,使

$$f(x_2)-f(x_1)=f'(\xi)(x_2-x_1)$$

由题设知$f'(\xi)=0$,故有$f(x_2)-f(x_1)=0$,所以$f(x_2)=f(x_1)$.由x_1,x_2的任意性知,$f(x)$在(a,b)内的函数值处处相等,即$f(x)$在(a,b)内为一常数.

此推论说明常数的导数为零的逆命题也成立.

例 3 利用拉格朗日中值定理证明

$$|\sin x_2-\sin x_1| \leqslant |x_2-x_1|$$

证 当$x_1=x_2$时,等号显然成立,设$x_1 \neq x_2$,在$[x_1,x_2]$($x_1<x_2$)或$[x_2,x_1]$($x_2<x_1$)上考虑函数$f(x)=\sin x$,它满足拉格朗日中值定理的条件,于是由拉格朗日中值公式有

$$\sin x_2-\sin x_1=\cos \xi \cdot (x_2-x_1)$$

其中ξ在x_2与x_1之间,从而有

$$|\sin x_2-\sin x_1|=|\cos \xi| \cdot |x_2-x_1|$$

因为$|\cos \xi| \leqslant 1$,所以有

$$|\sin x_2-\sin x_1| \leqslant |x_2-x_1|$$

重难点讲解
微视频

拉格朗日中值定理

下面引进柯西(Cauchy)中值定理,我们将看到,柯西中值定理是拉格朗日中值定理的一种推广.

三、柯西中值定理

定理 3(柯西中值定理) 若函数$f(x),g(x)$均满足下列条件:

(1) 在闭区间$[a,b]$上连续;

(2) 在开区间(a,b)内可导,且在(a,b)内$g'(x) \neq 0$,

则在(a,b)内至少存在一点ξ,使

$$\frac{f(b)-f(a)}{g(b)-g(a)}=\frac{f'(\xi)}{g'(\xi)} \tag{8}$$

证明从略.

在柯西中值定理中,如果取$g(x)=x$,那么$g(b)-g(a)=b-a$,$g'(x)=1$,这时公式(8)就可变成拉格朗日中值公式,因此,拉格朗日中值定理是柯西中值定理的特殊情形.事实上,如果在柯西中值定理中,将函数$f(x),g(x)$中的变量x换成t,并视

$$\begin{cases} x=g(t), \\ y=f(t) \end{cases} \quad (a \leqslant t \leqslant b)$$

为参数方程确定的函数$y=y(x)$,则容易由拉格朗日中值定理与参数方

程确定的函数的求导公式看出柯西中值定理成立.故柯西中值定理又是拉格朗日中值定理的一个推广.

由于罗尔中值定理、拉格朗日中值定理、柯西中值定理中出现的“ξ”都是开区间(a,b)内的某一点,所以这三个定理通常都称为微分中值定理.其中罗尔中值定理是基础,拉格朗日中值定理是核心,它们都说明,在定理条件下,曲线上至少存在一点,在该点处的切线平行于连接曲线两端点的直线段.

习题 5.1

1. 验证在$\left[\frac{1}{6}\pi,\frac{5}{6}\pi\right]$上,罗尔中值定理对函数$f(x)=\ln\sin x$的正确性.

2. 验证在$[1,2]$上,拉格朗日中值定理对函数$f(x)=\frac{1}{x}$的正确性.

3. 验证在$[1,2]$上,柯西中值定理对函数$f(x)=x^3$及$g(x)=x^2+1$的正确性.

4. 试证明对于函数$y=px^2+qx+r$,应用拉格朗日中值定理时所求得的ξ总是位于区间的中点.

5. 不必求出函数$f(x)=(x-1)(x-2)(x-3)(x-4)$的导数,证明方程$f'(x)=0$有且仅有 3 个实根,并指出它们所在的区间.

6. 证明$\arcsin x+\arccos x=\frac{\pi}{2}\quad(-1\leqslant x\leqslant 1)$.

7. 证明下列不等式:

(1) $\frac{x}{1+x}<\ln(1+x)<x\quad(x>0)$;

(2) $e^x>e\cdot x\quad(x>1)$;

(3) $|\arctan x_2-\arctan x_1|\leqslant|x_2-x_1|$.

8. 设函数$f(x)=1-\sqrt[3]{x^2}$,则$f(-1)=f(1)=0$,但在$(-1,1)$内没有ξ能使得$f'(\xi)=0$,为什么?

9. 设$f(x)$在$[0,1]$上连续,在$(0,1)$内可导,且$f(0)=1,f(1)=0$,则在$(0,1)$内至少存在一点ξ,满足$f'(\xi)=-\frac{f(\xi)}{\xi}$.

10. 设$f(x)$在$[a,b]$上连续,在(a,b)内可导,且$f(a)=f(b)=0$,则存在$\xi\in(a,b)$,使$f'(\xi)=f(\xi)$.

11. 设$0<a<b$,且设函数$f(x)$在$[a,b]$上连续,在(a,b)内可导.证明至少有一点$\xi\in(a,b)$,使

$$f(b)-f(a)=\xi f'(\xi)\ln\left(\frac{b}{a}\right)$$

5.2 洛必达法则

在计算两个无穷小或无穷大之比的极限时,不能直接用商的极限的运算法则,这使得计算这类极限出现困难.本节给出的洛必达法则提供了求这类极限的一种简便有效的方法.

当 $x\to x_0$(或 $x\to\infty$)时,如果函数 $f(x)$ 与 $g(x)$ 同时趋于零(或无穷大),则称极限

$$\lim_{\substack{x\to x_0\\(x\to\infty)}}\frac{f(x)}{g(x)}$$

为 $\frac{0}{0}$ $\left(或\frac{\infty}{\infty}\right)$ 型**未定式**,下面只给出 $x\to x_0$ 时对应的洛必达法则,对于 $x\to x_0^+,x\to x_0^-,x\to+\infty,x\to-\infty,x\to\infty$ 时有完全类似的结果.

一、$\frac{0}{0}$ 型未定式

洛必达法则(L'Hospital rule) **I** 若函数 $f(x),g(x)$ 满足下面条件:

(1) $\lim\limits_{x\to x_0}f(x)=0,\lim\limits_{x\to x_0}g(x)=0$;

(2) $f(x),g(x)$ 在点 x_0 的某个去心邻域 $\mathring{U}(x_0,\delta)$ 内可导,且 $g'(x)\neq0$;

(3) $\lim\limits_{x\to x_0}\dfrac{f'(x)}{g'(x)}$ 存在(或为无穷大),

则 $\lim\limits_{x\to x_0}\dfrac{f(x)}{g(x)}$ 存在(或为无穷大),且

$$\lim_{x\to x_0}\frac{f(x)}{g(x)}=\lim_{x\to x_0}\frac{f'(x)}{g'(x)}$$

证 由条件(1)知 $x=x_0$ 是 $f(x),g(x)$ 的连续点或可去间断点,若是连续点,显然有 $f(x_0)=g(x_0)=0$,若是可去间断点,则改变或补充定义使 $f(x_0)=g(x_0)=0$,从而 $f(x),g(x)$ 在点 x_0 是连续的,这样 $f(x)$,$g(x)$ 在 $U(x_0,\delta)$ 内连续.

对于任意的 $x\in U(x_0,\delta)$,由条件(1)、(2)知,$f(x),g(x)$ 在闭区间 $[x_0,x]$(当 $x>x_0$ 时)或 $[x,x_0]$(当 $x<x_0$ 时)上满足柯西中值定理的条件,故存在 ξ(介于 x_0 与 x 之间)使得

$$\frac{f(x)}{g(x)}=\frac{f(x)-f(x_0)}{g(x)-g(x_0)}=\frac{f'(\xi)}{g'(\xi)}$$

两边取极限有

$$\lim_{x\to x_0}\frac{f(x)}{g(x)}=\lim_{x\to x_0}\frac{f'(\xi)}{g'(\xi)}$$

由条件(3)知 $\lim\limits_{x\to x_0}\dfrac{f'(x)}{g'(x)}$存在(或为无穷大),由于当 $x\to x_0$ 时,$\xi\to x_0$,所以 $\lim\limits_{x\to x_0}\dfrac{f'(\xi)}{g'(\xi)}=\lim\limits_{\xi\to x_0}\dfrac{f'(\xi)}{g'(\xi)}$,即有

$$\lim_{x\to x_0}\frac{f(x)}{g(x)}=\lim_{x\to x_0}\frac{f'(x)}{g'(x)}$$

若把法则Ⅰ中的 $x\to x_0$ 换成 $x\to x_0^+$,$x\to x_0^-$,$x\to\infty$,$x\to+\infty$或 $x\to-\infty$时,只需对法则Ⅰ中的条件(2)作相应的修改,结论仍然成立.

例 1　求 $\lim\limits_{x\to 0}\dfrac{\ln(1+x)}{x}$.

解　当 $x\to 0$ 时,上面函数的分子、分母均趋于零,所以它是$\dfrac{0}{0}$型未定式.容易看出 x 和 $\ln(1+x)$满足洛必达法则Ⅰ的条件.故有

$$\lim_{x\to 0}\frac{\ln(1+x)}{x}=\lim_{x\to 0}\frac{\frac{1}{1+x}}{1}=1$$

如果当 $x\to x_0$ 时,导函数 $f'(x)$与 $g'(x)$都趋于零,那么 $\lim\limits_{x\to x_0}\dfrac{f'(x)}{g'(x)}$又是一个未定式.只要 $f'(x)$,$g'(x)$仍满足洛必达法则Ⅰ的条件,就可以再应月一次法则Ⅰ,便有

$$\lim_{x\to x_0}\frac{f(x)}{g(x)}=\lim_{x\to x_0}\frac{f'(x)}{g'(x)}=\lim_{x\to x_0}\frac{f''(x)}{g''(x)}$$

如果有必要,还可以连续三次、四次以至更多次应用洛必达法则.

例 2　求 $\lim\limits_{x\to 1}\dfrac{x^3-3x+2}{x^3-x^2-x+1}$.

解　该极限是$\dfrac{0}{0}$型未定式,满足洛必达法则Ⅰ的条件.故

$$\lim_{x\to 1}\frac{x^3-3x+2}{x^3-x^2-x+1}=\lim_{x\to 1}\frac{3x^2-3}{3x^2-2x-1}=\lim_{x\to 1}\frac{6x}{6x-2}=\frac{3}{2}$$

在上题计算过程中,连续使用了两次洛必达法则.需要注意的是上式

中的 $\lim\limits_{x\to1}\dfrac{6x}{6x-2}$ 已不是 $\dfrac{0}{0}$ 型未定式，故不能再用洛必达法则，否则会导致结果错误.

例 3 求 $\lim\limits_{x\to0}\dfrac{e^x+e^{-x}-2}{1-\cos x}$.

解 这是 $\dfrac{0}{0}$ 型未定式，应用洛必达法则Ⅰ，有

$$\lim_{x\to0}\frac{e^x+e^{-x}-2}{1-\cos x}=\lim_{x\to0}\frac{e^x-e^{-x}}{\sin x}=\lim_{x\to0}\frac{e^x+e^{-x}}{\cos x}=2$$

例 4 求 $\lim\limits_{x\to+\infty}\dfrac{\dfrac{\pi}{2}-\arctan x}{\dfrac{1}{x}}$.

解 这是 $\dfrac{0}{0}$ 型未定式，应用洛必达法则Ⅰ，有

$$\lim_{x\to+\infty}\frac{\dfrac{\pi}{2}-\arctan x}{\dfrac{1}{x}}=\lim_{x\to+\infty}\frac{-\dfrac{1}{1+x^2}}{-\dfrac{1}{x^2}}=\lim_{x\to+\infty}\frac{x^2}{1+x^2}=\lim_{x\to+\infty}\frac{1}{\dfrac{1}{x^2}+1}=1$$

二、$\dfrac{\infty}{\infty}$ 型未定式

洛必达法则Ⅱ 若函数 $f(x)$ 和 $g(x)$ 满足：

(1) $\lim\limits_{x\to x_0}f(x)=\infty$，$\lim\limits_{x\to x_0}g(x)=\infty$；

(2) $f(x)$，$g(x)$ 在点 x_0 的某个去心邻域 $\mathring{U}(x_0,\delta)$ 内可导，且 $g'(x)\neq0$；

(3) $\lim\limits_{x\to x_0}\dfrac{f'(x)}{g'(x)}$ 存在（或为无穷大），

则 $\lim\limits_{x\to x_0}\dfrac{f(x)}{g(x)}$ 存在（或为无穷大），且

$$\lim_{x\to x_0}\frac{f(x)}{g(x)}=\lim_{x\to x_0}\frac{f'(x)}{g'(x)}$$

证明从略.

例 5 求 $\lim\limits_{x\to+\infty}\dfrac{e^x}{x^3}$.

解 这是 $\dfrac{\infty}{\infty}$ 型未定式，由洛必达法则Ⅱ，有

$$\lim_{x\to+\infty}\frac{e^x}{x^3}=\lim_{x\to+\infty}\frac{e^x}{3x^2}=\lim_{x\to+\infty}\frac{e^x}{6x}=\lim_{x\to+\infty}\frac{e^x}{6}=+\infty$$

例 6　$\lim\limits_{x\to0^+}\dfrac{\ln\cot x}{\ln x}$.

解　这是$\dfrac{\infty}{\infty}$型未定式，由洛必达法则Ⅱ，有

$$\lim_{x\to0^+}\frac{\ln\cot x}{\ln x}=\lim_{x\to0^+}\frac{\dfrac{1}{\cot x}\cdot(-\csc^2 x)}{\dfrac{1}{x}}=\lim_{x\to0^+}\frac{-x}{\cos x\cdot\sin x}$$

$$=\lim_{x\to0^+}\frac{-x}{\sin x}\cdot\lim_{x\to0^+}\frac{1}{\cos x}=-1$$

三、其他类型未定式

除了上述$\dfrac{0}{0}$型与$\dfrac{\infty}{\infty}$型两种类型的未定式外，还有下面几种类型的未定式：$0\cdot\infty$型、$\infty-\infty$型、0^0 型、1^∞ 型、∞^0 型，这几种未定式均可化成$\dfrac{0}{0}$型或$\dfrac{\infty}{\infty}$型，对于后三种，应先取对数，化成 $0\cdot\infty$型之后，再化成$\dfrac{0}{0}$型或$\dfrac{\infty}{\infty}$型，然后再使用洛必达法则求极限. 下面举例说明.

例 7　求 $\lim\limits_{x\to0^+}x^n\ln x(n>0)$.

解　这是 $0\cdot\infty$型未定式，把 $x^n\ln x$ 由乘积形式改成商的形式有

$$x^n\ln x=\frac{\ln x}{\dfrac{1}{x^n}}$$

当 $x\to0^+$ 时，上式右端的极限是$\dfrac{\infty}{\infty}$型未定式，由洛必达法则得

$$\lim_{x\to0^+}x^n\ln x=\lim_{x\to0^+}\frac{\ln x}{\dfrac{1}{x^n}}=\lim_{x\to0^+}\frac{\dfrac{1}{x}}{-nx^{-n-1}}=\lim_{x\to0^+}\frac{-x^n}{n}=0$$

例 8　$\lim\limits_{x\to1^-}(1-x)\tan\dfrac{\pi}{2}x$.

解　这是 $0\cdot\infty$型未定式，把$(1-x)\tan\dfrac{\pi}{2}x$ 写成商的形式$\dfrac{1-x}{\cot\dfrac{\pi}{2}x}$就

成了$\frac{0}{0}$型未定式. 由洛必达法则有

$$\lim_{x\to1^-}(1-x)\tan\frac{\pi}{2}x=\lim_{x\to1^-}\frac{1-x}{\cot\frac{\pi}{2}x}=\lim_{x\to1^-}\frac{-1}{-\csc^2\frac{\pi}{2}x\cdot\frac{\pi}{2}}$$

$$=\lim_{x\to1^-}\left(\sin^2\frac{\pi}{2}x\right)\cdot\frac{2}{\pi}=\frac{2}{\pi}$$

在本题中若把$(1-x)\tan\frac{\pi}{2}x$ 写成$\dfrac{\tan\frac{\pi}{2}x}{\frac{1}{1-x}}$则化成了$\frac{\infty}{\infty}$型未定式,可以算出同样结果,但会更烦琐.

例 9 求 $\lim\limits_{x\to1}\left(\dfrac{x}{x-1}-\dfrac{1}{\ln x}\right)$.

解 这是$\infty-\infty$型未定式,通分后,函数可写成

$$\frac{x}{x-1}-\frac{1}{\ln x}=\frac{x\ln x-x+1}{(x-1)\ln x}$$

极限化成了$\frac{0}{0}$型,使用洛必达法则有

$$\lim_{x\to1}\left(\frac{x}{x-1}-\frac{1}{\ln x}\right)=\lim_{x\to1}\frac{x\ln x-x+1}{(x-1)\ln x}=\lim_{x\to1}\frac{\ln x}{1-\frac{1}{x}+\ln x}$$

$$=\lim_{x\to1}\frac{\frac{1}{x}}{\frac{1}{x^2}+\frac{1}{x}}=\frac{1}{2}$$

例 10 求 $\lim\limits_{x\to0^+}\left(\dfrac{1}{x}\right)^{\tan x}$.

解 这是∞^0 型的未定式. 设 $y=\left(\dfrac{1}{x}\right)^{\tan x}$,取对数得:

$$\ln y=\tan x\cdot(-\ln x)$$

当$x\to0^+$时,$\ln y$ 的极限是$0\cdot\infty$型未定式,可再化成$\frac{\infty}{\infty}$型未定式,用洛必达法则有

$$\lim_{x\to0^+}\ln y=\lim_{x\to0^+}\tan x(-\ln x)=\lim_{x\to0^+}\frac{-\ln x}{\frac{1}{\tan x}}$$

$$=\lim_{x\to 0^+}\frac{-\dfrac{1}{x}}{-\csc^2 x}=\lim_{x\to 0^+}\frac{\sin^2 x}{x}=0$$

因 $y=e^{\ln y}$，而

$$\lim_{x\to 0^+} y=\lim_{x\to 0^+} e^{\ln y}=e^{\lim\limits_{x\to 0^+}\ln y}=e^0=1$$

所以

$$\lim_{x\to 0^+}\left(\frac{1}{x}\right)^{\tan x}=1$$

一般地，对于 ∞^0，0^0，1^∞ 型未定式，如例 10，取对数后，求出对数 $\ln y$ 的极限，若对数极限为 k，则原式极限为 e^k.

以上例题表明，洛必达法则是计算未定式的有效方法. 但具体应用时必须注意，首先要判别未定式属于哪种类型，若非 $\frac{0}{0}$ 型或 $\frac{\infty}{\infty}$ 型未定式，不能用洛必达法则. 在连续应用洛必达法则时，要随时检查是否仍是 $\frac{0}{0}$ 型或 $\frac{\infty}{\infty}$ 型未定式，若是，才能继续用洛必达法则. 同时，在应用洛必达法则的计算过程中，当分子 $f(x)$，分母 $g(x)$ 分别求导以后，要先对 $\frac{f'(x)}{g'(x)}$ 进行适当的整理化简再求极限或再用洛必达法则. 另外还要注意，洛必达法则的条件只是充分条件，所以不能由 $\frac{f'(x)}{g'(x)}$ 的极限不存在（为 ∞ 除外）而得出 $\frac{f(x)}{g(x)}$ 的极限不存在的结论.

例 11　求 $\lim\limits_{x\to\infty}\dfrac{x+\sin x}{x-\sin x}$.

重难点讲解微视频

洛必达法则

解　因为

$$\frac{(x+\sin x)'}{(x-\sin x)'}=\frac{1+\cos x}{1-\cos x}=\frac{2\cos^2\dfrac{x}{2}}{2\sin^2\dfrac{x}{2}}=\cot^2\frac{x}{2}$$

而 $\lim\limits_{x\to\infty}\cot^2\dfrac{x}{2}$ 不存在，但是

$$\lim_{x\to\infty}\frac{x+\sin x}{x-\sin x}=\lim_{x\to\infty}\frac{1+\dfrac{\sin x}{x}}{1-\dfrac{\sin x}{x}}=1$$

这表明，虽然$\frac{f'(x)}{g'(x)}$的极限不存在，但$\frac{f(x)}{g(x)}$的极限仍可能存在.

习题 5.2

1. 应用洛必达法则求下列函数的极限：

(1) $\lim\limits_{x\to 0}\frac{\sin 5x}{\tan 3x}$；　　(2) $\lim\limits_{x\to 0}\frac{\ln(1+x)}{2x}$；

(3) $\lim\limits_{x\to a}\frac{\cos x-\cos a}{x-a}$；　　(4) $\lim\limits_{x\to 0^+}\frac{\ln\tan 7x}{\ln\tan 2x}$；

(5) $\lim\limits_{x\to\infty}[x(\mathrm{e}^{\frac{1}{x}}-1)]$；　　(6) $\lim\limits_{x\to\frac{\pi}{2}}(\sec x-\tan x)$；

(7) $\lim\limits_{x\to\infty}\left(1+\frac{a}{x}\right)^x$；　　(8) $\lim\limits_{x\to 0^+}x^{\sin x}$；

(9) $\lim\limits_{x\to 0^+}(\cot x)^{\frac{1}{\ln x}}$.

2. 验证极限 $\lim\limits_{x\to\infty}\frac{x+\sin x}{x}$存在，但不能用洛必达法则计算.

3. 验证极限 $\lim\limits_{x\to+\infty}\frac{\mathrm{e}^x-\mathrm{e}^{-x}}{\mathrm{e}^x+\mathrm{e}^{-x}}$存在，但不能用洛必达法则计算.

5.3　函数的单调性与曲线的凹凸性

有了导数以后，我们就可以运用导数研究函数的性态，比如函数的单调增减性、函数曲线的弯曲方向以及不同弯曲方向的分界点等，为函数的定性研究与作图做准备. 本节主要介绍函数的单调性与曲线的凹凸性.

一、函数的单调性

函数在某个区间内的单调增减性，是我们研究函数性质时首先要考虑的问题. 在第一章已经给出了函数单调增减性的定义，但利用定义来判别函数的单调增减性常常是比较困难的. 对于可导函数，我们在此介绍用函数的导数符号判别函数单调增减性的方法，此方法简便易用.

由图 5-3 可以直观地看出，如果函数 $y=f(x)$在$[a,b]$上单调增加(单调减少)，那么它的图形是一条沿 x 轴正向上升(下降)的曲线，曲线上各点处切线的斜率都是正的(负的)，即 $f'(x)>0$ ($f'(x)<0$). 反过来也是成立的.

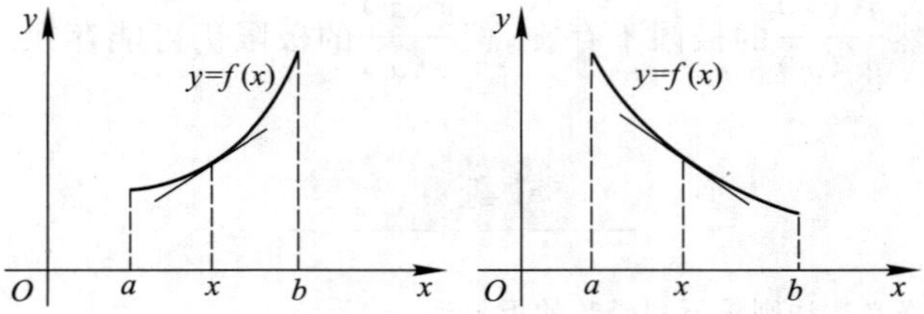

图 5-3

定理 1　设函数 $f(x)$ 在 $[a,b]$ 上连续，在 (a,b) 内可导.

(1) 如果在 (a,b) 内 $f'(x)>0$，则 $f(x)$ 在 $[a,b]$ 上单调增加；

(2) 如果在 (a,b) 内 $f'(x)<0$，则 $f(x)$ 在 $[a,b]$ 上单调减少.

证　在 $[a,b]$ 上任取两点 x_1,x_2，且设 $x_1<x_2$，则在闭区间 $[x_1,x_2]$ 上，$f(x)$ 满足拉格朗日中值定理的条件，所以存在 $\xi\in(x_1,x_2)$，使

$$f(x_2)-f(x_1)=f'(\xi)(x_2-x_1)$$

如果在 (a,b) 内 $f'(x)>0$，则 $f'(\xi)>0$，又 $x_2-x_1>0$，从而有

$$f(x_2)-f(x_1)>0$$

即当 $x_1<x_2$ 时 $f(x_1)<f(x_2)$，表明 $f(x)$ 在 $[a,b]$ 上单调增加.

同理可证，如果在 (a,b) 内 $f'(x)<0$，则 $f(x)$ 在 $[a,b]$ 上单调减少.

如果将定理 1 中的闭区间换成其他各种区间（包括无穷区间），结论也成立.

例 1　证明函数 $y=x-\arctan x$ 在 $[0,+\infty)$ 上是单调增函数.

证　由初等函数的连续性知，$y=x-\arctan x$ 在 $[0,+\infty)$ 上是连续的，而在 $(0,+\infty)$ 内，

$$y'=1-\frac{1}{1+x^2}=\frac{x^2}{1+x^2}>0$$

则由定理 1 知，$y=x-\arctan x$ 在 $[0,+\infty)$ 上是单调增加的.

一般情况下，我们需要考虑函数在整个定义域上的单调性问题. 有些函数，在其定义域上的某一部分区间内是单调增加的，在另一部分区间内是单调减少的. 这样的区间称为函数的**单调增减区间**.

在求函数 $f(x)$ 的单调增减区间时，可以按如下方法进行：(1) 如果函数 $f(x)$ 在其定义区间上是可导函数且导函数连续，那么先求出使 $f'(x)=0$ 的点，这种点称为函数的驻点. 然后用全部驻点将函数的定义区间分成若干部分区间，再分别研究函数在各个部分区间上的单调性，从而确定函数的单调增减区间；(2) 如果函数在其定义域上连续，除有限个导数不存在的点之外，导数存在，那么用全部驻点和不可导点将定义区间

划分为若干部分区间,分别考虑每个部分区间上函数的单调性,便能得出函数的单调增减区间.

例 2 求函数 $y=x^3-3x$ 的单调区间.

解 函数的定义域为 $(-\infty,+\infty)$,$f'(x)=3x^2-3=3(x+1)(x-1)$,令 $f'(x)=0$,得驻点 $x_1=-1$,$x_2=1$. 这两个驻点将定义域分成三个部分区间:$(-\infty,-1]$,$[-1,1]$,$[1,+\infty)$,在每个部分区间 $(-\infty,-1]$,$[-1,1]$,$[1,+\infty)$ 上 $f(x)$ 连续,且 $f'(x)$ 分别在 $(-\infty,-1)$,$(-1,1)$,$(1,+\infty)$ 内保持相同的符号. 列表如下:

x	$(-\infty,-1)$	-1	$(-1,1)$	1	$(1,+\infty)$
$f'(x)$	$+$	0	$-$	0	$+$
$f(x)$	↗	2	↘	-2	↗

表中"↗"表示函数在相应区间内单调增加,"↘"表示单调减少.

由上表知,函数 $f(x)$ 的单调增区间是 $(-\infty,-1]$ 和 $[1,+\infty)$,单调减区间是 $[-1,1]$.

例 3 求函数 $y=x^{\frac{2}{3}}$ 的单调区间.

解 函数 $y=x^{\frac{2}{3}}$ 的定义区间为 $(-\infty,+\infty)$,且是连续函数.

当 $x\neq 0$ 时,$y'=\dfrac{2}{3}x^{-\frac{1}{3}}=\dfrac{2}{3\sqrt[3]{x}}$;

当 $x=0$ 时,y' 不存在.

y 在 $(-\infty,0)$ 和 $(0,+\infty)$ 内无驻点. 故用 $x=0$ 将定义区间分成两个部分区间 $(-\infty,0]$ 和 $[0,+\infty)$.

在 $(-\infty,0)$ 内,$y'<0$;在 $(0,+\infty)$ 内,$y'>0$,但 y 在 $x=0$ 连续. 所以 $(-\infty,0]$ 为函数的单调减区间,$[0,+\infty)$ 为函数的单调增区间.

一般地,若 $f(x)$ 在 $[a,b]$ 上连续,且在 (a,b) 内只有有限个点处的导数为零,其余各点处均有 $f'(x)>0$(或 $f'(x)<0$),则 $f(x)$ 在 $[a,b]$ 上仍是单调增加(或单调减少)的.

利用函数的单调性可以证明一些不等式.

例 4 证明:当 $x>0$ 时,$x>\ln(1+x)$.

证 设 $f(x)=x-\ln(1+x)$,则 $f(x)$ 在 $x\geqslant 0$ 时连续. 在 $(0,+\infty)$ 上

$$f'(x)=1-\frac{1}{1+x}=\frac{x}{1+x}>0$$

所以,在 $[0,+\infty)$ 内 $f(x)$ 是单调增函数,又 $f(0)=0$,所以对一切 $x>0$,均有

$$f(x)>f(0)=0$$

即

$$x-\ln(1+x)>0$$

综上所述，当 $x>0$ 时，$x>\ln(1+x)$.

二、曲线的凹凸性及拐点

在讨论函数图像时，仅仅知道函数的单调增减性是不够的. 例如函数 $y=x^2$ 和 $y=\sqrt{x}$ 在区间[0,1]上都是单调增加的，它们的图形都是上升的曲线，但形状不同. 其中曲线弧 $\overset{\frown}{OCA}$ 是向上凸的，而曲线弧 $\overset{\frown}{OBA}$ 是向上凹的(如图 5-4 所示). 曲线具有的这种向上凸或凹的性质，通常称为曲线的凹凸性.

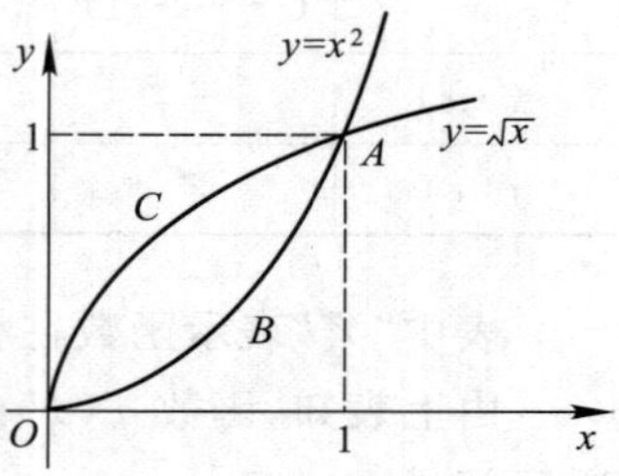

图 5-4

下面给出曲线凹凸性的定义.

定义 设函数 $y=f(x)$ 在 (a,b) 内可导，若曲线 $y=f(x)$ 位于其每点处切线的下方，则称曲线 $y=f(x)$ 在 (a,b) 内是**向上凸**的，简称为**凸的**(convex)；若曲线 $y=f(x)$ 位于其每点处切线的上方，则称曲线 $y=f(x)$ 在 (a,b) 内是**向上凹**的，简称为**凹的**(concave).

由图 5-5 可以看出，对于凹曲线，沿着 x 轴正向，曲线上切线的斜率是渐增的($\tan\alpha_1<\tan\alpha_2$)；对于凸曲线，沿着 x 轴正向，曲线上切线的斜率是递减的($\tan\beta_1>\tan\beta_2$)，反之也是成立的. 如果函数 $y=f(x)$ 有二阶导数，那么 $f'(x)$ 的单调性可由 $f''(x)$ 的符号确定，因此我们可以利用函数的二阶导数来研究曲线的凹凸性.

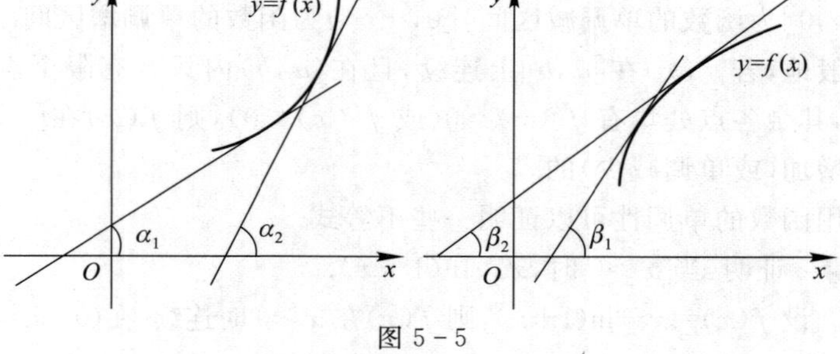

图 5-5

定理 2 设函数 $f(x)$ 在区间 $[a,b]$ 上连续，在区间 (a,b) 内具有二阶导数.

(1) 若在(a,b)内$f''(x)>0$,则曲线$f(x)$在$[a,b]$上是凹的;

(2) 若在(a,b)内$f''(x)<0$,则曲线$f(x)$在$[a,b]$上是凸的.

证明从略.

对于连续曲线,曲线上凸弧与凹弧的分界点,叫做曲线的**拐点**.无论曲线由凹变凸,还是由凸变凹,均要经过拐点.当x渐增地变动,曲线经过拐点时,$f''(x)$肯定要改变符号,因此曲线$y=f(x)$的拐点的横坐标只能是$f''(x)=0$的点或$f''(x)$不存在的点.由此可得求拐点的步骤:

(1) 求出$f''(x)$,找出使$f''(x)=0$及$f''(x)$不存在的点x_0.

(2) 考察当x渐增地经过x_0时,$f''(x)$的符号的变化情况,若变号,则$(x_0,f(x_0))$是拐点;否则不是拐点.

例 5　讨论曲线$y=x^3$的凹凸性,并求其拐点.

解

$$y'=3x^2,y''=6x$$

令$y''=0$,得$x=0$,没有y''不存在的点.

$x=0$把函数的定义域分成$(-\infty,0]$和$[0,+\infty)$两个区间.

列表考察y''在各部分区间的符号.

x	$(-\infty,0)$	0	$(0,+\infty)$
y''	$-$	0	$+$
$y=f(x)$	凸	0	凹

由上表可见,$(-\infty,0]$为$y=x^3$的凸区间;$[0,+\infty)$为它的凹区间,点$(0,0)$为该曲线的拐点.

例 6　讨论曲线$y=x^4-2x^3+1$的凹凸性,并求其拐点.

解

$$y'=4x^3-6x^2$$
$$y''=12x^2-12x=12x(x-1)$$

令$y''=0$,得$x_1=0,x_2=1$.列表讨论如下:

x	$(-\infty,0)$	0	$(0,1)$	1	$(1,+\infty)$
y''	$+$	0	$-$	0	$+$
$y=f(x)$	凹	1	凸	0	凹

由上表可见,$(-\infty,0]$和$[1,+\infty)$为曲线的凹区间,$[0,1]$为曲线的凸区间,点$(0,1)$和点$(1,0)$是曲线的两个拐点.

重难点讲解微视频

曲线的凹凸性

习题 5.3

1. 讨论下列函数的单调性，并指出单调区间.

(1) $f(x)=\sqrt{2x-x^2}$；

(2) $y=x+\cos x$；

(3) $y=(x-1)(x+1)^3$.

2. 设质点做变速直线运动，其位移 s 与时间 t 的关系为

$$s=\frac{1}{4}t^4-4t^3+16t^2$$

问：(1) 何时速度为零？

(2) 何时做前进运动？

(3) 何时做后退运动？

3. 证明下列不等式：

(1) $2\sqrt{x}>3-\frac{1}{x}\quad(x>1)$；

(2) $\arctan x\leqslant x\quad(x\geqslant 0)$；

(3) $\arctan x\geqslant x\quad(x\leqslant 0)$.

4. 证明方程 $x^4+x-1=0$ 有且仅有一个小于 1 的正根.

5. 判断下列曲线的凹凸性，并求出拐点：

(1) $y=x^3-5x^2+3x+5$；

(2) $y=x\mathrm{e}^{-x}$.

6. 当 a,b,c,d 为何值时，曲线 $f(x)=ax^3+bx^2+cx+d$ 过点$(-2,44)$，且以 $x=-2$ 为驻点，以$(1,-10)$为拐点.

5.4　函数的极值与最值

山区的公路经常会出现这样的情况：先上坡后下坡，中间经过一个“顶峰”，或者先下坡后上坡，中间经过一个“低谷”，这反映在数学上则是函数先单调增加（或减少），到达一个“顶峰”（或“低谷”）以后再单调减少（或增加），此时将“顶峰”（或“低谷”）称为函数的极大值（或极小值）.

一、极值的定义

定义　设函数 $y=f(x)$ 在点 x_0 的某个邻域内有定义，

(1) 若在该邻域内任一点 $x\neq x_0$，恒有 $f(x)<f(x_0)$，则称 $f(x_0)$ 为函数 $y=f(x)$ 的一个**极大值**（maximum），点 x_0 称为函数 $f(x)$ 的一个**极**

大值点，简称为极大点.

(2) 若在该邻域内任一点 $x\neq x_0$，恒有 $f(x)>f(x_0)$，则称 $f(x_0)$ 为函数 $y=f(x)$ 的一个**极小值**(minimum)，点 x_0 称为函数 $f(x)$ 的一个**极小值点**，简称为极小点.

函数的极大值和极小值统称为函数的**极值**(extremum)；极大值点和极小值点统称为**极值点**(extreme point).

从定义可以看出，函数在点 x_0 处取得的极大值或极小值就是函数在点 x_0 的某个邻域内的最大值或最小值. 函数的极值是函数的局部特性，函数极值的概念与函数的最大值和最小值的概念是不同的. 函数的最大值和最小值(简称最值)是相对于所考虑的函数的整个定义区间而言的. 一个函数在某个区间上可能有若干个极值点，有的极小值可能比极大值还大，这更加说明了极值所反映的是函数的局部特性，如图 5-6 中，有 $f(x_4)>f(x_1)$.

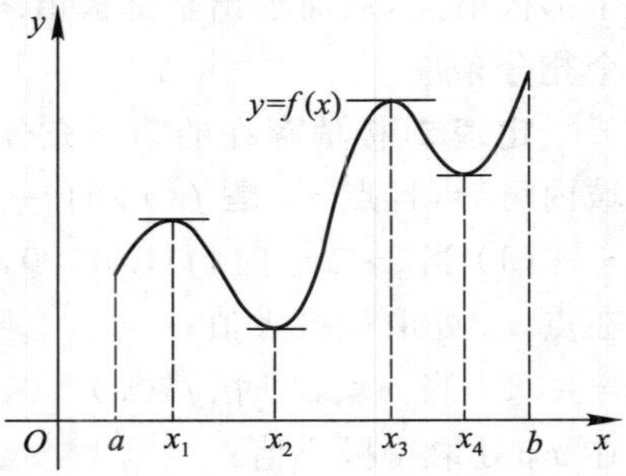

图 5-6

二、极值存在的条件

下面我们将讨论极值的存在性与求法，为此，首先给出函数极值存在的必要条件.

定理 1 如果函数 $f(x)$ 在点 x_0 处取得极值，且在 x_0 处可导，则函数 $f(x)$ 在 x_0 处的导数

$$f'(x_0)=0$$

证 不妨设 $f(x_0)$ 是极大值(极小值时可类似证明)，即在 x_0 的某个邻域内，对于任何点 $x\ (x\neq x_0)$，均有 $f(x)<f(x_0)$ 成立，于是在该邻域内

当 $x<x_0$ 时，$\dfrac{f(x)-f(x_0)}{x-x_0}>0$；当 $x>x_0$ 时，$\dfrac{f(x)-f(x_0)}{x-x_0}<0$.

由于 $f(x)$ 在 x_0 处可导，因此有

$$f'_-(x_0)=\lim_{x\to x_0^-}\frac{f(x)-f(x_0)}{x-x_0}\geqslant 0$$

及

$$f'_+(x_0)=\lim_{x\to x_0^+}\frac{f(x)-f(x_0)}{x-x_0}\leqslant 0$$

从而可得 $f'(x_0)=0$.

定理1说明 $f'(x_0)=0$ 是 $f(x)$ 在点 x_0 处取得极值的必要条件,但不是充分条件,由于使 $f'(x)=0$ 的点是 $f(x)$ 的驻点,因此定理1说明了可导函数的极值点必定是驻点;反之,函数的驻点不一定是极值点.例如 $f(x)=x^3$ 在 $x=0$ 处有 $f'(0)=0$,但 $x=0$ 不是函数的极值点,即 $x=0$ 是 $f(x)=x^3$ 的驻点但不是函数的极值点.

由上述可知,可导函数的极值点一定是驻点,因此对于可导函数来讲,只要能求出它的全部驻点,然后对驻点逐一加以判别,看它是不是极值点,如果是,再判别是极大点还是极小点,这样就能够求出可导函数的全部极值点,从而求出全部极值.下面就给出判别驻点是不是极值点的两个充分条件.

定理2(极值存在的第一充分条件)　设函数 $f(x)$ 在点 x_0 的某个邻域内可导,且点 x_0 是 $f(x)$ 的一个驻点,即 $f'(x_0)=0$,那么在该邻域内:

(1) 当 $x<x_0$ 时,$f'(x)>0$,且当 $x>x_0$ 时,$f'(x)<0$,则函数 $f(x)$ 在点 x_0 处取得极大值;

(2) 当 $x<x_0$ 时,$f'(x)<0$,且当 $x>x_0$ 时,$f'(x)>0$,则函数 $f(x)$ 在 x_0 处取得极小值;

(3) 如果在点 x_0 的左右两侧 $f'(x)$ 符号相同,则 $f(x)$ 在 x_0 处不取得极值.

证　(1) 因为当 $x<x_0$ 时,$f'(x)>0$,所以在 x_0 左侧 $f(x)$ 是单调增加的,而当 $x>x_0$ 时,$f'(x)<0$,所以在 x_0 右侧,$f(x)$ 是单调减少的,从而 $f(x_0)$ 是函数 $f(x)$ 的一个极大值.

类似可证(2)和(3).

综合定理1,2,对于可导函数,求函数极值的步骤如下:

(1) 求导数 $f'(x)$;

(2) 由 $f'(x)=0$,求出 $f(x)$ 的全部驻点;

(3) 考察每个驻点左右两侧导数的符号,从而确定哪些驻点是极值点;

(4) 求出每个极值点处的函数值,就得到了函数 $f(x)$ 的全部极值.

例1　求函数 $f(x)=x^3-3x^2-9x+5$ 的极值.

解　(1) $f(x)$ 在 $(-\infty,+\infty)$ 内处处可导,且

$$f'(x)=3x^2-6x-9=3(x+1)(x-3)$$

(2) 令 $f'(x)=0$,得驻点 $x_1=-1,x_2=3$.

(3) 对于驻点 $x_1=-1$,在其左侧邻域内 $f'(x)>0$,在其右侧邻域内 $f'(x)<0$,故 $x_1=-1$ 是极大值点;

对于驻点 $x_2=3$,在其左侧邻域内 $f'(x)<0$,在其右侧邻域内

$f'(x)>0$,故 $x_2=3$ 是极小值点.

(4) 极大值 $f(-1)=10$,极小值 $f(3)=-22$.

当 $f(x)$ 在驻点处的二阶导数存在且不为零时,可用下述第二充分条件来判别.

定理 3(极值存在的第二充分条件)　设函数 $f(x)$ 在 x_0 处具有二阶导数,且 $f'(x_0)=0$,$f''(x_0)\neq 0$,则

(1) 当 $f''(x_0)<0$ 时,x_0 是极大值点;

(2) 当 $f''(x_0)>0$ 时,x_0 是极小值点.

证　(1) 由于 $f''(x_0)<0$,由二阶导数定义有:

$$f''(x_0)=\lim_{x\to x_0}\frac{f'(x)-f'(x_0)}{x-x_0}<0$$

根据极限的性质可知,在 x_0 的某一去心邻域内有:

$$\frac{f'(x)-f'(x_0)}{x-x_0}<0$$

因为 $f'(x_0)=0$,所以

$$\frac{f'(x)}{x-x_0}<0$$

当 $x<x_0$ 时,$f'(x)>0$;当 $x>x_0$ 时,$f'(x)<0$,由定理 2 可知,x_0 是极大值点.

类似可证(2).

例 2　求 $f(x)=3x^4-4x^3-24x^2+48x+10$ 的极值.

重难点讲解微视频

函数的单调性与极值

解　$f'(x)=12x^3-12x^2-48x+48$

$=12(x+2)(x-1)(x-2)$

$f''(x)=36x^2-24x-48$

$=12(3x^2-2x-4)$

令 $f'(x)=0$,得驻点 $x_1=-2$,$x_2=1$,$x_3=2$,二阶导数

$$f''(-2)=144>0$$
$$f''(1)=-36<0$$
$$f''(2)=48>0$$

故 $x_1=-2$ 和 $x_3=2$ 是极小值点,$x_2=1$ 是极大值点,极小值为 $f(-2)=-102$ 和 $f(2)=26$,极大值 $f(1)=33$.

前面讨论了可导函数的极值问题,如果函数是只有有限个不可导点的连续函数,那么函数除了驻点外,也可能在导数不存在的点处取得极值,可以利用第一充分条件去判别不可导点是否为极值点.

例 3　求函数 $f(x)=(x^2-1)^{\frac{2}{3}}$ 的极值.

解　$f'(x)=\dfrac{2}{3}(x^2-1)^{-\frac{1}{3}}\cdot 2x=\dfrac{4x}{3\sqrt[3]{(x-1)(x+1)}}$

$x_1=0$ 是函数的驻点，$x_2=1$ 和 $x_3=-1$ 是函数的不可导点. 这三个点将定义区间分成四个部分区间，列表讨论如下：

x	$(-\infty,-1)$	-1	$(-1,0)$	0	$(0,1)$	1	$(1,+\infty)$
$f'(x)$	$-$	不存在	$+$	0	$-$	不存在	$+$
$f(x)$	↘	0	↗	1	↘	0	↗

可见，$x=-1$ 及 $x=1$ 是函数的极小值点，$x=0$ 是函数的极大值点，极小值 $f(-1)=0$，$f(1)=0$，极大值 $f(0)=1$.

三、最大值、最小值及其应用

在实际中，通常需要解决诸如“投入最少”“成本最低”“效益最高”等一些最优化问题，这类问题在数学上可以归结为求某个函数在某个区间上的最小值或最大值问题.

设 $f(x)$ 在 $[a,b]$ 上连续，在 (a,b) 内除有限个点外可导，且至多有有限个驻点. 在此条件下，我们来研究 $f(x)$ 在 $[a,b]$ 上的最大值与最小值的求法.

因为 $f(x)$ 在闭区间 $[a,b]$ 上连续，所以 $f(x)$ 在 $[a,b]$ 上必有最大值和最小值. 若最大值(或最小值)在区间内部取得，那么它一定也是函数的极值. 由于极值点必定是驻点或导数不存在的点，且最大值与最小值也可能在区间端点取得，因此可用如下方法求 $f(x)$ 在 $[a,b]$ 上的最大值和最小值：

首先，求出 $f(x)$ 在 (a,b) 内的全部驻点以及导数不存在的点，设为 x_1，x_2，…，x_n，然后比较函数值 $f(a)$，$f(x_1)$，…，$f(x_n)$，$f(b)$ 的大小，其中最大的便是 $f(x)$ 在 $[a,b]$ 上的最大值，最小的便是 $f(x)$ 在 $[a,b]$ 上的最小值.

例 4　求函数 $f(x)=\dfrac{2}{3}x^3-2x^2-6x+1$ 在闭区间 $[-4,4]$ 上的最大值和最小值.

解
$$f'(x)=2x^2-4x-6=2(x+1)(x-3)$$

令 $f'(x)=0$，得驻点 $x_1=-1$，$x_2=3$. 由于

$$f(-4)=-\frac{149}{3},\quad f(-1)=\frac{13}{3}$$

$$f(3)=-17,\quad f(4)=-\frac{37}{3}$$

比较可得

$$f(-1)=\frac{13}{3}$$

为最大值，

$$f(-4)=-\frac{149}{3}$$

为最小值.

将一个实际中的最优化问题，转化为求一个函数的最值问题，其关键步骤是：第一步，选取合适的自变量 x；第二步，将问题的目标值写成 x 的函数，即给出目标函数 $y=f(x)$，同时确定 x 的取值范围；第三步，求出目标函数在 x 的取值范围上的最值.

在许多实际问题中，目标函数的自变量 x 的取值范围通常是开区间，如果确知问题有最大值（或最小值），且所建立的目标函数在其定义区间内只有唯一一个驻点，则该点就是问题的最值点. 下面看几个应用实例.

例 5 现有边长为 96 cm 的正方形纸板，将其四角各剪去一个大小相同的小正方形，折起做成无盖纸箱，问剪去的小正方形边长为多少时做成的无盖纸箱体积最大？

解 如图 5-7 所示，设小正方形边长为 x cm，做成的无盖纸箱的体积为 V cm^3，则

$$V=x(96-2x)^2 \quad (0<x<48)$$

$$V'=(96-2x)(96-6x)$$

令 $V'=0$，解得驻点 $x_1=16$，$x_2=48$（舍去）.

在 x 的取值范围 $(0,48)$ 内，只有唯一驻点 $x_1=16$，故当取小正方形边长 $x=16$ cm 时，无盖纸箱容积最大.

例 6 某地要挖一条断面为等腰梯形的水渠，断面尺寸如图 5-8 所示，问渠道斜面的倾角 θ 为多少时，渠道的流量最大？

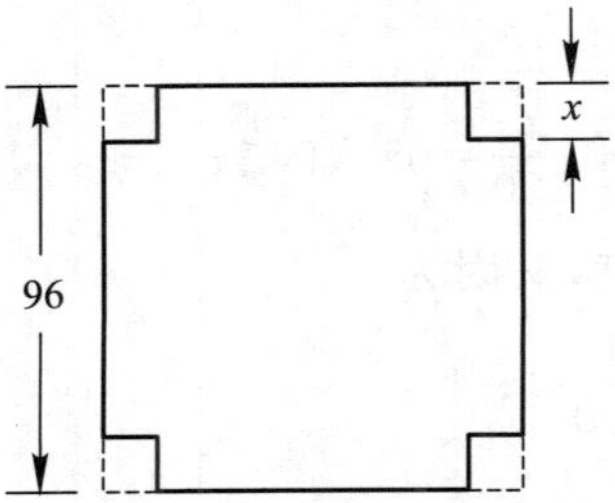

图 5-7

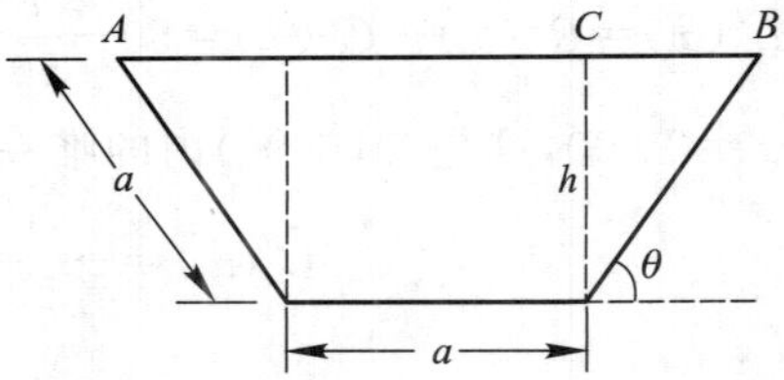

图 5-8

解 渠道的流量与渠道横截面面积的大小有关，求流量最大，实际上

就是求渠道截面面积最大. 设截面面积为 S. 由图 5-8 可知：

$$h=a\sin\theta,\quad BC=a\cos\theta$$
$$AB=a+2BC=a+2a\cos\theta$$

由梯形的面积公式得：

$$\begin{aligned}S&=\frac{1}{2}(a+a+2a\cos\theta)\cdot h\\&=\frac{1}{2}(2a+2a\cos\theta)\cdot a\sin\theta\\&=a^2(1+\cos\theta)\sin\theta\quad\left(0<\theta<\frac{\pi}{2}\right)\end{aligned}$$

于是把问题转化为求 $S=S(\theta)$ 在 $\left(0,\frac{\pi}{2}\right)$ 内的最大值，为此，求导得：

$$\begin{aligned}S'&=a^2(1+\cos\theta)\cos\theta+a^2(-\sin\theta)\sin\theta\\&=a^2(\cos\theta+\cos^2\theta-\sin^2\theta)\\&=a^2(2\cos^2\theta+\cos\theta-1)\end{aligned}$$

令 $S'=0$. 解得 $\cos\theta=\frac{1}{2}$ 和 $\cos\theta=-1$，因此在 $\left(0,\frac{\pi}{2}\right)$ 内只有唯一驻点 $\theta=\frac{\pi}{3}$. 而 $S(\theta)$ 在 $\left(0,\frac{\pi}{2}\right)$ 内确有最大值，故可断定，当 $\theta=\frac{\pi}{3}$ 时，梯形的面积最大，即当横断面的斜面倾角为 60° 时，渠道的流量最大.

例 7　设某产品的成本函数和价格函数分别为 $C(x)=3\,800+5x-\frac{x^2}{1\,000}$，$P(x)=50-\frac{x}{100}$，试确定产品的产量 x，使利润达到最大.

解　当产品售出 x 单位而价格为 $P(x)$ 时，总销售额 $R(x)=xP(x)=x\left(50-\frac{x}{100}\right)$ 称为销售额函数，$L(x)=R(x)-C(x)$ 称为利润函数.

为求最大利润，令 $L'(x)=0$，即

$$L'(x)=R'(x)-C'(x)=50-\frac{x}{50}-5+\frac{x}{500}=0\quad(0<x<+\infty)$$

求得 $x=2\,500$，这是 $(0,+\infty)$ 内的唯一驻点，又因为

$$L''(x)=-\frac{1}{50}+\frac{1}{500}<0$$

故

$$L''(2\,500)<0,$$

因此生产量为 2 500 单位时，利润达到最大.

例 8 一房地产公司有 50 套公寓要出租. 当租金定为每套每月 1 800 元时，公寓会全部租出去. 租金每增加 100 元，就会有一套公寓租不出去. 另外租出去的房子每月需花费 200 元的整修维护费. 试问房租定为多少可获得最大收入？

解 设租金为 x 元/月，由题意知，x 的取值范围是 $[1\,800,6\,800)$. 此时，租出的公寓有 $50-\left(\dfrac{x-1\,800}{100}\right)$ 套，总的收入为

$$S(x)=(x-200)\left(50-\frac{x-1\,800}{100}\right)$$

$$=(x-200)\left(68-\frac{x}{100}\right)$$

$$S'(x)=70-\frac{x}{50}$$

令 $S'(x)=0$，得 $x=3\,500$，在 $(1\,800,6\,800)$ 内只有唯一驻点，由于 $S(1\,800)=80\,000$，$S(3\,500)=108\,900$，所以当 $x=3\,500$ 元/月时，总收入最大为 108 900 元.

习题 5.4

1. 求下列函数的极值，并指出是极大值还是极小值：

(1) $y=2x^3-3x^2$；

(2) $y=x-\ln(1+x)$；

(3) $y=2e^x+e^{-x}$；

(4) $y=\cos x+\sin x\ \left(-\dfrac{\pi}{2}\leqslant x\leqslant\dfrac{\pi}{2}\right)$；

(5) $y=x+\dfrac{a^2}{x}\ (a>0)$；

(6) $y=|x|$.

2. 当 a 为何值时，函数 $f(x)=a\sin x+\dfrac{1}{3}\sin 3x$ 在 $x=\dfrac{\pi}{3}$ 处取得极值？并求极值.

3. 某化工厂为了减少环境污染，提高经济效益，决定建造一批体积为 V 的圆柱形容器用以回收废气、废液，问此带盖圆柱形容器的底半径 R 和高 h 各为多少时，才能使用料最少(即容器表面积最小)？

4. 如图 5-9 是某教学班要用篱笆在水渠边围建的一个面积为 512 m^2 的矩形实验园地，问此矩形园地的长和宽各为多少时，方能使用料最省？

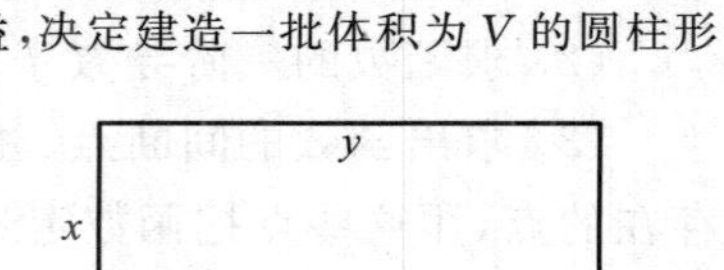

图 5-9

5. 用一块半径为 R 的扇形铁皮，做一个锥形漏斗，问圆心角 φ 为多大时做成的漏斗体积最大？

6. 轮船甲位于轮船乙以东 75n mile 处，以 12n mile/h 的速度向西行驶，而轮船乙以 6n mile/h 的速度向北行驶，问经过多少时间两船相距最近？

7. 求下列函数在指定区间内的最大值和最小值：

(1) $y=x^5-5x^4+5x^3+1,[-1,2]$；

(2) $y=x+2\sqrt{x},[0,4]$；

(3) $y=x+\cos x,[0,2\pi]$；

(4) $y=\sqrt{100-x^2},[-6,8]$.

5.5 函数作图

前面讨论了函数的单调性、极值和曲线的凹凸性与拐点等特性，这为描绘函数图形打下了基础. 为使描绘的函数图形更准确，再介绍曲线**渐近线**(asymptote)的概念.

定义　如果 $\lim\limits_{x\to+\infty}f(x)=a$，$\lim\limits_{x\to-\infty}f(x)=a$ 或 $\lim\limits_{x\to\infty}f(x)=a$ (a 为常数)，则 $y=a$ 是曲线 $y=f(x)$ 的一条**水平渐近线**；如果 $\lim\limits_{x\to x_0^+}f(x)=\infty$，$\lim\limits_{x\to x_0^-}f(x)=\infty$ 或 $\lim\limits_{x\to x_0}f(x)=\infty$，则 $x=x_0$ 是 $y=f(x)$ 的一条**铅直渐近线**.

渐近线反映了连续曲线在无限延伸时的变化情况. 例如，因为 $\lim\limits_{x\to\infty}\dfrac{1}{x}=0$，所以直线 $y=0$ 是曲线 $y=\dfrac{1}{x}$ 的水平渐近线；又因 $\lim\limits_{x\to0}\dfrac{1}{x}=\infty$，所以直线 $x=0$ 是曲线 $y=\dfrac{1}{x}$ 的铅直渐近线.

除水平和铅直渐近线外，曲线还可能有“斜渐近线”，本书不予讨论.

归纳起来，作函数图形的主要步骤是：

(1) 确定函数 $y=f(x)$ 的定义域，讨论它的奇偶性、周期性，当容易求出曲线与坐标轴的交点时将交点求出.

(2) 求函数的一阶导数 $f'(x)$ 和二阶导数 $f''(x)$.

(3) 求出函数的间断点、驻点、使 $f''(x)=0$ 的点及 $f'(x)$，$f''(x)$ 不存在的点，用这些点把函数定义域分成若干个部分区间.

(4) 列表讨论出函数的单调区间和极值点，曲线的凹凸区间和拐点.

(5) 确定曲线有无水平、铅直渐近线.

(6) 用描点法作出函数图形.

例 1 描绘函数 $f(x)=x^3-3x^2+2$ 的图形.

解 (1) 函数的定义域为 $(-\infty,+\infty)$，它既不是奇函数，也不是偶函数；曲线与 x 轴的交点有三个，分别是 $(1,0)$，$(1+\sqrt{3},0)$，$(1-\sqrt{3},0)$，曲线与 y 轴的交点是 $(0,2)$.

(2)
$$f'(x)=3x^2-6x=3x(x-2)$$
$$f''(x)=6x-6=6(x-1)$$

(3) 令 $f'(x)=0$，得驻点 $x_1=0$，$x_2=2$. 由 $f''(x)=0$ 解得 $x_3=1$.

上述三个点将定义域分为四个部分区间：$(-\infty,0)$，$(0,1)$，$(1,2)$，$(2,+\infty)$.

(4) 讨论单调性、凹凸性、极值和拐点等如下：

x	$(-\infty,0)$	0	$(0,1)$	1	$(1,2)$	2	$(2,+\infty)$
$f'(x)$	+	0	−	−	−	0	+
$f''(x)$	−	−	−	0	+	+	+
$y=f(x)$	↗	极大值 2	⤵	拐点 $(1,0)$	↘	极小值 -2	⤴

注 这里记号↗表示曲线弧上升而且是凸的，⤵表示曲线弧下降而且是凸的，↘表示曲线弧下降而且是凹的，⤴表示曲线弧上升而且是凹的.

(5) 无渐近线.

(6) 描点作图（如图 5-10 所示）.

例 2 作出函数 $y=\dfrac{1}{\sqrt{2\pi}\sigma}e^{-\frac{(x-\mu)^2}{2\sigma^2}}$ 的图形（其中 μ,σ 是常数，且 $\sigma>0$）.

解 (1) 函数的定义域为 $(-\infty,+\infty)$，图形关于直线 $x=\mu$ 对称，曲线和 x 轴无交点，与 y 轴的交点为 $\left(0,\dfrac{1}{\sqrt{2\pi}\,\sigma}e^{-\frac{\mu^2}{2\sigma^2}}\right)$.

(2) $y'=\dfrac{(\mu-x)}{\sqrt{2\pi}\,\sigma^3}e^{-\frac{(x-\mu)^2}{2\sigma^2}}$

$$y''=\frac{(x-\mu)^2-\sigma^2}{\sqrt{2\pi}\,\sigma^5}e^{-\frac{(x-\mu)^2}{2\sigma^2}}$$

(3) 令 $y'=0$，得驻点 $x_1=\mu$；令

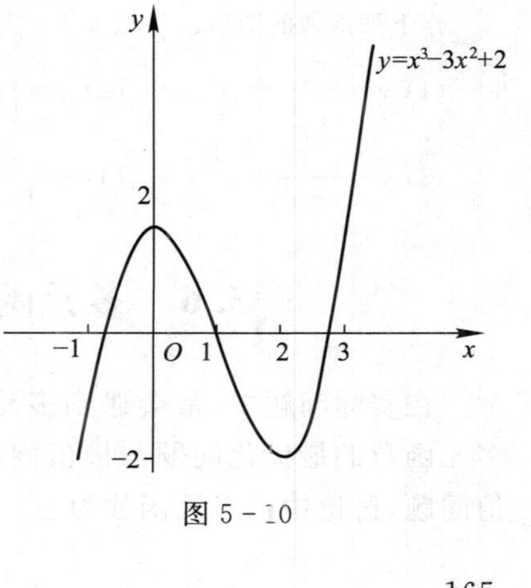

图 5-10

$y''=0$. 得 $x_2=\mu-\sigma, x_3=\mu+\sigma$.

上述三点将定义区间分为四个部分区间：$(-\infty,\mu-\sigma)$，$(\mu-\sigma,\mu)$，$(\mu,\mu-\sigma)$，$(\mu+\sigma,+\infty)$.

(4) 讨论函数特性如下：

x	$(-\infty,\mu-\sigma)$	$\mu-\sigma$	$(\mu-\sigma,\mu)$	μ	$(\mu,\mu+\sigma)$	$\mu+\sigma$	$(\mu+\sigma,+\infty)$
$f'(x)$	+	+	+	0	−	−	−
$f''(x)$	+	0	−	−	−	0	+
$y=f(x)$	↗	拐点 $\left(\mu-\sigma,\frac{1}{\sqrt{2\pi}\sigma}e^{-\frac{1}{2}}\right)$	↗	极大值 $\frac{1}{\sqrt{2\pi}\sigma}$	↘	拐点 $\left(\mu+\sigma,\frac{1}{\sqrt{2\pi}\sigma}e^{-\frac{1}{2}}\right)$	↗

(5) $\lim\limits_{x\to\infty}y=0$，所以 x 轴为曲线的水平渐近线.

(6) 作图(如图 5-11 所示).

曲线 $f(x)=\frac{1}{\sqrt{2\pi}\sigma}e^{-\frac{(x-\mu)^2}{2\sigma^2}}$ 称为正态分布曲线，在概率论与数理统计中经常用到.

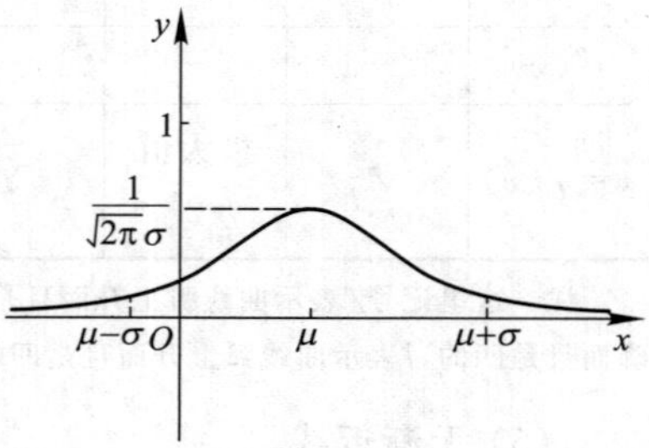

图 5-11

习题 5.5

作下列函数的图形：

(1) $y=x^4-2x^2$；　　(2) $y=\frac{x}{1+x^2}$；

(3) $y=\frac{1}{1-x^2}$；　　(4) $y=x^2+\frac{1}{x}$.

5.6　多元函数的极值与最值

在实际问题中，常会遇到多元函数的最优化问题. 与一元函数类似，多元函数的最优化问题与极值问题密切相关. 因此先讨论多元函数的极值问题，讨论中以二元函数为主.

一、极值的概念

定义 设函数 $z=f(x,y)$ 在点 $P_0(x_0,y_0)$ 的某个邻域内有定义，对于该邻域内异于点 $P_0(x_0,y_0)$ 的点 $P(x,y)$，如果都有不等式

$$f(x,y)<f(x_0,y_0)$$

则称函数在点 $P_0(x_0,y_0)$ 处有**极大值** $f(x_0,y_0)$；如果都有不等式

$$f(x,y)>f(x_0,y_0)$$

则称函数在点 $P_0(x_0,y_0)$ 处有**极小值** $f(x_0,y_0)$. 极大值和极小值统称为**极值**，使函数取得极大值的点称为极大值点；使函数取得极小值的点称为极小值点. 极大值点和极小值点统称为**极值点**.

例 1 函数 $z=3x^2+4y^2$ 在点(0,0)处有极小值，因为对于点(0,0)的任一邻域内异于点(0,0)的点，函数值都为正，而在点(0,0)处的函数值为零. 从几何上看，$z=3x^2+4y^2$ 的图形是以点(0,0,0)为顶点，开口向上的椭圆抛物面(如图 5-12 所示).

例 2 函数 $z=-\sqrt{x^2+y^2}$ 在点(0,0)处有极大值，因为在点(0,0)处函数值为零，而对于点(0,0)的任一邻域内异于点(0,0)的点，函数值都为负. 在几何上，点(0,0,0)是位于 xOy 平面下方的锥面的顶点(如图 5-13 所示).

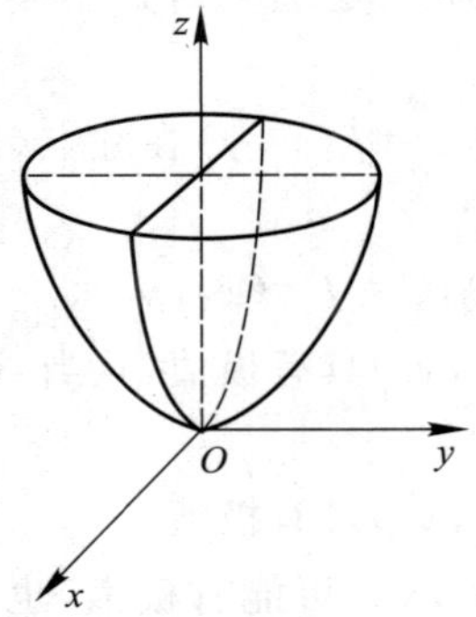

图 5-12

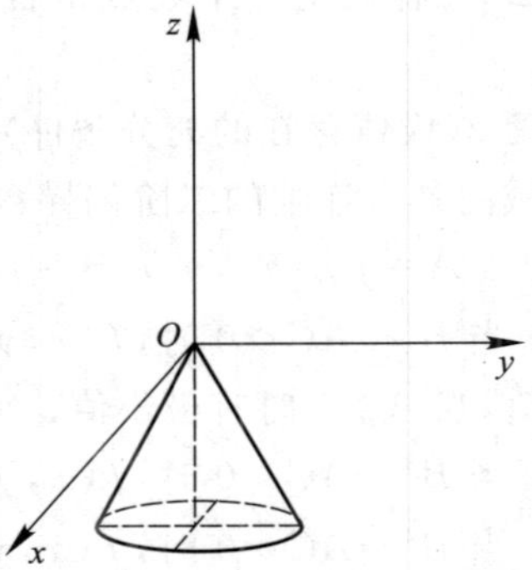

图 5-13

例 3 函数 $z=xy$ 在点(0,0)处既不取得极大值也不取得极小值. 因为在点(0,0)处的函数值为零，而在点(0,0)的任一邻域内，总有使函数值为正的点，也有使函数值为负的点.

二、极值存在的条件

下面讨论极值存在的条件及极值的求法.

定理 1(极值存在的必要条件) 设函数 $z=f(x,y)$ 在点 $P_0(x_0,y_0)$ 处具有偏导数,且在点 $P_0(x_0,y_0)$ 处有极值,则在该点的偏导数为零,即

$$f_x(x_0,y_0)=0, f_y(x_0,y_0)=0$$

证 不妨设函数 $z=f(x,y)$ 在点 $P_0(x_0,y_0)$ 处有极大值(极小值的情形可类似证明).

由极大值定义,在点 $P_0(x_0,y_0)$ 的某邻域内异于点 $P_0(x_0,y_0)$ 的点 $P(x,y)$ 都适合不等式

$$f(x,y)<f(x_0,y_0)$$

特别地,在该邻域内取 $y=y_0, x\neq x_0$ 的点,也有

$$f(x,y_0)<f(x_0,y_0)$$

这表明一元函数 $f(x,y_0)$ 在 $x=x_0$ 处取得极大值,因此必有

$$f_x(x_0,y_0)=0$$

同理

$$f_y(x_0,y_0)=0$$

类似于一元函数,把使 $f_x(x,y)=0, f_y(x,y)=0$ 同时成立的点 $P_0(x_0,y_0)$ 称为函数 $z=f(x,y)$ 的**驻点**. 由定理 1 可知,在偏导数存在的条件下,函数的极值点必是驻点. 但是函数的驻点不一定是极值点. 比如,点(0,0)是 $z=xy$ 的驻点,而点(0,0)不是 $z=xy$ 的极值点.

那么,怎样判定一个驻点是否是极值点呢?定理 2 对这个问题做了回答.

定理 2(极值存在的充分条件) 设函数 $z=f(x,y)$ 在驻点 (x_0,y_0) 的某邻域内具有连续的二阶偏导数,记

$$A=f_{xx}(x_0,y_0), B=f_{xy}(x_0,y_0), C=f_{yy}(x_0,y_0)$$

(1) 当 $B^2-AC<0$ 时,$f(x,y)$ 在点 (x_0,y_0) 具有极值,且当 $A<0$ 时有极大值,当 $A>0$ 时有极小值;

(2) 当 $B^2-AC>0$ 时,$f(x,y)$ 在点 (x_0,y_0) 没有极值;

(3) 当 $B^2-AC=0$ 时,$f(x,y)$ 在点 (x_0,y_0) 可能有极值,也可能没有极值,需另作讨论.

证明从略.

根据定理 1,2,具有二阶连续偏导数的函数的极值求法可归结如下:

(1) 令一阶偏导数等于零:

$$f_x(x,y)=0, f_y(x,y)=0$$

解这个方程组,求出一切驻点.

(2) 对于每一个驻点 (x_0,y_0),求出二阶偏导数的值 A,B 和 C.

(3) 定出 B^2-AC 的符号，按定理 2 的结论判定 $f(x_0,y_0)$是否是极值，是极大值还是极小值.

例 4 求函数 $z=x^3-4x^2+2xy-y^2$ 的极值.

解 解方程组

$$\begin{cases}\dfrac{\partial z}{\partial x}=3x^2-8x+2y=0,\\ \dfrac{\partial z}{\partial y}=2x-2y=0\end{cases}$$

求得驻点为(0,0)和(2,2).

再求出二阶偏导数

$$\frac{\partial^2 z}{\partial x^2}=6x-8,\frac{\partial^2 z}{\partial x\partial y}=2,\frac{\partial^2 z}{\partial y^2}=-2$$

在点(0,0)处，$A=-8$，$B=2$，$C=-2$，$B^2-AC=-12<0$，$A=-8<0$，故函数在点(0,0)处取得极大值 $f(0,0)=0$.

在点(2,2)处，$A=4$，$B=2$，$C=-2$，$B^2-AC=12>0$，故点(2,2)不是函数的极值点.

三、最大值与最小值

我们知道，在有界闭区域 D 上连续的二元函数，在 D 上必能取得最大值和最小值. 使函数取得最大值和最小值的点可能在 D 的内部，也可能在 D 的边界上. 假设函数在 D 上连续，在 D 内可微且只有有限个驻点，如果函数在 D 的内部取得最大值(最小值)，那么这个最大值(最小值)也是函数的极大值(极小值). 因此在有界闭区域 D 上连续函数 $f(x,y)$的最大值(最小值)的一般求法是：将函数 $f(x,y)$在 D 内的所有驻点处的函数值与 $f(x,y)$在 D 的边界上的最大值和最小值比较，其中最大的就是最大值，最小的就是最小值.

例 5 求函数 $z=\sqrt{4-x^3-y^2}$ 在圆域 $x^2+y^2\leqslant 1$ 上的最大值与最小值.

解 为计算方便，先求 $g(x,y)=4-x^3-y^2$ 在圆域上的最大值与最小值.

解方程组

$$\begin{cases}g_x(x,y)=-3x^2=0,\\ g_y(x,y)=-2y=0\end{cases}$$

得 $g(x,y)$在圆域内唯一驻点(0,0)，且 $g(0,0)=4$.

再计算 $g(x,y)$ 在圆域边界 $x^2+y^2=1$ 上的最大值和最小值. 将 $y^2=1-x^2$ 代入 $g(x,y)$,得一元函数 $F(x)=3+x^2-x^3$,于是求 $g(x,y)$ 在圆周 $x^2+y^2=1$ 上的最值问题归结为求一元函数 $F(x)$ 在闭区间 $[-1,1]$ 上的最值问题. 为此令 $F'(x)=2x-3x^2=0$,得驻点 $x=0$ 与 $x=\frac{2}{3}$. 将 $F(0)=3$, $F\left(\frac{2}{3}\right)=\frac{85}{27}$, $F(-1)=5$, $F(1)=3$ 与 $g(0,0)=4$ 进行比较,可知 $g(x,y)$ 在圆域上的最大值为 5,最小值为 3.

从而函数 $z=\sqrt{4-x^3-y^2}$ 在圆域 $x^2+y^2\leqslant 1$ 上的最大值为 $\sqrt{5}$,最小值为 $\sqrt{3}$.

在实际问题中,如果根据问题的性质,知道函数 $f(x,y)$ 的最大值(或最小值)一定在区域 D 的内部取得,而函数在 D 内只有唯一驻点,则该驻点处的函数值就是函数 $f(x,y)$ 在 D 上的最大值(或最小值).

例 6　用铁板做一个体积为 $2\ \text{m}^3$ 的有盖长方体水箱,问当长、宽、高分别取多少时,才能使用料最省?

解　设水箱的长为 x m,宽为 y m,则高应为 $\frac{2}{xy}$ m,水箱所用材料的面积为

$$\begin{aligned}A&=2\left(xy+y\cdot\frac{2}{xy}+x\cdot\frac{2}{xy}\right)\\&=2\left(xy+\frac{2}{x}+\frac{2}{y}\right)\quad(x>0,y>0)\end{aligned}$$

这样所给问题就转化为在开区域 $D\{(x,y)\mid x>0,y>0\}$ 上求使此函数达到最小的 x,y. 解方程组

$$\begin{cases}A_x(x,y)=2\left(y-\dfrac{2}{x^2}\right)=0,\\A_y(x,y)=2\left(x-\dfrac{2}{y^2}\right)=0\end{cases}$$

得

$$x=\sqrt[3]{2},\ y=\sqrt[3]{2}$$

根据题意可知,水箱所用材料面积 A 的最小值一定存在,且在开区域 $D\{(x,y)\mid x>0,y>0\}$ 内取得,同时函数在 D 内只有唯一驻点 $(\sqrt[3]{2},\sqrt[3]{2})$,因此可以肯定当 $x=\sqrt[3]{2}$, $y=\sqrt[3]{2}$ 时,A 取得最小值. 即当水箱的长、

宽、高分别为$\sqrt[3]{2}$ m，$\sqrt[3]{2}$ m，$\dfrac{2}{\sqrt[3]{2}\cdot\sqrt[3]{2}}=\sqrt[3]{2}$ m时，水箱所用材料最省.

例 7　求函数 $z=xy$ 在约束条件 $x+y=1$ 下的最大值.

解　由 $x+y=1$ 可得 $y=1-x$，将其代入 $z=xy$ 中，得 $z=x(1-x)$. 这时原问题就转化为求函数 $z=x(1-x)$的最大值问题.

令$\dfrac{\mathrm{d}z}{\mathrm{d}x}=1-2x=0$，解得 $x=\dfrac{1}{2}$. 又因为$\left.\dfrac{\mathrm{d}^2z}{\mathrm{d}x^2}\right|_{x=\frac{1}{2}}=-2$，所以 $z=x(1-x)$在 $x=\dfrac{1}{2}$处取得最大值$\dfrac{1}{4}$. 当 $x=\dfrac{1}{2}$时，$y=\dfrac{1}{2}$，因此函数 $z=xy$ 在条件 $x+y=1$ 下的最大值为$\dfrac{1}{4}$，且最大值点为$\left(\dfrac{1}{2},\dfrac{1}{2}\right)$.

注意：这种方法是有局限性的，它要求从约束条件 $\varphi(x,y)=0$ 中解出 y 来，有时是无法做到的. 求解此类问题的常用方法是拉格朗日乘数法. 这里不再介绍，有兴趣的读者请参阅相关参考书.

习题 5.6

1. 求下列函数的极值，并说明是极大值、极小值.

(1) $f(x,y)=4(x-y)-x^2-y^2$；

(2) $f(x,y)=\mathrm{e}^{2x}(x+y^2+2y)$；

(3) $f(x,y)=x^3+y^3-3(x^2+y^2)$；

(4) $f(x,y)=xy+\dfrac{a}{x}+\dfrac{a}{y}(a>0)$.

2. 求 $z=xy$ 在 $x^2+y^2\leqslant 1$ 上的最大值和最小值.

3. 从斜边长为 l 的一切直角三角形中，求有最大周界的直角三角形.

4. 要造一个体积等于 k 的长方体无盖水池，应如何选择水池的尺寸方可使它的表面积最小.

5. 某企业在生产中使用Ⅰ和Ⅱ两种原料，已知Ⅰ和Ⅱ两种原料分别使用 x 单位和 y 单位可生产 U 单位的产品，这里

$$U(x,y)=8xy+32x+40y-4x^2-6y^2$$

并且第Ⅰ种原料每单位的成本为 10 元，第Ⅱ种原料每单位的成本为 4 元，产品每单位的售价为 40 元，求该企业的最大利润.

6. 求内接于半径为 a 的球且有最大体积的长方体.

7. 某电视机厂生产一台电视机的成本为 c，每台电视机的售价为 p. 该厂的生产处于平衡状态，即电视机的生产量等于销售量. 由于市场竞争的影响，电视机售价越高，销售量 x 就会越低. 根据市场调查可以确定

$$x=M\mathrm{e}^{-ap}\quad (M,a>0)$$

其中 M 是市场的最大需求量，a 是价格系数. 另一方面，销售量 x 越大，每台电视机的成本就会越低. 根据对生产环节的分析可知

$$c=c_0-k\ln x\quad (c_0,k>0,x>1)$$

其中 c_0 是只生产一台电视机时的成本，k 是规模系数.

(1) 根据上述条件，应该如何确定电视机的售价 p，才能使该厂获得最大利润？

(2) 已知仅生产一台电视机的单位成本为 5 000 元/台，生产 10 000 台电视机时的单位成本为 3 000 元/台. 根据市场调查，该电视机的年需求量为 100 万台，该厂的电视机去年每台售价为 3 000 元，共售出 4.9 万台. 若需求方式和生产方式都不改变，试确定出今年电视机的最佳销售价格.

5.7　导数应用实例

前面我们利用导数研究了函数的单调性、极值等性质以及曲线的凹凸性、拐点等性态，利用导数还可以解决许多实际问题. 下面举几个典型实例.

一、变化率及相对变化率在经济中的应用

1. 边际分析

设函数 $y=f(x)$ 可导，在经济上称 $f(x)$ 在点 x_0 对自变量的变化率 $f'(x_0)$ 为 $f(x)$ 在点 x_0 处的边际函数值，即 x 变化一个单位时，$f(x)$ 的(近似)改变量. 在应用问题中解释边际函数值的具体意义时经常略去"近似"两字.

称导函数 $f'(x)$ 为 $f(x)$ 的**边际函数**.

当函数 $y=f(x)$ 为收入函数时，$f'(x_0)$ 就是边际收入值，即在销售 x_0 单位商品后，再多销售一个单位商品所增加的收入.

当函数 $y=f(x)$ 为利润函数时，$f'(x_0)$ 就是边际利润值，即在销售 x_0 单位商品后，再多销售一个单位商品所增加的利润.

当函数 $y=f(x)$ 为成本函数时，$f'(x_0)$ 就是边际成本值，即当产量达到 x_0 时，再多生产一个单位产品所添加的成本.

例 1　某企业生产一种产品，每天的总利润 $P(x)$(单位：元)与产量 x(单位：t)之间有如下函数关系：

$$P(x)=250x-5x^2$$

问是否生产的产品越多，企业获得的利润越大？

解　边际利润为

$$P'(x)=250-10x$$

当 $x=10$ 时，$P'(10)=150$(元)，表明在每天生产 10 t 产品的基础上，再多生产 1 t，总利润将增加 150 元.

当 $x=25$ 时，$P'(25)=0$，表明在每天生产 25 t 产品的基础上，再多生产 1 t，总利润没有变化，也即这 1 t 不会给企业创造任何利润.

当 $x=30$ 时，$P'(30)=-50$，表明在每天生产 30 t 的基础上，再多生产 1 t，总利润将减少 50 元.

由上面讨论，可知并非生产的产品数量越多，利润越高.

例 2 某酸乳酪商行发现它的收入函数 $R(x)$ 与成本函数 $C(x)$ 分别为

$$R(x)=12\sqrt{x}-\sqrt{x^3}$$

$$C(x)=3\sqrt{x}+4$$

其中 $x\in[0,5]$，x 的单位为 kL，$R(x)$ 和 $C(x)$ 的单位为千元，问产量为多少时利润最大?

解 这需要对利润函数

$$P(x)=R(x)-C(x)=9\sqrt{x}-\sqrt{x^3}-4$$

进行讨论. 此问题即是求 $P(x)$ 在 $[0,5]$ 上的最大值问题.

边际利润

$$P'(x)=\frac{3}{2}\cdot\frac{3-x}{\sqrt{x}}$$

由 $P'(x)$ 可看出，当 $x<3$ 时，每多生产 1 kL 都会使总利润增加；当 $x=3$ 时，再多生产 1 kL，总利润没变化；当 $x>3$ 时，每多生产 1 kL 都会使总利润下降. 因此商行的产品产量应定在 3 kL 为最佳，这时

$$C(3)=9.196(\text{千元})$$

$$R(3)=15.588(\text{千元})$$

$$P(3)=6.392(\text{千元})$$

例 3 某糕点商生产某种糕点的收入函数 $R(x)$ 与成本函数 $C(x)$ 分别为

$$R(x)=\sqrt{x}(\text{千元})$$

$$C(x)=\frac{x+3}{\sqrt{x}+1}(\text{千元})$$

$x\in[1,1.5]$，x 的单位是 100 kg. 问它应生产多少糕点才不赔钱? 边际利润大于零是否表明一定赚钱?

解　利润函数为

$$P(x)=R(x)-C(x)=\sqrt{x}-\frac{x+3}{\sqrt{x}+1}=\frac{\sqrt{x}-3}{\sqrt{x}+1}$$

只有当 $P(x)=0$ 时才不赔钱，当 $P(x)>0$ 时才会赚钱. 所以当 $x=9$ 时才不赔钱；当 $x<9$ 时，赔钱；当 $x>9$ 时，赚钱.

边际利润

$$P'(x)=\frac{2}{\sqrt{x}(\sqrt{x}+1)^2}$$

显然 $P'(x)>0$，这表明多生产可以提高总利润，这在本题的含义即是：当 $x<900$ kg 时，多生产可以减少损失，因为这时总利润小于零. 直到生产了 900 kg 后才能真正赚钱，由此表明，边际利润大于零并不一定赚钱.

2. 弹性分析

边际分析研究的是函数的绝对改变量与绝对变化率，但在实际问题中这是不够的. 比如，你对原价 100 元的篮球涨价 1 元可能没什么感觉，但对原价为 2 元的乒乓球涨价 1 元感觉就很明显. 如果从边际分析来看，上面的绝对变化量都是 1 元，但感觉不同. 如果从涨价的幅度分析，考虑涨价的相对改变量会更加全面，这在经济中称为弹性分析.

定义 1　设函数 $y=f(x)$ 在 x_0 处可导，称函数的相对改变量

$$\frac{\Delta y}{y_0}=\frac{f(x_0+\Delta x)-f(x_0)}{f(x_0)}$$

与自变量的相对改变量 $\dfrac{\Delta x}{x_0}$ 之比当 $\Delta x\to 0$ 时的极限

$$\lim_{\Delta x\to 0}\frac{\Delta y/y_0}{\Delta x/x_0}=\lim_{\Delta x\to 0}\frac{\Delta y}{\Delta x}\cdot\frac{x_0}{y_0}=f'(x_0)\frac{x_0}{f(x_0)}$$

为 $f(x)$ 在点 x_0 处的**相对变化率或弹性**，记作

$$\left.\frac{Ey}{Ex}\right|_{x=x_0}\quad\text{或}\quad\frac{Ef(x_0)}{Ex}$$

$\dfrac{Ef(x_0)}{Ex}$ 还可理解为在点 x_0 处，当 x 产生 1% 的改变时，$f(x)$ 近似地改变 $\dfrac{Ef(x_0)}{Ex}$%.

对于一般的 x，若 $f(x)$ 可导，则有 $\dfrac{Ey}{Ex}=f'(x)\dfrac{x}{f(x)}$，称其为 $f(x)$ 的弹性函数. 它反映随 x 的变化，$f(x)$ 变化幅度的大小，即 $f(x)$ 对 x 变化

反应的强烈程度或灵敏度.

当 Q 为某商品的需求量,P 为其市场价格,则 Q 与 P 的关系称为该商品的需求函数,记作 $Q=f(P)$.

定义 2 设某商品的需求函数 $Q=f(P)$ 在点 P_0 可导,称 $-f'(P_0)\cdot\dfrac{P_0}{f(P_0)}$ 为该商品在点 P_0 处的**需求弹性**,记作

$$\eta\Big|_{P=P_0}=\eta(P_0)=-f'(P_0)\frac{P_0}{f(P_0)}$$

说明:弹性均为正数,若 $f'(P_0)\dfrac{P_0}{f(P_0)}$ 为负,则加"$-$"号,定义 $-f'(P_0)\dfrac{P_0}{f(P_0)}$ 为弹性.一般来说,商品价格越低,需求量就越大,反应则越小,因此一般需求函数 $Q=f(P)$ 为单调减少函数.这样 ΔQ 与 ΔP 异号,而 P 和 Q 为正数,故 $f'(P_0)\dfrac{P_0}{f(P_0)}$ 为负数,为了用正数表示需求弹性,故在定义中加了一个负号.

由于需求量随价格的提高而减少,因此当 $\Delta P>0$ 时,$\Delta Q<0$,$f'(P_0)<0$,因此如此定义的需求弹性为正值,它表示产品需求量对价格变动反映的灵敏度.

当 $\Delta P>0$ 很小时,

$$\eta(P)=-f'(P)\frac{P}{f(P)}\approx-\frac{\Delta Q}{\Delta P}\frac{P}{f(P)}=-\frac{\Delta Q}{Q}\Big/\frac{\Delta P}{P}.$$

说明当产品价格为 P 时,若价格变化 1%,那么其需求量将变化 $\eta\%$.

产品价格的变动将引起用户对其需求量的变化,从而引起产品相应收益的变化,该变化可以通过需求弹性进行分析和讨论.

定义 3 称某商品的价格 P 与销售量 Q 的乘积为**总收益**,记为 R,即

$$R=P\cdot Q$$

由上面定义及 $Q=f(P)$ 可得

$$\begin{aligned}R&=P\cdot Q=P\cdot f(P)\\R'&=f(P)+Pf'(P)\\&=f(P)\left[1+f'(P)\frac{P}{f(P)}\right]\\&=f(P)[1-\eta(P)]\end{aligned}$$

可得下面结论:

(i) 若 $\eta(P)<1$,则 $R'>0$,R 递增.即价格上涨,总收益增加;价格下

跌时，总收益减少.

(ii) 若 $\eta(P)>1$，则 $R'<0$，R 递减. 即价格上涨，总收益减少；价格下跌时，总收益增加.

(iii) 若 $\eta(P)=1$，则 $R'=0$. 此时 R 取最大值.

例 4　某体育用品店中篮球的价格是 100 元，乒乓球的价格为 2 元，月销售量分别为 2 000 和 10 000 个. 当两种球都提价 1 元时，月销售量分别为 1 985 和 4 000 个，请分析该店收入变化情况.

解　已知篮球的价格 $P_1=100$ 元，销量 $Q_1=2\ 000$ 个，乒乓球的价格 $P_2=2$ 元，销量 $Q_2=10\ 000$ 个，商品提价 $\Delta P_1=\Delta P_2=1$ 元，则 $\Delta Q_1=-15$ 个，$\Delta Q_2=-6\ 000$ 个.

$$\frac{\Delta P_1}{P_1}=1\%,\quad \frac{\Delta P_2}{P_2}=50\%,\quad \frac{\Delta Q_1}{Q_1}=-0.75\%,\quad \frac{\Delta Q_2}{Q_2}=-60\%$$

说明篮球的销量下降了 0.75%，乒乓球的销量下降了 60%. 因此它们的需求对价格的弹性分别为

$$\eta_1(100)=-\frac{\Delta Q_1}{Q_1}\bigg/\frac{\Delta P_1}{P_1}=0.75<1$$

$$\eta_2(2)=-\frac{\Delta Q_2}{Q_2}\bigg/\frac{\Delta P_2}{P_2}=1.2>1$$

因此篮球提价可使收益增加，乒乓球提价使收益减少.

例 5　设某商品需求函数为

$$Q=f(P)=12-\frac{P}{2}$$

(1) 求需求弹性函数；

(2) 求当 $P=6$ 时的需求弹性；

(3) 当 $P=6$ 时，若价格上涨 1%，则总收益增加还是减少？将变化百分之几？

(4) 当 P 为何值时，总收益最大？最大的总收益是多少？

解　(1)
$$\eta(P)=\frac{1}{2}\frac{P}{12-\dfrac{P}{2}}=\frac{P}{24-P}$$

(2)
$$\eta(6)=\frac{1}{3}$$

(3) 因为 $\eta(6)=\dfrac{1}{3}<1$，所以价格上涨 1%，总收益增加. 由总收益的弹性即可求得这时总收益增加的百分比.

R 的弹性：

$$\left.\frac{ER}{EP}\right|_{P=6}=R'(6)\frac{6}{R(6)}=\frac{2}{3}\approx 0.67$$

即当 $P=6$ 时，价格上涨 1%，总收益约增加 0.67%.

(4) $$R'=f(P)[1-\eta(P)]=12-P$$

令 $R'=0$，得 $P=12$，这时 $R(P)=72$. 所以，当 $P=12$ 时总收益最大，且最大总收益为 72.

二、征税的学问

工厂想赚钱，政府要征税，一个怎样的单位税额（单位产品的税收金额）才能使双方都受益？假设工厂以追求最大利润为目标而控制它的产量 q，政府对其产品征税的单位税额为 t，政府要确定一个适当的单位税额，使征税收益达到最大.

现已知工厂的总收益函数和总成本函数分别为 $R=R(q)$，$C=C(q)$. 由于每单位产品要纳税 t，故纳税后的总成本函数是

$$C_t=C(q)+tq$$

利润函数是

$$L_t=R(q)-C_t(q)=R(q)-C(q)-tq$$

令 $\frac{\mathrm{d}L_t}{\mathrm{d}q}=0$，有 $\frac{\mathrm{d}R}{\mathrm{d}q}=\frac{\mathrm{d}C}{\mathrm{d}q}+t$. 这就是在纳税情况下获得最大利润的必要条件.

政府征税得到的总收益是 $T=tq$. 显然，总收益 T 不仅与产量 q 有关，而且与单位税额 t 有关，当单位税额 $t=0$ 时（即免税），$T=0$；随着单位税额的增加，产品的价格也提高. 需求量就会降低. 当单位税额 t 增大到使产品失去市场时，这时 $q=0$，从而也有 $T=0$. 因此，为了使征税收益最大，就必须恰当地选取 t. 我们可以利用一元函数的极值来解决此问题. 下面看一个实例.

例 6 厂商的总收益函数和总成本函数分别为

$$R=30q-3q^2,\quad C=q^2+2q+2$$

厂商追求最大利润，政府对产品征税，求(1)征税收益的最大值及此时的单位税额 t；(2)厂商纳税前后的最大利润及价格.

解 (1) 由纳税后获得最大利润的必要条件，得

$$30-6q=2q+2+t$$

故 $q_t=\frac{1}{8}(28-t)$，根据实际问题的判断，q_t 就是纳税后厂商获得最大利

润的产出水平.于是,这时的征税收益函数

$$T = tq_t = \frac{1}{8}(28t - t^2)$$

要使税收 T 取最大值,令 $\frac{\mathrm{d}T}{\mathrm{d}t} = 0$,得

$$\frac{1}{8}(28 - 2t) = 0, \quad 即\ t = 14$$

根据问题的实际意义可以断定必有最大值.现在 $\frac{\mathrm{d}T}{\mathrm{d}t} = 0$ 只有唯一的根,所以当单位税额 $t = 14$ 时,T 的值最大.这时的产出水平 $q_t = \frac{1}{8}(28 - 14) = 1.75$,最大征税收益为

$$T = tq_t = 14 \times 1.75 = 24.5$$

(2) 容易算得纳税前,当产出水平 $q = 3.5$ 时,可获得最大利润 $L = 47$.此时价格 $p = 19.5$,将 $q_t = 1.75$,$t = 14$ 代入纳税后的利润函数

$$L_t = R(q) - C_t(q) = -4q^2 + (28 - t)q - 2$$

可得最大利润为 $L = 10.25$.而此时产品的价格

$$p = \left.\frac{R(q)}{q}\right|_{q=1.75} = 30 - 3q\Big|_{q=1.75} = 24.75$$

可见,因产品纳税,产出水平由 3.5 下降到 1.75,价格由 19.5 上升到 24.75,最大利润由 47 下降到 10.25.

三、接受能力与讲授时间的关系

通过研究一组学生的学习行为,心理学家发现接受能力(即学生掌握一个概念的能力)依赖于在概念引入之前老师提出和描述问题所用的时间.讲座开始时,学生的兴趣激增,但随着时间的延长,学生的注意力开始分散,分析结果表明,学生掌握概念的能力由下式给出:

$$G(x) = -0.1x^2 + 2.6x + 43$$

其中 $G(x)$ 是接受能力的一种度量,x 是提出概念所用的时间(单位:min).

(1) 当 x 为何值时,学生接受能力增强(降低)?

(2) 在第 10 min 时,学生的兴趣是否仍在增长?

(3) 最难的概念应该在何时讲授?

(4) 一个概念需要 55 的接受能力,它适于对这组学生讲授吗?

解 (1)

$$G'(x) = -0.2x + 2.6$$

令 $G'(x)=0$,则 $x=13$. 当 $x<13$ 时,$G'(x)>0$,$G(x)$单调增加;当 $x>13$ 时,$G'(x)<0$,$G(x)$单调减少,所以当提出概念的时间小于 13 min 时,接受能力增强. 当提出概念所用的时间大于 13 min 时,接受能力降低.

(2) $x=10\in[0,13]$,$G(x)$单调增加,学生的兴趣在增长.

(3) 因为 $G''(x)=-0.2<0$,所以 $G''(13)<0$,因此 $G(x)$在 $x=13$ 时取极大值,故最难的概念应该在提出问题的第 13 min 时讲授.

(4) 因为 $G(13)=59.9>55$,即最大接受能力 59.9 大于 55,所以可以对这组学生讲授该概念.

四、您的书写吊灯应该挂多高

一个灯泡悬吊在半径为 r 的圆桌的正上方,桌上任一点受到的照度与光线的入射角的余弦成正比(入射角是光线与桌面的垂直线之间的夹角),而与光源的距离平方成反比. 欲使桌子的边缘得到最强的照度,问灯泡应挂在桌面上方多高?

解 如图 5-14 所示,在桌子边缘处的照度

$$A=k\cdot\frac{\cos\theta}{R^2}$$

其中 k 为比例常数,R 为灯到桌子边缘的距离.

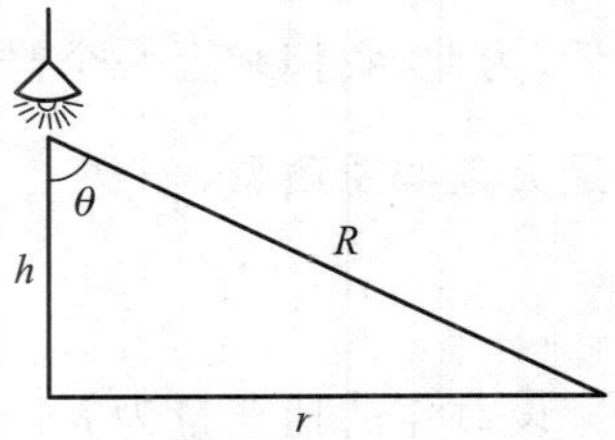

图 5-14

设 h 为灯到桌面的垂直距离,则

$$R^2=r^2+h^2$$

$$\cos\theta=\frac{h}{R}=\frac{h}{\sqrt{r^2+h^2}}$$

所以

$$A=k\cdot\frac{h}{(r^2+h^2)^{3/2}}$$

对 h 求导,

$$A'=k\,\frac{(r^2+h^2)^{3/2}-h\cdot\frac{3}{2}(r^2+h^2)^{1/2}\cdot 2h}{(r^2+h^2)^3}=0$$

即 $r^2+h^2-3h^2=0$,得 $h=\frac{\sqrt{2}}{2}r$,容易验证此时 A 取最大值.

做了这道题后,当您在晚上阅读或书写时,是否考虑设计一下您的书

写灯的位置,使您在工作时能得到最佳的照度?

三、鱼群的适度捕捞

鱼群是一种可再生的资源.若目前鱼群的总质量为 x kg,经过一年的成长与繁殖,第二年鱼群的总质量变为 y kg,反映 x 与 y 之间相互关系的曲线称为再生产曲线,记为 $y=f(x)$.

现设鱼群的再生产曲线为 $y=rx\left(1-\frac{x}{N}\right)(r>1)$,为保证鱼群的总质量维持稳定,在捕鱼时必须注意适度捕捞.问鱼群的总质量控制在多大时,才能使我们获取最大的持续捕获量?

解 首先,我们对再生产曲线 $y=rx\left(1-\frac{x}{N}\right)$ 的实际意义作简略解释.r 是鱼群的自然增长率,一般可以认为 $y=rx$.但是,由于自然资源的限制,当鱼群的总质量过大时,其生长环境就会恶化,导致鱼群的增长率降低.为此,我们乘上一个修正因子 $1-\frac{x}{N}$,其中 N 是自然环境所能负荷的最大鱼群总质量,于是

$$y=rx\left(1-\frac{x}{N}\right)$$

设每年的捕获量为 $h(x)$,则第二年的鱼群总质量为

$$y=rx\left(1-\frac{x}{N}\right)-h(x)$$

要限制鱼群总质量保持在某一数值 x,则

$$x=rx\left(1-\frac{x}{N}\right)-h(x)$$

故

$$h(x)=rx\left(1-\frac{x}{N}\right)-x=(r-1)x-\frac{r}{N}x^2$$

现求 $h(x)$ 的极大值:

$$h'(x)=(r-1)-\frac{2r}{N}x=0$$

解得 $h(x)$ 的驻点 $x_0=\frac{(r-1)N}{2r}$,由于 $h''(x_0)=-\frac{2r}{N}<0$,所以 $x_0=\frac{(r-1)}{2r}N$ 是 $h(x)$ 的极大值点.

因此,鱼群规模控制在 $x_0=\frac{(r-1)}{2r}N$ 时,可以使我们获得最大的持续捕获量 $h(x_0)=\frac{(r-1)^2N}{4r}$.

思考题:某鱼塘最多可养鱼 100 000 kg,根据经验知鱼群年自然增长率为 4%,计算每年的合理捕获量.

习题 5.7

1. 设某商店以每件 100 元的进价购进一批衬衫,并设此种商品的需求函数为 $Q=800-2P$(其中 Q 为需求量,单位为件,P 为销售价格,单位为元),问该商店应将售价定为多少元售出,才能获得最大利润? 最大利润是多少?

2. 对某工厂的上午班工人工作效率的研究表明,一个中等水平的工人早上 8∶00 开始工作,在 t 小时后,生产出 $Q(t)=-t^3+9t^2+12t$ 个产品,问在早上几点钟这个工人工作效率最高?

3. 现在要求设计一张单栏的竖向张贴的海报,它的印刷面积 12 800 cm^2,上下各留空白 20 cm 左右,两边各留空白 10 cm,如何确定海报尺寸可使四周空白面积为最小?

第六章　一元函数的积分及其应用

16 世纪末到 17 世纪，随着开普勒（Kepler，1571—1630）行星运动三定律的提出、伽利略（Galileo，1564—1642）自由落体运动定律的建立、天文望远镜的发明、枪炮的发明和使用等一系列重大事件的发生，力学和天文学等基础学科急需数学学科的支持. 对物体的运动速度、切线的斜率和极值问题的研究产生了导数和微分，构成了微分学. 实际上，积分学的萌芽比微分学早得多，促成定积分概念形成的是对求曲线的长度、平面区域的面积、立体的体积等相关问题的研究和解决. 比如，中国古代数学家刘徽用割圆术成功推算出圆周率的近似值，古希腊数学家阿基米德利用穷竭法计算弓形的面积. 直到 17 世纪中叶，牛顿（Newton，1643—1727）从运动的角度、莱布尼茨（Leibniz，1646—1716）从代数分析的角度，分别独立地发现了积分学和微分学及揭示积分与微分之间内在联系的微积分基本定理，并给出了计算积分的一般方法，使得微积分成为解决实际问题的有力工具，微积分学的完整的理论体系至此才真正得以建立.

积分学是高等数学的重要内容，它包括一元函数的积分和多元函数的积分. 本章介绍一元函数的积分及其应用.

6.1　定积分概念

定积分是微积分学中最重要的基本概念之一，它有着极其广泛的应用背景. 我们先分别从几何上和物理上考察两个实例，然后再进行概念的叙述和讨论.

一、引例

1. 曲边梯形的面积

设函数 $y=f(x)$ 在区间 $[a,b]$ 上连续，且 $f(x)\geqslant 0$，称由曲线 $y=$

$f(x)$，直线 $x=a$，$x=b$ 及 x 轴围成的平面图形为**曲边梯形**（如图 6-1 所示），其中曲线弧和区间$[a,b]$分别称为此曲边梯形的曲边和底. 现求此曲边梯形的面积 S.

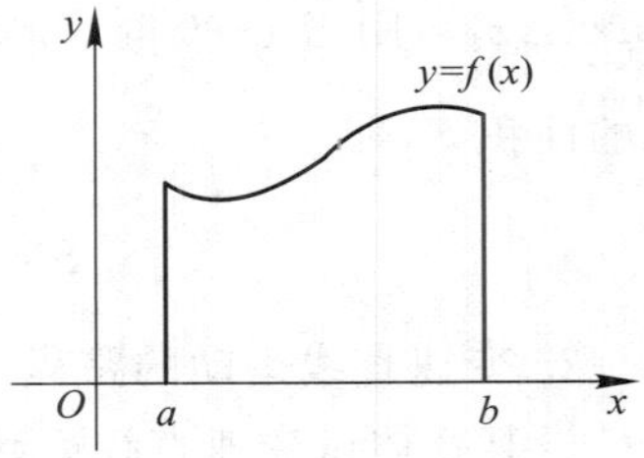

图 6-1

在图 6-1 中，如果曲线 $y=f(x)$ 为一条平行于 x 轴的直线，这时曲边梯形就变成了矩形，它的高在底边$[a,b]$上各点都保持不变，面积可按下式计算：

矩形面积＝底×高

而如果曲线 $y=f(x)$ 不是一条平行于 x 轴的直线，则曲边梯形在$[a,b]$上各点的高度 $f(x)$ 是变化的，因此不能直接用矩形面积公式来计算曲边梯形的面积. 然而，由于 $f(x)$ 在$[a,b]$上是连续变化的，在很小一段区间上，它的变化不会很大，因此，如果把区间$[a,b]$划分成若干个小区间，在每个小区间上用其中某一点处的高来近似代替该小区间上的小曲边梯形的变高，那么每个小曲边梯形就可以近似地看成一个小矩形，用所有这些小矩形面积之和作为曲边梯形面积的近似值，当区间$[a,b]$被无限细分时，即每个小区间的长度都趋于零时，这些小矩形面积之和的极限就可定义为所要求的曲边梯形的面积. 这样也给出了计算曲边梯形面积 S 的方法：

(1) 划分　用分点 $a=x_0<x_1<\cdots<x_{n-1}<x_n=b$ 将区间$[a,b]$分成 n 个小区间$[x_0,x_1]$，$[x_1,x_2]$，…，$[x_{n-1},x_n]$，每个小区间$[x_{i-1},x_i]$的长度为 $\Delta x_i=x_i-x_{i-1}\quad(i=1,2,\cdots,n)$，过各分点作平行于 y 轴的直线，把曲边梯形分成 n 个小曲边梯形（如图 6-2 所示），以区间$[x_{i-1},x_i]$为底的小曲边梯形的面积记为 $\Delta S_i(i=1,2,\cdots,n)$.

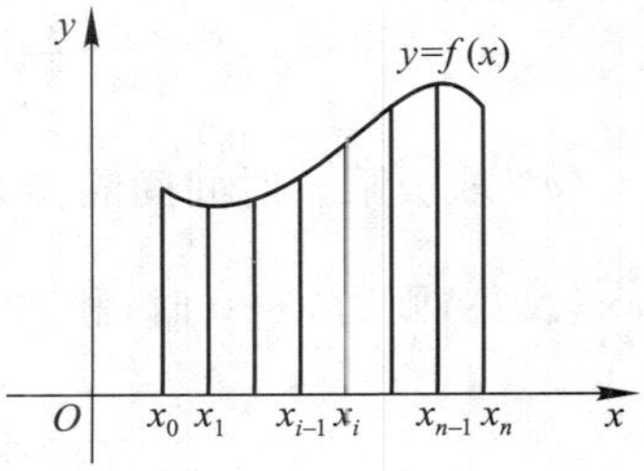

图 6-2

(2) 近似代替　在每个小区间$[x_{i-1},x_i]$上任取一点 $\xi_i(i=1,2,\cdots,n)$，作以$[x_{i-1},x_i]$为底，以 $f(\xi_i)$ 为高的小矩形，用其面积 $f(\xi_i)\Delta x_i$ 近似代替同底小曲边梯形的面积 ΔS_i，即

$$\Delta S_i\approx f(\xi_i)\Delta x_i\quad(i=1,2,\cdots,n)$$

(3) 求和　求所有小矩形面积之和，就得到曲边梯形面积的近似值，即

$$S=\sum_{i=1}^{n}\Delta S_i\approx\sum_{i=1}^{n}f(\xi_i)\Delta x_i$$

(4) 取极限　$[a,b]$被分得越细，上式的近似程度就越高，当所有的$\Delta x_i \to 0$时，和式$\sum\limits_{i=1}^{n} f(\xi_i)\Delta x_i$的极限就是曲边梯形的面积$S$. 若记$\lambda = \max\limits_{1 \leqslant i \leqslant n}\{\Delta x_i\}$，则当$\lambda \to 0$时，和式$\sum\limits_{i=1}^{n} f(\xi_i)\Delta x_i$的极限就是所要求的曲边梯形的面积$S$，即

$$S = \lim_{\lambda \to 0}\sum_{i=1}^{n} f(\xi_i)\Delta x_i$$

2. 变速直线运动的路程

设某物体做变速直线运动，已知其速度$v = v(t)$是时间间隔$[a,b]$上的连续函数，且$v(t) > 0$，求在这段时间里物体所经过的路程s.

对于匀速直线运动，即$v(t)$为常数，我们有公式：

路程＝速度×时间

但现在速度不是常量而是随时间t变化的变量，因此不能用上述公式计算路程.

由于速度是连续变化的，在很短的一段时间内$v(t)$变化不会很大，可以近似看作匀速，而且时间间隔越短，这种近似的程度越高. 因此，可用与上例完全类似的方法来计算变速直线运动的路程，即

(1) 划分　将时间间隔$[a,b]$用分点$a = t_0 < t_1 < \cdots < t_n = b$分成$n$个小区间$[t_{i-1}, t_i]$，并记$\Delta t_i = t_i - t_{i-1}\ (i = 1, 2, \cdots, n)$，用$\Delta s_i$表示物体在第$i$个时间间隔$[t_{i-1}, t_i]$内所走的路程.

(2) 近似代替　在每个时间间隔$[t_{i-1}, t_i]$内任取一时刻ξ_i，以ξ_i时刻的速度$v(\xi_i)$近似代替时间间隔$[t_{i-1}, t_i]$内每个时刻的速度，则

$$\Delta s_i \approx v(\xi_i)\Delta t_i \quad (i = 1, 2, \cdots, n)$$

(3) 求和　将各个近似值相加，得到总路程s的近似值，即

$$s = \sum_{i=1}^{n}\Delta s_i \approx \sum_{i=1}^{n} v(\xi_i)\Delta t_i$$

(4) 取极限　时间间隔$[a,b]$分得越细，上述近似值就越精确，记$\lambda = \max\limits_{1 \leqslant i \leqslant n}\{\Delta t_i\}$，则当$\lambda \to 0$时，和式$\sum\limits_{i=1}^{n} v(\xi_i)\Delta t_i$的极限就是所求路程$s$，即

$$s = \lim_{\lambda \to 0}\sum_{i=1}^{n} v(\xi_i)\Delta t_i$$

二、定积分的概念

上述两个例子虽然具有不同的实际意义，但解决问题的思想和方法

却完全相同，都是按“划分、近似代替、求和、取极限”的方法，将所求的量归结为一个结构相同的和式极限. 许多实际问题也都可以用这种数学处理方法进行解决，因此撇开它们的具体内容，对其共性加以概括和抽象，就可以得到下面的定积分定义.

定义 设函数 $f(x)$ 在区间 $[a,b]$ 上有定义，任意用分点 $a=x_0<x_1<x_2<\cdots<x_{n-1}<x_n=b$ 将区间 $[a,b]$ 划分成 n 个小区间 $[x_{i-1},x_i]$，且每个小区间的长度为 $\Delta x_i=x_i-x_{i-1}(i=1,2,\cdots,n)$，在每个小区间 $[x_{i-1},x_i]$ 上任取一点 $\xi_i(x_{i-1}\leqslant\xi_i\leqslant x_i)$，作和式 $\sum\limits_{i=1}^{n}f(\xi_i)\Delta x_i$，记 $\lambda=\max\limits_{1\leqslant i\leqslant n}\{\Delta x_i\}$，如果不论对 $[a,b]$ 怎样划分也不论 ξ_i 怎样选取，只要当 $\lambda\to0$ 时，上述和式总趋于相同的极限，则称函数 $f(x)$ 在区间 $[a,b]$ 上**可积**，并称此极限值为 $f(x)$ 在区间 $[a,b]$ 上的**定积分**(definite integral)，或简称积分，记作 $\int_a^b f(x)\mathrm{d}x$，即

$$\int_a^b f(x)\mathrm{d}x=\lim_{\lambda\to0}\sum_{i=1}^{n}f(\xi_i)\Delta x_i$$

其中 $f(x)$ 称为**被积函数**，$f(x)\mathrm{d}x$ 称为**被积表达式**，x 称为**积分变量**，记号“$\int$”称为**积分号**，区间 $[a,b]$ 称为**积分区间**，a 与 b 分别称为**积分下限与积分上限**，和式 $\sum\limits_{i=1}^{n}f(\xi_i)\Delta x_i$ 称为 $f(x)$ 的**积分和**. 上述定义的积分又称**黎曼**(Riemann)**积分**，其中的积分和又称**黎曼和**. 积分记号“$\int$”是由莱布尼茨引进的，是英文 sum(和、总数)的第一个字母 s 的拉长，由于积分定义中涉及求和，因此这个记号的引进是很形象的.

关于定积分的定义，需要说明以下几点：

1° 定积分 $\int_a^b f(x)\mathrm{d}x$ 作为和式的极限，是一个确定的数值，这个数值与被积函数 $f(x)$ 以及积分区间 $[a,b]$ 有关，而与积分变量所用的字母无关，即

$$\int_a^b f(x)\mathrm{d}x=\int_a^b f(t)\mathrm{d}t=\int_a^b f(u)\mathrm{d}u$$

2° 在定积分定义中，曾假定 $a<b$，如果 $a\geqslant b$，则做如下补充规定：

当 $a>b$ 时，$\int_a^b f(x)\mathrm{d}x=-\int_b^a f(x)\mathrm{d}x$；

当 $a=b$ 时，$\int_a^a f(x)\mathrm{d}x=0$.

3° 函数 $f(x)$在$[a,b]$上可积，是指不论对区间$[a,b]$怎样划分及点 ξ_i 怎样选取，当 $\lambda\to 0$ 时，和式 $\sum_{i=1}^{n} f(\xi_i)\Delta x_i$ 的极限都存在且极限值相同，如果该极限不存在，则称函数 $f(x)$在$[a,b]$上不可积.

4° 若函数 $f(x)$在$[a,b]$上可积，则 $f(x)$在$[a,b]$上有界，还可以证明，如果函数 $f(x)$在区间$[a,b]$上连续或在$[a,b]$上有界且只有有限个间断点，则 $f(x)$在$[a,b]$上可积.

三、定积分的几何意义

对照定积分的定义，回顾前面的两个引例，容易发现，当 $f(x)\geqslant 0$ 时，定积分 $\int_a^b f(x)\mathrm{d}x$ 在几何上表示由曲线 $y=f(x)$，直线 $x=a$，$x=b$ 及 x 轴所围成的曲边梯形的面积；当 $f(x)\leqslant 0$ 时，定积分 $\int_a^b f(x)\mathrm{d}x$ 就表示由曲线 $y=f(x)$，直线 $x=a$，$x=b$ 及 x 轴所围成的曲边梯形面积的负值；如果 $f(x)$在$[a,b]$上的值有正有负时，则定积分 $\int_a^b f(x)\mathrm{d}x$ 在几何上就表示由曲线 $y=f(x)$，直线 $x=a$，$x=b$ 及 x 轴所围成的图形面积的代数和（如图 6－3 所示）.

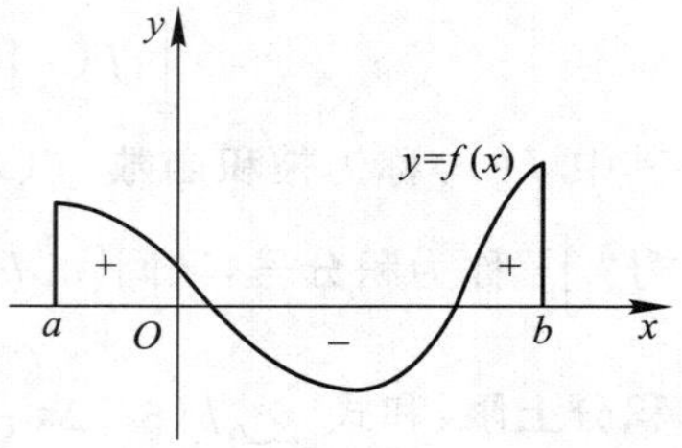

图 6－3

四、定积分的基本性质

定积分有以下基本性质. 在下面的讨论中，假定函数在所讨论的区间上都是可积的.

性质 1　被积函数的常数因子可以提到积分号外面，即

$$\int_a^b kf(x)\mathrm{d}x = k\int_a^b f(x)\mathrm{d}x \quad (k\text{ 是常数})$$

证

$$\int_a^b kf(x)\mathrm{d}x = \lim_{\lambda\to 0}\sum_{i=1}^{n} kf(\xi_i)\Delta x_i = k\lim_{\lambda\to 0}\sum_{i=1}^{n} f(\xi_i)\Delta x_i = k\int_a^b f(x)\mathrm{d}x$$

类似地可以证明

性质 2　函数的和（差）的定积分等于它们的定积分的和（差），即

$$\int_a^b [f(x)\pm g(x)]\mathrm{d}x = \int_a^b f(x)\mathrm{d}x \pm \int_a^b g(x)\mathrm{d}x$$

性质 2 可推广到有限个函数代数和的情形.

性质 3 对于任意三个数 a,b,c,恒有

$$\int_a^b f(x)\mathrm{d}x=\int_a^c f(x)\mathrm{d}x+\int_c^b f(x)\mathrm{d}x$$

证 当 $a<c<b$ 时,因为若定积分存在,积分和的极限与区间的分法无关,因此作 $f(x)$ 的积分和时,可以始终以 c 作为一个分点,那么 $f(x)$ 在 $[a,b]$ 上的积分和等于 $f(x)$ 在 $[a,c]$ 上的积分和加上 $f(x)$ 在 $[c,b]$ 上的积分和,记为

$$\sum_{[a,b]} f(\xi_i)\Delta x_i=\sum_{[a,c]} f(\xi_i)\Delta x_i+\sum_{[c,b]} f(\xi_i)\Delta x_i$$

令 $\lambda\to 0$,上式两端同时取极限即得

$$\int_a^b f(x)\mathrm{d}x=\int_a^c f(x)\mathrm{d}x+\int_c^b f(x)\mathrm{d}x$$

利用定积分定义的补充规定,不论 a,b,c 的相对位置如何,性质 3 恒成立.

例如 $a<b<c$,由上述推导,有

$$\begin{aligned}\int_a^c f(x)\mathrm{d}x&=\int_a^b f(x)\mathrm{d}x+\int_b^c f(x)\mathrm{d}x\\&=\int_a^b f(x)\mathrm{d}x-\int_c^b f(x)\mathrm{d}x\end{aligned}$$

移项得

$$\int_a^b f(x)\mathrm{d}x=\int_a^c f(x)\mathrm{d}x+\int_c^b f(x)\mathrm{d}x$$

这个性质表明定积分对于积分区间是具有可加性的.

性质 4 如果在 $[a,b]$ 上,$f(x)\geqslant 0$,则 $\int_a^b f(x)\mathrm{d}x\geqslant 0$.

证 因为 $f(x)\geqslant 0$,所以 $f(\xi_i)\geqslant 0\ (i=1,2,\cdots,n)$,又由于 $\Delta x_i>0$,所以 $\sum\limits_{i=1}^{n} f(\xi_i)\Delta x_i\geqslant 0$,因此

$$\int_a^b f(x)\mathrm{d}x=\lim_{\lambda\to 0}\sum_{i=1}^{n} f(\xi_i)\Delta x_i\geqslant 0$$

推论 1 如果在 $[a,b]$ 上,$f(x)\leqslant g(x)$,则

$$\int_a^b f(x)\mathrm{d}x\leqslant\int_a^b g(x)\mathrm{d}x$$

证 因为在 $[a,b]$ 上,$g(x)-f(x)\geqslant 0$,由性质 4 知

$$\int_a^b [g(x)-f(x)]\mathrm{d}x\geqslant 0$$

再利用性质 2,得 $\int_a^b g(x)\mathrm{d}x - \int_a^b f(x)\mathrm{d}x \geqslant 0$,所以

$$\int_a^b f(x)\mathrm{d}x \leqslant \int_a^b g(x)\mathrm{d}x$$

推论 2　$\left|\int_a^b f(x)\mathrm{d}x\right| \leqslant \int_a^b |f(x)|\mathrm{d}x \quad (a<b).$

性质 5　如果在$[a,b]$上,$f(x)\equiv 1$,则

$$\int_a^b 1\mathrm{d}x = \int_a^b \mathrm{d}x = b-a$$

证

$$\int_a^b 1\mathrm{d}x = \lim_{\lambda\to 0}\sum_{i=1}^{n}\Delta x_i = b-a$$

性质 6　设 M,m 是函数 $f(x)$在$[a,b]$上的最大值与最小值,则

$$m(b-a) \leqslant \int_a^b f(x)\mathrm{d}x \leqslant M(b-a)$$

证　因为 $m\leqslant f(x)\leqslant M$,由性质 4 的推论 1 得

$$\int_a^b m\mathrm{d}x \leqslant \int_a^b f(x)\mathrm{d}x \leqslant \int_a^b M\mathrm{d}x$$

再由性质 1 及性质 5 得

$$m(b-a) \leqslant \int_a^b f(x)\mathrm{d}x \leqslant M(b-a)$$

性质 7(定积分中值定理)　设函数 $f(x)$在$[a,b]$上连续,则在$[a,b]$上至少存在一点 ξ,使下式成立:

$$\int_a^b f(x)\mathrm{d}x = f(\xi)(b-a) \quad (a\leqslant\xi\leqslant b)$$

这个公式叫做积分中值公式.

证　因为 $f(x)$在$[a,b]$上连续,所以 $f(x)$在$[a,b]$上有最小值 m 和最大值 M,即 $m\leqslant f(x)\leqslant M, x\in[a,b]$. 由性质 6 可得

$$m(b-a) \leqslant \int_a^b f(x)\mathrm{d}x \leqslant M(b-a)$$

不等式两端同除以 $b-a>0$,得

$$m \leqslant \frac{1}{b-a}\int_a^b f(x)\mathrm{d}x \leqslant M$$

这表明,数值 $\frac{1}{b-a}\int_a^b f(x)\mathrm{d}x$ 介于函数 $f(x)$在$[a,b]$上的最小值 m 与最大值 M 之间,由闭区间上连续函数的性质可知,在$[a,b]$上至少存在一点 ξ,使得

$$f(\xi) = \frac{1}{b-a}\int_a^b f(x)\mathrm{d}x$$

即

$$\int_a^b f(x)\mathrm{d}x=f(\xi)(b-a)\quad(a\leqslant\xi\leqslant b)$$

积分中值公式的几何意义是：在区间$[a,b]$上至少存在一点ξ，使得此闭区间上以曲线$y=f(x)$为曲边的曲边梯形的面积，等于底边相同而高为$f(\xi)$的一个矩形的面积(如图6-4所示).

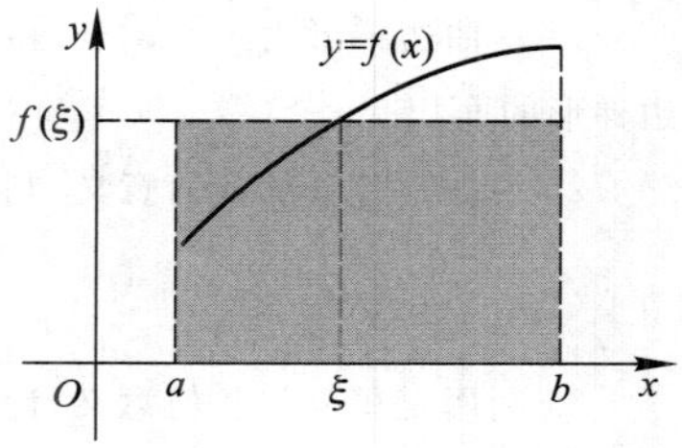

图6-4

例1 利用定积分定义计算$\int_0^1 x\,\mathrm{d}x$.

解 由于$f(x)=x$在$[0,1]$上连续，故定积分存在. 将区间$[0,1]$ n等分，分点为$x_i=\frac{i}{n}$ $(i=0,1,2,\cdots,n)$. 这时$\Delta x_i=\frac{1}{n}$，取ξ_i为小区间$[x_{i-1},x_i]$的右端点，即$\xi_i=\frac{i}{n}$ $(i=1,2,\cdots,n)$. 于是积分和

$$\sum_{i=1}^{n}f(\xi_i)\Delta x_i=\sum_{i=1}^{n}\frac{i}{n}\cdot\frac{1}{n}=\frac{1}{n^2}\sum_{i=1}^{n}i$$

$$=\frac{1}{n^2}\cdot\frac{n(n+1)}{2}=\frac{n+1}{2n}$$

由于$\Delta x_i=\frac{1}{n}$，所以$\lambda=\frac{1}{n}$，当$\lambda\to0$时，$n\to\infty$，取极限有

$$\lim_{\lambda\to0}\sum_{i=1}^{n}f(\xi_i)\Delta x_i=\lim_{n\to\infty}\frac{n+1}{2n}=\frac{1}{2}$$

由定积分定义，得$\int_0^1 x\,\mathrm{d}x=\frac{1}{2}$.

例2 估计定积分$\int_{-1}^{1}\mathrm{e}^{-x^2}\mathrm{d}x$的取值范围.

解 先求$f(x)=\mathrm{e}^{-x^2}$在$[-1,1]$上的最大值与最小值. 由$f'(x)=-2x\mathrm{e}^{-x^2}$，令$f'(x)=0$，得驻点$x=0$，比较函数在驻点及区间端点处的函数值：$f(0)=1$，$f(\pm1)=\mathrm{e}^{-1}=\frac{1}{\mathrm{e}}$，故在$[-1,1]$上，$f(x)=\mathrm{e}^{-x^2}$的最大值$M=f(0)=1$，最小值$m=f(\pm1)=\frac{1}{\mathrm{e}}$，于是

$$\frac{1}{\mathrm{e}}[1-(-1)]\leqslant\int_{-1}^{1}\mathrm{e}^{-x^2}\mathrm{d}x\leqslant1\cdot[1-(-1)]$$

即

$$\frac{2}{\mathrm{e}} \leqslant \int_{-1}^{1} \mathrm{e}^{-x^2} \mathrm{d}x \leqslant 2$$

习题 6.1

1. 一曲边梯形由 $y=x^2+1$, x 轴及 $x=-1$, $x=2$ 所围成，试用定积分表示该曲边梯形的面积.

2. 根据定积分的几何意义，判断下列定积分的正负：

(1) $\int_0^{\frac{\pi}{2}} \sin x \mathrm{d}x$； (2) $\int_{-1}^{2} x \mathrm{d}x$.

3. 利用定积分的几何意义，计算：

(1) $\int_0^1 2x \mathrm{d}x$； (2) $\int_0^a \sqrt{a^2-x^2} \mathrm{d}x \quad (a>0)$.

4. 用定积分表示下列和式极限：

(1) $\lim\limits_{n\to\infty}\left[\frac{n}{(n+1)^2}+\frac{n}{(n+2)^2}+\cdots+\frac{n}{(n+n)^2}\right]$；

(2) $\lim\limits_{n\to\infty}\frac{1}{n}\left(\sqrt{1+\frac{1}{n}}+\sqrt{1+\frac{2}{n}}+\cdots+\sqrt{1+\frac{n}{n}}\right)$.

5. 比较定积分的大小：

(1) $\int_0^1 x^2 \mathrm{d}x$ 与 $\int_0^1 x^3 \mathrm{d}x$； (2) $\int_3^4 \ln x \mathrm{d}x$ 与 $\int_3^4 (\ln x)^3 \mathrm{d}x$.

6. 估计下列定积分的值：

(1) $\int_1^4 (x^2+1) \mathrm{d}x$； (2) $\int_0^2 \mathrm{e}^{x^2-x} \mathrm{d}x$.

6.2 微积分基本定理

从 6.1 的例 1 可以看出，利用定积分定义计算定积分是相当困难的，有时甚至是不可能的. 因此，寻求计算定积分的简便方法成为积分学的重要问题，而简化定积分计算的关键在于搞清微分与积分之间的内在联系. 为此，我们介绍微积分基本定理.

一、微积分第一基本定理

为了揭示微分与积分之间的内在联系，我们首先引入积分上限函数的概念.

1. 积分上限函数

设函数 $f(x)$在区间$[a,b]$上可积，x 为$[a,b]$上任意一点，则定积分 $\int_a^x f(x)\mathrm{d}x$ 存在，它的值依赖于上限 x，当 x 在$[a,b]$上任意变动时，它定义了一个函数，称为**积分上限函数**，记为 $\varphi(x)$. 因定积分与积分变量用什么字母表示无关，为使函数变量与积分变量不混淆，可将积分变量用 t 表示，从而

$$\varphi(x)=\int_a^x f(t)\mathrm{d}t \quad (a\leqslant x\leqslant b) \tag{1}$$

需要指出的是，积分上限函数是表示函数关系的一种方法，用这种方法表示的函数在物理学、化学、统计学等领域有着广泛的应用.

为何要引入积分上限函数 $\varphi(x)$呢？仔细观察，我们可以看到引入 $\varphi(x)$有以下意义：

(1) 根据 $\varphi(x)=\int_a^x f(t)\mathrm{d}t$，可知 $\int_a^b f(x)\mathrm{d}x=\varphi(b)$，这意味着在引入 $\varphi(x)$后，可把定积分 $\int_a^b f(x)\mathrm{d}x$ 的计算转化为函数 $\varphi(x)$在 $x=b$ 处的函数值 $\varphi(b)$的计算.

(2) 既然 $\varphi(x)$是一个定义在$[a,b]$上的函数，我们就可以研究这个函数的性质，而它的性质有可能帮助我们解决定积分 $\int_a^b f(x)\mathrm{d}x=\varphi(b)$的计算问题.

下面我们就来介绍积分上限函数的重要性质，它将揭示微分与积分之间的内在联系.

2. 微积分第一基本定理

定理 1(微积分第一基本定理) 如果函数 $f(x)$在区间$[a,b]$上连续，则积分上限函数 $\varphi(x)=\int_a^x f(t)\mathrm{d}t$ 在$[a,b]$上具有导数，并且

$$\varphi'(x)=\frac{\mathrm{d}}{\mathrm{d}x}\int_a^x f(t)\mathrm{d}t=f(x) \tag{2}$$

证 给 x 以增量 Δx，则函数 $\varphi(x)$有相应增量

$$\begin{aligned}\Delta\varphi(x)&=\varphi(x+\Delta x)-\varphi(x)\\&=\int_a^{x+\Delta x} f(t)\mathrm{d}t-\int_a^x f(t)\mathrm{d}t\\&=\int_x^{x+\Delta x} f(t)\mathrm{d}t\end{aligned}$$

根据定积分中值定理，得

$$\Delta\varphi(x)=\int_x^{x+\Delta x} f(t)\mathrm{d}t=f(\xi)\Delta x$$

其中 ξ 在 x 和 $x+\Delta x$ 之间，用 Δx 除上式两端可得

$$\frac{\Delta\varphi(x)}{\Delta x}=f(\xi)$$

由于 $f(x)$在$[a,b]$上连续，而当 $\Delta x\to 0$ 时，$\xi\to x$，所以

$$\lim_{\Delta x\to 0}\frac{\Delta\varphi(x)}{\Delta x}=\lim_{\Delta x\to 0}f(\xi)=\lim_{\xi\to x}f(\xi)=f(x)$$

即

$$\varphi'(x)=f(x)$$

例 1　求下列函数的导数：

(1) $f(x)=\int_0^x \sin t^2\,\mathrm{d}t$；　　(2) $g(x)=\int_1^{x^4}\frac{\mathrm{e}^t}{t}\mathrm{d}t$；

(3) $\varphi(x)=\int_{x^2}^{x^4}\sqrt{1+t}\,\mathrm{d}t$.

解　(1) 由微积分第一基本定理可得

$$f'(x)=\sin x^2$$

(2) $g(x)$的积分上限 x^4 是关于 x 的一个函数. 若设 $u=x^4$，那么 $g(x)$可看作是由 $h(u)=\int_1^u\frac{\mathrm{e}^t}{t}\mathrm{d}t$ 和 $u=x^4$ 复合而成的. 由复合函数的求导法则，

$$g'(x)=h'(u)(x^4)'=\frac{\mathrm{e}^u}{u}\cdot 4x^3=\frac{4}{x}\mathrm{e}^{x^4}$$

(3) 由定积分的性质可知，

$$\varphi(x)=\int_{x^2}^{x^4}\sqrt{1+t}\,\mathrm{d}t=\int_0^{x^4}\sqrt{1+t}\,\mathrm{d}t-\int_0^{x^2}\sqrt{1+t}\,\mathrm{d}t$$

所以

$$\begin{aligned}\varphi'(x)&=\left(\int_0^{x^4}\sqrt{1+t}\,\mathrm{d}t\right)'-\left(\int_0^{x^2}\sqrt{1+t}\,\mathrm{d}t\right)'\\&=\sqrt{1+x^4}\cdot 4x^3-\sqrt{1+x^2}\cdot 2x\end{aligned}$$

例 2　求极限 $\lim\limits_{x\to 0}\dfrac{\int_0^x t\cos t\,\mathrm{d}t}{x^2}$.

解　这是一个$\frac{0}{0}$型未定式，利用洛必达法则，

$$\lim_{x\to 0}\frac{\int_0^x t\cos t\,\mathrm{d}t}{x^2}=\lim_{x\to 0}\frac{\left(\int_0^x t\cos t\,\mathrm{d}t\right)'}{(x^2)'}=\lim_{x\to 0}\frac{x\cos x}{2x}=\lim_{x\to 0}\frac{1}{2}\cos x=\frac{1}{2}$$

二、原函数与不定积分

在导数与微分中，我们讨论了已知一个可导函数 $f(x)$，如何求其导数 $f'(x)$的问题. 在实际中往往会遇到这样的问题：已知一个函数 $f(x)$，需要求出一个函数 $F(x)$，使得 $F'(x)=f(x)$，这个问题是求导运算的逆问题，这正是积分学的一个基本问题，为此我们介绍原函数和不定积分的概念.

1. 原函数的概念

根据微积分第一基本定理，当 $f(x)$在$[a,b]$上连续时，积分上限函数 $\varphi(x)=\int_a^x f(t)\mathrm{d}t$ 的导数$\varphi'(x)$等于 $f(x)$，这时 $\varphi(x)$就称为 $f(x)$的原函数. 一般地，有下面的原函数定义：

定义 1　设函数 $f(x)$在区间 I 上有定义，如果存在函数 $F(x)$，使得对于每一点 $x\in I$，都有 $F'(x)=f(x)$或 $\mathrm{d}F(x)=f(x)\mathrm{d}x$，则称 $F(x)$为 $f(x)$在区间 I 上的一个原函数，或简称 $F(x)$为 $f(x)$的**原函数**(primitive function).

例如，在$(-\infty,+\infty)$上，$(x^2)'=2x$，所以 x^2 是 $2x$ 在$(-\infty,+\infty)$上的一个原函数.

又如，当 $x>0$ 时，$(\ln x)'=\dfrac{1}{x}$，当 $x<0$ 时，$[\ln(-x)]'=\dfrac{1}{x}$，故 $\ln x$ 是$\dfrac{1}{x}$在区间$(0,+\infty)$上的一个原函数，$\ln(-x)$是$\dfrac{1}{x}$在$(-\infty,0)$上的一个原函数. 或统一地说，$\ln|x|$是$\dfrac{1}{x}$在其连续区间上的原函数.

关于原函数，有以下两个问题需要解决：

(1) 当一个函数具备什么条件时，能保证它的原函数存在？

(2) 如果原函数存在，是否唯一？若不唯一，彼此之间有什么关系？

对于第一个问题，我们不做深入的讨论，在这里只给出一个充分条件：**如果函数 $f(x)$在区间$[a,b]$上连续，那么在此区间上 $f(x)$的原函数一定存在**. 这个充分条件利用微积分第一基本定理即可得证. 事实上，积分上限函数 $\varphi(x)=\int_a^x f(t)\mathrm{d}t$ 就是 $f(x)$在区间$[a,b]$上的一个原函数.

现在来回答第二个问题.

首先，如果 $f(x)$在区间 I 上有原函数 $F(x)$，则对于任意常数 C，因为$[F(x)+C]'=F'(x)=f(x)$，所以 $F(x)+C$ 也是 $f(x)$的原函数，这

说明原函数不唯一，且如果 $f(x)$ 有一个原函数，那么 $f(x)$ 就有无穷多个原函数.

其次，设 $F(x)$ 是 $f(x)$ 在区间 I 上的一个原函数，那么 $F(x)$ 与 $f(x)$ 在区间 I 上的其他原函数之间有何关系？为此，设 $G(x)$ 是 $f(x)$ 在区间 I 上的另一个原函数，于是 $[G(x)-F(x)]'=G'(x)-F'(x)=f(x)-f(x)=0$，由第五章拉格朗日中值定理的推论可知，$G(x)-F(x)=C_0$，或 $G(x)=F(x)+C_0$（C_0 是某个常数），这表明 $G(x)$ 与 $F(x)$ 只差一个常数，也就是说，$f(x)$ 在同一区间上的两个原函数之间只相差一个常数. 因此当 C 为任意常数时，表达式

$$F(x)+C$$

就可表示 $f(x)$ 的任意一个原函数. 换句话说，如果 $F(x)$ 是 $f(x)$ 的一个原函数，则 $F(x)+C$（C 是任意常数）就是 $f(x)$ 的全部原函数或原函数的一般表达式. 由此，可引进不定积分的定义.

2. 不定积分的概念

定义 2　称函数 $f(x)$ 的全部原函数为 $f(x)$ 的**不定积分**(indefinite integral)，记作 $\int f(x)\mathrm{d}x$. 同定积分情形一样，我们把其中的 $f(x)$ 称为**被积函数**，$f(x)\mathrm{d}x$ 称为**被积表达式**，x 称为**积分变量**，记号"$\int$"称为**积分号**.

如果 $F(x)$ 是 $f(x)$ 的一个原函数，则根据不定积分定义，有

$$\int f(x)\mathrm{d}x=F(x)+C \tag{3}$$

其中 C 是任意常数，称为**积分常数**.

由此可知，求 $f(x)$ 的不定积分，实际上只需求出它的一个原函数，再加上任意常数 C 即可. 特别地，由于当 $f(x)$ 在 $[a,b]$ 上连续时，$\varphi(x)=\int_a^x f(t)\mathrm{d}t$ 是 $f(x)$ 在 $[a,b]$ 上的一个原函数，因此

$$\int f(x)\mathrm{d}x=\int_a^x f(t)\mathrm{d}t+C\quad（其中 x\in[a,b]）$$

这就是说，不定积分等于积分上限函数加上一个任意常数. 这个关系式说明了为什么把全部原函数称为"不定积分". 虽然不定积分与定积分所用的记号有相似之处，但需要注意弄清这两个概念的区别：定积分 $\int_a^b f(x)\mathrm{d}x$ 是一个数，而不定积分 $\int f(x)\mathrm{d}x$ 是一个函数族，即 $f(x)$ 的全部原函数，这是完全不同的两个概念.

例 3 求$\int \frac{1}{\sqrt{1-x^2}}\mathrm{d}x$.

解 由于$(\arcsin x)'=\frac{1}{\sqrt{1-x^2}}$,所以 $\arcsin x$ 是$\frac{1}{\sqrt{1-x^2}}$的一个原函数,故

$$\int \frac{1}{\sqrt{1-x^2}}\mathrm{d}x=\arcsin x+C$$

例 4 求$\int \sec^2 x\,\mathrm{d}x$.

解 由于$(\tan x)'=\sec^2 x$,所以 $\tan x$ 是 $\sec^2 x$ 的一个原函数,故

$$\int \sec^2 x\,\mathrm{d}x=\tan x+C$$

不定积分有明显的几何意义,通常称 $f(x)$的一个原函数 $y=F(x)$的图形为 $f(x)$的一条**积分曲线**,既然$\int f(x)\mathrm{d}x$ 表示 $f(x)$的全部原函数,那么它在几何上就表示 $f(x)$的一族积分曲线,即 $y=F(x)+C$(其中 C 为任意常数),称为 $f(x)$的**积分曲线族**. 这些曲线可由曲线 $y=F(x)$沿 y 轴方向上下平移得到(如图 6-5 所示). 在相同的横坐标 x 处,所有积分曲线都有相同的斜率 $f(x)$,因此,在每一条积分曲线上,以 x 为横坐标的点处的切线互相平行.

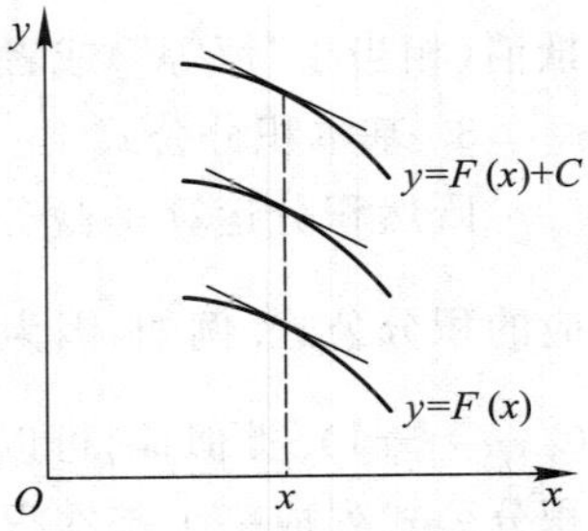

图 6-5

在实际问题中,经常需要求一个满足某特定条件的原函数,此时可先求出不定积分,再由已知的特定条件确定出所要求的那个原函数.

例 5 设曲线通过原点,且其上任一点(x,y)处切线的斜率是这点横坐标平方的 3 倍,求此曲线的方程.

解 设曲线方程为 $y=F(x)$. 由题意,曲线上任一点(x,y)处的斜率为

$$F'(x)=3x^2$$

由于$(x^3)'=3x^2$,故

$$\int 3x^2\mathrm{d}x=x^3+C$$

因此所求曲线为 $y=x^3+C$ 中的一条,又所求曲线过原点,故有 $0=0^3+C$,得 $C=0$. 于是所求曲线方程为

$$y=x^3$$

根据不定积分定义，可知下述关系：

由于 $\int f(x)\mathrm{d}x$ 是 $f(x)$ 的原函数，所以

$$\frac{\mathrm{d}}{\mathrm{d}x}\int f(x)\mathrm{d}x=f(x)$$

或

$$\mathrm{d}\int f(x)\mathrm{d}x=f(x)\mathrm{d}x$$

由于 $F(x)$ 是 $F'(x)$ 的原函数，所以

$$\int F'(x)\mathrm{d}x=F(x)+C$$

或

$$\int \mathrm{d}F(x)=F(x)+C$$

由此可见，微分运算（以记号"d"表示）与求不定积分的运算（简称积分运算，以记号"$\int$"表示）是互逆的，当记号"$\int$"与"d"连在一起时，或者抵消（相当于"恒等"）或者抵消后差一个常数.

3. 基本积分公式

既然积分运算是微分运算的逆运算，则从每个导数公式就可得到相应的积分公式. 例如，因为 $\left(\frac{x^{\mu+1}}{\mu+1}\right)'=x^{\mu}\ (\mu\neq-1)$，所以 $\int x^{\mu}\mathrm{d}x=\frac{x^{\mu+1}}{\mu+1}+C\ (\mu\neq-1)$. 类似地，可以得到其他的积分公式，下面我们把一些基本的积分公式列成一个基本积分表如下：

基本积分表

(1) $\int k\,\mathrm{d}x=kx+C$　(k 为常数)；

(2) $\int x^{\mu}\mathrm{d}x=\frac{x^{\mu+1}}{\mu+1}+C$　$(\mu\neq-1)$；

(3) $\int \frac{1}{x}\mathrm{d}x=\ln|x|+C$；

(4) $\int a^{x}\mathrm{d}x=\frac{a^{x}}{\ln a}+C$　($a>0$ 且 $a\neq1$)；

(5) $\int \mathrm{e}^{x}\mathrm{d}x=\mathrm{e}^{x}+C$；

(6) $\int \cos x \mathrm{d}x = \sin x + C$;

(7) $\int \sin x \mathrm{d}x = -\cos x + C$;

(8) $\int \frac{\mathrm{d}x}{\cos^2 x} = \int \sec^2 x \mathrm{d}x = \tan x + C$;

(9) $\int \frac{\mathrm{d}x}{\sin^2 x} = \int \csc^2 x \mathrm{d}x = -\cot x + C$;

(10) $\int \sec x \tan x \mathrm{d}x = \sec x + C$;

(11) $\int \csc x \cot x \mathrm{d}x = -\csc x + C$;

(12) $\int \frac{\mathrm{d}x}{1+x^2} = \arctan x + C$;

(13) $\int \frac{\mathrm{d}x}{\sqrt{1-x^2}} = \arcsin x + C$.

以上基本积分表是积分运算的基础，必须牢记.

4. 不定积分的性质

根据不定积分的定义，不难证明下列性质：

性质 1 被积函数中的非零常数因子可提到积分号外，即

$$\int kf(x)\mathrm{d}x = k\int f(x)\mathrm{d}x \quad (k \neq 0)$$

性质 2 两个函数代数和的不定积分，等于各个函数不定积分的代数和，即

$$\int [f(x) \pm g(x)]\mathrm{d}x = \int f(x)\mathrm{d}x \pm \int g(x)\mathrm{d}x$$

性质 2 可推广到有限多个函数代数和的情形.

利用基本积分公式及不定积分的性质，可以求出一些较简单的不定积分，关键是将被积函数进行代数或三角恒等变形，化成基本积分表中所列类型的积分，然后求出结果.

例 6 求 $\int \frac{(x-1)^2}{\sqrt{x}}\mathrm{d}x$.

解 $\int \frac{(x-1)^2}{\sqrt{x}}\mathrm{d}x = \int \left(x\sqrt{x} - 2\sqrt{x} + \frac{1}{\sqrt{x}}\right)\mathrm{d}x$

$$= \int x^{\frac{3}{2}}\mathrm{d}x - 2\int x^{\frac{1}{2}}\mathrm{d}x + \int x^{-\frac{1}{2}}\mathrm{d}x$$

$$=\frac{2}{5}x^{\frac{5}{2}}-\frac{4}{3}x^{\frac{3}{2}}+2x^{\frac{1}{2}}+C$$

注意，在分项积分后，每个积分结果中均有一个任意常数，由于任意常数之和仍是任意常数，因此只要总的写出一个任意常数即可.

例 7　求 $\int(2^x-5\cos x)\mathrm{d}x$.

解　$\int(2^x-5\cos x)\mathrm{d}x=\int 2^x\mathrm{d}x-5\int\cos x\mathrm{d}x=\frac{2^x}{\ln 2}-5\sin x+C$

例 8　求 $\int\frac{x^2}{1+x^2}\mathrm{d}x$.

解　
$$\int\frac{x^2}{1+x^2}\mathrm{d}x=\int\frac{x^2+1-1}{1+x^2}\mathrm{d}x=\int\left(1-\frac{1}{1+x^2}\right)\mathrm{d}x$$
$$=\int\mathrm{d}x-\int\frac{\mathrm{d}x}{1+x^2}=x-\arctan x+C$$

例 9　求 $\int\tan^2 x\mathrm{d}x$.

解　
$$\int\tan^2 x\mathrm{d}x=\int(\sec^2 x-1)\mathrm{d}x=\int\sec^2 x\mathrm{d}x-\int\mathrm{d}x$$
$$=\tan x-x+C$$

例 10　求 $\int\sin^2\frac{x}{2}\mathrm{d}x$.

解　
$$\int\sin^2\frac{x}{2}\mathrm{d}x=\int\frac{1-\cos x}{2}\mathrm{d}x=\frac{1}{2}\left(\int\mathrm{d}x-\int\cos x\mathrm{d}x\right)$$
$$=\frac{1}{2}(x-\sin x)+C$$

三、微积分第二基本定理

现在我们根据微积分第一基本定理（定理 1）来证明一个重要结果，它给出了在一定条件下，用原函数（或不定积分）计算定积分的公式，从而解决定积分的计算问题.

定理 2（微积分第二基本定理或牛顿-莱布尼茨公式（Newton-Leibniz formula））　设 $f(x)$ 在区间 $[a,b]$ 上连续，$F(x)$ 是 $f(x)$ 在 $[a,b]$ 上的一个原函数，则

$$\int_a^b f(x)\mathrm{d}x=F(b)-F(a) \tag{4}$$

证　已知 $F(x)$ 是 $f(x)$ 的一个原函数，又因为 $f(x)$ 在区间 $[a,b]$ 上

连续，故由定理 1 知，$\varphi(x)=\int_a^x f(t)\mathrm{d}t$ 也是 $f(x)$的一个原函数. 因而 $\varphi(x)$与 $F(x)$只相差一个常数，即

$$\varphi(x)-F(x)=C \quad (a\leqslant x\leqslant b) \tag{5}$$

其中 C 是某个常数.

在(5)式中令 $x=a$，得 $\varphi(a)-F(a)=C$，注意到 $\varphi(a)=\int_a^a f(t)\mathrm{d}t=0$，因此 $C=-F(a)$.

在(5)式中再令 $x=b$，即得 $\varphi(b)-F(b)=-F(a)$，即

$$\int_a^b f(t)\mathrm{d}t=F(b)-F(a)$$

或

$$\int_a^b f(x)\mathrm{d}x=F(b)-F(a)$$

由 6.1 中关于定积分的补充规定可知，(4)式对于 $a\geqslant b$ 的情形同样适用.

(4)式也称为**牛顿-莱布尼茨公式**. 这个公式揭示了定积分与原函数之间的联系，它表明了一个连续函数在某一区间上的定积分等于它的任何一个原函数在该区间上的增量，这样就把求定积分 $\int_a^b f(x)\mathrm{d}x$ 的问题转化为求被积函数 $f(x)$的原函数(即求不定积分)的问题，从而给定积分提供了一个简便而有效的计算方法. 在计算过程中，为了书写方便，常用记号 $F(x)\big|_a^b$ 或$[F(x)]_a^b$ 表示 $F(b)-F(a)$.

考察一下(4)式的物理意义，对于理解和掌握这个公式是很有帮助的. 设一物体做变速直线运动，时刻 t 时物体所走过的路程为 $s(t)$，速度为 $v(t)$，且 $v(t)$在时间间隔$[a,b]$上连续，则由定积分的概念可知，从时刻 a 到 b，物体所走过的路程 $s=\int_a^b v(t)\mathrm{d}t$；另一方面，这段路程 s 又可表示为 $s(t)$在区间$[a,b]$上的增量：$s=s(b)-s(a)$，由此可得等式：

$$\int_a^b v(t)\mathrm{d}t=s(b)-s(a)$$

由于 $s'(t)=v(t)$，因此 $s(t)$正是 $v(t)$的原函数，即上式恰是牛顿-莱布尼茨公式所表达的关系式.

下面举例说明公式(4)的应用.

例 11 求 $\int_{-1}^2 x^2\mathrm{d}x$.

解 $$\int_{-1}^2 x^2\mathrm{d}x=\left[\frac{x^3}{3}\right]_{-1}^2=\frac{8}{3}-\left(-\frac{1}{3}\right)=3$$

例 12　求 $\int_{-2}^{-1}\frac{\mathrm{d}x}{x}$.

解　当 $x<0$ 时，$\ln|x|$ 是 $\frac{1}{x}$ 的一个原函数，现在积分区间是 $[-2,-1]$，所以按牛顿-莱布尼茨公式，有

$$\int_{-2}^{-1}\frac{\mathrm{d}x}{x}=[\ln|x|]_{-2}^{-1}=\ln 1-\ln 2=-\ln 2$$

本例提醒我们特别注意，公式(4)中的 $F(x)$ 必须是 $f(x)$ 在该积分区间 $[a,b]$ 上的原函数.

例 13　一架飞机以 240 m/s 的速度开始着陆，着陆后又以等加速度 $a=-12\ \mathrm{m/s^2}$ 滑行，问从飞机开始着陆到完全停止走了多少路程？

解　着陆后飞机的速度为 $v(t)=v_0+at=240-12t$，当飞机停止时，速度 $v(t)=0$，从而 $v(t)=240-12t=0$，得 $t=20$ s，于是，飞机在这段时间内走过的路程为：

$$s=\int_0^{20}(240-12t)\mathrm{d}t=[240t-6t^2]_0^{20}=2\ 400(\mathrm{m})$$

即飞机从开始着陆到完全停止走了 2 400 m.

习题 6.2

1. 试求函数 $y=\int_0^x\tan t\mathrm{d}t$ 在 $x=\frac{\pi}{4}$ 时的导数.

2. 计算下列函数的导数：

(1) $\varphi(x)=\int_{2x}^{3x}\frac{t-1}{t+1}\mathrm{d}t$；　　(2) $\varphi(x)=\int_{\sqrt{x}}^{x^2}\sin t^2\mathrm{d}t$；

(3) 设函数 $y=y(x)$ 由方程 $\int_x^y \mathrm{e}^{\frac{1}{2}t^2}\mathrm{d}t=1$ 所确定，求 $y'(x)$.

3. 试求函数 $y=\int_0^x t\mathrm{e}^{-t^2}\mathrm{d}t$ 的极值.

4. 计算下列极限：

(1) $\lim\limits_{x\to 0}\frac{\int_0^x\cos^2 t\mathrm{d}t}{x}$；　　(2) $\lim\limits_{x\to 0}\frac{\int_x^0 t^2\mathrm{d}t}{\int_0^x t(t+\sin t)\mathrm{d}t}$.

5. 求下列不定积分：

(1) $\int\frac{\mathrm{d}x}{x^2}$；　　(2) $\int\frac{\mathrm{d}x}{\sqrt{x}}$；

(3) $\int(\sqrt{x}+1)(\sqrt{x^3}-1)\mathrm{d}x$；　　(4) $\int\frac{(1-x)^2}{x^2}\mathrm{d}x$；

(5) $\int \frac{1+x^2}{\sqrt{x}}dx$；　　(6) $\int \frac{dh}{\sqrt{2gh}}$（$g$ 是常数）；

(7) $\int \frac{x^4}{1+x^2}dx$；　　(8) $\int \left(\frac{3}{1+x^2}-\frac{2}{\sqrt{1-x^2}}\right)dx$；

(9) $\int e^x\left(1-\frac{e^{-x}}{x}\right)dx$；　　(10) $\int \frac{2\cdot 3^x-3\cdot 2^x}{3^x}dx$；

(11) $\int \frac{x^4+x^2+1}{x^2+1}dx$；　　(12) $\int \frac{1+x+x^2}{x(x^2+1)}dx$；

(13) $\int \sec x(\sec x-\tan x)dx$；　　(14) $\int \cos^2\frac{x}{2}dx$；

(15) $\int \frac{\cos 2x}{\cos x-\sin x}dx$；　　(16) $\int \frac{\cos 2x}{\sin^2 x\cos^2 x}dx$；

(17) $\int \frac{dx}{\sin^2 x\cos^2 x}$；　　(18) $\int \frac{1}{1+\cos 2x}dx$.

6. 设某曲线在任一点处的切线斜率等于该点横坐标的倒数，且通过点$(e^2,3)$，求此曲线的方程.

7. 求下列定积分：

(1) $\int_1^3 x^3dx$；　　(2) $\int_{-1}^1 \frac{dx}{1+x^2}$；

(3) $\int_{-\frac{1}{2}}^{\frac{1}{2}} \frac{dx}{\sqrt{1-x^2}}$；　　(4) $\int_4^9(\sqrt{x}+1)\sqrt{x}dx$；

(5) $\int_{\frac{\pi}{6}}^{\frac{\pi}{4}} \frac{dx}{\sin^2 x}$；　　(6) $\int_1^{\sqrt{3}} \frac{1+2x^2}{x^2(1+x^2)}dx$；

(7) $\int_0^2 |1-x|dx$；　　(8) $\int_0^{\pi}\sqrt{\cos^2 x}dx$.

8. 一物体由静止开始做直线运动，在 t s末的速度是 $3t^2$ m/s，问

(1) 3 s后物体离开出发点的距离是多少？

(2) 需要多少时间走完 300 m？

9. 某商品的需求量 Q 是价格 p 的函数，该商品的最大需求量为 1 000（即当 $p=0$ 时，$Q=1\,000$），已知需求量的变化率为 $Q'(p)=-1\,000(\ln 3)\left(\frac{1}{3}\right)^p$，求该商品的需求函数 $Q(p)$.

10. 某工厂每周向河流排放污染物的速率为 $\frac{dx}{dt}=\frac{1}{600}t^{\frac{3}{4}}$，其中 t 为排污时间（单位：周），x 是排放污染物的总质量（单位：t）.

(1) 求污染物总质量的函数表达式；

(2) 第一年工厂排放污染物的总质量是多少？

11. 设 $f(x)$ 为连续函数，$\int_0^x f(t)dt=x^2(1+x)$，试求 $f(2)$.

12. 一曲边梯形由 $y=x^2-1$，x 轴和直线 $x=-1$，$x=\dfrac{1}{2}$ 所围成，求此曲边梯形的面积.

6.3　换元积分法

由牛顿-莱布尼茨公式可知，定积分的计算可以转化为求被积函数的原函数或不定积分. 但是利用积分的性质和基本积分表，所能计算的不定积分很有限，因此需要寻找更有效的积分方法. 本节将介绍换元积分法.

一、第一类换元积分法

换元积分法(integration by substitution)是基本积分法之一，它是与复合函数微分法相对应的积分方法，其基本思想是通过适当的变量代换，将所求积分化成基本积分表中的类型，从而求出积分.

首先介绍第一类换元积分法，该方法又称为凑微分法.

定理 1　设 $f(u)$ 具有原函数 $F(u)$，即 $\int f(u)\mathrm{d}u=F(u)+C$，如果 $u=\varphi(x)$ 是可导函数，则有

$$\int f[\varphi(x)]\varphi'(x)\mathrm{d}x=F[\varphi(x)]+C$$

证　由复合函数求导法可知，

$$\frac{\mathrm{d}}{\mathrm{d}x}F[\varphi(x)]=\frac{\mathrm{d}F(u)}{\mathrm{d}u}\cdot\frac{\mathrm{d}u}{\mathrm{d}x}=f(u)\cdot\varphi'(x)=f[\varphi(x)]\varphi'(x)$$

因此 $F[\varphi(x)]$ 是 $f[\varphi(x)]\varphi'(x)$ 的原函数. 故有

$$\int f[\varphi(x)]\varphi'(x)\mathrm{d}x=F[\varphi(x)]+C \tag{1}$$

第一换元积分法的意义在于如果 $\int g(x)\mathrm{d}x$ 不能直接应用基本积分表求出，但是 $g(x)\mathrm{d}x$ 可利用微分运算凑成 $f[\varphi(x)]\varphi'(x)\mathrm{d}x=f[\varphi(x)]\mathrm{d}\varphi(x)$ 的形式，而 $f(u)$ 的原函数 $F(u)$ 容易求出，则可通过变量代换 $u=\varphi(x)$，变换为关于积分变量 u 的积分 $\int f(u)\mathrm{d}u$ 来计算，具体步骤如下：

重难点讲解微视频

第一类换元积分法

$$\int g(x)\mathrm{d}x$$

$$\xlongequal{\text{变形}}\int f[\varphi(x)]\varphi'(x)\mathrm{d}x$$

$$\xlongequal{\text{凑微分}}\int f[\varphi(x)]\mathrm{d}\varphi(x)$$

$$\xlongequal[u=\varphi(x)]{\text{变量代换}}\int f(u)\mathrm{d}u$$

$$\xlongequal{\text{容易求出原函数}}F(u)+C$$

$$\xlongequal[u=\varphi(x)]{\text{变量回代}}F[\varphi(x)]+C$$

例 1 求 $\int 2\cos 2x\,\mathrm{d}x$.

解 $$\int 2\cos 2x\,\mathrm{d}x\xlongequal{\text{凑微分}}\int\cos 2x\,\mathrm{d}(2x)\xlongequal[u=2x]{\text{变量代换}}\int\cos u\,\mathrm{d}u$$

$$\xlongequal{\text{基本积分公式}}\sin u+C\xlongequal[u=2x]{\text{变量回代}}\sin 2x+C$$

例 2 求 $\int(ax+b)^4\mathrm{d}x$ （a,b 为常数，$a\neq 0$）.

解 $$\int(ax+b)^4\mathrm{d}x\xlongequal{\text{凑微分}}\int(ax+b)^4\frac{1}{a}\mathrm{d}(ax+b)\xlongequal[u=ax+b]{\text{变量代换}}\frac{1}{a}\int u^4\mathrm{d}u$$

$$\xlongequal{\text{基本积分公式}}\frac{u^5}{5a}+C\xlongequal[u=ax+b]{\text{变量回代}}\frac{(ax+b)^5}{5a}+C$$

例 3 求 $\int\tan x\,\mathrm{d}x$.

解 $$\int\tan x\,\mathrm{d}x\xlongequal{\text{变形}}\int\frac{\sin x}{\cos x}\mathrm{d}x\xlongequal{\text{凑微分}}-\int\frac{\mathrm{d}\cos x}{\cos x}\xlongequal[u=\cos x]{\text{变量代换}}-\int\frac{\mathrm{d}u}{u}$$

$$\xlongequal{\text{基本积分公式}}-\ln|u|+C\xlongequal[u=\cos x]{\text{变量回代}}-\ln|\cos x|+C$$

类似地有

$$\int\cot x\,\mathrm{d}x=\ln|\sin x|+C$$

例 4 求 $\int x\mathrm{e}^{x^2}\mathrm{d}x$.

解 $$\int x\mathrm{e}^{x^2}\mathrm{d}x=\frac{1}{2}\int\mathrm{e}^{x^2}\mathrm{d}(x^2)\xlongequal{u=x^2}\frac{1}{2}\int\mathrm{e}^u\mathrm{d}u$$

$$=\frac{1}{2}\mathrm{e}^u+C=\frac{1}{2}\mathrm{e}^{x^2}-C$$

在运算熟练后，积分过程中的中间变量 u 可不必写出.

例 5 求 $\int\frac{\mathrm{d}x}{\sqrt{a^2-x^2}}$ （$a>0$）.

解
$$\int\frac{\mathrm{d}x}{\sqrt{a^2-x^2}}=\int\frac{\mathrm{d}x}{a\sqrt{1-\left(\frac{x}{a}\right)^2}}=\int\frac{\mathrm{d}\left(\frac{x}{a}\right)}{\sqrt{1-\left(\frac{x}{a}\right)^2}}$$
$$=\arcsin\frac{x}{a}+C$$

例 6　求 $\int\frac{\mathrm{d}x}{a^2+x^2}\quad(a>0)$.

解
$$\int\frac{\mathrm{d}x}{a^2+x^2}=\int\frac{\mathrm{d}x}{a^2\left[1+\left(\frac{x}{a}\right)^2\right]}=\frac{1}{a}\int\frac{\mathrm{d}\left(\frac{x}{a}\right)}{1+\left(\frac{x}{a}\right)^2}$$
$$=\frac{1}{a}\arctan\frac{x}{a}+C$$

例 7　求 $\int\frac{\ln x}{x}\mathrm{d}x$.

解
$$\int\frac{\ln x}{x}\mathrm{d}x=\int\ln x\,\mathrm{d}(\ln x)=\frac{1}{2}(\ln x)^2+C$$

例 8　求 $\int\frac{\sin\sqrt{x}}{\sqrt{x}}\mathrm{d}x$.

解
$$\int\frac{\sin\sqrt{x}}{\sqrt{x}}\mathrm{d}x=2\int\sin\sqrt{x}\,\mathrm{d}(\sqrt{x})=-2\cos\sqrt{x}+C$$

例 9　求 $\int x\sqrt{1+x^2}\,\mathrm{d}x$.

解
$$\int x\sqrt{1+x^2}\,\mathrm{d}x=\frac{1}{2}\int\sqrt{1+x^2}\,\mathrm{d}(1+x^2)$$
$$=\frac{1}{2}\cdot\frac{2}{3}(1+x^2)^{\frac{3}{2}}+C$$
$$=\frac{1}{3}(1+x^2)^{\frac{3}{2}}+C$$

例 10　求 $\int\frac{\mathrm{d}x}{1+\mathrm{e}^{-x}}$.

解
$$\int\frac{\mathrm{d}x}{1+\mathrm{e}^{-x}}=\int\frac{\mathrm{e}^x\mathrm{d}x}{\mathrm{e}^x+1}=\int\frac{\mathrm{d}(\mathrm{e}^x+1)}{\mathrm{e}^x+1}$$
$$=\ln(1+\mathrm{e}^x)+C$$

例 11　求 $\int\frac{1}{x^2-a^2}\mathrm{d}x\quad(a>0)$.

解 由于$\frac{1}{x^2-a^2}=\frac{1}{2a}\left(\frac{1}{x-a}-\frac{1}{x+a}\right)$，所以

$$\begin{aligned}\int\frac{\mathrm{d}x}{x^2-a^2}&=\frac{1}{2a}\left(\int\frac{\mathrm{d}x}{x-a}-\int\frac{\mathrm{d}x}{x+a}\right)\\&=\frac{1}{2a}(\ln|x-a|-\ln|x+a|)+C\\&=\frac{1}{2a}\ln\left|\frac{x-a}{x+a}\right|+C\end{aligned}$$

我们看到例 10 和例 11 都是$\int\frac{f'(x)}{f(x)}\mathrm{d}x$ 型的积分，对这种类型的积分方法为$\int\frac{f'(x)}{f(x)}\mathrm{d}x=\int\frac{\mathrm{d}f(x)}{f(x)}=\ln|f(x)|+C$.

例 12 求$\int\cos^2x\,\mathrm{d}x$.

解
$$\begin{aligned}\int\cos^2x\,\mathrm{d}x&=\frac{1}{2}\int(1+\cos 2x)\mathrm{d}x\\&=\frac{1}{2}\int\mathrm{d}x+\frac{1}{4}\int\cos 2x\,\mathrm{d}(2x)\\&=\frac{x}{2}+\frac{1}{4}\sin 2x+C\end{aligned}$$

例 13 求$\int\sin^2x\cos^3x\,\mathrm{d}x$.

解
$$\begin{aligned}\int\sin^2x\cos^3x\,\mathrm{d}x&=\int\sin^2x(1-\sin^2x)\mathrm{d}(\sin x)\\&=\int\sin^2x\,\mathrm{d}(\sin x)-\int\sin^4x\,\mathrm{d}(\sin x)\\&=\frac{\sin^3x}{3}-\frac{\sin^5x}{5}+C\end{aligned}$$

例 14 求$\int\sin^2x\cos^2x\,\mathrm{d}x$.

解
$$\begin{aligned}\int\sin^2x\cos^2x\,\mathrm{d}x&=\int\left(\frac{1}{2}\sin 2x\right)^2\mathrm{d}x=\frac{1}{4}\int\sin^2 2x\,\mathrm{d}x\\&=\frac{1}{8}\int(1-\cos 4x)\mathrm{d}x=\frac{x}{8}-\frac{\sin 4x}{32}+C\end{aligned}$$

例 13 和例 14 是$\int\sin^m x\cos^n x\,\mathrm{d}x$ 型的积分，这种类型的积分方法为：

(1) 当 m 或 n 为奇数时，则将奇数次方的因子分出一个与 $\mathrm{d}x$ 凑成 $\sin x\,\mathrm{d}x=-\mathrm{d}(\cos x)$或 $\cos x\,\mathrm{d}x=\mathrm{d}(\sin x)$，化成关于 $\cos x$ 或 $\sin x$ 的

多项式的积分；

(2) 当 m 与 n 都是偶数时，可用三角公式 $\sin^2 x=\frac{1-\cos 2x}{2}$，$\cos^2 x=\frac{1+\mathrm{ccs}\ 2x}{2}$，$2\sin x\cos x=\sin 2x$ 将被积函数降幂，再进行积分.

例 15　求 $\int \sin 3x\cos 5x\,\mathrm{d}x$.

解

$$\begin{aligned}\int \sin 3x\cos 5x\,\mathrm{d}x&=\frac{1}{2}\int(\sin 8x-\sin 2x)\mathrm{d}x\\&=-\frac{1}{16}\cos 8x+\frac{1}{4}\cos 2x+C\end{aligned}$$

例 16　求 $\int \tan^5 x\sec^3 x\,\mathrm{d}x$.

解

$$\begin{aligned}\int \tan^5 x\sec^3 x\,\mathrm{d}x&=\int \tan^4 x\sec^2 x\,\mathrm{d}(\sec x)\\&=\int(\sec^2 x-1)^2\sec^2 x\,\mathrm{d}(\sec x)\\&=\int(\sec^6 x-2\sec^4 x+\sec^2 x)\mathrm{d}(\sec x)\\&=\frac{1}{7}\sec^7 x-\frac{2}{5}\sec^5 x+\frac{1}{3}\sec^3 x+C\end{aligned}$$

例 17　求 $\int \sec x\,\mathrm{d}x$.

解

$$\begin{aligned}\int \sec x\,\mathrm{d}x&=\int\frac{\sec x(\sec x+\tan x)}{\sec x+\tan x}\mathrm{d}x\\&=\int\frac{\sec^2 x+\sec x\tan x}{\sec x+\tan x}\mathrm{d}x\\&=\int\frac{\mathrm{d}(\sec x+\tan x)}{\sec x+\tan x}\\&=\ln|\sec x+\tan x|+C\end{aligned}$$

类似地有

$$\int \csc x\,\mathrm{d}x=\ln|\csc x-\cot x|+C$$

例 18　求 $\int \tan^5 x\sec^4 x\,\mathrm{d}x$.

解

$$\begin{aligned}\int \tan^5 x\sec^4 x\,\mathrm{d}x&=\int \tan^5 x\sec^2 x\,\mathrm{d}(\tan x)\\&=\int \tan^5 x(1+\tan^2 x)\mathrm{d}(\tan x)\end{aligned}$$

$$=\int(\tan^5 x+\tan^7 x)\mathrm{d}(\tan x)$$

$$=\frac{1}{6}\tan^6 x+\frac{1}{8}\tan^8 x+C$$

请读者通过上述例题仔细体会凑微分法，只有熟记微分公式，熟悉一些典型例题并多做练习才能不断积累经验，熟练掌握凑微分法.

二、第二类换元积分法

第一类换元积分法虽然应用比较广泛，但对于某些积分，如 $\int\sqrt{a^2-x^2}\,\mathrm{d}x$，$\int\frac{\mathrm{d}x}{\sqrt{x^2+a^2}}$，$\int\frac{\mathrm{d}x}{1+\sqrt{x+1}}$ 等，就不一定适用了，为此，我们再介绍第二类换元积分法.

定理 2 设 $x=\psi(t)$ 是单调可导函数，且 $\psi'(t)\neq 0$，如果 $f[\psi(t)]\psi'(t)$ 具有原函数 $F(t)$，则

$$\int f(x)\mathrm{d}x=F[\psi^{-1}(x)]+C \tag{2}$$

其中 $t=\psi^{-1}(x)$ 是 $x=\psi(t)$ 的反函数.

证 由复合函数与反函数的求导法则，得

$$\frac{\mathrm{d}}{\mathrm{d}x}F[\psi^{-1}(x)]=\frac{\mathrm{d}F}{\mathrm{d}t}\cdot\frac{\mathrm{d}t}{\mathrm{d}x}=f[\psi(t)]\psi'(t)\frac{1}{\psi'(t)}$$

$$=f[\psi(t)]=f(x)$$

即 $F[\psi^{-1}(x)]$ 是 $f(x)$ 的原函数，所以

$$\int f(x)\mathrm{d}x=F[\psi^{-1}(x)]+C$$

应用第二类换元积分法时，可按以下步骤进行：

$$\int f(x)\mathrm{d}x$$

$$\xlongequal[x=\psi(t)]{\text{变量代换}}\int f[\psi(t)]\psi'(t)\mathrm{d}t$$

$$\xlongequal{\text{容易求出原函数}}F(t)+C$$

$$\xlongequal[t=\psi^{-1}(x)]{\text{变量回代}}F[\psi^{-1}(x)]+C$$

重难点讲解
微视频

第二类换元积分法

实际上，第二换元积分法是第一换元积分法的“逆过程”.

例 19 求 $\int\sqrt{a^2-x^2}\,\mathrm{d}x\quad(a>0)$.

解 积分的难点在于被积函数中的根号，为去掉根号，可令 $x=a\sin t$，

又为使其单调，取$-\frac{\pi}{2}<t<\frac{\pi}{2}$，则 $\mathrm{d}x=a\cos t\,\mathrm{d}t$，于是

$$\int\sqrt{a^2-x^2}\,\mathrm{d}x=\int a\cos t\cdot a\cos t\,\mathrm{d}t=a^2\int\cos^2 t\,\mathrm{d}t=\frac{a^2}{2}\int(1+\cos 2t)\,\mathrm{d}t$$

$$=\frac{a^2}{2}\left(t+\frac{1}{2}\sin 2t\right)+C$$

下面进行变量回代，为了将 t 回代成 x 的函数，可根据 $x=a\sin t$ 作一个辅助直角三角形(如图 6-6 所示)，于是 $\cos t=\frac{\sqrt{a^2-x^2}}{a}$，$\sin 2t=2\sin t\cos t=\frac{2}{a^2}x\sqrt{a^2-x^2}$，而 $t=\arcsin\frac{x}{a}$，因此

$$\int\sqrt{a^2-x^2}\,\mathrm{d}x=\frac{a^2}{2}\arcsin\frac{x}{a}+\frac{x}{2}\sqrt{a^2-x^2}+C$$

例 20　求$\int\frac{\mathrm{d}x}{\sqrt{a^2+x^2}}\quad(a>0)$.

解　令 $x=a\tan t$，则 $\mathrm{d}x=a\sec^2 t\,\mathrm{d}t$，取$-\frac{\pi}{2}<t<\frac{\pi}{2}$，于是

$$\int\frac{\mathrm{d}x}{\sqrt{a^2+x^2}}=\int\frac{a\sec^2 t\,\mathrm{d}t}{a\sec t}=\int\sec t\,\mathrm{d}t$$

$$=\ln|\sec t+\tan t|+C$$

由 $\tan t=\frac{x}{a}$ 作辅助三角形(如图 6-7 所示)可得 $\sec t=\frac{\sqrt{a^2+x^2}}{a}$.

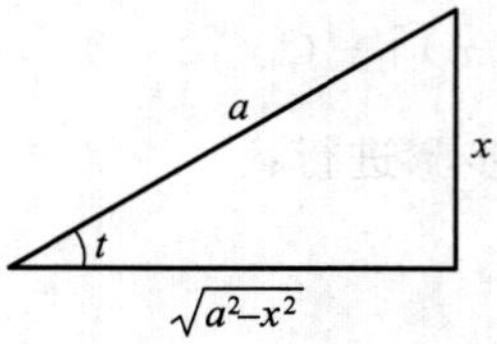

图 6-6

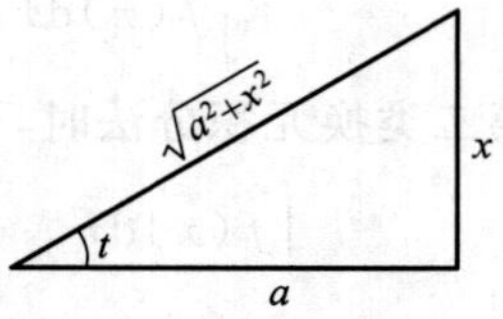

图 6-7

故

$$\int\frac{\mathrm{d}x}{\sqrt{a^2+x^2}}=\ln\left|\frac{x}{a}+\frac{\sqrt{a^2+x^2}}{a}\right|+C_1$$

$$=\ln\left|x+\sqrt{a^2+x^2}\right|+C$$

其中 $C=C_1-\ln a$.

例 21　求$\int\frac{\mathrm{d}x}{\sqrt{x^2-a^2}}\quad(a>0)$.

解 令 $x=a\sec t\left(0<t<\frac{\pi}{2}\right)$，则 $dx=a\tan t\sec t\,dt$，于是

$$\int\frac{dx}{\sqrt{x^2-a^2}}=\int\frac{a\tan t\sec t}{a\tan t}dt$$
$$=\int\sec t\,dt=\ln|\sec t+\tan t|+C$$

由 $\sec t=\frac{x}{a}$ 作辅助三角形（如图 6-8 所示）可得 $\tan t=\frac{\sqrt{x^2-a^2}}{a}$，故

$$\int\frac{dx}{\sqrt{x^2-a^2}}=\ln\left|\frac{x}{a}+\frac{\sqrt{x^2-a^2}}{a}\right|+C_1$$
$$=\ln\left|x+\sqrt{x^2-a^2}\right|+C$$

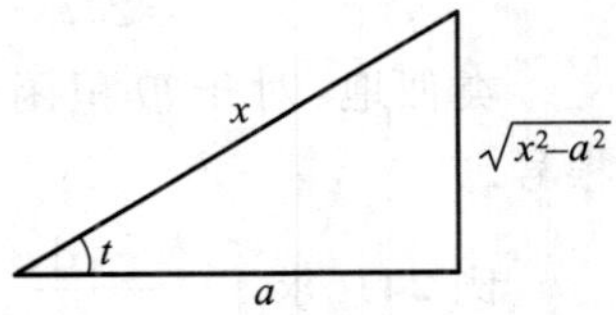

图 6-8

其中 $C=C_1-\ln a$.

由以上三例可以看出，若被积函数中

(1) 含有 $\sqrt{a^2-x^2}$，则可作代换 $x=a\sin t$；

(2) 含有 $\sqrt{a^2+x^2}$，则可作代换 $x=a\tan t$；

(3) 含有 $\sqrt{x^2-a^2}$，则可作代换 $x=a\sec t$.

从而将被积函数中的根号去掉. 上述三个代换称为三角代换，这是第二换元积分法常用的变量代换. 下面通过例子介绍一种有用的倒代换，即令 $x=\frac{1}{t}$，利用它常可消去被积函数分母中的变量因子 x.

例 22 求 $\int\frac{dx}{x^2\sqrt{1+x^2}}$.

解 令 $x=\frac{1}{t}$，则 $dx=-\frac{1}{t^2}dt$，于是当 $x>0$ 时，

$$\int\frac{dx}{x^2\sqrt{1+x^2}}=\int\frac{-\frac{1}{t^2}dt}{\frac{1}{t^2}\sqrt{1+\frac{1}{t^2}}}=-\int\frac{t}{\sqrt{t^2+1}}dt$$
$$=-\frac{1}{2}\int\frac{d(t^2+1)}{\sqrt{t^2+1}}=-\sqrt{t^2+1}+C$$
$$=-\frac{\sqrt{x^2+1}}{x}+C$$

当 $x<0$ 时，有相同的结果.

应用换元积分法时，需对被积函数作具体分析，选取尽可能简便的变

量代换.

例 23　求$\int \frac{\mathrm{d}x}{1+\sqrt{x}}$.

解　这个积分的困难在于被积函数有根式$\sqrt{x}$,作根式代换 $t=\sqrt{x}$,可消云根号,所以有 $x=t^2$,$\mathrm{d}x=2t\mathrm{d}t$,于是

$$\int \frac{\mathrm{d}x}{1+\sqrt{x}}=\int \frac{2t\,\mathrm{d}t}{1+t}=2\int \frac{t+1-1}{1+t}\mathrm{d}t=2\int\left(1-\frac{1}{1+t}\right)\mathrm{d}t$$

$$=2(t-\ln|1+t|)+C=2(\sqrt{x}-\ln(1+\sqrt{x}))+C$$

类似地,对于被积函数含有根式的情形,常可作根式代换,以消去根号.

例 24　求$\int \frac{\mathrm{d}x}{(1+\sqrt[3]{x})\sqrt{x}}$.

解　为同时消去两个根号,可设$\sqrt[6]{x}=t$,从而 $x=t^6$,$\mathrm{d}x=6t^5\mathrm{d}t$,所以

$$\int \frac{\mathrm{d}x}{(1+\sqrt[3]{x})\sqrt{x}}=\int \frac{6t^5}{(1+t^2)t^3}\mathrm{d}t=6\int \frac{t^2}{1+t^2}\mathrm{d}t$$

$$=6\int\left(1-\frac{1}{1+t^2}\right)\mathrm{d}t=6(t-\arctan t)+C$$

$$=6(\sqrt[6]{x}-\arctan\sqrt[6]{x})+C$$

例 25　求$\int \frac{1}{x}\sqrt{\frac{1+x}{x}}\mathrm{d}x$.

解　令$\sqrt{\frac{x+1}{x}}=t$,则 $x=\frac{1}{t^2-1}$,$\mathrm{d}x=\frac{-2t}{(t^2-1)^2}\mathrm{d}t$,所以

$$\int \frac{1}{x}\sqrt{\frac{x+1}{x}}\mathrm{d}x=\int(t^2-1)\cdot t\cdot\frac{-2t}{(t^2-1)^2}\mathrm{d}t$$

$$=\int \frac{2t^2}{1-t^2}\mathrm{d}t=-2\int\left(1+\frac{1}{t^2-1}\right)\mathrm{d}t$$

$$=-2t-\ln\left|\frac{t-1}{t+1}\right|+C$$

$$=-2\sqrt{\frac{x+1}{x}}-\ln\left|\frac{\sqrt{\frac{x+1}{x}}-1}{\sqrt{\frac{x+1}{x}}+1}\right|+C$$

$$=-2\sqrt{\frac{x+1}{x}}-2\ln\left|\sqrt{x+1}-\sqrt{x}\right|+C$$

以上例题中,有几个积分是以后经常会遇到的,所以通常也把它们当作公式来用,现接着基本积分表列出如下:

(14) $\int \tan x \mathrm{d}x = -\ln|\cos x| + C$;

(15) $\int \cot x \mathrm{d}x = \ln|\sin x| + C$;

(16) $\int \sec x \mathrm{d}x = \ln|\sec x + \tan x| + C$;

(17) $\int \csc x \mathrm{d}x = \ln|\csc x - \cot x| + C$;

(18) $\int \frac{\mathrm{d}x}{a^2 + x^2} = \frac{1}{a}\arctan \frac{x}{a} + C\ (a > 0)$;

(19) $\int \frac{\mathrm{d}x}{a^2 - x^2} = \frac{1}{2a}\ln\left|\frac{a + x}{a - x}\right| + C\ (a > 0)$;

(20) $\int \frac{\mathrm{d}x}{x^2 - a^2} = \frac{1}{2a}\ln\left|\frac{x - a}{x + a}\right| + C\ (a > 0)$;

(21) $\int \frac{\mathrm{d}x}{\sqrt{a^2 - x^2}} = \arcsin \frac{x}{a} + C\ (a > 0)$;

(22) $\int \frac{\mathrm{d}x}{\sqrt{x^2 \pm a^2}} = \ln\left|x + \sqrt{x^2 \pm a^2}\right| + C$.

换元积分法同样可用于定积分.

三、定积分的换元法

定理 3 设函数 $f(x)$在$[a,b]$上连续,变量代换 $x=\varphi(t)$满足:

(1) $x=\varphi(t)$在$[\alpha,\beta]$(或$[\beta,\alpha]$)上单值且具有连续导数;

(2) 当 t 在区间$[\alpha,\beta]$(或$[\beta,\alpha]$)上变化时,$x=\varphi(t)$的值在$[a,b]$上变化,且 $\varphi(\alpha)=a,\varphi(\beta)=b$,

则有定积分换元公式:

$$\int_a^b f(x)\mathrm{d}x = \int_\alpha^\beta f[\varphi(t)]\varphi'(t)\mathrm{d}t \tag{3}$$

证 由假设知道,上式两边的被积函数都连续,因此不仅上式两边的定积分都存在,而且(3)式两边的定积分都可应用牛顿-莱布尼茨公式. 设 $F(x)$是 $f(x)$的一个原函数,则

$$\int_a^b f(x)\mathrm{d}x = F(b) - F(a)$$

由复合函数求导法则,有

$$(F[\varphi(t)])' = \frac{\mathrm{d}F}{\mathrm{d}x} \cdot \frac{\mathrm{d}x}{\mathrm{d}t} = f(x)\varphi'(t) = f[\varphi(t)]\varphi'(t)$$

所以，$F[\varphi(t)]$是 $f[\varphi(t)]\varphi'(t)$的一个原函数. 那么

$$\begin{aligned}\int_{\alpha}^{\beta} f[\varphi(t)]\varphi'(t)\mathrm{d}t &= F[\varphi(t)]\Big|_{\alpha}^{\beta} \\ &= F[\varphi(\beta)] - F[\varphi(\alpha)] \\ &= F(b) - F(a)\end{aligned}$$

故

$$\int_{a}^{b} f(x)\mathrm{d}x = \int_{\alpha}^{\beta} f[\varphi(t)]\varphi'(t)\mathrm{d}t$$

显然公式(3)对于 $a>b$ 也是适用的.

公式(3)与不定积分的第二换元积分法是平行的，区别在于用定积分换元公式时，换元的同时必须换限，即在换元后引入了新的积分变量，那么原积分限一定要随着换元换成新积分变量的相应积分限，然后对新积分变量积分并代入新积分限直接得出结果，而不必像不定积分那样进行变量回代.

例 26　求 $\int_0^a \sqrt{a^2 - x^2}\,\mathrm{d}x \quad (a > 0)$.

解　设 $x = a\sin t$，则 $\mathrm{d}x = a\cos t\,\mathrm{d}t$. 当 $x=0$ 时，$t=0$；当 $x=a$ 时，$t = \frac{\pi}{2}$，于是

$$\int_0^a \sqrt{a^2 - x^2}\,\mathrm{d}x = a^2 \int_0^{\frac{\pi}{2}} \cos^2 t\,\mathrm{d}t = \frac{a^2}{2}\int_0^{\frac{\pi}{2}} (1 + \cos 2t)\mathrm{d}t$$

$$= \frac{a^2}{2}\left[t + \frac{\sin 2t}{2}\right]_0^{\frac{\pi}{2}} = \frac{\pi a^2}{4}$$

例 27　求 $\int_0^{\ln 2} \sqrt{\mathrm{e}^x - 1}\,\mathrm{d}x$.

解　令$\sqrt{\mathrm{e}^x - 1} = t$，则 $x = \ln(1+t^2)$，$\mathrm{d}x = \frac{2t\,\mathrm{d}t}{1+t^2}$. 当 $x=0$ 时，$t=0$；当 $x = \ln 2$ 时，$t=1$，于是

$$\int_0^{\ln 2} \sqrt{\mathrm{e}^x - 1}\,\mathrm{d}x = \int_0^1 \frac{2t^2}{1+t^2}\mathrm{d}t = 2\int_0^1 \left(1 - \frac{1}{1+t^2}\right)\mathrm{d}t$$

$$= 2[t - \arctan t]_0^1 = 2 - \frac{\pi}{2}$$

(3) 式也可以反过来用，为了使用方便，把换元公式(3)左右两边对调位置，同时把 t 改记为 x，而 x 改记为 u，得

$$\int_{\alpha}^{\beta} f[\varphi(x)]\varphi'(x)\mathrm{d}x = \int_{a}^{b} f(u)\mathrm{d}u \tag{4}$$

这里引入的新变量是 $u=\varphi(x)$，(4)式与不定积分的第一换元积分法(凑微分法)平行. 但需要指出的是，在用凑微分法计算定积分时，如果引入了中间变量 u，就要相应变换积分限，即用公式(4)计算，但是由于用凑微分法积分时一般并不引入中间变量 u，即在积分过程中并不出现新的积分变量，这时定积分的上下限不必改变，只需将不定积分的结果(只取一个原函数)代入积分上下限作差即可.

例 28 求 $\int_0^{\frac{\pi}{2}} \cos^4 x \sin x \mathrm{d}x$.

解 方法一 利用(4)式，凑微分时引入中间变量(即新积分变量) u，改变积分限：

设 $u=\cos x$，则 $\mathrm{d}u=-\sin x\mathrm{d}x$. 当 $x=0$ 时，$u=1$；当 $x=\frac{\pi}{2}$ 时，$u=0$，于是

$$\int_0^{\frac{\pi}{2}} \cos^4 x \sin x \mathrm{d}x = -\int_1^0 u^4 \mathrm{d}u = \int_0^1 u^4 \mathrm{d}u = \left[\frac{u^5}{5}\right]_0^1 = \frac{1}{5}$$

方法二 直接凑微分，不引入中间变量 u，不改变积分限：

$$\int_0^{\frac{\pi}{2}} \cos^4 x \sin x \mathrm{d}x = -\int_0^{\frac{\pi}{2}} \cos^4 x \mathrm{d}(\cos x) = -\left[\frac{\cos^5 x}{5}\right]_0^{\frac{\pi}{2}} = \frac{1}{5}$$

显然方法二简单得多.

例 29 求 $\int_0^{\pi} \sqrt{\sin x - \sin^3 x}\,\mathrm{d}x$.

解

$$\begin{aligned}
\int_0^{\pi} \sqrt{\sin x - \sin^3 x}\,\mathrm{d}x &= \int_0^{\pi} \sqrt{\sin x(1-\sin^2 x)}\,\mathrm{d}x \\
&= \int_0^{\pi} \sqrt{\sin x}\,|\cos x|\,\mathrm{d}x \\
&= \int_0^{\frac{\pi}{2}} \sin^{\frac{1}{2}} x \cos x \mathrm{d}x + \int_{\frac{\pi}{2}}^{\pi} \sin^{\frac{1}{2}} x(-\cos x)\mathrm{d}x \\
&= \int_0^{\frac{\pi}{2}} \sin^{\frac{1}{2}} x \mathrm{d}(\sin x) - \int_{\frac{\pi}{2}}^{\pi} \sin^{\frac{1}{2}} x \mathrm{d}(\sin x) \\
&= \left[\frac{2}{3}\sin^{\frac{3}{2}} x\right]_0^{\frac{\pi}{2}} - \left[\frac{2}{3}\sin^{\frac{3}{2}} x\right]_{\frac{\pi}{2}}^{\pi} = \frac{2}{3} - \left(-\frac{2}{3}\right) = \frac{4}{3}
\end{aligned}$$

此例中如果忽视了 $\cos x$ 在 $\left[\frac{\pi}{2},\pi\right]$ 上非正，则将导致错误.

例 30　设 $f(x)$在$[-a,a]$上连续,证明:

(1) 若 $f(x)$为偶函数,则有 $\int_{-a}^{a} f(x)\mathrm{d}x = 2\int_{0}^{a} f(x)\mathrm{d}x$;

(2) 若 $f(x)$为奇函数,则有 $\int_{-a}^{a} f(x)\mathrm{d}x = 0$.

证　由于

$$\int_{-a}^{a} f(x)\mathrm{d}x = \int_{-a}^{0} f(x)\mathrm{d}x + \int_{0}^{a} f(x)\mathrm{d}x$$

对 $\int_{-a}^{0} f(x)\mathrm{d}x$ 作变量代换 $x=-t$,则

$$\int_{-a}^{0} f(x)\mathrm{d}x = \int_{a}^{0} f(-t)\mathrm{d}(-t) = -\int_{a}^{0} f(-t)\mathrm{d}t$$

$$= \int_{0}^{a} f(-t)\mathrm{d}t = \int_{0}^{a} f(-x)\mathrm{d}x$$

于是

$$\int_{-a}^{a} f(x)\mathrm{d}x = \int_{0}^{a} [f(-x)+f(x)]\mathrm{d}x$$

(1) 当 $f(x)$是偶函数时, $f(-x)=f(x)$, $f(-x)+f(x)=2f(x)$,故有

$$\int_{-a}^{a} f(x)\mathrm{d}x = 2\int_{0}^{a} f(x)\mathrm{d}x$$

(2) 当 $f(x)$是奇函数时, $f(-x)=-f(x)$, $f(-x)+f(x)=0$,所以

$$\int_{-a}^{a} f(x)\mathrm{d}x = 0$$

很明显,利用例 30 的结果,可以简化一些关于原点对称的区间$[-a,a]$上定积分的计算.

例如 $\int_{-1}^{1} \frac{\sin x}{x^2+1}\mathrm{d}x = 0$, 因为$\frac{\sin x}{x^2+1}$是$[-1,1]$上的奇函数.

例 31　试证 $\int_{0}^{\frac{\pi}{2}} \cos^n x\,\mathrm{d}x = \int_{0}^{\frac{\pi}{2}} \sin^n x\,\mathrm{d}x$.

证　设 $x=\frac{\pi}{2}-t$,则 $\mathrm{d}x=-\mathrm{d}t$. 当 $x=0$ 时,$t=\frac{\pi}{2}$;当 $x=\frac{\pi}{2}$时,$t=0$. 于是

$$\int_{0}^{\frac{\pi}{2}} \cos^n x\,\mathrm{d}x = \int_{\frac{\pi}{2}}^{0} \cos^n\left(\frac{\pi}{2}-t\right)\mathrm{d}\left(\frac{\pi}{2}-t\right)$$

$$= -\int_{\frac{\pi}{2}}^{0} \sin^n t\,\mathrm{d}t = \int_{0}^{\frac{\pi}{2}} \sin^n x\,\mathrm{d}x$$

例 32 设 $f(x)=\mathrm{e}^{|x|}$，求 $\int f(x)\mathrm{d}x$，$\int_{-2}^{1} f(x)\mathrm{d}x$.

解
$$f(x)=\mathrm{e}^{|x|}=\begin{cases}\mathrm{e}^{x}, & x\geqslant 0,\\ \mathrm{e}^{-x}, & x<0\end{cases}$$

当 $x\geqslant 0$ 时，

$$\int f(x)\mathrm{d}x=\int \mathrm{e}^{x}\mathrm{d}x=\mathrm{e}^{x}+C_1$$

当 $x<0$ 时，

$$\int f(x)\mathrm{d}x=\int \mathrm{e}^{-x}\mathrm{d}x=-\mathrm{e}^{-x}+C_2$$

由于 $\int f(x)\mathrm{d}x$ 是 $f(x)$ 的原函数族，而原函数必定连续，故

$$\lim_{x\to 0^{+}}(\mathrm{e}^{x}+C_1)=\lim_{x\to 0^{-}}(-\mathrm{e}^{-x}+C_2)$$

即有 $1+C_1=-1+C_2$，所以 $C_2=C_1+2$，令 $C_1=C$，可得

$$\int f(x)\mathrm{d}x=\begin{cases}\mathrm{e}^{x}+C, & x\geqslant 0,\\ -\mathrm{e}^{-x}+C+2, & x<0\end{cases}$$

下面求 $\int_{-2}^{1} f(x)\mathrm{d}x$.

$$\begin{aligned}\int_{-2}^{1} f(x)\mathrm{d}x&=\int_{-2}^{0}\mathrm{e}^{-x}\mathrm{d}x+\int_{0}^{1}\mathrm{e}^{x}\mathrm{d}x\\&=[-\mathrm{e}^{-x}]_{-2}^{0}+[\mathrm{e}^{x}]_{0}^{1}\\&=\mathrm{e}^{2}+\mathrm{e}-2\end{aligned}$$

习题 6.3

1. 求下列不定积分：

(1) $\int(1-3x)^{3}\mathrm{d}x$； (2) $\int\frac{1}{\sqrt{2-5x}}\mathrm{d}x$； (3) $\int\cos(3x-2)\mathrm{d}x$；

(4) $\int\mathrm{e}^{2x-3}\mathrm{d}x$； (5) $\int\frac{x}{\sqrt{3-x^{2}}}\mathrm{d}x$； (6) $\int\frac{3x^{2}}{1+x^{3}}\mathrm{d}x$；

(7) $\int x\mathrm{e}^{-x^{2}}\mathrm{d}x$； (8) $\int 6x^{2}(x^{3}+1)^{19}\mathrm{d}x$； (9) $\int 5^{2x+3}\mathrm{d}x$；

(10) $\int\frac{x}{\sqrt{x-1}}\mathrm{d}x$； (11) $\int\frac{\mathrm{e}^{\arcsin x}}{\sqrt{1-x^{2}}}\mathrm{d}x$； (12) $\int\frac{\sec^{2}x}{1+\tan x}\mathrm{d}x$；

(13) $\int\frac{x}{x-\sqrt{x^{2}-1}}\mathrm{d}x$； (14) $\int\frac{1}{x\sqrt{1+\ln|x|}}\mathrm{d}x$； (15) $\int\frac{x}{1+x^{4}}\mathrm{d}x$；

(16) $\int \frac{x^2-x-2}{1+x^2}\mathrm{d}x$；　(17) $\int \frac{\sin 2x}{1+\cos x}\mathrm{d}x$；　(18) $\int \frac{\mathrm{e}^{\sqrt{x}}}{5\sqrt{x}}\mathrm{d}x$；

(19) $\int \frac{1}{x^2}\tan \frac{1}{x}\mathrm{d}x$；　(20) $\int \frac{1}{\mathrm{e}^x+\mathrm{e}^{-x}}\mathrm{d}x$；　(21) $\int \frac{1+\ln x}{(x\ln x)^2}\mathrm{d}x$；

(22) $\int \frac{\arctan\sqrt{x}}{\sqrt{x}(1+x)}\mathrm{d}x$；　(23) $\int \frac{f'(x)}{1+f^2(x)}\mathrm{d}x$；　(24) $\int \mathrm{e}^{f(x)}f'(x)\mathrm{d}x$.

2. 求下列不定积分：

(1) $\int \frac{1}{1+\sqrt{3x}}\mathrm{d}x$；　(2) $\int \frac{x^2}{\sqrt{2-x}}\mathrm{d}x$；

(3) $\int \frac{\mathrm{d}x}{(a^2-x^2)^{3/2}}\quad (a>0)$；　(4) $\int \frac{x^3}{\sqrt{4+x^2}}\mathrm{d}x$；

(5) $\int \frac{\mathrm{d}x}{\sqrt{x(1+x)}}$；　(6) $\int \frac{x}{\sqrt{x^2+4x+5}}\mathrm{d}x$；

(7) $\int \frac{\mathrm{d}x}{\sqrt{1+\mathrm{e}^x}}$；　(8) $\int 2\mathrm{e}^x\sqrt{1-\mathrm{e}^{2x}}\mathrm{d}x$；

(9) $\int \frac{\sqrt{x^2+1}}{x}\mathrm{d}x$；　(10) $\int \frac{\sqrt{x^2-a^2}}{x^2}\mathrm{d}x\quad (0<a<|x|)$.

3. 分别用下列四种变换计算 $\int \frac{\mathrm{d}x}{x\sqrt{x^2-1}}$：

(1) $x=\sec t$；　(2) $x=\frac{1}{t}$；　(3) $\sqrt{x^2-1}=t$；　(4) $x=\csc t$.

4. 计算下列定积分：

(1) $\int_0^1 \frac{\sqrt{x}}{2-\sqrt{x}}\mathrm{d}x$；　(2) $\int_0^3 \frac{x}{1+\sqrt{1+x}}\mathrm{d}x$；

(3) $\int_0^2 \frac{\mathrm{d}x}{\sqrt{x+1}+\sqrt[3]{(x+1)^2}}$；　(4) $\int_0^1 \sqrt{4-x^2}\,\mathrm{d}x$；

(5) $\int_0^a x^2\sqrt{a^2-x^2}\,\mathrm{d}x\ (a>0)$；　(6) $\int_a^{2a} \frac{\sqrt{x^2-a^2}}{x^4}\mathrm{d}x\ (a>0)$；

(7) $\int_{-1}^1 \frac{\mathrm{d}x}{(1+x^2)^2}$；　(8) $\int_0^1 \frac{\mathrm{d}x}{1+\mathrm{e}^x}$；

(9) $\int_0^1 \frac{\mathrm{d}x}{\mathrm{e}^x+\mathrm{e}^{-x}}$；　(10) $\int_{-2}^0 \frac{\mathrm{d}x}{x^2+2x+2}$；

(11) $\int_{-2}^{-1} \frac{\mathrm{d}x}{(11+5x)^3}$；　(12) $\int_0^{\frac{\pi}{2}} \cos^5 x\ \sin 2x\,\mathrm{d}x$；

(13) $\int_1^{\mathrm{e}^3} \frac{\mathrm{d}x}{x\sqrt{1+\ln x}}$；　(14) $\int_0^1 \mathrm{e}^{x+\mathrm{e}^x}\,\mathrm{d}x$；

(15) $\int_{-\frac{\pi}{2}}^{\frac{\pi}{2}} \sqrt{\cos^3 x-\cos^5 x}\,\mathrm{d}x$；　(16) $\int_0^{\frac{\pi}{2}} \sin x\cos 2x\sin 3x\,\mathrm{d}x$.

5. 利用函数的奇偶性计算下列积分：

(1) $\int_{-\pi}^{\pi} x^4\sin^3 x\,\mathrm{d}x$；　(2) $\int_{-3}^{3}\dfrac{x^2\arctan x}{1+x^2}\mathrm{d}x$；

(3) $\int_{-\frac{1}{2}}^{\frac{1}{2}}\cos x\ln\dfrac{1+x}{1-x}\mathrm{d}x$；　(4) $\int_{-5}^{5}\dfrac{x^3\sin^2 x}{1+x^2+x^4}\mathrm{d}x$；

(5) $\int_{-\frac{\pi}{2}}^{\frac{\pi}{2}} 4\cos^4\theta\,\mathrm{d}\theta$；　(6) $\int_{-\frac{\pi}{2}}^{\frac{\pi}{2}}\dfrac{\mathrm{d}x}{1+\cos x}$.

6. 设 $f(x)$为连续函数，证明：

(1) $\int_a^1\dfrac{\mathrm{d}x}{1+x^2}=\int_1^{\frac{1}{a}}\dfrac{\mathrm{d}x}{1+x^2}\quad(a>0)$；

(2) $\int_0^a f(x)\mathrm{d}x=\int_0^a f(a-x)\mathrm{d}x$；

(3) $\int_{-b}^{b} f(x)\mathrm{d}x=\int_{-b}^{b} f(-x)\mathrm{d}x$；

(4) $\int_0^{\frac{\pi}{2}} f(\sin x)\mathrm{d}x=\int_0^{\frac{\pi}{2}} f(\cos x)\mathrm{d}x$.

6.4　分部积分法

分部积分法(integration by parts)也是一种基本积分法，它是与乘积微分法相对应的积分方法.

定理　设函数 $u=u(x)$和 $v=v(x)$在区间 I 内有连续导数，则有

$$\int u\,\mathrm{d}v=uv-\int v\,\mathrm{d}u \tag{1}$$

若 $a,b\in I$，则

$$\int_a^b u\,\mathrm{d}v=[uv]_a^b-\int_a^b v\,\mathrm{d}u \tag{2}$$

证　因为$(uv)'=u'v+uv'$，而这三项都是 x 的连续函数，它们的不定积分均存在，故

$$\int(uv)'\mathrm{d}x=\int u'v\,\mathrm{d}x+\int uv'\mathrm{d}x$$

即 $uv=\int v\,\mathrm{d}u+\int u\,\mathrm{d}v$，移项即得(1)式：

$$\int u\,\mathrm{d}v=uv-\int v\,\mathrm{d}u$$

当 $a,b\in I$ 时，在$[a,b]$上分别对$(uv)'$及 $u'v+uv'$求定积分：

$$\int_a^b (uv)'\mathrm{d}x=\int_a^b u'v\mathrm{d}x+\int_a^b uv'\mathrm{d}x$$

由牛顿-莱布尼茨公式，得 $[uv]_a^b=\int_a^b v\mathrm{d}u+\int_a^b u\mathrm{d}v$. 移项得(2)式：

$$\int_a^b u\mathrm{d}v=[uv]_a^b-\int_a^b v\mathrm{d}u$$

公式(1)和(2)都称为分部积分公式，如果求 $\int u\mathrm{d}v$ 有困难，而求 $\int v\mathrm{d}u$ 较容易，则分部积分公式就可起到化难为易的作用. 使用此公式的关键是适当选取 u 和 $\mathrm{d}v$，选取的原则是：

重难点讲解微视频

分部积分法

(1) v 容易求得；

(2) $\int v\mathrm{d}u$ 比 $\int u\mathrm{d}v$ 容易求出.

下面举例说明分部积分公式的用法.

例 1　求 $\int x\mathrm{e}^x\mathrm{d}x$.

解　令 $u=x$，$\mathrm{d}v=\mathrm{e}^x\mathrm{d}x$，取 $v=\mathrm{e}^x$，由公式(1)得：

$$\int x\mathrm{e}^x\mathrm{d}x=\int x\mathrm{d}(\mathrm{e}^x)=x\mathrm{e}^x-\int \mathrm{e}^x\mathrm{d}x$$

这时 $\int v\mathrm{d}u=\int \mathrm{e}^x\mathrm{d}x$ 已容易求出，所以

$$\int x\mathrm{e}^x\mathrm{d}x=x\mathrm{e}^x-\mathrm{e}^x+C$$

此例中若选 $u=\mathrm{e}^x$，$\mathrm{d}v=x\mathrm{d}x$，则可得 $v=\frac{x^2}{2}$，由公式(1)得：

$$\int x\mathrm{e}^x\mathrm{d}x=\int \mathrm{e}^x\mathrm{d}\left(\frac{x^2}{2}\right)=\frac{x^2}{2}\mathrm{e}^x-\int \frac{x^2}{2}\mathrm{e}^x\mathrm{d}x$$

这时 $\int v\mathrm{d}u=\int \frac{x^2}{2}\mathrm{e}^x\mathrm{d}x$ 比原积分 $\int x\mathrm{e}^x\mathrm{d}x$ 更难求出. 因此这样选 u 与 $\mathrm{d}v$ 不可取.

例 2　求 $\int_0^{\frac{\pi}{2}} x\cos 2x\mathrm{d}x$.

解　令 $u=x$，$\mathrm{d}v=\cos 2x\mathrm{d}x$，取 $v=\frac{1}{2}\sin 2x$，所以

$$\begin{aligned}\int_0^{\frac{\pi}{2}} x\cos 2x\mathrm{d}x&=\left[\frac{x}{2}\sin 2x\right]_0^{\frac{\pi}{2}}-\frac{1}{2}\int_0^{\frac{\pi}{2}}\sin 2x\mathrm{d}x\\&=0-\frac{1}{4}\int_0^{\frac{\pi}{2}}\sin 2x\mathrm{d}(2x)=\frac{1}{4}[\cos 2x]_0^{\frac{\pi}{2}}=-\frac{1}{2}\end{aligned}$$

以上两例说明，若被积函数是幂函数与正(余)弦函数或幂函数与指数函数乘积时，可考虑用分部积分法，这时设幂函数为 u，这样用一次分部积分法就可使幂函数的幂次降低一次.

例 3 求 $\int x\ln x\,dx$.

解 设 $u=\ln x$，$dv=x\,dx$，取 $v=\dfrac{x^2}{2}$，于是

$$\int x\ln x\,dx=\int\ln x\,d\left(\frac{x^2}{2}\right)=\frac{x^2\ln x}{2}-\int\frac{x^2}{2}d(\ln x)$$

$$=\frac{x^2\ln x}{2}-\frac{1}{2}\int x\,dx=\frac{x^2\ln x}{2}-\frac{x^2}{4}+C$$

例 4 求 $\int_0^1 x\arctan x\,dx$.

解 设 $u=\arctan x$，$dv=x\,dx$，取 $v=\dfrac{x^2}{2}$，于是

$$\int_0^1 x\arctan x\,dx=\left[\frac{x^2}{2}\arctan x\right]_0^1-\int_0^1\frac{x^2}{2}d(\arctan x)$$

$$=\frac{\pi}{8}-\frac{1}{2}\int_0^1\frac{x^2}{1+x^2}dx$$

$$=\frac{\pi}{8}-\frac{1}{2}\int_0^1\left(1-\frac{1}{1+x^2}\right)dx$$

$$=\frac{\pi}{8}-\frac{1}{2}[x-\arctan x]_0^1=\frac{\pi}{8}-\frac{1}{2}+\frac{\pi}{8}$$

$$=\frac{\pi}{4}-\frac{1}{2}$$

例 3 和例 4 说明，如果被积函数是幂函数与对数函数或幂函数与反三角函数的乘积，可以考虑用分部积分法，并选对数函数或反三角函数为 u.

运算熟练后，可不必写出 u，v.

下面两个例子中使用的方法也是较典型的.

例 5 求 $\int e^x\sin x\,dx$.

解 $$\int e^x\sin x\,dx=\int\sin x\,d(e^x)=e^x\sin x-\int e^x\cos x\,dx$$

对右端的积分再用一次分部积分法有

$$\int e^x\sin x\,dx=e^x\sin x-\int\cos x\,d(e^x)$$

$$= e^x \sin x - \left(e^x \cos x + \int e^x \sin x \mathrm{d}x\right)$$

$$= e^x (\sin x - \cos x) - \int e^x \sin x \mathrm{d}x$$

右端的积分与原积分相同,将其移到等式左端,两端再除以 2,便得

$$\int e^x \sin x \mathrm{d}x = \frac{e^x}{2}(\sin x - \cos x) + C$$

例 6　求 $\int \sec^3 x \mathrm{d}x$.

解　$\int \sec^3 x \mathrm{d}x = \int \sec x \cdot \sec^2 x \mathrm{d}x = \int \sec x \mathrm{d}(\tan x)$

$$= \sec x \tan x - \int \tan x \mathrm{d}(\sec x)$$

$$= \sec x \tan x - \int \tan^2 x \sec x \mathrm{d}x$$

$$= \sec x \tan x - \int (\sec^2 x - 1)\sec x \mathrm{d}x$$

$$= -\int \sec^3 x \mathrm{d}x + \sec x \tan x + \int \sec x \mathrm{d}x$$

$$= -\int \sec^3 x \mathrm{d}x + \sec x \tan x + \ln|\sec x + \tan x|$$

移项两端再除以 2 得:

$$\int \sec^3 x \mathrm{d}x = \frac{1}{2}\sec x \tan x + \frac{1}{2}\ln|\sec x + \tan x| + C$$

在积分过程中,有时需要同时使用换元积分法和分部积分法.

例 7　求 $\int \arcsin x \mathrm{d}x$.

解　先用分部积分法.

$$\int \arcsin x \mathrm{d}x = x \arcsin x - \int x \mathrm{d}(\arcsin x)$$

$$= x \arcsin x - \int \frac{x}{\sqrt{1-x^2}} \mathrm{d}x$$

再用换元积分法,

$$\int \arcsin x = x \arcsin x + \frac{1}{2}\int \frac{\mathrm{d}(1-x^2)}{\sqrt{1-x^2}}$$

$$= x \arcsin x + \sqrt{1-x^2} + C$$

例 8　求 $\int_0^1 e^{\sqrt{x}} \mathrm{d}x$.

解 先用换元积分法. 令$\sqrt{x}=t$,即 $x=t^2$, $dx=2t\,dt$. 当 $x=0$ 时, $t=0$;当 $x=1$ 时, $t=1$,于是

$$\int_0^1 e^{\sqrt{x}}\,dx = 2\int_0^1 t\,e^t\,dt$$

再用分部积分法

$$\begin{aligned}\int_0^1 e^{\sqrt{x}}\,dx &= 2\int_0^1 t\,e^t\,dt = 2\int_0^1 t\,d(e^t)\\ &= 2[t\,e^t]_0^1 - 2\int_0^1 e^t\,dt\\ &= 2e - 2[e^t]_0^1 = 2\end{aligned}$$

上面介绍了一些常见函数类型的积分方法,但在实际应用时,会遇到较复杂的情况,在实际工作中为应用方便,可以通过查积分表来计算. 书后附录Ⅰ提供了备查的积分表.

最后指出,初等函数在其定义区间内一定有原函数,但原函数却不一定能用初等函数表示,例如

$$\int e^{-x^2}dx,\quad \int \frac{\sin x}{x}dx,\quad \int \frac{\cos x}{x}dx,\quad \int \frac{1}{\ln x}dx,\quad \int \sin x^2\,dx,\quad \int \frac{dx}{\sqrt{1+x^4}}$$

等积分的被积函数的原函数不能用初等函数表示. 遇到这类积分,用我们介绍过的积分方法是得不出结果的,即"积不出来"(注意:"积不出来"并不意味原函数不存在,而仅仅是原函数不能用初等函数表示).

习题 6.4

1. 求下列不定积分:

(1) $\int x e^x\,dx$;　　(2) $\int x\sin 2x\,dx$;

(3) $\int (2x-1)\sin x\,dx$;　　(4) $\int x^2\ln x\,dx$;

(5) $\int \arctan x\,dx$;　　(6) $\int \frac{\arcsin\sqrt{x}}{\sqrt{x}}dx$;

(7) $\int x^2\cos x\,dx$;　　(8) $\int \cos(\ln|x|)\,dx$;

(9) $\int x^2 a^x\,dx$;　　(10) $\int e^{\sqrt[3]{x}}\,dx$;

(11) $\int (\arcsin x)^2\,dx$;　　(12) $\int \ln(x+\sqrt{1+x^2})\,dx$.

2. 求下列定积分:

(1) $\int_0^1 x\mathrm{e}^{-2x}\mathrm{d}x$； (2) $\int_1^{\mathrm{e}} x\ln x\mathrm{d}x$；

(3) $\int_{\frac{\pi}{4}}^{\frac{\pi}{3}} \frac{x}{\sin^2 x}\mathrm{d}x$； (4) $\int_0^{\pi} \mathrm{e}^x\sin x\mathrm{d}x$；

(5) $\int_0^{\mathrm{e}-1} \ln(1+x)\mathrm{d}x$； (6) $\int_0^{\frac{\pi}{2}} x^2\cos x\mathrm{d}x$.

6.5 反常积分

在定积分 $\int_a^b f(x)\mathrm{d}x$ 的定义中，我们假定积分区间$[a,b]$为有限区间. 又知，如果定积分 $\int_a^b f(x)\mathrm{d}x$ 存在，那么 $f(x)$必在$[a,b]$上有界. 这意味着，定积分概念只适用于定义在有限积分区间上的有界函数. 但是，在实际问题中，常常会遇到积分区间为无穷区间或者在有限积分区间上被积函数有无穷间断点的积分. 我们将利用极限概念把定积分的概念分别推广到无穷区间和无界函数上去，推广后的这两种积分统称为**反常积分**(improper integral).

一、无穷区间上的反常积分

设函数 $f(x)$在$[a,+\infty)$上连续，取 $b>a$，称极限 $\lim\limits_{b\to+\infty}\int_a^b f(x)\mathrm{d}x$ 为函数 $f(x)$在无穷区间$[a,+\infty)$上的反常积分，记作 $\int_a^{+\infty} f(x)\mathrm{d}x$ ，即

$$\int_a^{+\infty} f(x)\mathrm{d}x=\lim_{b\to+\infty}\int_a^b f(x)\mathrm{d}x$$

如果 $\lim\limits_{b\to+\infty}\int_a^b f(x)\mathrm{d}x$ 存在，则称反常积分 $\int_a^{+\infty} f(x)\mathrm{d}x$ 收敛；否则称反常积分 $\int_a^{+\infty} f(x)\mathrm{d}x$ 发散，这时它仅仅是一个符号而不表示数值.

类似地，若 $f(x)$在$(-\infty,b]$上连续，取 $a<b$，称极限 $\lim\limits_{a\to-\infty}\int_a^b f(x)\mathrm{d}x$ 为函数 $f(x)$在$(-\infty,b]$上的反常积分，记作 $\int_{-\infty}^b f(x)\mathrm{d}x$ ，即

$$\int_{-\infty}^b f(x)\mathrm{d}x=\lim_{a\to-\infty}\int_a^b f(x)\mathrm{d}x$$

如果 $f(x)$在$(-\infty,+\infty)$内连续，可定义 $f(x)$在$(-\infty,+\infty)$上的反常积分为

$$\int_{-\infty}^{+\infty} f(x) = \int_{-\infty}^{c} f(x)\mathrm{d}x + \int_{c}^{+\infty} f(x)\mathrm{d}x$$

$$= \lim_{a\to-\infty}\int_{a}^{c} f(x)\mathrm{d}x + \lim_{b\to+\infty}\int_{c}^{b} f(x)\mathrm{d}x$$

其中 c 为任一常数. 当上式两个极限都存在时,则称之为收敛的,否则称之为发散的.

例 1 讨论 $\int_{-\infty}^{+\infty}\frac{\mathrm{d}x}{1+x^2}$ 的敛散性.

解 因为

$$\int_{0}^{+\infty}\frac{\mathrm{d}x}{1+x^2} = \lim_{b\to+\infty}\int_{0}^{b}\frac{\mathrm{d}x}{1+x^2} = \lim_{b\to+\infty}[\arctan x]_0^b$$

$$= \lim_{b\to+\infty}\arctan b = \frac{\pi}{2}$$

又

$$\int_{-\infty}^{0}\frac{\mathrm{d}x}{1+x^2} = \lim_{a\to-\infty}\int_{a}^{0}\frac{\mathrm{d}x}{1+x^2} = \lim_{a\to-\infty}[\arctan x]_a^0$$

$$= \lim_{a\to-\infty}(-\arctan a) = \frac{\pi}{2}$$

所以

$$\int_{-\infty}^{+\infty}\frac{\mathrm{d}x}{1+x^2} = \int_{0}^{+\infty}\frac{\mathrm{d}x}{1+x^2} + \int_{-\infty}^{0}\frac{\mathrm{d}x}{1+x^2}$$

$$= \frac{\pi}{2} + \frac{\pi}{2} = \pi$$

例 2 证明 $\int_{1}^{+\infty}\frac{\mathrm{d}x}{x^p}$ 当 $p>1$ 时收敛,当 $p\leqslant 1$ 时发散.

证 当 $p=1$ 时,由于

$$\lim_{b\to+\infty}\int_{1}^{b}\frac{\mathrm{d}x}{x} = \lim_{b\to+\infty}\ln b = +\infty$$

所以反常积分 $\int_{1}^{+\infty}\frac{\mathrm{d}x}{x}$ 发散.

当 $p\neq 1$ 时,由于

$$\lim_{b\to+\infty}\int_{1}^{b}\frac{\mathrm{d}x}{x^p} = \lim_{b\to+\infty}\left[\frac{x^{1-p}}{1-p}\right]_1^b = \begin{cases}\dfrac{1}{p-1}, & p>1, \\ +\infty, & p<1\end{cases}$$

因此,反常积分 $\int_{1}^{+\infty}\frac{\mathrm{d}x}{x^p}$ 当 $p>1$ 时收敛于 $\frac{1}{p-1}$,而当 $p\leqslant 1$ 时,该反常积

分发散.

例 3　某制造公司在生产了一批超音速运输机之后停产了,但该公司承诺将为客户终身供应一种适于该机型的特殊润滑油. 一年后该批飞机的用油率(单位:L/年)由下式给出:$r(t)=300/t^{\frac{3}{2}}$,其中 t 表示飞机服役的年数($t\geqslant 1$),该公司要一次性生产该批飞机一年以后所需的润滑油并在需要时分发出去,请问需要生产多少?

解　$r(t)$是该批飞机一年后的用油率,所以

$$\int_1^x r(t)\mathrm{d}t$$

等于第一年到第 x 年间该批飞机所用的润滑油的数量,那么

$$\int_1^{+\infty} r(t)\mathrm{d}t$$

就等于该批飞机终身所需的润滑油数量.

$$\begin{aligned}\int_1^{+\infty} r(t)\mathrm{d}t &= \lim_{x\to+\infty}\int_1^x \frac{300}{t^{\frac{3}{2}}}\mathrm{d}t=\lim_{x\to+\infty}\int_1^x 300t^{-\frac{3}{2}}\mathrm{d}t\\ &=\lim_{x\to+\infty}300\left[-2t^{-\frac{1}{2}}\right]_1^x=\lim_{x\to+\infty}\left(-600x^{-\frac{1}{2}}+600\right)\\ &=\lim_{x\to+\infty}\left(600-\frac{600}{\sqrt{x}}\right)=600(\mathrm{L})\end{aligned}$$

即 600 L 润滑油将保证终身供应.

二、被积函数有无穷间断点的反常积分

设函数 $f(x)$在$(a,b]$上连续,而 $\lim\limits_{x\to a+0}f(x)=\infty$,任取 $0<\varepsilon<b-a$,称极限 $\lim\limits_{\varepsilon\to0^+}\int_{a+\varepsilon}^b f(x)\mathrm{d}x$ 为函数 $f(x)$ 在$(a,b]$上的反常积分,记作 $\int_a^b f(x)\mathrm{d}x$,即

$$\int_a^b f(x)\mathrm{d}x=\lim_{\varepsilon\to0^+}\int_{a+\varepsilon}^b f(x)\mathrm{d}x$$

如果 $\lim\limits_{\varepsilon\to0^+}\int_{a+\varepsilon}^b f(x)\mathrm{d}x$ 存在,则称反常积分 $\int_a^b f(x)\mathrm{d}x$ 收敛,否则称反常积分 $\int_a^b f(x)\mathrm{d}x$ 发散.

类似地,设 $f(x)$在$[a,b)$上连续,但 $\lim\limits_{x\to b-0}f(x)=\infty$,取 $0<\varepsilon<b-a$,称极限 $\lim\limits_{\varepsilon\to0^+}\int_a^{b-\varepsilon}f(x)\mathrm{d}x$ 为 $f(x)$在$[a,b)$上的反常积分,记作 $\int_a^b f(x)\mathrm{d}x$,

即

$$\int_a^b f(x)\mathrm{d}x = \lim_{\varepsilon\to 0^+}\int_a^{b-\varepsilon} f(x)\mathrm{d}x$$

如果 $\lim\limits_{\varepsilon\to 0^+}\int_a^{b-\varepsilon} f(x)\mathrm{d}x$ 存在，则称反常积分$\int_a^b f(x)\mathrm{d}x$ 收敛，否则称反常积分$\int_a^b f(x)\mathrm{d}x$ 发散.

如果 $f(x)$在$[a,b]$上除点 c $(a<c<b)$外处处连续，但$\lim\limits_{x\to c}f(x)=\infty$，取 $0<\varepsilon_1<c-a$，$0<\varepsilon_2<b-c$，若极限 $\lim\limits_{\varepsilon_1\to 0^+}\int_a^{c-\varepsilon_1} f(x)\mathrm{d}x$ 与 $\lim\limits_{\varepsilon_2\to 0^+}\int_{c+\varepsilon_2}^b f(x)\mathrm{d}x$ 都存在，则称反常积分$\int_a^b f(x)\mathrm{d}x$ 收敛，且定义

$$\begin{aligned}\int_a^b f(x)\mathrm{d}x &= \int_a^c f(x)\mathrm{d}x + \int_c^b f(x)\mathrm{d}x \\ &= \lim_{\varepsilon_1\to 0^+}\int_a^{c-\varepsilon_1} f(x)\mathrm{d}x + \lim_{\varepsilon_2\to 0^+}\int_{c+\varepsilon_2}^b f(x)\mathrm{d}x\end{aligned}$$

有无穷间断点的反常积分与一般定积分(也称常义积分)的形式虽然一样，但其含义不同，因此在计算积分时，要注意考察是常义积分还是反常积分，如果是反常积分，则要按反常积分的计算方法处理.

例 4 讨论 $\int_0^1 \dfrac{\mathrm{d}x}{\sqrt{1-x^2}}$ 的敛散性.

解 因为 $x=1$ 为被积函数的无穷间断点，故

$$\begin{aligned}\int_0^1 \frac{\mathrm{d}x}{\sqrt{1-x^2}} &= \lim_{\varepsilon\to 0^+}\int_0^{1-\varepsilon}\frac{\mathrm{d}x}{\sqrt{1-x^2}} = \lim_{\varepsilon\to 0^+}[\arcsin x]_0^{1-\varepsilon} \\ &= \lim_{\varepsilon\to 0^+}\arcsin(1-\varepsilon) = \frac{\pi}{2}\end{aligned}$$

例 5 证明反常积分 $\int_0^1 \dfrac{\mathrm{d}x}{x^p}$ 当 $p<1$ 时收敛，当 $p\geqslant 1$ 时发散.

证 取 $\varepsilon>0$，当 $p=1$ 时，有

$$\lim_{\varepsilon\to 0^+}\int_{0+\varepsilon}^1 \frac{\mathrm{d}x}{x} = \lim_{\varepsilon\to 0^+}(-\ln\varepsilon) = +\infty$$

所以，反常积分 $\int_0^1 \dfrac{\mathrm{d}x}{x}$ 发散.

若 $p\neq 1$，有

$$\lim_{\varepsilon\to 0^+}\int_{0+\varepsilon}^1 \frac{\mathrm{d}x}{x^p} = \lim_{\varepsilon\to 0^+}\left[\frac{x^{1-p}}{1-p}\right]_\varepsilon^1 = \lim_{\varepsilon\to 0^+}\frac{1-\varepsilon^{1-p}}{1-p} = \begin{cases}\dfrac{1}{1-p}, & p<1, \\ +\infty, & p>1\end{cases}$$

所以，反常积分 $\int_0^1 \frac{\mathrm{d}x}{x^p}$ 当 $p<1$ 时收敛，当 $p\geqslant 1$ 时发散.

三、Γ 函数

Γ 函数是一种在概率论及工程技术领域中有广泛应用的反常积分.

定义　当 $\alpha>0$ 时，反常积分 $\int_0^{+\infty} x^{\alpha-1}\mathrm{e}^{-x}\mathrm{d}x$ 确定了一个以 α 为自变量的函数，称其为 **Γ 函数**，记为 $\Gamma(\alpha)$，即

$$\Gamma(\alpha)=\int_0^{+\infty} x^{\alpha-1}\mathrm{e}^{-x}\mathrm{d}x$$

可以证明反常积分 $\int_0^{+\infty} x^{\alpha-1}\mathrm{e}^{-x}\mathrm{d}x$ 当 $\alpha>0$ 时是收敛的.

现在来证明 Γ 函数的一个重要的递推公式

$$\Gamma(\alpha+1)=\alpha\Gamma(\alpha)$$

事实上

$$\begin{aligned}\Gamma(\alpha+1)&=\int_0^{+\infty} x^{\alpha}\mathrm{e}^{-x}\mathrm{d}x=\int_0^{+\infty} x^{\alpha}\mathrm{d}(-\mathrm{e}^{-x})\\&=-x^{\alpha}\mathrm{e}^{-x}\Big|_0^{+\infty}+\alpha\int_0^{+\infty} x^{\alpha-1}\mathrm{e}^{-x}\mathrm{d}x\\&=\alpha\Gamma(\alpha)\end{aligned}$$

特别地，当 α 为正整数 n 时，从递推公式可逐步推得

$$\Gamma(n+1)=n!\,\Gamma(1)$$

而

$$\Gamma(1)=\int_0^{+\infty}\mathrm{e}^{-x}\mathrm{d}x=\lim_{b\to+\infty}[-\mathrm{e}^{-x}]_0^b=1$$

所以

$$\Gamma(n+1)=n!$$

例 6　计算 $\frac{\Gamma(7)}{\Gamma(4)}$ 的值.

解　因为 $\Gamma(7)=6!$，$\Gamma(4)=3!$，所以

$$\frac{\Gamma(7)}{\Gamma(4)}=\frac{6!}{3!}=120$$

例 7　计算 $\int_0^{+\infty} x^3\mathrm{e}^{-\frac{x}{2}}\mathrm{d}x$ 的值.

解　令 $\frac{x}{2}=t$，则 $x=2t$，$\mathrm{d}x=2\mathrm{d}t$，于是

$$\int_0^{+\infty} x^3\mathrm{e}^{-\frac{x}{2}}\mathrm{d}x=\int_0^{+\infty}(2t)^3\mathrm{e}^{-t}\cdot 2\mathrm{d}t$$

$$=2^4\int_0^{+\infty} t^3 e^{-t} dt = 2^4 \Gamma(4)$$

$$=2^4 \cdot 3! = 96$$

如果在反常积分 $\int_0^{+\infty} x^{\alpha-1} e^{-x} dx$ 中令 $x=t^2$,就可以得到 Γ 函数的另一种形式

$$\Gamma(\alpha)=2\int_0^{+\infty} t^{2\alpha-1} e^{-t^2} dt$$

所以

$$\Gamma\left(\frac{1}{2}\right)=2\int_0^{+\infty} e^{-t^2} dt$$

而 $\int_0^{+\infty} e^{-t^2} dt$ 是概率论中常用的,可以证明它收敛于$\frac{\sqrt{\pi}}{2}$,于是有$\Gamma\left(\frac{1}{2}\right)=\sqrt{\pi}$.

例 8 求 $\int_0^{+\infty} x^{\frac{5}{2}} e^{-x} dx$ 的值.

解 利用递推公式

$$\int_0^{+\infty} x^{\frac{5}{2}} e^{-x} dx = \Gamma\left(\frac{7}{2}\right)=\frac{5}{2}\Gamma\left(\frac{5}{2}\right)=\frac{5}{2}\cdot\frac{3}{2}\Gamma\left(\frac{3}{2}\right)$$

$$=\frac{5}{2}\cdot\frac{3}{2}\cdot\frac{1}{2}\Gamma\left(\frac{1}{2}\right)=\frac{15}{8}\sqrt{\pi}$$

习题 6.5

1. 判断下列反常积分的敛散性,若收敛试求之:

(1) $\int_1^{+\infty} \frac{1}{x^4} dx$;

(2) $\int_0^{+\infty} e^{-ax} dx\ (a>0)$;

(3) $\int_{-\infty}^{+\infty} \frac{dx}{x^2+2x+2}$;

(4) $\int_1^{+\infty} \frac{dx}{x^2(x+1)}$;

(5) $\int_e^{+\infty} \frac{dx}{x\ln x}$;

(6) $\int_1^{+\infty} \frac{\arctan x}{x^2} dx$;

(7) $\int_0^{+\infty} x e^{-x^2} dx$;

(8) $\int_1^{2} \frac{dx}{(1-x)^2}$;

(9) $\int_1^{2} \frac{x}{\sqrt{x-1}} dx$;

(10) $\int_0^{2} \frac{dx}{x^2-4x+3}$.

2. 当 k 为何值时,积分 $\int_e^{+\infty} \frac{dx}{x(\ln x)^k}$ 收敛?当 k 为何值时发散?

3. 计算:

(1) $\dfrac{\Gamma(7)}{2\Gamma(4)\Gamma(3)}$；　　(2) $\dfrac{\Gamma(3)\Gamma\left(\frac{3}{2}\right)}{\Gamma\left(\frac{9}{2}\right)}$.

6.6　定积分的应用

在几何、物理、经济、生物等各个领域，有很多实际问题都可以归结为定积分问题，这显示了定积分的广泛应用和巨大魅力. 利用定积分解决实际问题的基本方法称为微元法.

一、定积分的微元法

定积分的应用问题一般总可以归结为“分割、近似、求和、取极限”四个步骤. 比如在计算曲边梯形面积时，在$[a,b]$内插入分点，将其分割成长度分别为$\Delta x_i(i=1,2,\cdots,n)$的小区间，相应地，曲边梯形被分割为面积分别为$\Delta S_i$的小曲边梯形，且$\Delta S_i\approx f(\xi_i)\Delta x_i,\xi_i\in[x_{i-1},x_i]$，因此曲边梯形的面积

$$S=\sum_{i=1}^{n}\Delta S_i\approx\sum_{i=1}^{n}f(\xi_i)\Delta x_i$$

取极限得

$$S=\lim_{\lambda\to 0}\sum_{i=1}^{n}f(\xi_i)\Delta x_i=\int_a^b f(x)\mathrm{d}x$$

在实际应用时常省略下标i，具体做法是，在$[a,b]$内任取一个小区间$[x,x+\mathrm{d}x]$，则对应于这个小区间的小曲边梯形的面积$\Delta S\approx f(x)\mathrm{d}x$，并称

$$\mathrm{d}S=f(x)\mathrm{d}x$$

为面积元素（或微元），于是曲边梯形的面积

$$S=\int_a^b f(x)\mathrm{d}x$$

一般地，在解决某个实际问题时，如果所求量Q符合下列条件：

1. Q是与一个变量x的变化区间$[a,b]$有关的量；

2. Q对于区间$[a,b]$具有可加性，即如果把区间$[a,b]$分成许多部分区间，则Q相应地分成许多部分量，而Q等于所有部分量之和；

3. 部分量ΔQ_i的近似值可表示为$f(\xi_i)\Delta x_i$，则可考虑用定积分来表示所求量Q. 通常按以下步骤写出Q的定积分表达式：

(1) 根据问题的具体情况，选取一个变量（例如 x）为积分变量，确定它的变化区间$[a,b]$.

(2) 设想把区间$[a,b]$分成 n 个小区间，取其中任一小区间并记作$[x,x+\mathrm{d}x]$，求出相应于这个小区间的部分量 ΔQ 的近似值. 如果 ΔQ 能近似地表示成$[a,b]$上的一个连续函数在点 x 处的值 $f(x)$与小区间长度 $\mathrm{d}x$ 的乘积，即 $\Delta Q\approx f(x)\mathrm{d}x$（$\Delta Q$ 与 $f(x)\mathrm{d}x$ 相差一个比 $\mathrm{d}x$ 高阶的无穷小），就把 $f(x)\mathrm{d}x$ 称为所求量 Q 的微元（或元素），并记为 $\mathrm{d}Q$，即

$$\mathrm{d}Q=f(x)\mathrm{d}x$$

(3) 以所求量 Q 的微元 $f(x)\mathrm{d}x$ 为被积表达式，在区间$[a,b]$上做定积分，即得

$$Q=\int_a^b f(x)\mathrm{d}x$$

这个方法称为微元法（或元素法），下面举例说明微元法的具体应用.

二、定积分的几何应用

1. 平面图形的面积

(1) 在直角坐标系中计算面积

应用定积分可以计算曲边梯形的面积，还可以计算一些比较复杂的平面图形的面积.

设平面图形由连续曲线 $y=f_1(x)$，$y=f_2(x)$及直线 $x=a$，$x=b(a<b)$所围成，并且

$$f_1(x)\geqslant f_2(x)$$

（如图 6－9 所示）. 我们来计算这块平面图形的面积.

取 x 为积分变量，它的变化区间为$[a,b]$，在$[a,b]$上任取一小区间$[x,x+\mathrm{d}x]$，注意与上述图形的面积相关的函数是 $f_1(x)$，$f_2(x)$. 由于在$[x,x+\mathrm{d}x]$上 $f_1(x)$，$f_2(x)$变化很小，故与之对应的条形面积 ΔS 可用以 $\mathrm{d}x$ 为底，$f_1(x)-f_2(x)$为高的小矩形的面积来近似代替：

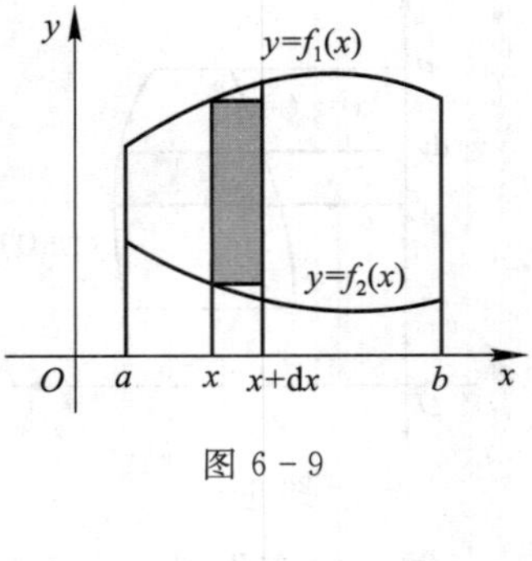

图 6－9

$$\Delta S\approx[f_1(x)-f_2(x)]\mathrm{d}x$$

则平面图形面积的微元为

$$\mathrm{d}S=[f_1(x)-f_2(x)]\mathrm{d}x$$

从而所求平面图形的面积为

$$S=\int_a^b[f_1(x)-f_2(x)]\mathrm{d}x \tag{1}$$

例 1　计算两条抛物线 $y=x^2$ 与 $x=y^2$ 所围图形的面积.

解　两条抛物线所围图形如图 6－10 所示. 为定出图形所在范围，需计算两条曲线的交点，解方程组

$$\begin{cases}y=x^2,\\x=y^2\end{cases}$$

得交点 $(0,0)$，$(1,1)$.

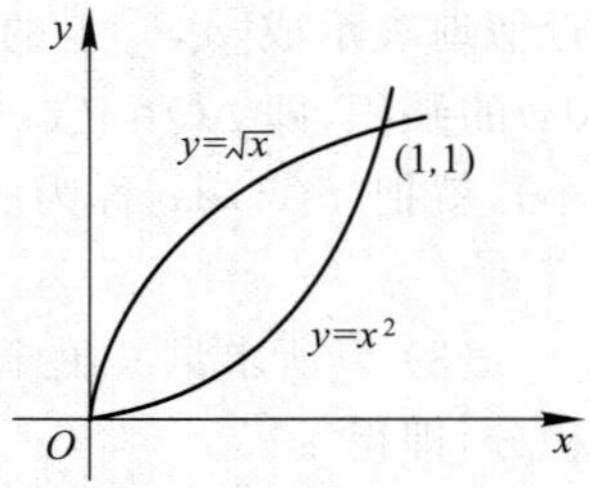

图 6－10

取 x 为积分变量，变化区间为 $[0,1]$，由公式得到所求面积

$$S=\int_0^1(\sqrt{x}-x^2)\mathrm{d}x=\left[\frac{2}{3}x^{\frac{3}{2}}-\frac{x^3}{3}\right]_0^1=\frac{1}{3}$$

类似地，如果平面图形由曲线 $x=g_1(y)$，$x=g_2(y)$ 与直线 $y=c$，$y=d\,(c<d)$ 所围成且

$$g_1(y)\geqslant g_2(y)$$

那么求这块平面图形（如图 6－11 所示）的面积公式为

$$S=\int_c^d[g_1(y)-g_2(y)]\mathrm{d}y \tag{2}$$

例 2　计算由抛物线 $y^2=2x$ 与 $y=x-4$ 所围成的平面图形（如图 6－12 所示）的面积.

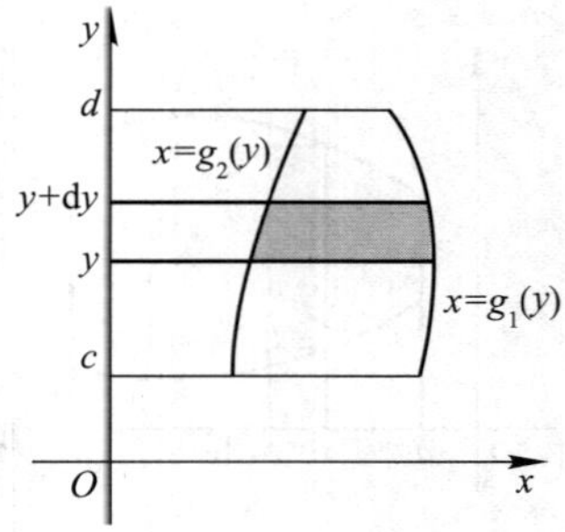

图 6－11

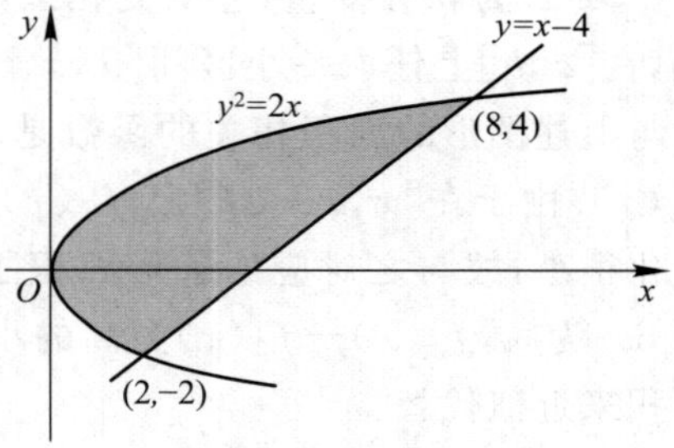

图 6－12

解　解方程组

$$\begin{cases}y^2=2x,\\y=x-4\end{cases}$$

得两曲线的交点(2,−2),(8,4).

取 y 为积分变量,它的变化区间为[−2,4],由公式(2)得到所求面积为

$$S=\int_{-2}^{4}\left(y+4-\frac{y^2}{2}\right)\mathrm{d}y=18$$

此例如果选用 x 为积分变量,上述面积为

$$S=\int_0^2[\sqrt{2x}-(-\sqrt{2x})]\mathrm{d}x+\int_2^8[\sqrt{2x}-(x-4)]\mathrm{d}x$$

可以看出,此题用 y 为积分变量计算较为简便.因此在计算平面图形面积时,适当选择积分变量可简化计算.

(2) 在极坐标系中计算面积

某些平面图形,用极坐标来计算它们的面积比较方便.我们在极坐标系中选曲边扇形作为基本图形.

曲边扇形是指由曲线 $\rho=\rho(\theta)$ 与射线 $\theta=\alpha,\theta=\beta$ 所围成的图形(如图 6-13 所示).这里假定 $\rho(\theta)$ 在 $[\alpha,\beta]$ 上连续,取 θ 作积分变量,它的变化区间为 $[\alpha,\beta]$,区间 $[\alpha,\beta]$ 上任一小区间 $[\theta,\theta+\mathrm{d}\theta]$ 所对应的窄曲边扇形的面积 ΔS 可用半径为 $\rho(\theta)$,圆心角为 $\mathrm{d}\theta$ 的圆扇形的面积来近似地代替,即

$$\Delta S\approx\frac{1}{2}\rho^2(\theta)\mathrm{d}\theta$$

得曲边扇形的面积微元

$$\mathrm{d}S=\frac{1}{2}\rho^2(\theta)\mathrm{d}\theta$$

所求曲边扇形面积为

$$S=\int_\alpha^\beta\frac{1}{2}\rho^2(\theta)\mathrm{d}\theta \qquad (3)$$

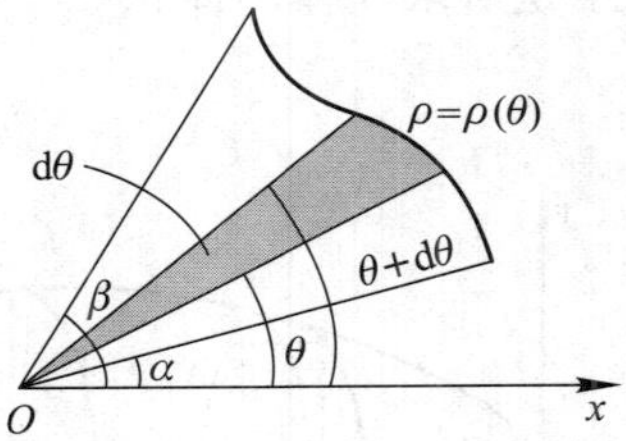

图 6-13

例 3 计算心形线 $\rho=a(1+\cos\theta)$ $(a>0)$ 所围成的图形的面积.

解 心形线所围成图形如图 6-14 所示.因为图形关于极轴对称,所以所求图形面积 S 是极轴以上部分图形面积的两倍.由公式(3)可得全部图形的面积为

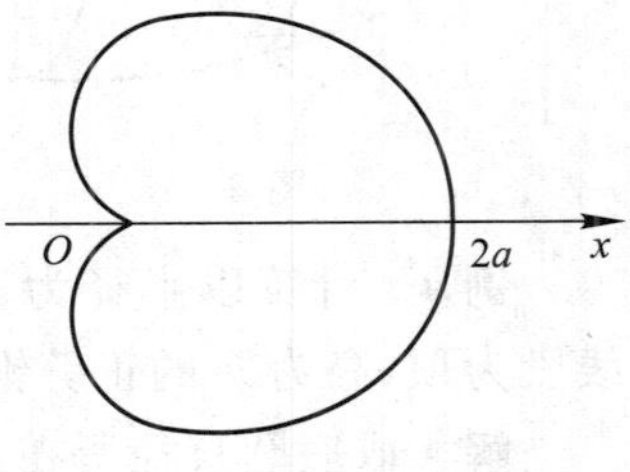

图 6-14

$$S=2\left[\int_0^\pi\frac{1}{2}a^2(1+\cos\theta)^2\mathrm{d}\theta\right]$$

$$= a^2\int_0^{\pi}(1+2\cos\theta+\cos^2\theta)\,\mathrm{d}\theta$$

$$=a^2\left[\frac{3}{2}\theta+2\sin\theta+\frac{\sin 2\theta}{4}\right]_0^{\pi}$$

$$=\frac{3\pi a^2}{2}$$

2. 立体体积

(1) 平行截面面积已知的立体体积

设一立体位于过点 $x=a$，$x=b$ 且垂直于 x 轴的两个平面之间，垂直于 x 轴的平面与立体相交的截面面积为已知的连续函数 $S(x)$（如图 6－15 所示），求此立体的体积.

取 x 为积分变量，它的变化区间为$[a,b]$，与此立体体积相关的是截面面积函数 $S(x)$. 显然，在$[a,b]$上任一小区间$[x,x+\mathrm{d}x]$所对应的薄片体积 ΔV 近似等于底面积为 $S(x)$，高为 $\mathrm{d}x$ 的扁柱体的体积，即

$$\Delta V\approx S(x)\mathrm{d}x$$

得所求立体的体积微元

$$\mathrm{d}V=S(x)\mathrm{d}x$$

于是所求立体的体积

$$V=\int_a^b S(x)\mathrm{d}x \tag{4}$$

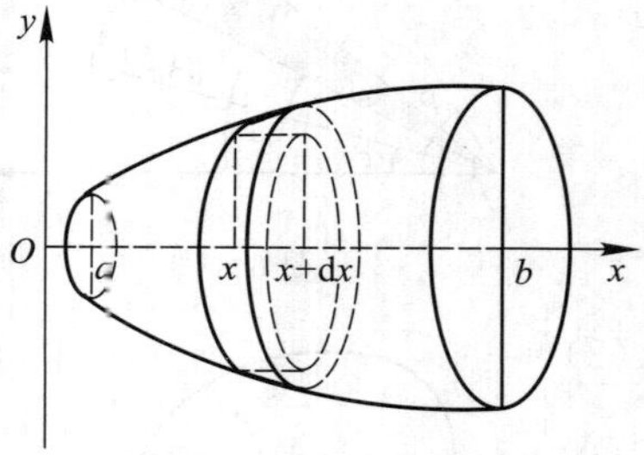

图 6－15

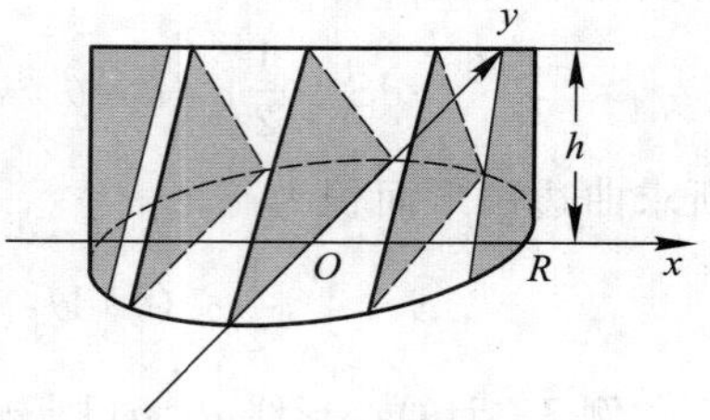

图 6－16

例 4　计算以半径为 R 的圆为底，以平行于底且长度为该圆直径的线段为顶，高为 h 的正劈锥体的体积(如图 6－16 所示).

解　取底圆直径所在直线为 x 轴，以底圆中心为坐标原点，过原点垂直于 x 轴的直线选为 y 轴，则底圆方程为

$$x^2+y^2=R^2$$

过点 x 作垂直于 x 轴的平行截面均为等腰三角形，于是截面面积函数

$$S(x)=\frac{1}{2}h\cdot 2y=h\sqrt{R^2-x^2}$$

由公式(4)得正劈锥体体积

$$V=\int_{-R}^{R}h\sqrt{R^2-x^2}\,\mathrm{d}x=2h\int_0^R\sqrt{R^2-x^2}\,\mathrm{d}x=\frac{\pi R^2h}{2}$$

(2) 旋转体体积

这里讨论的旋转体是由连续曲线 $y=f(x)$ $(f(x)>0)$，直线 $x=a$，$x=b(a<b)$ 及 x 轴所围成的曲边梯形，绕 x 轴旋转一周而成的立体(如图 6-17 所示)．由于垂直于 x 轴的旋转体的截面是一个半径为 y 的圆，所以平行截面面积函数为

$$S(x)=\pi y^2=\pi f^2(x)$$

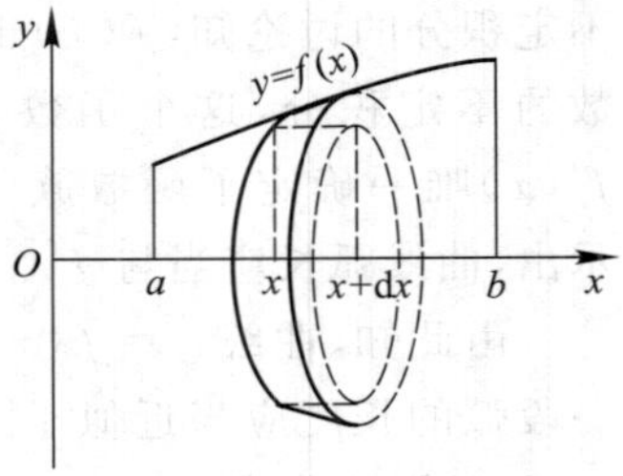

图 6-17

由公式(4)得旋转体体积

$$V=\pi\int_a^b f^2(x)\,\mathrm{d}x \tag{5}$$

同理，由连续曲线 $x=\varphi(y)$ $(\varphi(y)>0)$，直线 $y=c$，$y=d$ $(c<d)$ 及 y 轴所围成的曲边梯形绕 y 轴旋转一周而成的旋转体体积为

$$V=\pi\int_c^d \varphi^2(y)\,\mathrm{d}y \tag{6}$$

例 5 求椭圆 $\frac{x^2}{a^2}+\frac{y^2}{b^2}=1$ 所围成的平面图形分别绕 x 轴和 y 轴旋转一周所成立体的体积．

解 所求立体被称为旋转椭球体．

以 x 轴为旋转轴的椭球体可看作曲线 $y=\frac{b}{a}\sqrt{a^2-x^2}$ 绕 x 轴旋转而成，由公式(5)可得所求旋转体体积

$$V_x=\pi\int_{-a}^{a}\frac{b^2}{a^2}(a^2-x^2)\,\mathrm{d}x=\frac{4}{3}\pi ab^2$$

以 y 轴为旋转轴的椭球体的体积求法与上类似，由公式(6)可得椭球体体积

$$V_y=\pi\int_{-b}^{b}\frac{a^2}{b^2}(b^2-y^2)\,\mathrm{d}y=\frac{4}{3}\pi a^2b$$

3. 平面曲线的弧长

设函数 $f(x)$ 在区间 $[a,b]$ 上有连续导数，现在计算曲线 $y=f(x)$ 上

相应于 x 从 a 到 b 的一段弧（如图 6－18 所示）的长度.

取 x 为积分变量，它的变化区间为 $[a,b]$. 从形式上看，弧长与给定的函数 $f(x)$ 有关. 但仔细分析发现，曲线上下平移而弧长不变. 这表明弧长应与函数族 $f(x)+C$ 有关. 注意 $f(x)$ 有连续导数，由不定积分的讨论知，$f(x)+C$ 可视为某函数的不定积分，这个函数就是 $f'(x)$，即 $f'(x)$ 唯一确定了函数族 $f(x)+C$. 这揭示出，曲线弧长应当与 $f'(x)$ 有关.

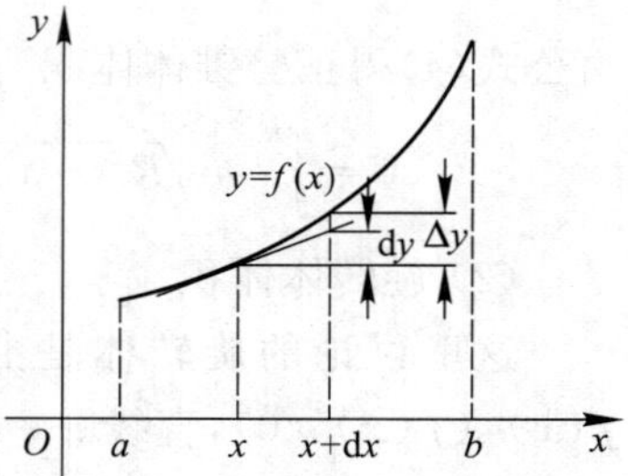

图 6－18

由此知，曲线 $y=f(x)$ 上相应于 $[a,b]$ 上任一小区间 $[x,x+\mathrm{d}x]$ 的一段弧的长度应当近似于 $[x,x+\mathrm{d}x]$ 上斜率为 $f'(x)$ 的直线的长度，即 Δs 可以用该曲线在点 $(x,f(x))$ 处切线上相应的一段长度来近似代替

$$\Delta s\approx\sqrt{(\mathrm{d}x)^2+(\mathrm{d}y)^2}$$

从而得到弧长微元

$$\mathrm{d}s=\sqrt{(\mathrm{d}x)^2+(\mathrm{d}y)^2}=\sqrt{1+y'^2}\,\mathrm{d}x$$

所求平面曲线弧长为

$$s=\int_a^b\sqrt{1+y'^2}\,\mathrm{d}x \tag{7}$$

如果曲线为参数方程形式：$\begin{cases}x=\varphi(t),\\ y=\psi(t)\end{cases}(\alpha\leqslant t\leqslant\beta)$，其中 $\varphi(t)$，$\psi(t)$ 在 $[\alpha,\beta]$ 上有连续导数，则由以上弧长微元 $\mathrm{d}s$ 可得弧长公式

$$s=\int_\alpha^\beta\sqrt{\varphi'^2(t)+\psi'^2(t)}\,\mathrm{d}t \tag{8}$$

如果曲线弧由极坐标方程 $\rho=\rho(\theta)$ $(\alpha\leqslant\theta\leqslant\beta)$ 给出，由直角坐标与极坐标的关系式及以上弧长微元 $\mathrm{d}s$ 可得出相应弧长公式

$$s=\int_\alpha^\beta\sqrt{\rho^2+\rho'^2}\,\mathrm{d}\theta \tag{9}$$

根据问题的具体情况，可选择使用上述三个弧长公式.

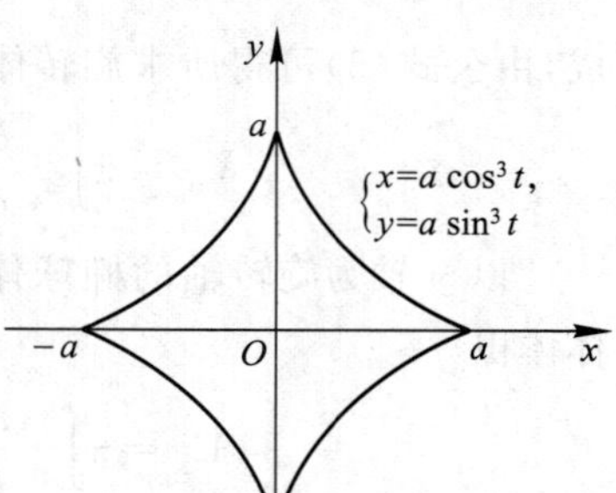

图 6－19

例 6　求星形线（如图 6－19 所示）

$$\begin{cases}x=a\cos^3 t,\\ y=a\sin^3 t\end{cases}\quad(0\leqslant t\leqslant 2\pi)$$

的弧长.

解 由于星形线关于两个坐标轴都对称,因此可首先计算第一象限内曲线的长.曲线由参数方程给出,选取参数 t 为积分变量,变化区间为 $\left[0,\frac{\pi}{2}\right]$.又

$$\frac{\mathrm{d}x}{\mathrm{d}t}=-3a\cos^2 t\sin t$$

$$\frac{\mathrm{d}y}{\mathrm{d}t}=3a\sin^2 t\cos t$$

由弧长公式(8)得所求弧长

$$\begin{aligned}s&=4\int_0^{\frac{\pi}{2}}\sqrt{\left(\frac{\mathrm{d}x}{\mathrm{d}t}\right)^2+\left(\frac{\mathrm{d}y}{\mathrm{d}t}\right)^2}\,\mathrm{d}t\\&=4\int_0^{\frac{\pi}{2}}3a\cos t\sin t\,\mathrm{d}t\\&=12a\left[\frac{\sin^2 t}{2}\right]_0^{\frac{\pi}{2}}=6a\end{aligned}$$

*三、定积分的物理应用

1. 变力沿直线所做的功

设物体在变力作用下沿 x 轴运动,如果变力的方向与 x 轴一致,其大小是 x 的连续函数:$F=F(x)$.当物体在力 F 的作用下由点 a 移动到点 b 时,求变力 F 所做的功.

取 x 为积分变量,它的变化区间为 $[a,b]$,在 $[a,b]$ 上任取一小区间 $[x,x+\mathrm{d}x]$,变力 F 在此区间上所做的功记为 ΔW,运用微元分析法可知,由于 $F(x)$ 的连续性,物体在 x 到 $x+\mathrm{d}x$ 这一小段路径上移动时,力 F 变化很小,可近似地看作不变,故 $\Delta W\approx F(x)\mathrm{d}x$,于是得功微元

$$\mathrm{d}W=F(x)\mathrm{d}x$$

从而所求的功为

$$W=\int_a^b F(x)\mathrm{d}x$$

例 7 螺旋弹簧受压时,长度的改变与所受的外力成正比,已知当弹簧被压缩 0.5 cm 时需力 1 N,试求当弹簧被压缩 3 cm 时,力所做的功(如图 6-20 所示).

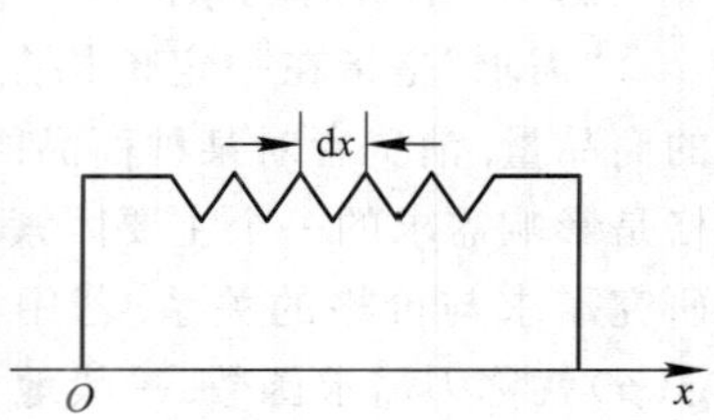

图 6-20

解　设将弹簧压缩 x m 时所需力 $f(x)$N，于是 $f(x)=kx$ （k 为比例系数）.

已知 $x=0.005$ 时，$f(x)=1$，所以 $k=200$，于是 $f(x)=200x$.

在[0,0.03]中每压缩 $\mathrm{d}x$ 所做的功为 $\mathrm{d}W=200x\,\mathrm{d}x$，故所求做功为

$$W=\int_0^{0.03}200x\,\mathrm{d}x=100[x^2]_0^{0.03}\approx 0.09(\mathrm{J})$$

2. 液体压力

由物理学知道，在水深 h 处的压强为 $p=\rho gh$，这里 ρ 是水的密度，g 是重力加速度. 如果有一面积为 A 的平板，水平放置在水深 h 处，那么平板一侧所受水压力为 $P=p\cdot A$. 若平板垂直放置在水中，由于不同水深处的压强 p 不相等，因而平板一侧所受的水压力就不能直接由上述方法计算. 我们举例说明它的计算方法.

例 8　某水渠中，有一等腰梯形闸门，如图 6－21 所示，当水面与渠顶相齐时，求闸门所受的水压力？

解　如图 6－21 所示选取坐标系，根据闸门关于 x 轴的对称性，只需计算梯形 $OBCE$ 所受压力，然后乘以 2 即得所求水压力. BC 边方程为 $y=-\frac{x}{4}+2$，于是与$[x,x+\mathrm{d}x]$对应的小条梯形（图 6—21 中阴影部分）所受压力为

$$\mathrm{d}P=\rho gx\left(-\frac{x}{4}+2\right)\mathrm{d}x$$

从而所求水压力

$$P=2\int_0^2\rho gx\left(2-\frac{x}{4}\right)\mathrm{d}x=\frac{20}{3}\rho g$$

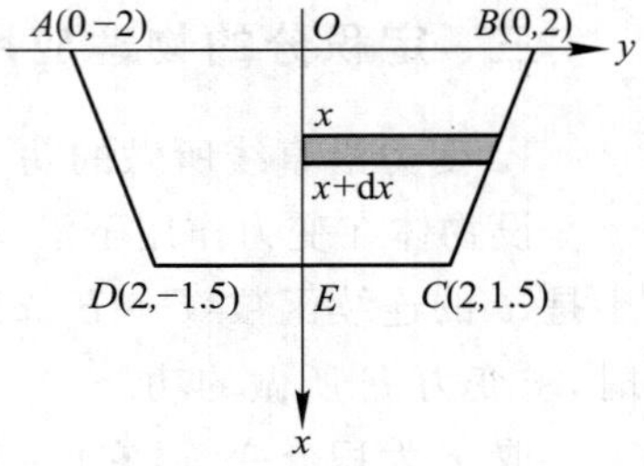

图 6－21

*四、定积分的其他应用

例 9　消费者剩余问题

“需求”是指在一定价格条件下，消费者愿意购买且有支付能力购买的商品量. 消费者对某种商品的需求是由多种因素决定的，其中商品的价格是影响需求的一个主要因素. 现在我们不考虑价格以外的其他因素，只研究需求与价格的关系. 若用 p 表示商品的价格，q 表示需求量，则 $q=g(p)$就称为需求函数. 一般地，商品价格低，需求就大；反之，商品价格高，需求就小，因此 $q=g(p)$是价格 p 的单调递减函数，其反函数 $p=f(q)$，则把价格表示成需求量的函数（如图 6－22 所示）.

若市场价格是 p_1，相应的需求是 $q_1=g(p_1)$，则原打算用高于市场价格 p_1 的价格购买商品的消费者，会由市场价格定在 p_1 而得到好处，这个好处称为消费者剩余（或盈余）. 亦即图 6－22 中带阴影图形的面积为对于价格 p_1 的消费者剩余，记为 U_c.

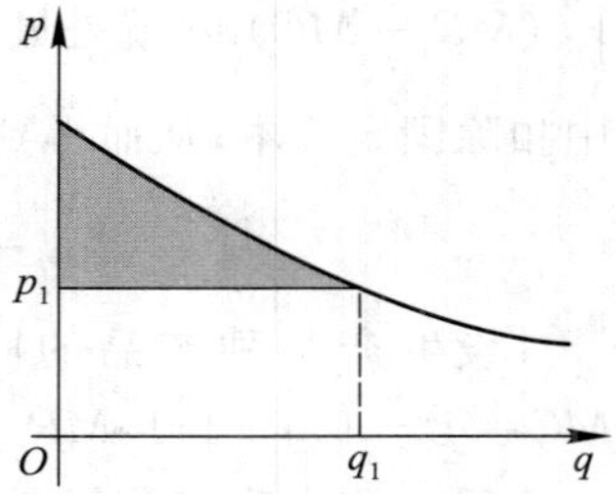

图 6－22

由于阴影图形的边界是 $p=p_1, q=0, q=q_1$ 以及 $p=f(q)$，所以

$$U_c=\int_0^{q_1} f(q)\mathrm{d}q-p_1q_1=\int_0^{q_1}[f(q)-p_1]\mathrm{d}q \tag{10}$$

其中价格 p_1 和以该价格购买的商品量 q_1（即需求量）的乘积 p_1q_1 表示消费者买商品花费的钱数.

例如，设某商品的价格 p 与需求 x 的关系为

$$p=1\,200-0.2x-0.000\,1x^2$$

试求需求为 500 时的消费者剩余.

解 因为商品的需求量 $x=500$，对应的销售价格为

$$p_1=1\,200-0.2\times500-0.000\,1\times500^2=1\,075$$

由(10)式得消费者剩余为

$$U_c=\int_0^{500}[p(x)-p_1]\mathrm{d}x=\int_0^{500}(1\,200-0.2x-0.000\,1x^2-1\,075)\mathrm{d}x$$

$$=\int_0^{500}(125-0.2x-0.000\,1x^2)\mathrm{d}x=\left[125x-0.1x^2-0.000\,1\times\frac{x^3}{3}\right]_0^{500}$$

$$\approx 333\,333.33$$

例 10 最大利润问题

我们曾介绍过边际函数这个经济学中的重要概念. 比如边际成本 MC 和边际收益 MR，它们分别表示总成本 $C=C(q)$，总收益 $R=R(q)$ 对产量（销售量）q 的导数. 现在来讨论已知边际收益 MR，边际成本 MC，固定成本 C_0 及获得最大利润的生产水平 q_0. 如何求最大利润？

一般说来，边际利润 $MR-MC$ 是产出量 q 的函数，而边际利润的积累自然就是总利润. 这样，最大利润就可视为不均匀地分布在产出区间 $[0,q_0]$ 上的一个确定的量，因而这是个定积分问题，我们利用"微元法"进行推导.

在区间 $[0,q_0]$ 上任选一个小的产量区间 $[q,q+\mathrm{d}q]$，在产量从 q 增到 $q+\mathrm{d}q$ 这一生产过程中，所获利润的微元是 $\mathrm{d}L=(MR-MC)\mathrm{d}q$，因此 $L=$

$\int_0^{q_0}(MR-MC)\mathrm{d}q$ 就是最大毛利润. 为了得到最大净利润,需要从毛利润中扣除固定成本,从而得到计算最大净利润的公式为

$$L_{净}=\int_0^{q_0}(MR-MC)\mathrm{d}q-C_0 \tag{11}$$

设生产某种产品的固定成本为 50,边际成本和边际收益分别为 $MC=q^2-14q+111$, $MR=100-2q$. 试确定厂商的最大利润.

解　首先确定获得最大利润的产量 q_0. 因利润函数 $L(q)=R(q)-C(q)$,故由极值存在的必要条件:

$$L'(q)=R'(q)-C'(q)=MR-MC=0$$

即　$100-2q-q^2+14q-111=0$,即 $q^2-12q+11=0$. 解得 $q_1=1, q_2=11$. 又 $L(q)$ 在 q_1 或 q_2 取得极大值的充分条件是 $L''(q)=-2q+12<0$. 由于 $L''(1)=10>0, L''(11)=-10<0$. 即只有 $L''(11)<0$ 才满足充分条件,因此获得最大利润的产量 $q_0=11$,于是由公式(11)可得

$$\begin{aligned}L_{净}&=\int_0^{11}[(100-2q)-(q^2-14q+111)]\mathrm{d}q-50\\&=\int_0^{11}(-q^2+12q-11)\mathrm{d}q-50=\frac{484}{3}-50=\frac{334}{3}\end{aligned}$$

例 11　心脏输出量的测定

某人想成为一名长距离游泳项目的运动员,为此,需要测定他的心脏每分钟输出的血量(简称心脏输出量),使用的方法为“染色稀释法”:程序是先向离心脏较近的静脉注射一定量的染色,于是染色将随血液进入右心房、肺内血管、左心房、动脉,然后从动脉中定期取血样(如每隔 1 s),并测定血样中含染色的浓度,由于血液的稀释,染色的浓度随时间 t(min)变化,从而可测得一个关于 t 的函数 $C(t)$(mg/L),设注射的染色的量为 D(mg),试求心脏输出量 R.

解　理解“染色稀释法”的原理,必须知道在小时间间隔 $[t, t+\mathrm{d}t]$ 内通过取样点的染色量等于浓度 $C(t)$ 乘心脏输出量 R 再乘小区间长度 $\mathrm{d}t$,即 $C(t)R\mathrm{d}t$. 因为所有染色量最终要经过取样点,故染色总量 D 等于各小时间区间内通过取样点染色量的和,即

$$D=\int_0^{T_0}C(t)R\mathrm{d}t=R\int_0^{T_0}C(t)\mathrm{d}t$$

其中 T_0 是全部染色通过取样点的时间. 于是,心脏输出量为

$$R=\frac{D}{\int_0^{T_0}C(t)\mathrm{d}t}$$

如果给某人静脉注射 5.0 mg 染色，用一监测仪测量每秒钟动脉中所含染色的浓度，所得结果为

$$C(t)=\begin{cases}0, & 0\leqslant t\leqslant 2,\\ -0.05(t^2-22t+40), & 2<t<20\end{cases}$$

$T_0=20$ s，则该人的心脏输出量为

$$R=\frac{D}{\int_0^{T_0}C(t)\mathrm{d}t}=\frac{5.0}{-\int_2^{20}0.05(t^2-22t+40)\mathrm{d}t}$$

$$=\frac{5.0}{-0.05\left[\frac{t^3}{3}-11t^2+40t\right]_2^{20}}$$

$$\approx 0.102(\mathrm{L/s})$$

例 12 飞出火星去

火星的直径是 6 794 km，其表面的重力加速度 g 是 3.71 $\mathrm{m/s^2}$，若在火星上发射一枚火箭，试问要用怎样的初速度才能摆脱火星的引力？

解 设火星的半径为 R，质量为 M，火箭的质量为 m. 根据万有引力定律，当火箭离开火星表面距离为 x 时，它所受火星的引力为

$$f=\frac{kMm}{(R+x)^2}$$

当 $x=0$ 时，$f=mg$，因而 $kM=R^2g$，所以

$$f=\frac{R^2gm}{(R+x)^2}$$

如图 6-23 所示，当它再上升 $\mathrm{d}x$ 时，它的势能便增加

$$\mathrm{d}W=f\mathrm{d}x=\frac{R^2gm}{(R+x)^2}\mathrm{d}x$$

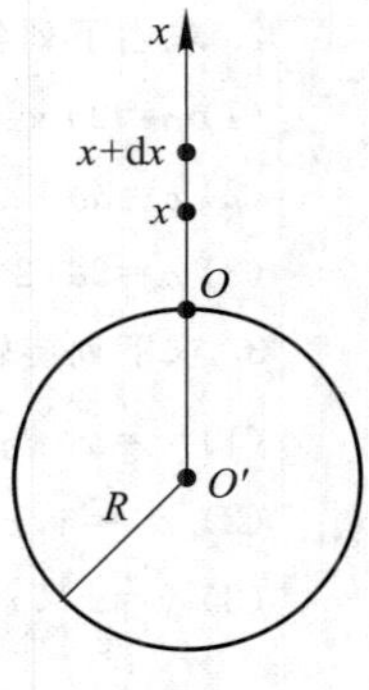

图 6-23

这就是功“元素”，所以火箭自火星表面 $x=0$ 达到高度 h 时，所获得的势能（即要做的功）总共为

$$W=\int_0^h\mathrm{d}W$$

$$=\int_0^h\frac{R^2gm}{(R+x)^2}\mathrm{d}x$$

$$=R^2gm\left(\frac{1}{R}-\frac{1}{R+h}\right)$$

当 $h\to\infty$ 时，$W\to Rgm$，所以初速度 v_0 必须使动能 $\frac{1}{2}mv_0^2\geqslant Rgm$，火

箭才能摆脱火星引力. 由此得 $v_0 \geqslant \sqrt{2gR}$，而 $g=3.71\ \text{m/s}^2$，$R=3\ 397\times 10^3$ m. 故

$$v_0 \geqslant \sqrt{2\times 3.71\times 3\ 397\times 10^3} \approx 5.02\times 10^3(\text{m/s})=5.02(\text{km/s})$$

注：众所周知，脱离地球引力所需要的初速度为 11.2 km/s. 由此看来，如果人类有一天能在火星上居住，那么从火星上乘宇宙飞船去太空遨游应该比从地球上飞去容易得多.

习题 6.6

1. 求由下列各曲线所围成的图形的面积：

(1) $y^2=x$ 与 $y=x$；

(2) $y=x^2$，$y=0$ 与 $x=2$，$x=1$；

(3) $y=e^x$，$y=e^{-x}$ 与 $x=1$；

(4) $y=\frac{1}{2}x^2$ 与 $x^2+y^2=8$（两部分都要计算）；

(5) $y=3-x^2$ 与 $y=2x$；

(6) $y=\ln x$，y 轴与 $y=\ln a$，$y=\ln b$　$(b>a>0)$.

2. 求由下列各曲线所围成的图形的面积：

(1) $\rho=2a\cos\theta$；

(2) $\rho=a\theta$　$(0<\theta<2\pi)$；

(3) $\rho=2a(2+\cos\theta)$.

3. 求下列旋转体的体积：

(1) $y=x^2$ 与 $y=\sqrt{x}$ 所围成的平面图形绕 x 轴旋转；

(2) $xy=4$，$x=1$，$x=4$，$y=0$ 所围成的平面图形绕 x 轴旋转；

(3) $y=x^3$，$x=0$，$y=8$ 所围成的平面图形绕 y 轴旋转；

(4) 星形线 $x^{\frac{2}{3}}+y^{\frac{2}{3}}=a^{\frac{2}{3}}$ 所围成的平面图形绕 x 轴旋转.

4. 计算下列曲线的弧长：

(1) 求曲线 $y=\ln x$ 上相应于 $\sqrt{3}\leqslant x\leqslant\sqrt{8}$ 的一段弧的长度；

(2) 求摆线 $x=a(t-\sin t)$，$y=a(1-\cos t)$ 第一拱 $(0\leqslant t\leqslant 2\pi)$ 的弧长；

(3) 求心形线 $\rho=a(1+\cos\theta)$ 的全长.

5. 半径等于 1 m 的半球形水池，其中充满了水，把池内的水完全吸尽，需做多少功？

6. 一宽为 2 m，高为 3 m 的矩形闸门，当水面离闸门的顶为 2 m 时，它所受的侧压力是多少？

7. 设某产品价格与需求量之间的关系为 $p=30-0.2\sqrt{q}$，如果价格固定在每件 10 元，试计算消费者剩余.

8. 在鱼塘中捕鱼时，鱼越少捕鱼越困难，捕捞的成本也就越高，一般可假设每千克鱼的捕捞成本与当时池塘中的鱼量成反比，现假设当鱼塘中有 x kg 鱼时，每千克的捕捞成本是 $\frac{2\ 000}{10+x}$ 元，已知鱼塘中现有鱼 10 000 kg，问从鱼塘中捕捞 6 000 kg 鱼需花费多少成本？

第七章　二重积分及其应用

定积分是某种特定形式的和的极限，本章我们将定积分的概念和性质推广到二元函数中，建立二重积分的概念，并讨论其计算方法和应用.

7.1　二重积分的概念与性质

一、二重积分的概念

1. 引例

为了引入二重积分的概念，我们先看两个例子.

例 1　曲顶柱体的体积.

设有一立体，它的底是 xOy 平面上的有界闭区域 D，它的侧面是以 D 的边界曲线为准线而母线平行于 z 轴的柱面，它的顶是曲面 $z=f(x,y)$，这里 $f(x,y)\geqslant 0$ 且在 D 上连续(如图 7 - 1 所示)，这种立体称为**曲顶柱体**. 现在我们来讨论它的体积.

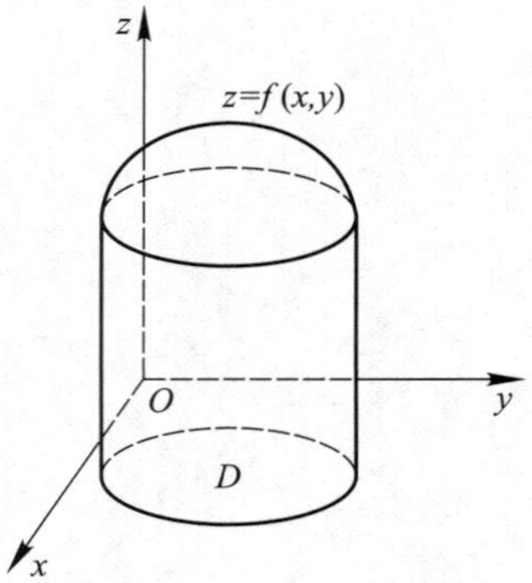

图 7 - 1

我们知道，平顶柱体的高是不变的，它的体积为：

$$体积=高\times 底面积$$

关于曲顶柱体，当点 (x,y) 在区域 D 上变动时，高 $f(x,y)$ 是个变量，因此它的体积不能直接用上述公式来计算. 我们在定积分中讨论过求曲边梯形的面积问题，不难设想，那里所采用的方法，这里同样适用.

(1) 划分　用一曲线网把区域 D 任意分成 n 个小闭区域 $\Delta\sigma_1,\Delta\sigma_2,\cdots,\Delta\sigma_n$. 小区域 $\Delta\sigma_i(i=1,2,\cdots,n)$ 的面积也记作 $\Delta\sigma_i$，以这些小区域的边界曲线为准线，作母线平行于 z 轴的柱面，这些柱面将原来的曲顶柱体分成 n 个小曲顶柱体(如图 7 - 2 所示). 设以小区域 $\Delta\sigma_i$ 为底的小曲顶柱体的

体积为 ΔV_i，则原曲顶柱体的体积为

$$V=\sum_{i=1}^{n}\Delta V_i$$

(2) 近似代替　当小区域 $\Delta\sigma_i$ 的直径(有界闭区域的直径是指该区域中任意两点间距离的最大值)很小时，由于 $f(x,y)$ 连续，所以对同一小区域 $\Delta\sigma_i$ 来说，$f(x,y)$ 变化不会很大，这时 $\Delta\sigma_i$ 所对应的小曲顶柱体可以近似看作平顶柱体，可用小平顶柱体的体积近似地代替对应的小曲顶柱体的体积.

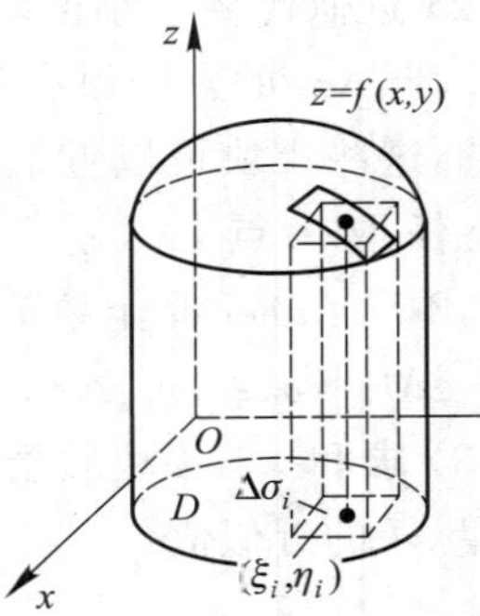

图 7-2

在每个 $\Delta\sigma_i$ 中任取一点 (ξ_i,η_i)，以 $f(\xi_i,\eta_i)$ 为高，$\Delta\sigma_i$ 为底的平顶柱体的体积为 $f(\xi_i,\eta_i)\Delta\sigma_i$，即

$$\Delta V_i\approx f(\xi_i,\eta_i)\Delta\sigma_i\quad(i=1,2,\cdots,n)$$

(3) 求和　上述 n 个小平顶柱体体积之和近似等于曲顶柱体体积 V，即

$$V\approx\sum_{i=1}^{n}f(\xi_i,\eta_i)\Delta\sigma_i$$

(4) 取极限　区域 D 分得越细，$\sum\limits_{i=1}^{n}f(\xi_i,\eta_i)\Delta\sigma_i$ 越接近于体积 V，令 n 个小区域的直径中的最大值(记为 λ)趋于零，这时得到的极限值

$$\lim_{\lambda\to0}\sum_{i=1}^{n}f(\xi_i,\eta_i)\Delta\sigma_i$$

便可以认为是上述曲顶柱体的体积，即

$$V=\lim_{\lambda\to0}\sum_{i=1}^{n}f(\xi_i,\eta_i)\Delta\sigma_i$$

例 2　平面薄片的质量.

设一密度不均匀的平面薄片占有 xOy 平面上的闭区域 D，它在 D 上任意点 (x,y) 处的面密度为 $\rho(x,y)$，设 $\rho(x,y)>0$ 且在 D 上连续，现在计算该薄片的质量 M.

我们知道，当薄片是均匀的，即面密度是常数时，薄片质量为

$$质量=面密度\times面积$$

当面密度 $\rho(x,y)$ 是变量时，上述公式不能直接使用，我们仍采用处理曲顶柱体体积的方法来解决问题.

(1) 划分　将薄片任意分成 n 个小块，每个小块所占的区域为 $\Delta\sigma_i(i=1,2,\cdots,n)$(如图 7-3 所示).

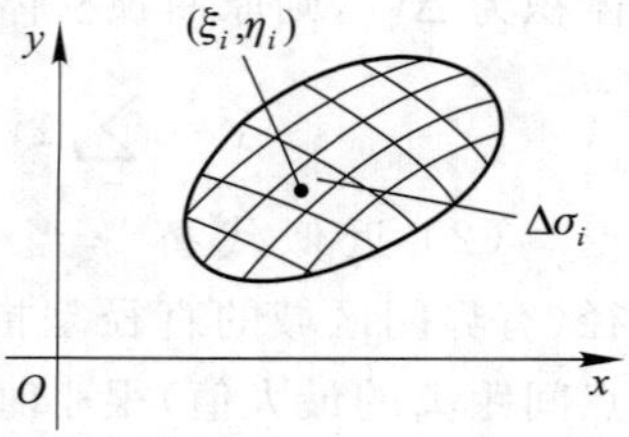

图 7-3

（2）近似代替　小区域 $\Delta\sigma_i$ 的面积也记作 $\Delta\sigma_i$，当 $\Delta\sigma_i$ 的直径很小时，由于 $\rho(x,y)$ 是连续的，这些小块可以近似看作均匀薄片，在 $\Delta\sigma_i$ 上任取一点 (ξ_i,η_i)，则 $\rho(\xi_i,\eta_i)\Delta\sigma_i$ $(i=1,2,\cdots,n)$ 可看作第 i 小块质量的近似值，即 $\Delta M_i\approx\rho(\xi_i,\eta_i)\Delta\sigma_i$.

（3）求和　n 小块质量的近似值相加，就得质量 M 的近似值：

$$M\approx\sum_{i=1}^{n}\rho(\xi_i,\eta_i)\Delta\sigma_i$$

（4）取极限　每个小块薄片所占的小区域 $\Delta\sigma_i$ 直径越小，$\sum\limits_{i=1}^{n}\rho(\xi_i,\eta_i)\Delta\sigma_i$ 越接近于 M，当 n 个小区域 $\Delta\sigma_i$ 中直径的最大值 λ 趋于零时，上述和式的极限就是非均匀薄片的质量，即

$$M=\lim_{\lambda\to0}\sum_{i=1}^{n}\rho(\xi_i,\eta_i)\Delta\sigma_i$$

上述两个例子虽然实际意义不同，但所求量都归结为同一形式的和式的极限，还有许多实际问题都可归结为这种形式的和式的极限，我们把这种和式的极限定义为二重积分.

2. 二重积分的定义

定义　设 $f(x,y)$ 为定义在有界闭区域 D 上的有界函数，将闭区域 D 任意分成 n 个小区域 $\Delta\sigma_1,\Delta\sigma_2,\cdots,\Delta\sigma_n$，其中 $\Delta\sigma_i$ 表示第 i 个小区域，也表示它的面积，在每个小区域 $\Delta\sigma_i$ 上任取一点 (ξ_i,η_i)，作乘积 $f(\xi_i,\eta_i)\Delta\sigma_i$，并作和 $\sum\limits_{i=1}^{n}f(\xi_i,\eta_i)\Delta\sigma_i$，不论对区域 D 怎样划分，也不论 (ξ_i,η_i) 如何选取，如果当各个小区域的直径中的最大值 λ 趋于零时，这和式都趋于相同的极限，则此极限值称为函数 $f(x,y)$ 在区域 D 上的**二重积分**（double integral），记作 $\iint\limits_D f(x,y)\mathrm{d}\sigma$，即

$$\iint\limits_D f(x,y)\mathrm{d}\sigma=\lim_{\lambda\to0}\sum_{i=1}^{n}f(\xi_i,\eta_i)\Delta\sigma_i$$

其中 $f(x,y)$ 称为**被积函数**，$f(x,y)\mathrm{d}\sigma$ 称为**被积表达式**，$\mathrm{d}\sigma$ 称为**面积元素**，x 与 y 称为**积分变量**，D 称为**积分区域**.

同定积分一样，这样定义的二重积分仍然属于黎曼积分，其中的和式

$\sum_{i=1}^{n} f(\xi_i, \eta_i) \Delta\sigma_i$ 称为黎曼和.

可以证明,**当 $f(x,y)$ 在闭区域 D 上连续时,$f(x,y)$ 在 D 上的二重积分必存在**.今后如不特别声明,我们总假定 $f(x,y)$ 在闭区域 D 上的二重积分都存在.

由二重积分的定义可知,当 $f(x,y) \geqslant 0$ 时,曲顶柱体的体积是曲顶上的竖坐标 $f(x,y)$ 在底 D 上的二重积分:

$$V = \iint_D f(x,y) \mathrm{d}\sigma$$

而平面薄片的质量是它的面密度 $\rho(x,y)$ 在薄片所占闭区域 D 上的二重积分:

$$M = \iint_D \rho(x,y) \mathrm{d}\sigma$$

3. 二重积分的几何意义

如上所述,当 $f(x,y) \geqslant 0$ 时,曲顶柱体的体积为

$$V = \iint_D f(x,y) \mathrm{d}\sigma$$

所以,二重积分的几何意义就是曲顶柱体的体积;如果 $f(x,y)$ 是负的,曲顶柱体位于 xOy 面的下方,这时二重积分的值也是负的,二重积分就等于曲顶柱体体积的负值;如果 $f(x,y)$ 在 D 的某些部分区域上是正的,而在其余部分区域上是负的,那么二重积分就等于这些部分区域上曲顶柱体体积的代数和.

二、二重积分的性质

二重积分和定积分有类似的性质,证明从略.

性质 1 被积函数中的常数因子可提到二重积分号的外面,即

$$\iint_D k f(x,y) \mathrm{d}\sigma = k \iint_D f(x,y) \mathrm{d}\sigma$$

性质 2 函数和(或差)的二重积分等于各函数二重积分的和(或差),即

$$\iint_D [f(x,y) \pm g(x,y)] \mathrm{d}\sigma = \iint_D f(x,y) \mathrm{d}\sigma \pm \iint_D g(x,y) \mathrm{d}\sigma$$

性质 2 可推广到有限个函数代数和的情形.

性质 3 如果积分区域 D 被划分成两个区域 D_1 与 D_2,则

$$\iint\limits_{D} f(x,y)\mathrm{d}\sigma=\iint\limits_{D_1} f(x,y)\mathrm{d}\sigma+\iint\limits_{D_2} f(x,y)\mathrm{d}\sigma$$

这个性质表示二重积分对于积分区域具有可加性.

性质 3 可推广到 D 被划分成有限个部分闭区域的情形.

性质 4　若 σ 为闭区域 D 的面积，则 $\iint\limits_{D} 1\cdot\mathrm{d}\sigma=\sigma$.

这个性质的几何意义是明显的，因为高为 1 的平顶柱体的体积在数值上等于其底面积. 利用该性质，可计算平面图形的面积.

性质 5　若在 D 上 $f(x,y)\leqslant g(x,y)$，则

$$\iint\limits_{D} f(x,y)\mathrm{d}\sigma\leqslant\iint\limits_{D} g(x,y)\mathrm{d}\sigma$$

特别地，由于

$$-|f(x,y)|\leqslant f(x,y)\leqslant|f(x,y)|$$

故有

$$\left|\iint\limits_{D} f(x,y)\mathrm{d}\sigma\right|\leqslant\iint\limits_{D}|f(x,y)|\mathrm{d}\sigma$$

性质 6（二重积分的估值定理）　设 M,m 分别是 $f(x,y)$ 在闭区域 D 上的最大值和最小值，σ 是 D 的面积，则有二重积分的估值不等式

$$m\sigma\leqslant\iint\limits_{D} f(x,y)\mathrm{d}\sigma\leqslant M\sigma$$

性质 7（二重积分的中值定理）　设 $f(x,y)$ 在闭区域 D 上连续，σ 是 D 的面积，则 D 上至少存在一点 (ξ,η)，使得

$$\iint\limits_{D} f(x,y)\mathrm{d}\sigma=f(\xi,\eta)\sigma$$

习题 7.1

1　一平面薄板占有 xOy 面上的闭区域 D，薄板上分布有面密度为 $\rho(x,y)$ 的电荷，且 $\rho(x,y)$ 在 D 上连续，试用二重积分表示该薄板上的全部电荷 Q.

2　设 $I_1=\iint\limits_{D_1}(x^2+y^2)\mathrm{d}\sigma$，其中 D_1 是矩形区域 $-1\leqslant x\leqslant 1,-2\leqslant y\leqslant 2$；又 $I_2=\iint\limits_{D_2}(x^2+y^2)\mathrm{d}\sigma$，其中 D_2 是矩形区域 $0\leqslant x\leqslant 1,0\leqslant y\leqslant 2$. 试用二重积分的几何意义说明 I_1 与 I_2 之间的关系.

3. 比较下列积分的大小：

(1) $\iint\limits_D (x+y)^2 \mathrm{d}\sigma$ 与 $\iint\limits_D (x+y)^3 \mathrm{d}\sigma$ ，其中 D 由 x 轴、y 轴及直线 $x+y=1$ 围成；

(2) $\iint\limits_D \ln(x+y)\mathrm{d}\sigma$ 与 $\iint\limits_D [\ln(x+y)]^2 \mathrm{d}\sigma$ ，其中 D 是矩形区域 $2\leqslant x\leqslant 4, 1\leqslant y\leqslant 2$.

4. 估计下列积分的值：

(1) $I=\iint\limits_D (x+y+1)\mathrm{d}\sigma, D=\{(x,y)\mid 0\leqslant x\leqslant 1, 0\leqslant y\leqslant 2\}$；

(2) $I=\iint\limits_D (x^2+4y^2+9)\mathrm{d}\sigma, D=\{(x,y)\mid x^2+y^2\leqslant 4\}$.

7.2 直角坐标系下二重积分的计算

不难想象，按照二重积分的定义来计算二重积分是不可取的，下面我们将根据二重积分的几何意义得出二重积分的计算方法——把二重积分化为二次积分来计算.

若 $f(x,y)$ 在闭区域 D 上的二重积分存在，则对闭区域 D 的任意划分，积分和式的极限唯一存在. 如果在直角坐标系中用平行于坐标轴的直线来划分 D，则除包含边界点的一些小区域外，其余的小区域都是小矩形，设小矩形 $\Delta\sigma$ 的边长为 Δx 和 Δy，如图 7-4 所示，则 $\Delta\sigma=\Delta x\Delta y$，因此在直角坐标系中，有时也把面积元素 $\mathrm{d}\sigma$ 记为 $\mathrm{d}x\mathrm{d}y$，从而二重积分可表示为

$$\iint\limits_D f(x,y)\mathrm{d}x\mathrm{d}y$$

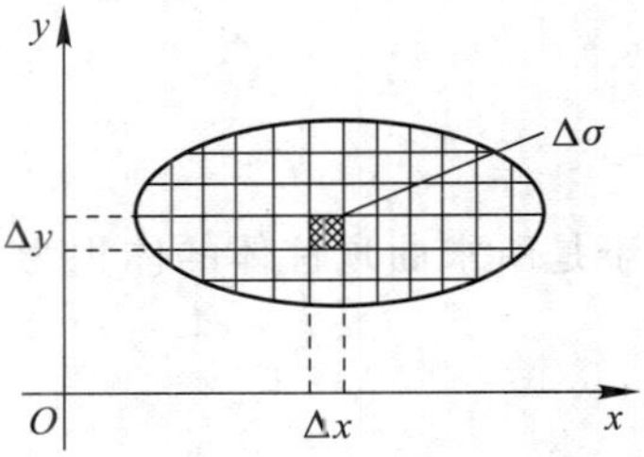

图 7-4

下面我们从几何直观来说明二重积分 $\iint\limits_D f(x,y)\mathrm{d}\sigma$ 的计算方法，讨论中我们假定 $f(x,y)\geqslant 0$ 且在 D 上连续.

设积分区域 D 可以用不等式

$$\varphi_1(x)\leqslant y\leqslant \varphi_2(x),\quad a\leqslant x\leqslant b$$

表示（如图 7-5 所示），其中函数 $\varphi_1(x)$ 及 $\varphi_2(x)$ 在 $[a,b]$ 上连续.

按照二重积分的几何意义，$\iint\limits_D f(x,y)\mathrm{d}\sigma$ 的值等于以 D 为底、以曲面 $z=f(x,y)$ 为顶的曲顶柱体（如图 7-6 所示）的体积，我们用计算已知平行截面面积的立体体积的方法，来计算这个曲顶柱体的体积.

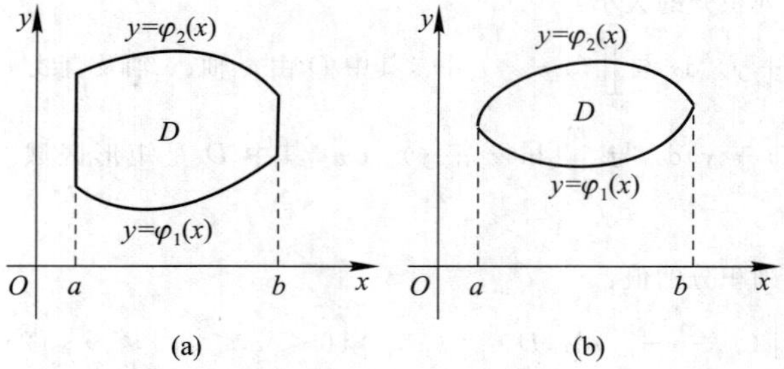

图 7－5

在区间$[a,b]$上任取一点 x，过该点作垂直于 x 轴的平面去截曲顶柱体，所得的截面是一个曲边梯形（图 7－6 中阴影部分）. 其面积

$$A(x)=\int_{\varphi_1(x)}^{\varphi_2(x)} f(x,y)\mathrm{d}y$$

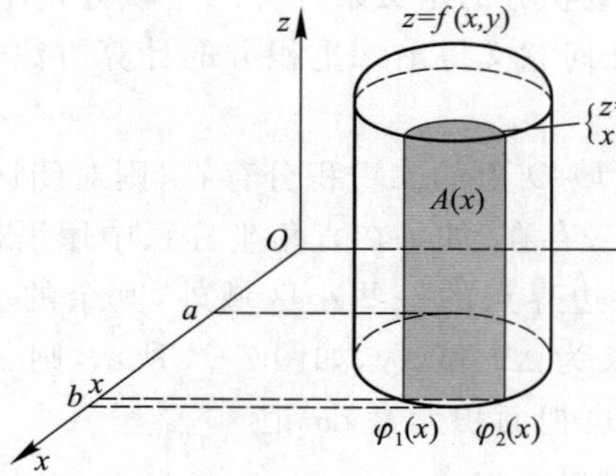

图 7－6

于是所求曲顶柱体的体积为

$$\begin{aligned} V&=\int_a^b A(x)\mathrm{d}x \\ &=\int_a^b\left[\int_{\varphi_1(x)}^{\varphi_2(x)} f(x,y)\mathrm{d}y\right]\mathrm{d}x \end{aligned}$$

这个体积就是所求的二重积分，从而有

$$\iint_D f(x,y)\mathrm{d}\sigma=\int_a^b\left[\int_{\varphi_1(x)}^{\varphi_2(x)} f(x,y)\mathrm{d}y\right]\mathrm{d}x$$

上式右端是一个先对 y，再对 x 的二次积分. 即先把 x 看作常数，把 $f(x,y)$ 只看作 y 的函数，并对 y 计算从 $\varphi_1(x)$ 到 $\varphi_2(x)$ 的定积分，然后把所得的结果（是 x 的函数）再对 x 计算从 a 到 b 的定积分，这个先对 y，后对 x 的积分也常记作

$$\int_a^b \mathrm{d}x \int_{\varphi_1(x)}^{\varphi_2(x)} f(x,y)\mathrm{d}y$$

从而把二重积分化为先对 y，后对 x 的二次积分的公式写作

$$\iint_D f(x,y)\mathrm{d}x\mathrm{d}y = \int_a^b \mathrm{d}x \int_{\varphi_1(x)}^{\varphi_2(x)} f(x,y)\mathrm{d}y \tag{1}$$

类似地，如果积分区域 D 可以用不等式：

$$\psi_1(y) \leqslant x \leqslant \psi_2(y), \quad c \leqslant y \leqslant d$$

表示（如图 7－7 所示），其中 $\psi_1(y)$ 及 $\psi_2(y)$ 在 $[c,d]$ 上连续，那么有

$$\iint_D f(x,y)\mathrm{d}x\mathrm{d}y = \int_c^d \mathrm{d}y \int_{\psi_1(y)}^{\psi_2(y)} f(x,y)\mathrm{d}x \tag{2}$$

这就是把二重积分化为先对 x，后对 y 的二次积分的公式.

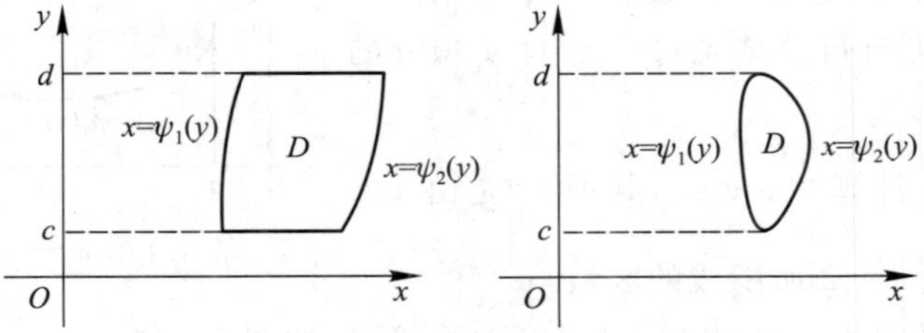

图 7－7

如果积分区域 D 既可用不等式：$\varphi_1(x) \leqslant y \leqslant \varphi_2(x)$，$a \leqslant x \leqslant b$ 表示，也可用不等式：$\psi_1(y) \leqslant x \leqslant \psi_2(y)$，$c \leqslant y \leqslant d$ 表示，那么由公式(1)及(2)，有

$$\int_a^b \mathrm{d}x \int_{\varphi_1(x)}^{\varphi_2(x)} f(x,y)\mathrm{d}y = \int_c^d \mathrm{d}y \int_{\psi_1(y)}^{\psi_2(y)} f(x,y)\mathrm{d}x \tag{3}$$

这是因为上式左右两端等于同一个二重积分 $\iint\limits_D f(x,y)\mathrm{d}x\mathrm{d}y$.

特别地，当 D 是矩形区域 $\{(x,y) \mid a \leqslant x \leqslant b, c \leqslant y \leqslant d\}$ 时，则有

$$\iint_D f(x,y)\mathrm{d}x\mathrm{d}y = \int_a^b \mathrm{d}x \int_c^d f(x,y)\mathrm{d}y = \int_c^d \mathrm{d}y \int_a^b f(x,y)\mathrm{d}x \tag{4}$$

应用公式(1)（或(2)）时，积分区域 D 必须满足条件：D 的边界曲线与平行于 y 轴（或 x 轴）的直线相交不多于两点. 如果积分区域 D 不满足这个条件，如图 7－8 所示，则应把 D 分成若干个部分区域，使每一部分区域满足上述条件. 例如图 7－8 的区域可分成 3 个区域Ⅰ，Ⅱ和Ⅲ，它们中的每一个都满足上述条件，这样就可以在每一部分区域上

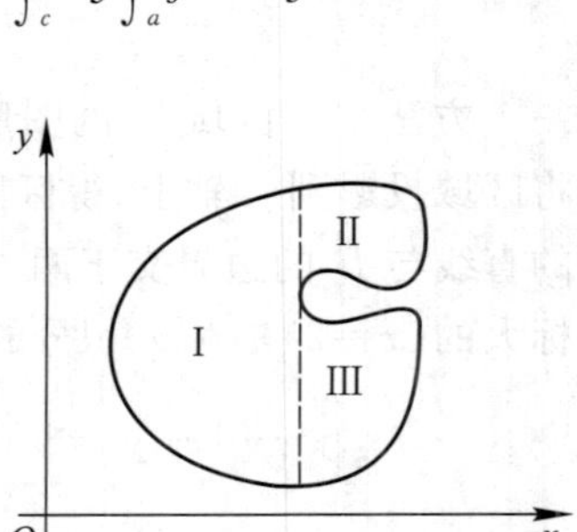

图 7－8

用公式(1)(或(2))计算二重积分,然后把各部分区域上的二重积分加起来,就得到整个区域 D 上的二重积分.

化二重积分为二次积分时,确定积分限是一个关键,由于积分限是根据积分区域 D 确定的,因此应先画出积分区域 D 的图形,再根据 D 的特点来选择合适的积分次序,用穿线法定限,如下所述.

先对 y 后对 x 积分的定限方法是先将区域 D 投影到 x 轴上,得闭区间 $[a,b]$,在 $[a,b]$ 内任取一点 x,过 x 作平行于 y 轴的直线,使之沿 y 轴正向自下而上穿过区域 D,并分别与 D 的边界曲线交于两点 A 与 B,则 A 点的纵坐标 $\varphi_1(x)$ 与 B 点的纵坐标 $\varphi_2(x)$ 就分别是对 y 积分的下限与上限. 对 x 积分时,积分区间就是 $[a,b]$(如图 7-9 所示).

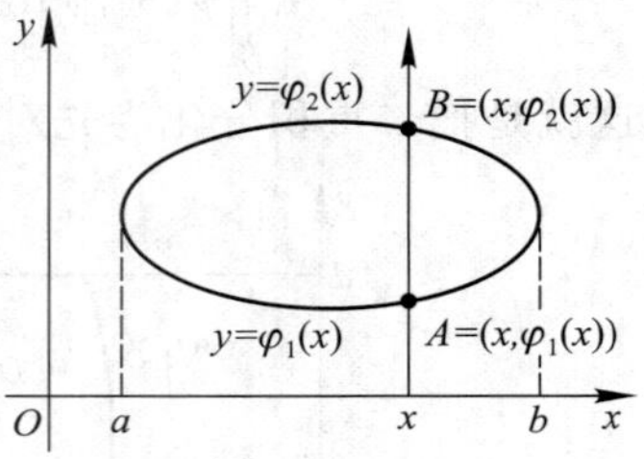

图 7-9

读者可自行总结先对 x 后对 y 积分的定限方法.

例 1　计算 $\iint\limits_D xy\mathrm{d}\sigma$,其中 D 是由 $y=x$,$y=1$ 及 $x=2$ 所围成的区域.

解　方法一　画出积分区域 D 的图形(如图 7-10(a)所示). 若先对 y 后对 x 积分,则将区域投影到 x 轴上,得区间 $[1,2]$,在 $[1,2]$ 内任取一点 x,作平行于 y 轴的直线与 D 的边界交于两点,纵坐标小的($y=1$)是对 y 积分的下限,纵坐标大的($y=x$)是对 y 积分的上限,而区间 $[1,2]$ 就是对 x 积分的积分区间,即

$$\begin{aligned}\iint\limits_D xy\mathrm{d}x\mathrm{d}y &= \int_1^2\mathrm{d}x\int_1^x xy\mathrm{d}y = \int_1^2\left[\frac{1}{2}xy^2\right]_1^x\mathrm{d}x \\ &= \int_1^2\left(\frac{1}{2}x^3-\frac{1}{2}x\right)\mathrm{d}x = \left[\frac{1}{8}x^4-\frac{1}{4}x^2\right]_1^2 \\ &= 1-\left(\frac{1}{8}-\frac{1}{4}\right)=\frac{9}{8}\end{aligned}$$

方法二　区域 D 的图形如图 7-10(b)所示,先对 x 积分后对 y 积分,将区域投影到 y 轴上,得区间 $[1,2]$,在 $[1,2]$ 内任取一点 y,作平行于 x 轴的直线与 D 的边界交于两点,横坐标小的($x=y$)是对 x 积分的下限,横坐标大的($x=2$)是对 x 积分的上限,而区间 $[1,2]$ 就是对 y 的积分区间,即

$$\begin{aligned}\iint\limits_D xy\mathrm{d}x\mathrm{d}y &= \int_1^2\mathrm{d}y\int_y^2 xy\mathrm{d}x = \int_1^2\left[\frac{1}{2}x^2y\right]_y^2\mathrm{d}y \\ &= \int_1^2\left(2y-\frac{1}{2}y^3\right)\mathrm{d}y = \left[y^2-\frac{1}{8}y^4\right]_1^2=\frac{9}{8}\end{aligned}$$

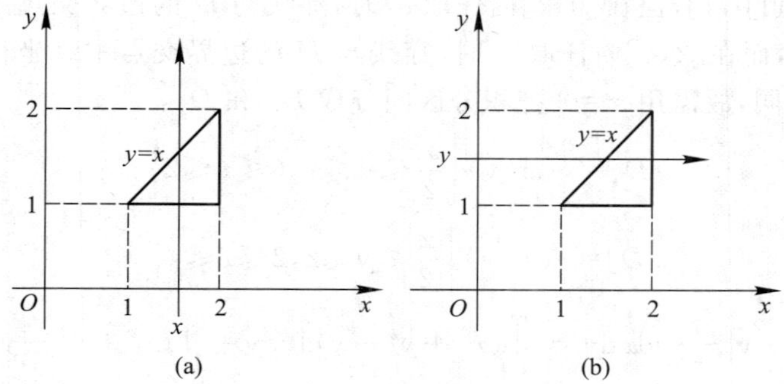

图 7-10

本例中积分函数和积分区域都比较简单,采用两种积分次序均可.

例 2 计算 $\iint\limits_{D}(x^2+y^2-y)\mathrm{d}\sigma$,$D$ 由 $y=x$,$y=\dfrac{x}{2}$ 及 $y=2$ 围成.

解 画出积分区域 D 的图形(如图 7-11(a)所示),先对 x 积分后对 y 积分,由穿线法得 x 的积分下限为 y,积分上限为 $2y$,而 y 的积分区间为[0,2],所以

$$
\begin{aligned}
\iint\limits_{D}(x^2+y^2-y)\mathrm{d}x\mathrm{d}y &= \int_0^2 \mathrm{d}y\int_y^{2y}(x^2+y^2-y)\mathrm{d}x \\
&= \int_0^2\left[\frac{x^3}{3}+xy^2-xy\right]_y^{2y}\mathrm{d}y \\
&= \int_0^2\left(\frac{8}{3}y^3+2y^3-2y^2-\frac{y^3}{3}-y^3+y^2\right)\mathrm{d}y \\
&= \int_0^2\left(\frac{10}{3}y^3-y^2\right)\mathrm{d}y=\frac{32}{3}
\end{aligned}
$$

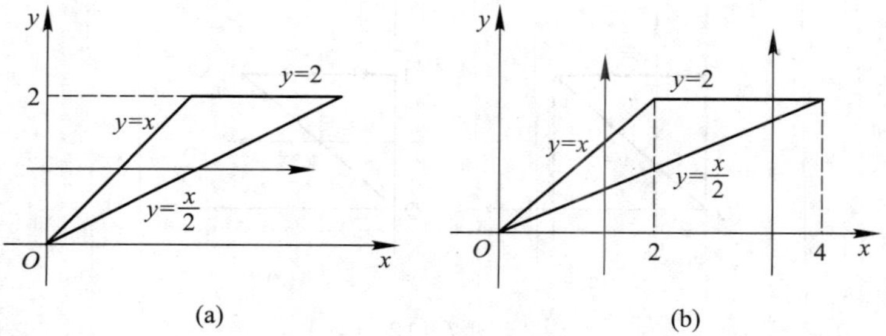

图 7-11

如果先对 y 后对 x 积分(如图 7-11(b)所示),把区域投影到 x 轴

上，得区间[0,4]，但在[0,2]内任取 x 时，穿线与 D 的边界交点中纵坐标大的是 x，而在[2,4]内任取 x 时，穿线与 D 的边界交点中纵坐标大的是 2，二者不同，故需用 $x=2$ 把积分区间分成 D_1 和 D_2：

$$D_1=\left\{(x,y)\left|\frac{x}{2}\leqslant y\leqslant x,0\leqslant x\leqslant 2\right.\right\}$$

$$D_2=\left\{(x,y)\left|\frac{x}{2}\leqslant y\leqslant 2,2\leqslant x\leqslant 4\right.\right\}$$

$$\begin{aligned}\iint_D(x^2+y^2-y)\mathrm{d}x\mathrm{d}y&=\iint_{D_1}(x^2+y^2-y)\mathrm{d}x\mathrm{d}y+\iint_{D_2}(x^2+y^2-y)\mathrm{d}x\mathrm{d}y\\&=\int_0^2\mathrm{d}x\int_{\frac{x}{2}}^{x}(x^2+y^2-y)\mathrm{d}y+\int_2^4\mathrm{d}x\int_{\frac{x}{2}}^{2}(x^2+y^2-y)\mathrm{d}y\end{aligned}$$

这样计算较繁，由于积分区域的关系，因此本例宜采用先对 x 再对 y 积分的积分次序.

例 3　计算二重积分 $\iint\limits_D \mathrm{e}^{-y^2}\mathrm{d}x\mathrm{d}y$，其中 D 是由直线 $y=x$ 及 $y=1$，$x=0$ 所围区域.

解　画出 D 的图形(如图 7-12(a)所示). 若先对 y 后对 x 积分，则得

$$\iint_D \mathrm{e}^{-y^2}\mathrm{d}x\mathrm{d}y=\int_0^1\mathrm{d}x\int_x^1\mathrm{e}^{-y^2}\mathrm{d}y$$

由于上式右端出现了不能用初等函数表示的积分 $\int\mathrm{e}^{-y^2}\mathrm{d}y$，所以计算不出结果，故本题不能先对 y 后对 x 积分.

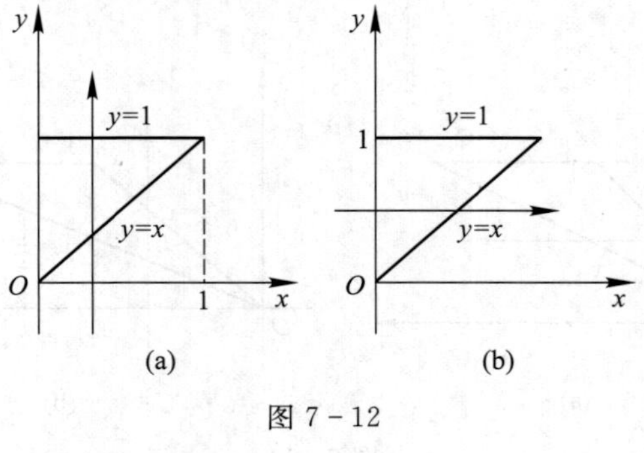

图 7-12

若先对 x 后对 y 积分(如图 7-12(b)所示)，

$$\iint_D e^{-y^2}\,dx\,dy=\int_0^1 dy\int_0^y e^{-y^2}\,dx=\int_0^1[x\,e^{-y^2}]_0^y\,dy$$

$$=\int_0^1 y\,e^{-y^2}\,dy=\left[-\frac{1}{2}e^{-y^2}\right]_0^1=\frac{1}{2}(1-e^{-1})$$

综合上述各例，当我们在计算二重积分时，必须根据积分区域和被积函数的特点，选择适当的积分次序.

例 4 求曲面 $z=2-x^2-y^2$ 与 $z=x^2+y^2$ 所围立体的体积.

解 先画出立体的图形（如图 7－13(a)所示），由图可知，该立体在 xOy 面上的投影区域 D 的边界为两曲面交线在 xOy 面上的投影.

消去方程组 $\begin{cases}z=2-x^2-y^2,\\ z=x^2+y^2\end{cases}$ 中的 z，得积分区域 D 的边界曲线方程为 $x^2+y^2=1$.

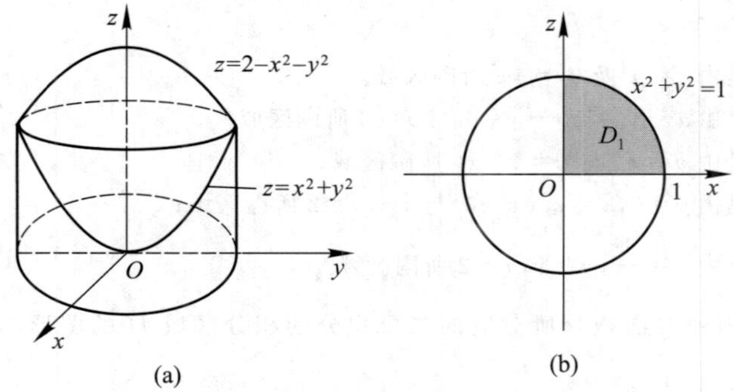

图 7－13

设所求立体体积为 V，它是区域 D 上曲顶为 $z=2-x^2-y^2$ 的柱体体积

$$V_1=\iint_D(2-x^2-y^2)\,dx\,dy$$

与区域 D 上曲顶为 $z=x^2+y^2$ 的柱体体积

$$V_2=\iint_D(x^2+y^2)\,dx\,dy$$

之差，故

$$\begin{aligned}V&=V_1-V_2\\&=\iint_D(2-x^2-y^2)\,dx\,dy-\iint_D(x^2+y^2)\,dx\,dy\\&=2\iint_D(1-x^2-y^2)\,dx\,dy\end{aligned}$$

设立体在第一卦限部分的体积为 V_3，其积分区域为 D_1（如图 7－13(b)所示），利用对称性，得

$$\begin{aligned} V=4V_3&=8\iint\limits_{D_1}(1-x^2-y^2)\mathrm{d}x\mathrm{d}y \\ &=8\int_0^1\mathrm{d}x\int_0^{\sqrt{1-x^2}}(1-x^2-y^2)\mathrm{d}y \\ &=8\int_0^1\frac{2}{3}(1-x^2)^{\frac{3}{2}}\mathrm{d}x=\pi \end{aligned}$$

习题 7.2

1. 把 $\iint\limits_D f(x,y)\mathrm{d}\sigma$ 化为二次积分（分别列出对两个变量先后次序不同的两个二次积分）：

(1) D 是由 $y=x$ 及 $y^2=4x$ 所围区域；

(2) D 是由 $x+y=1,x-y=1$ 与 $x=0$ 所围区域；

(3) D 是由 $y=x^2$ 与 $y=4-x^2$ 所围区域；

(4) D 是由 $y=0,y=x^3(x>0)$ 与 $x+y=2$ 所围区域；

(5) D 是由 $y=\dfrac{1}{x},y=x,x=2$ 所围区域.

2. 画出下列二次积分所对应的二重积分的积分区域 D 的图形，并改变积分次序：

重难点讲解微视频

直角坐标系下二重积分计算

(1) $\int_1^3\mathrm{d}x\int_2^5 f(x,y)\mathrm{d}y$；

(2) $\int_{-1}^1\mathrm{d}x\int_0^{\sqrt{1-x^2}} f(x,y)\mathrm{d}y$；

(3) $\int_1^{\mathrm{e}}\mathrm{d}x\int_0^{\ln x} f(x,y)\mathrm{d}y$；

(4) $\int_0^1\mathrm{d}y\int_0^y f(x,y)\mathrm{d}x$；

(5) $\int_0^{\frac{8}{5}}\mathrm{d}y\int_{-\sqrt{4-y^2}}^{\frac{1}{2}(y-4)} f(x,y)\mathrm{d}x$；

(6) $\int_0^4\mathrm{d}y\int_0^{\frac{y}{2}} f(x,y)\mathrm{d}x+\int_4^6\mathrm{d}y\int_0^{6-y} f(x,y)\mathrm{d}x$.

3. 计算下列二重积分：

(1) $\iint\limits_D \mathrm{e}^{x+y}\mathrm{d}x\mathrm{d}y$，$D:0\leqslant x\leqslant 1,0\leqslant y\leqslant 1$；

(2) $\iint\limits_D (x^3+3x^2y+y^3)\mathrm{d}\sigma$，$D:0\leqslant x\leqslant 1,0\leqslant y\leqslant 1$；

(3) $\iint\limits_D xy^2 d\sigma$, D 是半圆区域:$x^2+y^2\leqslant 4, x\geqslant 0$;

(4) $\iint\limits_D x\sqrt{y}\,dx\,dy$, D 是由 $y=\sqrt{x}$, $y=x^2$ 所围成的区域;

(5) $\iint\limits_D x\,dx\,dy$, D 是由 $y=x^2$ 及 $y=x^3$ 所围成的区域;

(6) $\iint\limits_D x\cos(x+y)\,dx\,dy$, D 是顶点分别为$(0,0)$,$(\pi,0)$与(π,π)的三角形区域.

7.3 极坐标系下二重积分的计算

有些二重积分,其积分区域是圆域、圆环域或它们的一部分,而且被积函数用极坐标 ρ,θ 表示又较简单(比如被积函数中含 x^2+y^2),这时可以利用极坐标计算二重积分

$$\iint\limits_D f(x,y)\,d\sigma$$

我们知道,二重积分的值与区域 D 的分法无关,在直角坐标系下,是用平行于坐标轴的直线网来划分区域 D 的,在极坐标系下,不妨用以极点为圆心的一组同心圆 $\rho=$常数,及从极点出发的一族射线 $\theta=$常数,将区域 D 划分成 n 个小区域(如图 7-14 所示),则除包含边界点的一些小区域外,其余小区域的面积 $\Delta\sigma_i$ 可计算如下:

$$\begin{aligned}\Delta\sigma_i &= \frac{1}{2}(\rho_i+\Delta\rho_i)^2\Delta\theta_i-\frac{1}{2}\rho_i^2\Delta\theta_i\\ &=\frac{1}{2}(2\rho_i+\Delta\rho_i)\Delta\rho_i\Delta\theta_i\\ &=\left(\rho_i+\frac{1}{2}\Delta\rho_i\right)\Delta\rho_i\Delta\theta_i\\ &=\overline{\rho}_i\Delta\rho_i\Delta\theta_i\end{aligned}$$

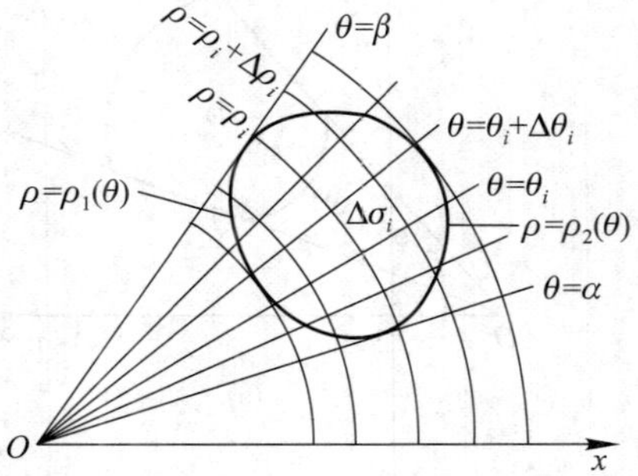

图 7-14

其中 $\overline{\rho}_i=\rho_i+\frac{1}{2}\Delta\rho_i$ 表示相邻两圆弧半径的平均值. 由小区域内点的选取的任意性,不妨在这小区域内取圆周 $\rho=\overline{\rho}_i$ 上的一点$(\overline{\rho}_i,\overline{\theta}_i)$,并设该点的直角坐标为$(\xi_i,\eta_i)$,由于平面上点的直角坐标与极坐标之间有关系式:$x=\rho\cos\theta$, $y=\rho\sin\theta$,则有 $\xi_i=\overline{\rho}_i\cos\overline{\theta}_i$, $\eta_i=\overline{\rho}_i\sin\overline{\theta}_i$. 于是

$$\lim_{\lambda\to 0}\sum_{i=1}^{n}f(\xi_i,\eta_i)\Delta\sigma_i=\lim_{\lambda\to 0}\sum_{i=1}^{n}f(\overline{\rho}_i\cos\overline{\theta}_i,\overline{\rho}_i\sin\overline{\theta}_i)\overline{\rho}_i\Delta\rho_i\Delta\theta_i$$

即

$$\iint\limits_D f(x,y)\mathrm{d}\sigma=\iint\limits_D f(\rho\cos\theta,\rho\sin\theta)\rho\,\mathrm{d}\rho\,\mathrm{d}\theta$$

由于在直角坐标系中 $\iint\limits_D f(x,y)\mathrm{d}\sigma$ 常记作 $\iint\limits_D f(x,y)\mathrm{d}x\,\mathrm{d}y$，所以上式又可写成

$$\iint\limits_D f(x,y)\mathrm{d}x\,\mathrm{d}y=\iint\limits_D f(\rho\cos\theta,\rho\sin\theta)\rho\,\mathrm{d}\rho\,\mathrm{d}\theta \tag{1}$$

(1)式就是二重积分从直角坐标变换为极坐标的变换公式.

极坐标系下的二重积分,同样可化为二次积分来计算. 一般采用先对 ρ 后对 θ 的积分次序.

设积分区域 D 可以用不等式

$$\rho_1(\theta)\leqslant\rho\leqslant\rho_2(\theta),\alpha\leqslant\theta\leqslant\beta$$

表示(如图 7-15 所示),其中函数 $\rho_1(\theta)$，$\rho_2(\theta)$ 在区间 $[\alpha,\beta]$ 上连续. 在 $[\alpha,\beta]$ 上任取一个 θ 值,对于这个 θ 值,区域 D 上的点的极径 ρ 从 $\rho_1(\theta)$ 变到 $\rho_2(\theta)$，而 θ 的变化区间是 $[\alpha,\beta]$，由此可见,极坐标系中二重积分化为二次积分的公式为

$$\iint\limits_D f(\rho\cos\theta,\rho\sin\theta)\rho\,\mathrm{d}\rho\,\mathrm{d}\theta=\int_\alpha^\beta\mathrm{d}\theta\int_{\rho_1(\theta)}^{\rho_2(\theta)}f(\rho\cos\theta,\rho\sin\theta)\rho\,\mathrm{d}\rho \tag{2}$$

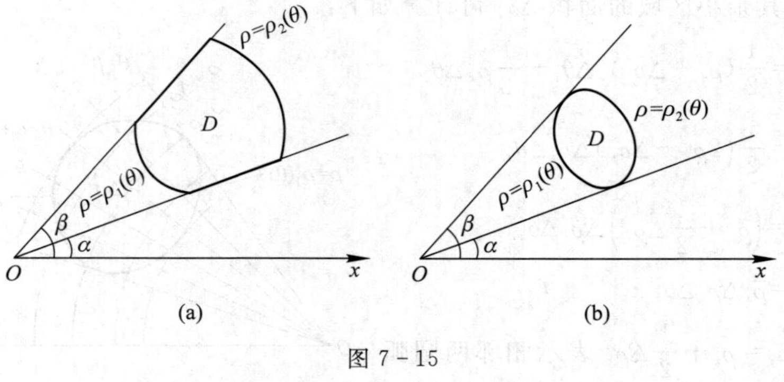

图 7-15

如果积分区域 D 是图 7-16 中所示的曲边扇形,那么可以把它看作图 7-15 的特例($\rho_1(\theta)=0,\rho_2(\theta)=\rho(\theta)$)，这时积分区域可以用不等式 $0\leqslant\rho\leqslant\rho(\theta),\alpha\leqslant\theta\leqslant\beta$ 表示,而公式(2)成为

$$\iint\limits_D f(\rho\cos\theta,\rho\sin\theta)\rho\,\mathrm{d}\rho\,\mathrm{d}\theta=\int_\alpha^\beta\mathrm{d}\theta\int_0^{\rho(\theta)}f(\rho\cos\theta,\rho\sin\theta)\rho\,\mathrm{d}\rho$$

如果积分区域如图 7-17 所示,极点在区域 D 的内部,这时积分区域

D 可以用不等式 $0\leqslant\rho\leqslant\rho(\theta)$，$0\leqslant\theta\leqslant 2\pi$ 表示，而公式(2)成为

$$\iint_D f(\rho\cos\theta,\rho\sin\theta)\rho\,\mathrm{d}\rho\,\mathrm{d}\theta=\int_0^{2\pi}\mathrm{d}\theta\int_0^{\rho(\theta)}f(\rho\cos\theta,\rho\sin\theta)\rho\,\mathrm{d}\rho$$

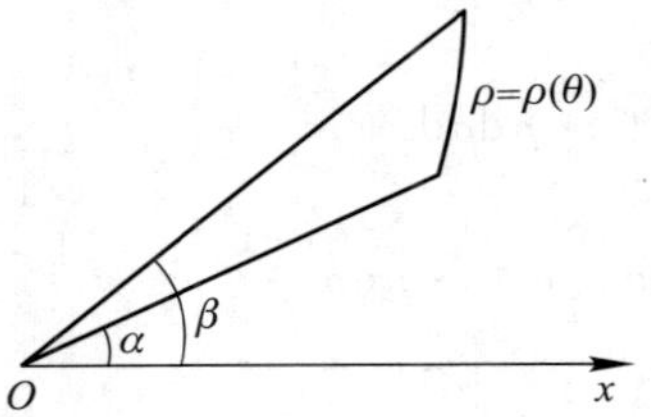

图 7-16

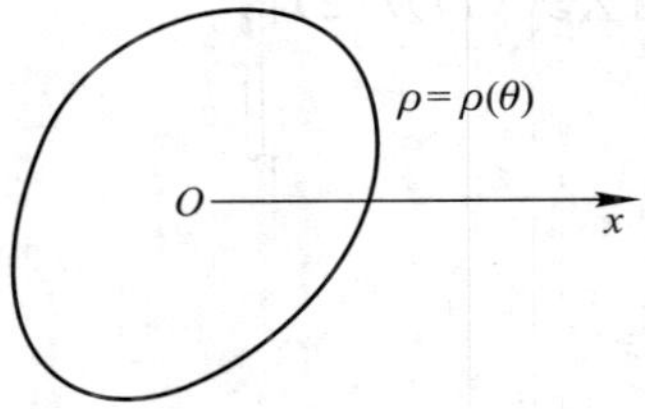

图 7-17

例 1　计算二重积分 $\iint\limits_D(x^2+y^2)\mathrm{d}\sigma$，其中 D 是圆环域 $1\leqslant x^2+y^2\leqslant 4$ 在第一象限的部分(如图 7-18 所示).

解　积分区域是圆环域的一部分，而且被积函数中含 x^2+y^2，故用极坐标计算.区域 D 在极坐标系下表示为

$$1\leqslant\rho\leqslant 2,\quad 0\leqslant\theta\leqslant\frac{\pi}{2}$$

于是由公式(1)及公式(2)得

$$\iint_D(x^2+y^2)\mathrm{d}\sigma=\iint_D\rho^2\cdot\rho\,\mathrm{d}\rho\,\mathrm{d}\theta=\int_0^{\frac{\pi}{2}}\mathrm{d}\theta\int_1^2\rho^3\,\mathrm{d}\rho$$

$$=\int_0^{\frac{\pi}{2}}\left[\frac{\rho^4}{4}\right]_1^2\mathrm{d}\theta=\frac{1}{4}(2^4-1)\cdot\frac{\pi}{2}=\frac{15}{8}\pi$$

例 2　计算 $\iint\limits_D\mathrm{e}^{-x^2-y^2}\mathrm{d}\sigma$，其中 D 是圆心在坐标原点，半径为 R 的圆域(如图 7-19 所示).

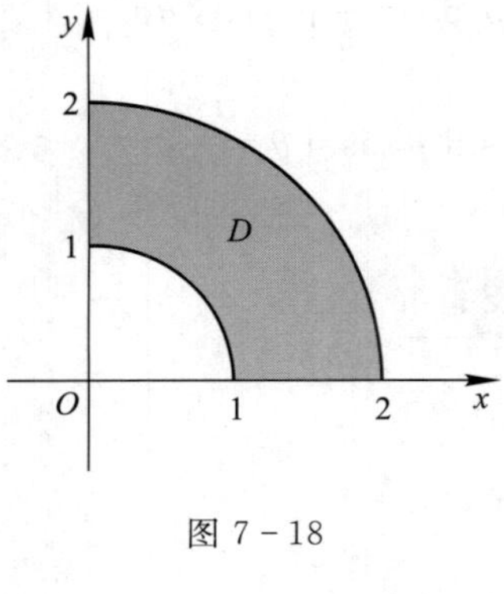

图 7-18

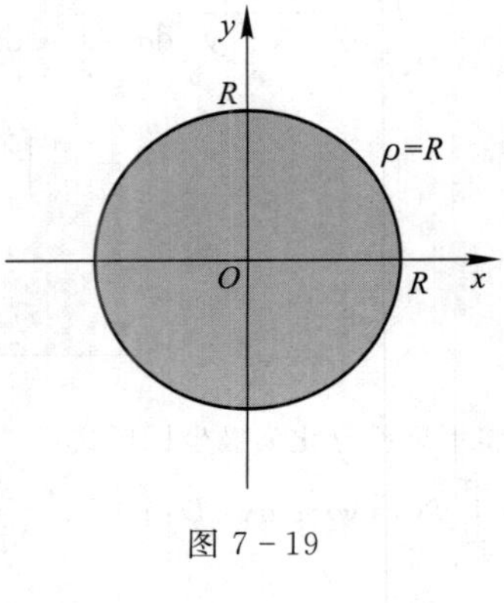

图 7-19

解　由于被积函数中含 x^2+y^2，而且积分区域为圆域，故用极坐标计算，圆域在极坐标系下表示为：

$$0\leqslant\rho\leqslant R,\quad 0\leqslant\theta\leqslant 2\pi$$

于是由公式(1)及(2)得

$$\begin{aligned}\iint_D e^{-x^2-y^2}\,d\sigma &= \iint_D e^{-\rho^2}\cdot\rho\,d\rho\,d\theta\\ &= \int_0^{2\pi}d\theta\int_0^R e^{-\rho^2}\cdot\rho\,d\rho\\ &= 2\pi\left[-\frac{1}{2}e^{-\rho^2}\right]_0^R\\ &= \pi(1-e^{-R^2})\end{aligned}$$

在上面计算中，用了

$$\int_0^{2\pi}d\theta\int_0^R e^{-\rho^2}\cdot\rho\,d\rho=\left(\int_0^{2\pi}d\theta\right)\cdot\left(\int_0^R e^{-\rho^2}\cdot\rho\,d\rho\right)$$

本例如果用直角坐标计算，则由于 $\int e^{-x^2}\,dx$ 不能用初等函数表示，所以算不出来.

例 3　计算二重积分 $\iint\limits_D\sqrt{x^2+y^2}\,d\sigma$，其中 D 是圆域 $x^2+y^2\leqslant 2x$.

解　积分区域 D 如图 7－20 所示. 在极坐标系下区域 D 的边界曲线方程为 $\rho=2\cos\theta$. 积分区域可表示为

$$0\leqslant\rho\leqslant 2\cos\theta,\quad -\frac{\pi}{2}\leqslant\theta\leqslant\frac{\pi}{2}$$

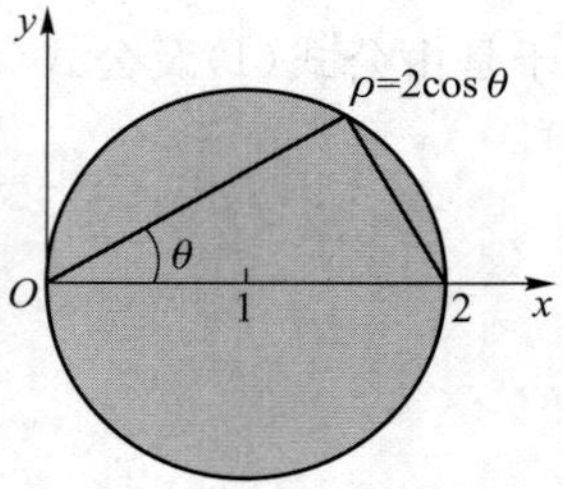

图 7－20

于是

$$\begin{aligned}\iint_D\sqrt{x^2+y^2}\,d\sigma &=\int_{-\frac{\pi}{2}}^{\frac{\pi}{2}}d\theta\int_0^{2\cos\theta}\rho^2\,d\rho=\frac{8}{3}\int_{-\frac{\pi}{2}}^{\frac{\pi}{2}}\cos^3\theta\,d\theta\\ &=\frac{8}{3}\int_{-\frac{\pi}{2}}^{\frac{\pi}{2}}(1-\sin^2\theta)\,d\sin\theta=\frac{32}{9}\end{aligned}$$

习题 7.3

1. 将下列积分化为极坐标形式：

(1) $\iint\limits_D f(x,y)\,dx\,dy$，$D$：$a^2\leqslant x^2+y^2\leqslant b^2$；

(2) $\iint\limits_D f(x,y)\mathrm{d}x\mathrm{d}y$，$D$：$x^2+y^2\leqslant 2Ry, x\geqslant 0$；

(3) $\int_0^R \mathrm{d}x\int_0^{\sqrt{R^2-x^2}} f(x,y)\mathrm{d}y$.

2. 利用极坐标计算下列二重积分：

(1) $\iint\limits_D \mathrm{e}^{x^2+y^2}\mathrm{d}x\mathrm{d}y$，$D$：$x^2+y^2\leqslant 4$；

(2) $\iint\limits_D \ln(1+x^2+y^2)\mathrm{d}x\mathrm{d}y$，$D$：$x^2+y^2\leqslant 1, x\geqslant 0, y\geqslant 0$；

(3) $\iint\limits_D \sin\sqrt{x^2+y^2}\,\mathrm{d}x\mathrm{d}y$，$D$：$\pi^2\leqslant x^2+y^2\leqslant 4\pi^2$；

(4) $\iint\limits_D (x^2+y^2)\mathrm{d}x\mathrm{d}y$，$D$：$x^2+y^2\leqslant 2x$.

3. 设平面薄片所占的闭区域 D 是由直线 $x+y=2$，$y=x$ 和 x 轴所围成的，它的面密度是 $\rho(x,y)=x^2+y^2$，求该薄片的质量.

重难点讲解微视频

极坐标系下二重积分的计算

7.4 二重积分的应用

在定积分的应用中，我们曾介绍过微元法（元素法），这种方法也可推广到二重积分的应用中. 如果所要计算的某个量 V 对于区域 D 具有可加性（即当区域 D 分成许多小区域时，所求量 V 相应地分成许多部分量，而 V 等于这些部分量之和），并且在区域 D 内任取一个直径很小的区域 $\mathrm{d}\sigma$，相应的部分量都可近似地表示为 $f(x,y)\mathrm{d}\sigma$ 的形式，其中点 (x,y) 在 $\mathrm{d}\sigma$ 内，那么 $f(x,y)\mathrm{d}\sigma$ 称为所求量 V 的元素，记作 $\mathrm{d}V$，以它为被积表达式，在区域 D 上的积分 $\iint\limits_D f(x,y)\mathrm{d}\sigma$ 就是所求量的积分表达式，即

$$V=\iint\limits_D f(x,y)\mathrm{d}\sigma$$

注意 这个 $f(x,y)\mathrm{d}\sigma$ 与部分量之差，当 $\mathrm{d}\sigma$ 的直径趋于零时，是比 $\mathrm{d}\sigma$ 高阶的无穷小.

一、立体的体积

由二重积分的几何意义可知，如果 $f(x,y)\geqslant 0$，则以曲面 $z=f(x,y)$ 为顶，xOy 平面上闭区域 D 为底的曲顶柱体的体积是

$$V=\iint\limits_D f(x,y)\mathrm{d}\sigma$$

如果 $f(x,y)\leqslant 0$，则以曲面 $z=f(x,y)$ 为顶，xOy 平面上闭区域 D 为底的曲顶柱体的体积是

$$V=-\iint_D f(x,y)\mathrm{d}\sigma$$

这就是说，曲顶柱体的体积可以利用二重积分进行计算.

一个立体，若能分解成若干个曲顶柱体，则它的体积也就可以利用二重积分进行计算了.

例 1　求两个底圆半径相等的直交圆柱面所围成的立体的体积.

解　设圆柱面的底圆半径为 R，且这两个圆柱面的方程分别为

$$x^2+y^2=R^2 \quad 及 \quad x^2+z^2=R^2$$

利用立体关于坐标平面的对称性，只要算出它在第一卦限部分的体积 V_1（如图 7-21(a)所示），再乘 8 即可.

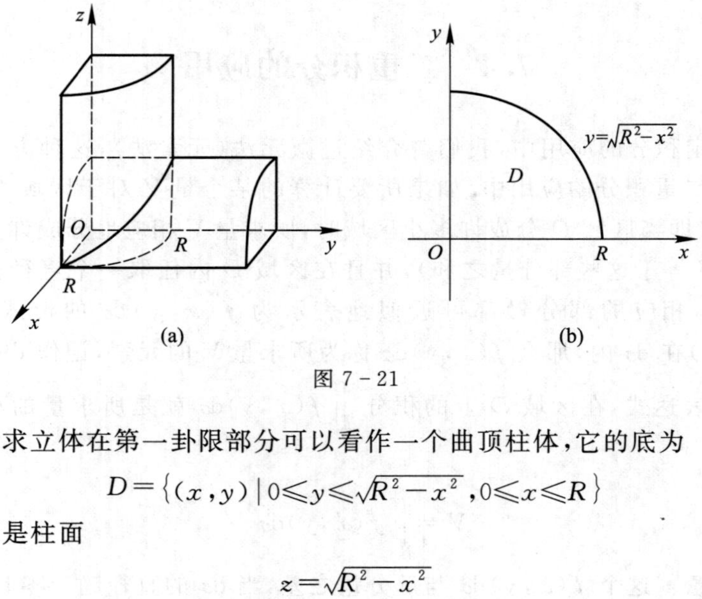

图 7-21

所求立体在第一卦限部分可以看作一个曲顶柱体，它的底为

$$D=\left\{(x,y)\,\middle|\,0\leqslant y\leqslant\sqrt{R^2-x^2},0\leqslant x\leqslant R\right\}$$

它的顶是柱面

$$z=\sqrt{R^2-x^2}$$

于是

$$V_1=\iint_D\sqrt{R^2-x^2}\,\mathrm{d}x\,\mathrm{d}y=\int_0^R\mathrm{d}x\int_0^{\sqrt{R^2-x^2}}\sqrt{R^2-x^2}\,\mathrm{d}y$$

$$=\int_0^R\left[\sqrt{R^2-x^2}\cdot y\right]_0^{\sqrt{R^2-x^2}}\mathrm{d}x=\int_0^R(R^2-x^2)\mathrm{d}x=\frac{2}{3}R^3$$

从而所求立体体积为

$$V=8V_1=\frac{16}{3}R^3$$

例 2 求由曲面 $z=x^2+2y^2$ 及 $z=6-2x^2-y^2$ 所围成的立体的体积.

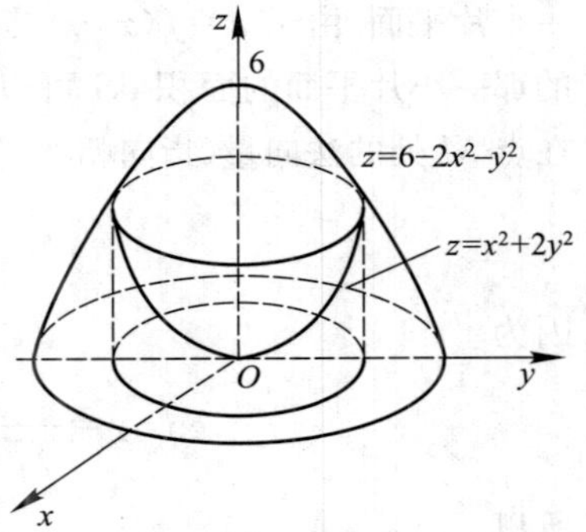

图 7 - 22

解 如图 7 - 22 所示,所求立体体积 V 是以曲面 $z=6-2x^2-y^2$ 为顶,以 D: $x^2+y^2\leqslant 2$ 为底的曲顶柱体体积 V_1 与以曲面 $z=x^2+2y^2$ 为顶,以 D:$x^2+y^2\leqslant 2$ 为底的曲顶柱体体积 V_2 之差,所以

$$\begin{aligned}V&=V_1-V_2\\&=\iint_D(6-2x^2-y^2)\mathrm{d}x\,\mathrm{d}y-\iint_D(x^2+2y^2)\mathrm{d}x\,\mathrm{d}y\\&=\iint_D(6-3x^2-3y^2)\mathrm{d}x\,\mathrm{d}y\\&=\int_0^{2\pi}\mathrm{d}\theta\int_0^{\sqrt{2}}(6-3\rho^2)\rho\,\mathrm{d}\rho\\&=2\pi\left[6\cdot\frac{\rho^2}{2}-\frac{3}{4}\rho^4\right]_0^{\sqrt{2}}\\&=6\pi\end{aligned}$$

*二、曲面的面积

设曲面 Σ 的方程为

$$z=f(x,y)$$

D 为曲面 Σ 在 xOy 面上的投影区域,函数 $f(x,y)$ 在 D 上具有一阶连续偏导数 $f_x(x,y)$ 及 $f_y(x,y)$,我们来计算曲面 Σ 的面积 S.

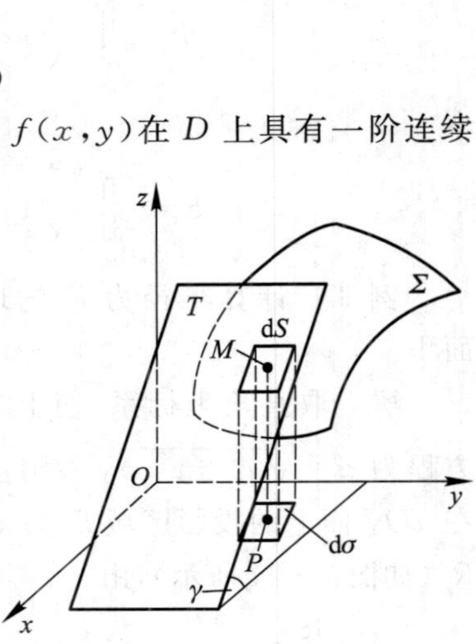

图 7 - 23

在区域 D 上任取一直径很小的区域 $\mathrm{d}\sigma$(其面积也记作 $\mathrm{d}\sigma$),在 $\mathrm{d}\sigma$ 内任取一点 $P(x,y)$,曲面 Σ 上有一点 $M(x,y,f(x,y))$与之对应,即点 P 是点 M 在 xOy 面上的投影,设点 M 处曲面 Σ 的切平面为 T(如图 7 - 23 所示),以 $\mathrm{d}\sigma$ 边界为准线作母线平行于 z 轴的柱面,它在曲面 Σ 上截下一小片曲面,同时也在切平面 T 上截下

一小片平面.由于 $z=f(x,y)$ 具有连续偏导数，$\mathrm{d}\sigma$ 的直径又很小，切平面 T 上的那一小片平面的面积 $\mathrm{d}S$ 可以近似代替相应那小块曲面的面积，设曲面 Σ 在点 M 处的法向量（指向朝上）与 z 轴正向的夹角为 γ，则

$$\mathrm{d}S=\frac{\mathrm{d}\sigma}{\cos\gamma}$$

因为

$$\cos\gamma=\frac{1}{\sqrt{1+f_x^2(x,y)+f_y^2(x,y)}}$$

所以

$$\mathrm{d}S=\sqrt{1+f_x^2(x,y)+f_y^2(x,y)}\,\mathrm{d}\sigma$$

这就是曲面 Σ 的面积微元，以它为被积函数在区域 D 上积分，就得到曲面 Σ 的面积.

$$S=\iint\limits_D\sqrt{1+f_x^2(x,y)+f_y^2(x,y)}\,\mathrm{d}\sigma$$

或写作

$$S=\iint\limits_D\sqrt{1+\left(\frac{\partial z}{\partial x}\right)^2+\left(\frac{\partial z}{\partial y}\right)^2}\,\mathrm{d}x\,\mathrm{d}y$$

如果曲面的方程为 $x=g(y,z)$ 或 $y=h(x,z)$，则可分别把曲面投影到 yOz 面上（投影区域记作 D_{yz}）或 zOx 面上（投影区域记作 D_{zx}），类似地可得

$$S=\iint\limits_{D_{yz}}\sqrt{1+\left(\frac{\partial x}{\partial y}\right)^2+\left(\frac{\partial x}{\partial z}\right)^2}\,\mathrm{d}y\,\mathrm{d}z$$

或

$$S=\iint\limits_{D_{zx}}\sqrt{1+\left(\frac{\partial y}{\partial z}\right)^2+\left(\frac{\partial y}{\partial x}\right)^2}\,\mathrm{d}z\,\mathrm{d}x$$

例 3　计算半径为 R 的球面的表面积.

解　取直角坐标系，使上半球面的方程为 $z=\sqrt{a^2-x^2-y^2}$，则上半球面在 xOy 面上的投影区域 D 为 $x^2+y^2\leqslant R^2$（如图 7-24 所示），由

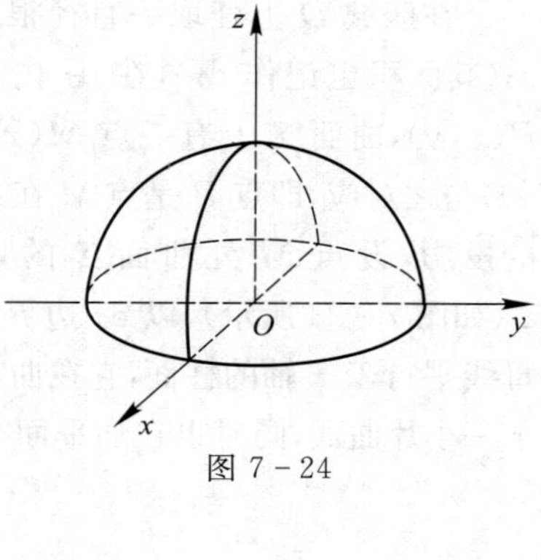

图 7-24

$$\frac{\partial z}{\partial x}=-\frac{x}{\sqrt{R^2-x^2-y^2}}$$

$$\frac{\partial z}{\partial y}=-\frac{y}{\sqrt{R^2-x^2-y^2}}$$

得

$$\sqrt{1+\left(\frac{\partial z}{\partial x}\right)^2+\left(\frac{\partial z}{\partial y}\right)^2}=\frac{R}{\sqrt{R^2-x^2-y^2}}$$

由于该函数在区域 D 的边界即圆周 $x^2+y^2=R^2$ 上不连续，我们不能直接应用曲面面积公式，所以先取区域 D_1：

$$x^2+y^2\leqslant R_1^2\quad(0<R_1<R)$$

为积分区域，算得相应于 D_1 上的球面面积 S_1 后，令 $R_1\to R$，取 S_1 的极限*，就得到上半球面的表面积：

$$\begin{aligned}S_1&=\iint\limits_{D_1}\frac{R}{\sqrt{R^2-x^2-y^2}}\mathrm{d}x\,\mathrm{d}y=R\int_0^{2\pi}\mathrm{d}\theta\int_0^{R_1}\frac{\rho\,\mathrm{d}\rho}{\sqrt{R^2-\rho^2}}\\&=2\pi R\int_0^{R_1}\frac{\rho\,\mathrm{d}\rho}{\sqrt{R^2-\rho^2}}=2\pi R(R-\sqrt{R^2-R_1^2})\end{aligned}$$

故

$$\lim_{R_1\to R}S_1=\lim_{R_1\to R}2\pi R(R-\sqrt{R^2-R_1^2})=2\pi R^2$$

这就是上半球面的面积，于是整个球面的面积为

$$S=4\pi R^2$$

例 4 求球面 $x^2+y^2+z^2=a^2$ 含在柱面 $x^2+y^2=ax\,(a>0)$ 内部的面积.

解 图 7－25 中阴影部分面积为所求面积的$\frac{1}{4}$，由球面方程

$$x^2+y^2+z^2=a^2$$

得上半球面方程为

$$z=\sqrt{a^2-x^2-y^2}$$

从而

$$z_x=-\frac{x}{\sqrt{a^2-x^2-y^2}}$$

$$z_y=-\frac{y}{\sqrt{a^2-x^2-y^2}}$$

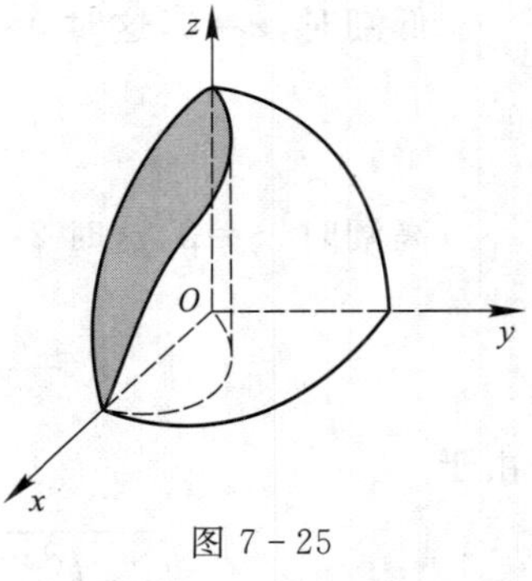

图 7－25

* 该极限就是函数$\frac{R}{\sqrt{R^2-x^2-y^2}}$在闭区域 D 上的所谓反常二重积分.

所以

$$\sqrt{1+z_x^2+z_y^2}=\frac{a}{\sqrt{a^2-x^2-y^2}}$$

于是所求面积为

$$S=4\iint_D \frac{a}{\sqrt{a^2-x^2-y^2}}\mathrm{d}x\,\mathrm{d}y$$

其中 D 是以圆域 $x^2+y^2\leqslant ax$ 在第一象限的部分. 利用极坐标计算，得

$$\begin{aligned}S&=4\int_0^{\frac{\pi}{2}}\mathrm{d}\theta\int_0^{a\cos\theta}\frac{a}{\sqrt{a^2-\rho^2}}\rho\,\mathrm{d}\rho=4a\int_0^{\frac{\pi}{2}}\left[-\sqrt{a^2-\rho^2}\right]_0^{a\cos\theta}\mathrm{d}\theta\\&=4a\int_0^{\frac{\pi}{2}}(a-a\sin\theta)\mathrm{d}\theta=4a\left[a\theta+a\cos\theta\right]_0^{\frac{\pi}{2}}\\&=2a^2(\pi-2)\end{aligned}$$

例 5　设在海湾中，海潮的高潮与低潮之间的差是 2 m，一个小岛的陆地海拔高度 $z=30\left(1-\frac{x^2+y^2}{10^6}\right)$ m，并设海平面 $z=0$ 对应于低潮的位置，求高潮与低潮时小岛露出水面的面积之比.

解　这是利用计算曲面面积来解决的一个实际问题. 由题设已知曲面的方程是 $z=30\left(1-\frac{x^2+y^2}{10^6}\right)$，根据求曲面面积的公式

$$S=\iint_{D_{xy}}\sqrt{1+\left(\frac{\partial z}{\partial x}\right)^2+\left(\frac{\partial z}{\partial y}\right)^2}\,\mathrm{d}x\,\mathrm{d}y$$

关键是分别找出高潮与低潮时的 D_{xy}.

低潮时，$z=0$，这时 $0=30\left(1-\frac{x^2+y^2}{10^6}\right)$，故 D_{xy}（低）为

$$x^2+y^2\leqslant 10^6$$

高潮时，$z=2$，这时 $2=30\left(1-\frac{x^2+y^2}{10^6}\right)$，故 D_{xy}（高）为

$$x^2+y^2\leqslant 10^6\left(1-\frac{1}{15}\right)=\frac{14}{15}\times 10^6$$

由于

$$\sqrt{1+\left(\frac{\partial z}{\partial x}\right)^2+\left(\frac{\partial z}{\partial y}\right)^2}=\sqrt{1+\frac{36(x^2+y^2)}{10^{10}}}$$

因此低潮时面积

$$S_{低}=\iint\limits_{D_{xy(低)}}\sqrt{1+\frac{36(x^2+y^2)}{10^{10}}}\,dx\,dy=\int_0^{2\pi}d\theta\int_0^{10^3}\sqrt{1+\frac{36\rho^2}{10^{10}}}\,\rho\,d\rho$$

$$=2\pi\cdot\frac{10^{10}}{72}\int_0^{10^3}\left(1+\frac{36\rho^2}{10^{10}}\right)^{\frac{1}{2}}d\left(1+\frac{36\rho^2}{10^{10}}\right)$$

$$=\left[\frac{10^{10}}{36}\pi\cdot\frac{2}{3}\left(1+\frac{36\rho^2}{10^{10}}\right)^{\frac{3}{2}}\right]_0^{10^3}=\frac{10^4}{54}\pi\cdot 5\ 404.857$$

同样可算得

$$S_{高}=\int_0^{2\pi}d\theta\int_0^{10^3\sqrt{\frac{14}{15}}}\sqrt{1+\frac{36\rho^2}{10^{10}}}\,\rho\,d\rho=\frac{10^4}{54}\pi\cdot 5\ 044.231\ 3$$

于是面积之比为

$$\frac{S_{高}}{S_{低}}=0.933\ 3$$

习题 7.4

1. 求由 $x=0,y=0,x=1,y=1,z=0$ 及 $2x+3y+z=6$ 所围成的立体体积.
2. 求由 $z=x^2+y^2$,坐标面与 $x+y=1$ 所围成的立体的体积.
3. 求由旋转抛物面 $z=2-x^2-y^2$ 与 $z=x^2+y^2$ 所围立体的体积.
4. 求平面 $\frac{x}{a}+\frac{y}{b}+\frac{z}{c}=1$ 被三个坐标面所割出部分的面积.

第八章　微分方程

我们知道，函数是研究客观事物运动规律的重要工具，找出函数关系，在实践中具有重要意义. 可在许多实际问题中，我们常常不能直接给出所需要的函数关系，但我们能给出含有所求函数的导数(或微分)的方程，这样的方程称为微分方程，我们需要从这些方程中求出所要求的函数. 本章主要介绍微分方程的基本概念及求解微分方程中未知函数的几种常见的解析方法.

8.1　微分方程的基本概念

一、引例

例 1　一曲线通过点(1,2)，且在该曲线上任一点 $M(x,y)$ 处的切线的斜率为 $2x$，求此曲线的方程.

解　设所求曲线方程为 $y=y(x)$，根据导数的几何意义，$y(x)$ 应满足：

$$\frac{\mathrm{d}y}{\mathrm{d}x}=2x \tag{1}$$

及条件

$$y\big|_{x=1}=2 \tag{2}$$

对(1)式两边积分，得

$$y=\int 2x\,\mathrm{d}x$$

即

$$y=x^2+C \tag{3}$$

将条件(2)代入(3)式，可得 $C=1$，则所求曲线方程为

$$y=x^2+1 \tag{4}$$

例 2　一汽车在公路上以 10 m/s 的速度行驶，司机突然发现汽车前

方 20m 处有一小孩在路上玩耍，司机立即刹车，已知汽车刹车后获得加速度为 $-4\ m/s^2$，问汽车是否会撞到小孩？

解 设汽车刹车后 t s 内行驶了 s m，根据题意，反映刹车阶段汽车运动规律的函数 $s=s(t)$，应满足方程

$$\frac{d^2 s}{dt^2}=-4 \tag{5}$$

及条件

$$s|_{t=0}=0,\quad v|_{t=0}=\left.\frac{ds}{dt}\right|_{t=0}=10 \tag{6}$$

对(5)式两端积分一次，得

$$v=\frac{ds}{dt}=-4t+C_1 \tag{7}$$

再积分一次，得

$$s=-2t^2+C_1 t+C_2 \tag{8}$$

将条件 $v|_{t=0}=10$ 代入(7)式中，得 $C_1=10$，将条件 $s|_{t=0}=0$ 代入(8)式，得 $C_2=0$，从而得到

$$v=-4t+10 \tag{9}$$

$$s=-2t^2+10t \tag{10}$$

在(9)式中令 $v=0$，得到从开始刹车到完全停住所需要的时间 $t=2.5$ s，因此刹车后汽车行驶距离为

$$s=-2\times 2.5^2+10\times 2.5=12.5(\text{m})$$

所以汽车不会撞到小孩.

上述两例中，(1)式和(5)式都含有未知函数的导数，它们都是微分方程.

二、微分方程的基本概念

凡含有未知函数的导数或微分的方程，称为**微分方程**(differential equation). 未知函数为一元函数的微分方程，叫做**常微分方程**(ordinary differential equation). 未知函数为多元函数的微分方程，叫做**偏微分方程**(partial differential equation). 这里我们只讨论常微分方程，简称之为微分方程，例如

$$\frac{d^2 y}{dx^2}+p\frac{dy}{dx}+qy=f(x) \tag{11}$$

$$\frac{dy}{dx}+y=2x \tag{12}$$

$$\frac{d^n y}{dx^n}+1=0 \tag{13}$$

等都是常微分方程.

微分方程中出现的未知函数的导数或微分的最高阶数,称为该微分方程的**阶**(order),例如方程(1)和(12)为一阶微分方程,方程(5)和(11)为二阶微分方程,而方程(13)是 n 阶微分方程.

如果将一个函数代入微分方程后能使该方程成为恒等式,则称这个函数为该微分方程的**解**(solution).如式(3),(4)为微分方程(1)的解,而式(8)和(10)则是微分方程(5)的解.

如果微分方程的解中含有任意常数,且相互独立的任意常数的个数与微分方程的阶数相同,这样的解叫做此微分方程的**通解**(general solution).如式(3)和(8)分别是微分方程(1)与(5)的通解.由于通解中含有任意常数,所以它还不能确切地反映某一客观事物的特定规律,为此,要根据问题的实际情况,提出确定通解中任意常数的条件,这种条件称为**定解条件**.确定了通解中的任意常数后所得的解,称为微分方程的**特解**(particular solution).如式(10)是微分方程(5)的满足条件(6)的特解.

形如 $y\big|_{x=0}=0$ 或 $s\big|_{t=0}=0$,$\frac{ds}{dt}\big|_{t=0}=10$ 的定解条件,即根据所研究系统所处的初始时刻的状态得到的定解条件,称为**初值条件**(initial condition).初值条件的个数通常等于微分方程的阶数,一阶微分方程的初值条件一般为$y\big|_{x=x_0}=y_0$;二阶微分方程的初值条件为 $y\big|_{x=x_0}=y_0$,$y'\big|_{x=x_0}=y'_0$,其中 x_0,y_0,y'_0 都是已知的值.

从几何上看,微分方程的通解对应着平面上的一族曲线,称其为微分方程的**积分曲线族**,而特解则对应着积分曲线族中的某一条曲线,称其为**积分曲线**(integral curve).如 $y=x^2+C$ 是方程(1)的积分曲线族,而 $y=x^2+1$ 只是其中过(1,2)点的一条积分曲线.

下面对微分方程的解做三点说明:

1° 微分方程的解有三种形式,即显式解,如 $y=f(x)$ 或 $x=\varphi(y)$;隐式解,如 $F(x,y)=0$;参数方程解,如 $x=\varphi(t)$,$y=\psi(t)$(参数方程解的形式在此教材中不讨论).

2° 并不是所有的微分方程都存在通解.

例如,微分方程 $|y'|^2+1=0$ 无解;微分方程 $y'^2+y^2=0$ 只有解 $y=0$.这两个方程均没有通解.

3° 微分方程的通解并非包含此微分方程的一切解.

例如,微分方程 $y'^2+y^2-1=0$ 的通解是 $y=\sin(x+C)$,但 $y=\pm1$ 也是此方程的解,却不包含在通解中.

习题 8.1

1. 验证下列各已知函数是所给微分方程的解:

(1) $y=4x^2$, $x\dfrac{dy}{dx}=2y$;

(2) $y=\cot\varphi$, $\sin\varphi\cos\varphi\dfrac{dy}{d\varphi}+y=0$;

(3) $y=3\sin x-4\cos x$, $y''+y=0$;

(4) $y=C_1e^x+C_2e^{2x}$, $y''-3y'+2y=0$;

(5) $y=3x+x^3-9$, $(1+x^2)y''=2xy'$.

2. 在下列各题中,给出了微分方程的通解,按照所给的初值条件确定特解:

(1) $x^2-4y^2=C$, $y|_{x=0}=1$;

(2) $xy^2+x^2y=C$, $y|_{x=1}=1$;

(3) $y=(C_1+C_2x)e^{2x}$, $y|_{x=0}=0$, $y'|_{x=0}=1$;

(4) $y=C_1\cos kx+C_2\sin kx$, $y|_{x=0}=5$, $y'|_{x=0}=0$.

3. 曲线上任一点 $P(x,y)$ 处法线斜率为 x^2,求该曲线所满足的微分方程.

8.2 可分离变量的一阶微分方程

如果**一阶微分方程**(differential equation of first order)

$$y'=f(x,y) \tag{1}$$

能化成

$$g(y)dy=f(x)dx \tag{2}$$

的形式,即可表示为一端只含 y 的函数和 dy,而另一端只含 x 的函数和 dx,那么原方程就称为**可分离变量的微分方程**(differential equation of separated variables).

形如

$$\frac{dy}{dx}=f(x)g(y)$$

$$P_1(x)P_2(y)dx+Q_1(x)Q_2(y)dy=0$$

的方程均为可分离变量的微分方程.

对(2)式两端分别积分,便可得到此微分方程的通解

$$\int g(y)\mathrm{d}y=\int f(x)\mathrm{d}x+C$$

其中 C 是任意常数.

例 1　求微分方程 $y'=3x^2y$ 的通解.

解　原方程是可分离变量的一阶微分方程,分离变量得

$$\frac{1}{y}\mathrm{d}y=3x^2\mathrm{d}x$$

两边积分,得通解

$$\ln|y|=x^3+C_1 \tag{3}$$

说明:事实上在此例中分离变量时已假定 $y\neq0$,而 $y\equiv0$ 也是此方程的解,在分离变量时被"丢失"了,为了使原方程的通解表达得更完整,通常可以按下面方法处理:把 $\ln|y|=x^3+C_1$ 改写成 $y=\pm \mathrm{e}^{C_1}\mathrm{e}^{x^3}$,因 $\pm \mathrm{e}^{C_1}$ 仍是任意常数,可令其为 C,则原方程的通解可表示为

$$y=C\mathrm{e}^{x^3} \tag{4}$$

当 $C=0$ 时,$y=C\mathrm{e}^{x^3}$ 就是 $y\equiv0$. 所以(4)式是比(3)式更完整的通解. 由于通解是方程的含有任意常数的解,而并非一切解,因此式(3)和(4)都可以理解为方程 $y'=3x^2y$ 的通解,它们都达到了要求,不必过分考虑"失解"现象;但如果问题是求特解,就要考虑在分离变量时可能丢失的解.

例 2　求微分方程 $x(1+y^2)\mathrm{d}x=y(1+x^2)\mathrm{d}y$ 的通解及在条件 $y|_{x=1}=1$ 下的特解.

解　分离变量,得

$$\frac{y}{1+y^2}\mathrm{d}y=\frac{x}{1+x^2}\mathrm{d}x$$

两边积分,得

$$\frac{1}{2}\ln(1+y^2)=\frac{1}{2}\ln(1+x^2)+\frac{1}{2}\ln C$$

即

$$1+y^2=C(1+x^2)$$

再利用初值条件 $y|_{x=1}=1$,确定 $C=1$,从而所求特解为 $y=x$.

例 3　种群的自然生长受到环境资源的限制,若种群数量的最大值为 b,则种群生长速度不仅与 t 时刻种群数量 N 成正比,且与密度制约因子 $\frac{b-N}{b}$ 成正比,试确定种群生长规律.

解　由题设条件可得方程

$$\frac{dN}{dt}=k\,\frac{b-N}{b}\cdot N$$

或

$$\frac{dN}{dt}=a(b-N)N$$

其中 $a=\frac{k}{b}$.

分离变量,得

$$\frac{dN}{N(b-N)}=a\,dt$$

两边积分

$$\int\frac{N+(b-N)}{N(b-N)}dN=\int ab\,dt$$

得

$$\ln\frac{N}{b-N}=abt+\ln C$$

$$\frac{N}{b-N}=Ce^{abt}$$

于是

$$N=\frac{Cbe^{abt}}{1+Ce^{abt}}=\frac{b}{1+\frac{1}{C}e^{-abt}}$$

这就是种群的生长规律.

习题 8.2

1. 求下列微分方程的通解：

(1) $\frac{dy}{dx}=e^{x-y}$；　(2) $xy'-y\ln y=0$；

(3) $\sec^2 x\tan y\,dx+\sec^2 y\tan x\,dy=0$；　(4) $xy\,dx+(x^2+1)dy=0$；

(5) $\frac{dy}{dx}=-x\sqrt{y}$；　(6) $(e^{x+y}-e^x)dx+(e^{x+y}+e^y)dy=0$.

2. 求下列微分方程满足所给初值条件的特解：

(1) $y'=e^{2x-y},\ y\big|_{x=0}=0$；

(2) $\sin x\mathrm{d}y-y\ln y\mathrm{d}x=0,y\big|_{x=\frac{\pi}{2}}=\mathrm{e}$;

(3) $\sin y\cos x\mathrm{d}y=\cos y\sin x\mathrm{d}x,y\big|_{x=0}=\frac{\pi}{4}$;

(4) $x\mathrm{d}y+2y\mathrm{d}x=0,y\big|_{x=2}=1$.

3. 已知曲线过点$\left(1,\frac{1}{3}\right)$,且在曲线上任一点的切线斜率等于自原点到该切点的连线的斜率的两倍,求此曲线方程.

8.3 一阶线性微分方程

形如

$$y'+P(x)y=Q(x) \tag{1}$$

的方程叫做**一阶线性微分方程**(linear differential equation of first order).它的特点为左端是关于未知函数 y 及其一阶导数 y' 的一次式.如果 $Q(x)\equiv 0$,则方程(1)称为**一阶线性齐次微分方程**;当 $Q(x)\not\equiv 0$ 时,方程(1)称为**一阶线性非齐次微分方程**.

我们先来讨论一阶线性齐次微分方程

$$y'+P(x)y=0 \tag{2}$$

的解法.

一、一阶线性齐次微分方程

方程(2)是可分离变量的微分方程,分离变量后,得

$$\frac{\mathrm{d}y}{y}=-P(x)\mathrm{d}x$$

两边积分,得

$$\ln|y|=-\int P(x)\mathrm{d}x+\ln C$$

即

$$y=C\mathrm{e}^{-\int P(x)\mathrm{d}x} \tag{3}$$

这就是线性齐次微分方程(2)的**通解**.

比如线性齐次微分方程

$$y'-\frac{1}{x}y=0$$

的通解为

$$y=C\mathrm{e}^{-\int -\frac{1}{x}\mathrm{d}x}=C\mathrm{e}^{\ln x}=Cx$$

二、一阶线性非齐次微分方程

由于齐次方程(2)是非齐次方程(1)当 $Q(x)\equiv 0$ 时的特殊情形,所以可以设想,它们的解之间也必有某种关系.现在,我们把对应的齐次方程的通解(3)中的任意常数 C 换成 x 的待定函数 $C(x)$,即令

$$y=C(x)\mathrm{e}^{-\int P(x)\mathrm{d}x} \tag{4}$$

将它代入方程(1)中,若由此能确定出 $C(x)$,则(4)式就是方程(1)的解.

事实上,由(4)式可得

$$\frac{\mathrm{d}y}{\mathrm{d}x}=\frac{\mathrm{d}C(x)}{\mathrm{d}x}\mathrm{e}^{-\int P(x)\mathrm{d}x}-P(x)C(x)\mathrm{e}^{-\int P(x)\mathrm{d}x}$$

代入(1)式中,有

$$\frac{\mathrm{d}C(x)}{\mathrm{d}x}\mathrm{e}^{-\int P(x)\mathrm{d}(x)}-P(x)C(x)\mathrm{e}^{-\int P(x)\mathrm{d}x}+P(x)C(x)\mathrm{e}^{-\int P(x)\mathrm{d}x}=Q(x)$$

即

$$C'(x)=Q(x)\mathrm{e}^{\int P(x)\mathrm{d}x}$$

积分得

$$C(x)=\int Q(x)\mathrm{e}^{\int P(x)\mathrm{d}x}\mathrm{d}x+C$$

将其代入(4)式,就得到了一阶线性非齐次方程(1)的通解

$$y=\mathrm{e}^{-\int P(x)\mathrm{d}x}\left[\int Q(x)\mathrm{e}^{\int P(x)\mathrm{d}x}\mathrm{d}x+C\right] \tag{5}$$

上述将对应的齐次方程通解中的任意常数 C 替换成 x 的待定函数,并将其代入非齐次方程中以确定 $C(x)$,从而求得非齐次方程的通解的方法叫做**常数变易法**(method of variation of constant).

将(5)式改写成两项之和的形式

$$y=C\mathrm{e}^{-\int P(x)\mathrm{d}x}+\mathrm{e}^{-\int P(x)\mathrm{d}x}\int Q(x)\mathrm{e}^{\int P(x)\mathrm{d}x}\mathrm{d}x$$

上式右端第一项是方程(1)对应的齐次方程(2)的通解,令 $C=0$,则得到第二项,它是非齐次方程(1)的一个特解.由此可知,**一阶线性非齐次微分方程的通解等于它对应的齐次方程的通解与非齐次方程的一个特解之和.**

对于高阶线性微分方程,其通解结构也有类似的结论.

例 1 求方程 $xy'+y=\mathrm{e}^x$ 的通解.

解 将方程改写为

$$y'+\frac{y}{x}=\frac{e^x}{x}$$

它是一阶线性微分方程，其中

$$P(x)=\frac{1}{x},\quad Q(x)=\frac{e^x}{x}$$

方法一　利用常数变易法，先求对应齐次方程

$$y'+\frac{1}{x}y=0$$

的通解. 为此，分离变量

$$\frac{1}{y}dy=-\frac{1}{x}dx$$

两边积分，得

$$\ln|y|=-\ln|x|+\ln C$$

或

$$y=\frac{C}{x}$$

将 C 换成 x 的待定函数 $C(x)$，并将

$$y=\frac{C(x)}{x}$$

代入原方程，经整理得

$$C'(x)=e^x$$

解得

$$C(x)=e^x+C$$

于是原方程的通解为

重难点讲解
微视频

一阶线性微分方程求解

$$y=\frac{1}{x}(e^x+C)$$

方法二　直接利用一阶线性非齐次微分方程的通解公式(5)，得

$$\begin{aligned}y&=e^{-\int\frac{1}{x}dx}\left(\int\frac{e^x}{x}e^{\int\frac{1}{x}dx}dx+C\right)=e^{-\ln x}\left(\int\frac{e^x}{x}e^{\ln x}dx+C\right)\\&=\frac{1}{x}\left(\int e^x dx+C\right)=\frac{1}{x}(e^x+C)\end{aligned}$$

例 2　求方程 $x^2dy+(2xy-x+1)dx=0$ 在条件 $y|_{x=1}=0$ 下的特解.

解　原方程可化为

$$\frac{dy}{dx}+\frac{2y}{x}=\frac{x-1}{x^2}$$

这是一阶线性非齐次微分方程,其中

$$P(x)=\frac{2}{x},\quad Q(x)=\frac{x-1}{x^2}$$

代入公式(5),得

$$y=\mathrm{e}^{-\int\frac{2}{x}\mathrm{d}x}\left(\int\frac{x-1}{x^2}\mathrm{e}^{\int\frac{2}{x}\mathrm{d}x}\mathrm{d}x+C\right)=\mathrm{e}^{-2\ln x}\left(\int\frac{x-1}{x^2}\mathrm{e}^{2\ln x}\mathrm{d}x+C\right)$$

$$=\frac{1}{x^2}\left(\int\frac{x-1}{x^2}\cdot x^2\mathrm{d}x+C\right)$$

$$=\frac{1}{x^2}\left(\frac{x^2}{2}-x+C\right)=\frac{1}{2}-\frac{1}{x}+\frac{C}{x^2}$$

再由初值条件 $y|_{x=1}=0$,得 $C=\frac{1}{2}$,故所求特解为

$$y=\frac{1}{2}-\frac{1}{x}+\frac{1}{2x^2}$$

例 3 求方程 $y\mathrm{d}x=(3x+y^4)\mathrm{d}y$ 的通解.

解 显然这个方程不是关于未知函数 y 的一阶线性微分方程,但若把 x 看成未知函数,y 作为自变量,则原方程化为

$$\frac{\mathrm{d}x}{\mathrm{d}y}-\frac{3}{y}x=y^3$$

这是关于未知函数 x 的一阶线性微分方程,其中

$$P(y)=-\frac{3}{y},\quad Q(y)=y^3$$

代入通解公式(5),得

$$x=\mathrm{e}^{-\int-\frac{3}{y}\mathrm{d}y}\left(\int y^3\mathrm{e}^{-\int\frac{3}{y}\mathrm{d}y}\mathrm{d}y+C\right)$$

$$=\mathrm{e}^{3\ln y}\left(\int y^3\mathrm{e}^{-3\ln y}\mathrm{d}y+C\right)=y^3\left(\int\mathrm{d}y+C\right)$$

$$=y^3(y+C)=y^4+Cy^3$$

三、伯努利微分方程

形如

$$\frac{\mathrm{d}y}{\mathrm{d}x}+P(x)y=Q(x)y^n\quad(n\neq0,1)\tag{6}$$

的方程称为**伯努利微分方程**(Bernoulli differential equation).当 $n=0$ 或

1时，就是一阶线性微分方程．当 $n\neq0$ 且 $n\neq1$ 时，我们可以通过变量代换，把它化为一阶线性微分方程．

方程两边同除以 y^n，得

$$y^{-n}\frac{\mathrm{d}y}{\mathrm{d}x}+P(x)y^{1-n}=Q(x)$$

或

$$\frac{1}{1-n}\frac{\mathrm{d}(y^{1-n})}{\mathrm{d}x}+P(x)y^{1-n}=Q(x)$$

引入新的未知函数 $z=y^{1-n}$，则上式可化为

$$\frac{\mathrm{d}z}{\mathrm{d}x}+(1-n)P(x)z=(1-n)Q(x)$$

这是关于未知函数 z 的一阶线性微分方程，求出其通解后，以 y^{1-n} 代替 z，便可得到伯努利方程的通解．

例 4　求方程 $\dfrac{\mathrm{d}y}{\mathrm{d}x}+\dfrac{y}{x}=x^2y^6$ 的通解．

解　此方程为伯努利方程．以 y^6 除方程两端，得

$$y^{-6}\frac{\mathrm{d}y}{\mathrm{d}x}+\frac{1}{x}y^{-5}=x^2$$

即

$$-\frac{1}{5}\frac{\mathrm{d}(y^{-5})}{\mathrm{d}x}+\frac{1}{x}y^{-5}=x^2$$

令 $z=y^{-5}$，则上述方程成为

$$\frac{\mathrm{d}z}{\mathrm{d}x}-\frac{5}{x}z=-5x^2$$

这是一个一阶线性微分方程，代入通解公式，得

$$\begin{aligned}z&=\mathrm{e}^{-\int-\frac{5}{x}\mathrm{d}x}\left(\int-5x^2\mathrm{e}^{\int-\frac{5}{x}\mathrm{d}x}\mathrm{d}x+C\right)\\&=\mathrm{e}^{5\ln x}\left(-5\int x^2\mathrm{e}^{-5\ln x}\mathrm{d}x+C\right)\\&=x^5\left(-5\int\frac{1}{x^3}\mathrm{d}x+C\right)\\&=x^5\left(\frac{5}{2x^2}+C\right)=\frac{5}{2}x^3+Cx^5\end{aligned}$$

以 y^{-5} 代替 z，得所求方程的通解为

$$\frac{1}{y^5}=\frac{5}{2}x^3+Cx^5$$

习题 8.3

1. 求下列微分方程的通解：

(1) $xy'=y+x\ln x$；

(2) $y'+y\tan x-\sin 2x=0$；

(3) $(y^2-6x)\frac{\mathrm{d}y}{\mathrm{d}x}+2y=0$；

(4) $y\ln y\mathrm{d}x+(x-\ln y)\mathrm{d}y=0$；

(5) $\frac{\mathrm{d}y}{\mathrm{d}x}+xy=x^3y^3$；

(6) $\frac{\mathrm{d}y}{\mathrm{d}x}+\frac{y}{x}=a(\ln x)y^2$.

2. 求下列微分方程满足所给初值条件的特解：

(1) $y'-y\tan x=\sec x, y\big|_{x=0}=0$；

(2) $y'+\frac{y}{x}=\frac{\sin x}{x}, y\big|_{x=\pi}=1$；

(3) $y'+y\cos x=\sin x\cos x, y\big|_{x=0}=1$；

(4) $y'+3y=8, y\big|_{x=0}=2$.

3. 一曲线通过原点且曲线上任意一点处切线斜率为 $2x+y$，求该曲线的方程.

4. 设有一质量为 m 的质点做直线运动. 从速度等于零的时刻起，有一个与运动方向一致、大小与时间成正比（比例系数为 k_1）的力作用于它，此外还受一与速度成正比（比例系数为 k_2）的阻力作用. 求质点运动的速度与时间的函数关系.

8.4 可降阶的高阶微分方程

二阶及二阶以上的微分方程统称为**高阶微分方程**（differential equation of higher order）. 对于有些高阶微分方程，可通过适当的变量代换将它转化为较低阶的方程来求解. 下面介绍三种常见的可降阶的微分方程的求解方法.

一、$y^{(n)}=f(x)$ 型的高阶微分方程

对于此类微分方程，只要把 $y^{(n-1)}$ 作为新的未知函数，则原方程可化为关于新的未知函数的一阶微分方程

$$\mathrm{d}y^{(n-1)}=f(x)\mathrm{d}x$$

两边积分一次，得一个 $n-1$ 阶的微分方程

$$y^{(n-1)}=\int f(x)\mathrm{d}x+C_1$$

同理可得

$$y^{(n-2)}=\int\left[\int f(x)\mathrm{d}x+C_1\right]\mathrm{d}x+C_2$$

依次积分 n 次后，便可得到 $y^{(n)}=f(x)$ 的含有 n 个任意常数的通解.

例 1　求微分方程 $y'''=\mathrm{e}^{2x}+\sin x$ 的通解.

解　这是 $y^{(n)}=f(x)$ 型方程，$n=3$，连续积分三次，得

$$y''=\frac{1}{2}\mathrm{e}^{2x}-\cos x+C_1$$

$$y'=\frac{1}{4}\mathrm{e}^{2x}-\sin x+C_1x+C_2$$

$$y=\frac{1}{8}\mathrm{e}^{2x}+\cos x+\frac{1}{2}C_1x^2+C_2x+C_3$$

C_1,C_2,C_3 是三个任意常数，这就是所求的通解.

n 阶微分方程的通解中含有 n 个相互独立的任意常数，要求出其特解，需要 n 个初值条件.

例 2　一物体由静止状态开始做直线运动，其加速度 $a=2+\sin t$. 试求其位移 s 与时间 t 的关系式.

解　由题意可知

$$\frac{\mathrm{d}^2s}{\mathrm{d}t^2}=2+\sin t \tag{1}$$

是属于 $y^{(n)}=f(x)$ 型的二阶微分方程. 物体是由静止状态开始运动，所以初值条件为

$$s\big|_{t=0}=0,\quad v\big|_{t=0}=\frac{\mathrm{d}s}{\mathrm{d}t}\bigg|_{t=0}=0$$

对(1)式两端积分一次，得

$$\frac{\mathrm{d}s}{\mathrm{d}t}=2t-\cos t+C_1$$

由条件 $\left.\frac{\mathrm{d}s}{\mathrm{d}t}\right|_{t=0}=0$，可得 $C_1=1$，将其代入上式中，再积分一次得

$$s=t^2-\sin t+t+C_2$$

由条件 $s\big|_{t=0}=0$，得出 $C_2=0$，故方程(1)的特解为

$$s=t^2-\sin t+t$$

这就是位移与时间的关系式.

二、$y''=f(x,y')$ 型的微分方程

这种微分方程的特点是右端不显含未知函数 y，如果设 $y'=p(x)$，

那么 $y''=p'(x)$，原方程就化成了

$$p'=f(x,p)$$

这是一个关于 x,p 的一阶微分方程，求出它的通解 $p=\varphi(x,C_1)$，则 $y'=\varphi(x,C_1)$，对它进行积分，便可得到原方程的通解

$$y=\int\varphi(x,C_1)\mathrm{d}x+C_2$$

例 3 求方程 $xy''=y'\ln y'$ 的通解.

解 此方程不显含 y，令 $y'=p(x)$，则 $y''=\dfrac{\mathrm{d}p}{\mathrm{d}x}$，代入原方程，得

$$x\frac{\mathrm{d}p}{\mathrm{d}x}=p\ln p$$

分离变量得

$$\frac{\mathrm{d}p}{p\ln p}=\frac{\mathrm{d}x}{x}$$

两边积分得

$$\ln|\ln p|=\ln|x|+\ln C_1$$

即

$$\ln p=C_1x$$

或

$$y'=p=\mathrm{e}^{C_1x}$$

对上式再进行积分，得

$$y=\frac{1}{C_1}\mathrm{e}^{C_1x}+C_2$$

这就是该方程的通解.

例 4 求方程 $y''-y'=x$ 满足初值条件 $y|_{x=0}=0,y'|_{x=0}=0$ 的特解.

解 此方程不显含 y. 令 $y'=p(x)$，则 $y''=p'(x)$，代入原方程，得

$$p'-p=x$$

这是关于 p 的一阶线性微分方程，其通解为

$$\begin{aligned}p&=\mathrm{e}^{-\int-\mathrm{d}x}\left(\int x\mathrm{e}^{\int-\mathrm{d}x}\mathrm{d}x+C_1\right)=\mathrm{e}^x\left(\int x\mathrm{e}^{-x}\mathrm{d}x+C_1\right)\\&=\mathrm{e}^x(-x\mathrm{e}^{-x}-\mathrm{e}^{-x}+C_1)=C_1\mathrm{e}^x-x-1\end{aligned}$$

由初值条件 $y'|_{x=0}=0$，可得 $C_1=1$，于是

$$y'=p=\mathrm{e}^x-x-1$$

对上式两端积分，得

$$y=e^x-\frac{1}{2}x^2-x+C_2$$

再由 $y|_{x=0}=0$ 得出 $C_2=-1$，所求特解为

$$y=e^x-\frac{1}{2}x^2-x-1$$

三、$y''=f(y,y')$ 型的微分方程

这种微分方程的特点是不显含自变量 x. 我们仍令 $y'=p(x)$，并利用复合函数的求导法则，把 y'' 化为对 y 的导数，即

$$y''=\frac{dp}{dx}=\frac{dp}{dy}\cdot\frac{dy}{dx}=p\frac{dp}{dy}$$

原方程化为

$$p\frac{dp}{dy}=f(y,p)$$

这是关于变量 y,p 的一阶微分方程，设法求出其通解 $y'=p=\varphi(y,C_1)$，分离变量后积分，便得到原方程的通解

$$\int\frac{dy}{\varphi(y,C_1)}=x+C_2$$

例 5　求微分方程 $2yy''+(y')^2=0$ 的通解.

解　此方程中不显含自变量 x，令 $y'=p$，则 $y''=p\frac{dp}{dy}$，代入原方程，得

$$2yp\frac{dp}{dy}+p^2=0$$

当 $p\neq0,y\neq0$ 时，约去 p 并分离变量，得

$$\frac{dp}{p}=-\frac{dy}{2y}$$

两端积分得

$$\ln|p|=-\frac{1}{2}\ln|y|+\ln C_1$$

即

$$p=\frac{C_1}{\sqrt{y}}$$

或

$$\frac{dy}{dx}=\frac{C_1}{\sqrt{y}}$$

分离变量

$$\sqrt{y}\,dy=C_1\,dx$$

两边积分后得所求通解

$$y^{\frac{3}{2}}=C_1x+C_2$$

即

$$y=(C_1x+C_2)^{\frac{2}{3}}$$

若 $p=0$，则得 $y=C$（任意常数），显然，它已包含在上述通解之中（令 $C_1=0$），$y=0$ 也包含在其中，所以原方程的通解是

$$y=(C_1x+C_2)^{\frac{2}{3}}$$

例 6 求方程 $y''=e^{2y}$ 满足初值条件 $y|_{x=0}=0, y'|_{x=0}=0$ 的特解.

解 此方程不显含 x，令 $y'=p$，则 $y''=p\dfrac{dp}{dy}$，代入原方程，得

$$p\frac{dp}{dy}=e^{2y}$$

或

$$p\,dp=e^{2y}\,dy$$

两边积分，得

$$p^2=e^{2y}+C_1$$

将初值条件 $y|_{x=0}=0, y'|_{x=0}=p|_{x=0}=0$ 代入，可得 $C_1=-1$，于是

$$(y')^2=p^2=e^{2y}-1\ (y\geqslant 0)$$

即

$$y'=\pm\sqrt{e^{2y}-1}$$

当 $y\neq 0$ 时，分离变量，得

$$\frac{dy}{\sqrt{e^{2y}-1}}=\pm dx$$

两边积分，得

$$\arcsin e^{-y}=\pm x+C_2$$

将初值条件 $y|_{x=0}=0$ 代入，可得 $C_2=\dfrac{\pi}{2}$. 故所求特解为

$$e^{-y}=\sin\left(\pm x+\frac{\pi}{2}\right)=\cos x$$

即

$$y=\ln \sec x$$

习题 8.4

1. 求下列微分方程的通解：

(1) $y'''=xe^x$；　　(2) $(1+x^2)y''=2xy'$；

(3) $y''x\ln x=y'$；　　(4) $y'=(x+1)y''$；

(5) $(y'')^2-y'=0$；　　(6) $yy''+(1-y)(y')^2=0$；

(7) $y''=(y')^3+y'$；　　(8) $y^3y''-1=0$.

2 求下列微分方程满足所给初值条件的特解：

(1) $y'''=e^x, y\big|_{x=1}=0, y'\big|_{x=1}=0, y''\big|_{x=1}=0$；

(2) $2y''=\sin 2y, y\big|_{x=0}=\dfrac{\pi}{2}, y'\big|_{x=0}=1$；

(3) $(1-x^2)y''-xy'=0,\ y\big|_{x=0}=0,\ y'\big|_{x=0}=1$；

(4) $xy''+x(y')^2-y'=0, y\big|_{x=2}=2, y'\big|_{x=2}=1$.

3. 一质量为 m 的质点受力 $A\cos\omega t$ 作用沿 Ox 轴方向做直线运动，初始状态为 $x\big|_{t=0}=a, x'\big|_{t=0}=0$，求质点运动方程 $x(t)$.

4. 试求满足 $y''=x$ 的经过点 $M(0,1)$，且在此点与直线 $y=\dfrac{x}{2}+1$ 相切的积分曲线.

8.5　二阶常系数线性微分方程

形如

$$y''+py'+qy=f(x)\quad (p,q\text{ 为常数})\tag{1}$$

的微分方程称为**二阶常系数线性微分方程**(linear second order differential equation with constant coefficients)，其中 $f(x)$ 叫做自由项，当 $f(x)\equiv 0$ 时，方程(1)叫做**二阶线性齐次微分方程**，当 $f(x)\neq 0$ 时，方程(1)叫做**二阶线性非齐次微分方程**.

下面先来讨论这类方程的性质及通解结构.

一、通解的结构

定理 1　如果 $y_1(x)$ 与 $y_2(x)$ 是二阶线性齐次方程

$$y''+py'+qy=0\tag{2}$$

的两个解，那么 y_1, y_2 的线性组合 $C_1y_1+C_2y_2$ 也是它的解，其中 C_1, C_2

是任意常数.

证 由于 y_1,y_2 是方程(2)的解,所以

$$y_1''+py_1'+qy_1=0$$
$$y_2''+py_2'+qy_2=0$$

将 $C_1y_1+C_2y_2$ 代入原方程.有

$$\begin{aligned}&(C_1y_1+C_2y_2)''+p(C_1y_1+C_2y_2)'+q(C_1y_1+C_2y_2)\\=&C_1(y_1''+py_1'+qy_1)+C_2(y_2''+py_2'+qy_2)=0\end{aligned}$$

所以 $C_1y_1+C_2y_2$ 也是方程(2)的解.

$y=C_1y_1+C_2y_2$ 从形式上来看含有 C_1 与 C_2 两个任意常数,但它却不一定是方程(2)的通解.这是因为当$\dfrac{y_1}{y_2}=k$(常数)时,

$$\begin{aligned}y&=C_1y_1+C_2y_2=C_1ky_2+C_2y_2\\&=(C_1k+C_2)y_2=Cy_2\end{aligned}$$

实质上,它只含有一个任意常数,此时 $C_1y_1+C_2y_2$ 不是方程(2)的通解.当$\dfrac{y_1}{y_2}\neq k$ 时,$C_1y_1+C_2y_2$ 中才确实含有两个独立的任意常数,是方程(2)的**通解**.

如果两个函数 $y_1(x)$与 $y_2(x)$之比$\dfrac{y_1}{y_2}=k$(常数),则称 y_1 与 y_2 **线性相关**(linearly dependence),否则称为**线性无关**(linearly independence).例如,x 与 e^x 是线性无关的,而 e^x 与 $3\mathrm{e}^x$ 则是线性相关的.

综上所述,有如下关于二阶线性齐次微分方程的通解结构的定理.

定理 2 如果 y_1,y_2 是二阶线性齐次微分方程(2)

$$y''+py'+qy=0$$

的两个线性无关的特解,那么 $y=C_1y_1+C_2y_2$ 是齐次方程(2)的通解,其中 C_1,C_2 为任意常数.

下面讨论二阶线性非齐次微分方程的通解结构.由前面讨论我们知道,一阶线性非齐次方程的通解等于它所对应的齐次方程的通解与它的一个特解之和.实际上,二阶及更高阶的线性非齐次方程的逋解的结构也有类似的结论.

定理 3 设 y^* 是二阶线性非齐次微分方程

$$y''+py'+qy=f(x) \tag{3}$$

的一个特解,$\overline{y}=C_1y_1+C_2y_2$ 是与之对应的齐次方程的通解,那么

$$y=\overline{y}+y^* \tag{4}$$

是二阶线性非齐次微分方程(3)的通解.

证　因为 y^* 是方程(3)的解,故有

$$y^{*\prime\prime}+py^{*\prime}+qy^*=f(x)$$

而 $\overline{y}$ 是齐次方程的解,因此

$$\overline{y}''+p\overline{y}'+q\overline{y}=0$$

将(4)式代入方程(3)的左端,得

$$\begin{aligned}&(\overline{y}+y^*)''+p(\overline{y}+y^*)'+q(\overline{y}+y^*)\\&=(\overline{y}''+p\overline{y}'+q\overline{y})+(y^{*\prime\prime}+py^{*\prime}+qy^*)\\&=0+f(x)=f(x)\end{aligned}$$

所以 $y=\overline{y}+y^*$ 是方程(3)的解.

由于对应的齐次方程的通解 $\overline{y}=C_1y_1+C_2y_2$ 中含有两个独立的任意常数,所以 $y=\overline{y}+y^*$ 中也含有两个独立的任意常数,从而它就是方程(3)的通解.

二、二阶常系数线性齐次微分方程

由定理 2 可知,求二阶线性齐次微分方程的通解,可归结为求方程的两个线性无关的特解.二阶线性齐次方程的特点是 y,y',y'' 各乘以常数因子后相加等于零,如果能找到一个函数 y,使它和它的导数 y',y'' 间只差一个常数因子,那么它就有可能是方程(2)的特解,而指数函数 $y=\mathrm{e}^{rx}$ (r 为常数)就具有上述特点.因此我们不妨设 $y=\mathrm{e}^{rx}$,看能否找到待定常数 r,使 $y=\mathrm{e}^{rx}$ 满足方程(2).

为此,将 $y=\mathrm{e}^{rx},y'=r\mathrm{e}^{rx},y''=r^2\mathrm{e}^{rx}$ 代入方程(2),得

$$r^2\mathrm{e}^{rx}+pr\mathrm{e}^{rx}+q\mathrm{e}^{rx}=0$$

即

$$(r^2+pr+q)\mathrm{e}^{rx}=0$$

而 $\mathrm{e}^{rx}\neq0$,所以需

$$r^2+pr+q=0\tag{5}$$

因此,只要 r 是方程(5)的根,函数 $y=\mathrm{e}^{rx}$ 就是方程(2)的解.

我们把代数方程(5)叫做微分方程(2)的特征方程,特征方程的根叫做特征根.求方程(2)的通解就归结为求特征方程的根:

$$r_{1,2}=\frac{-p\pm\sqrt{p^2-4q}}{2}$$

它们有三种不同的情形,相应的微分方程的通解也有三种不同的形式.

(1) $r_1 \neq r_2$ 是两个相异实根.

这时得到方程(2)的两个特解 $y_1 = e^{r_1 x}$, $y_2 = e^{r_2 x}$. 由于 $\frac{y_1}{y_2} = e^{(r_1 - r_2)x} \neq$ 常数,所以 y_1 与 y_2 线性无关,从而方程(2)的通解为

$$y = C_1 e^{r_1 x} + C_2 e^{r_2 x}$$

(2) $r_1 = r_2 = r$ 是两个相等实根.

这时只能得到齐次方程的一个特解 $y_1 = e^{rx}$,还要设法求出另一个与 y_1 线性无关的特解 y_2.

设 $\frac{y_2}{y_1} = u(x)$,即 $y_2 = e^{rx}u(x)$,下面来求 $u(x)$. 由于

$$y_2' = e^{rx}(u' + ru)$$

$$y''_2 = e^{rx}(u'' + 2ru' + r^2 u)$$

代入方程(2),得

$$e^{rx}[(u'' + 2ru' + r^2 u) + p(u' + ru) + qu] = 0$$

整理得

$$u'' + (2r + p)u' + (r^2 + pr + q)u = 0$$

由于 r 是特征方程的重根,因此

$$r^2 + pr + q = 0 \quad 且 \quad 2r + p = 0$$

于是得

$$u'' = 0$$

因为我们只要求 u 不为常数且 $u'' = 0$,显然取 $u(x) = x$ 即可满足要求,由此可得到微分方程(2)的另一个特解

$$y_2 = x e^{rx}$$

并且 y_1 与 y_2 线性无关,从而齐次方程的通解为

$$y = (C_1 + C_2 x)e^{rx}$$

(3) $r_1 = \alpha + i\beta$, $r_2 = \alpha - i\beta$ 是一对共轭复根.

这时,$y_1 = e^{(\alpha + i\beta)x}$ 与 $y_2 = e^{(\alpha - i\beta)x}$ 是齐次方程的两个线性无关的特解. 但它们是复函数形式,为了化为实函数形式,我们利用欧拉公式

$$e^{ix} = \cos x + i\sin x$$

将 y_1, y_2 改写为

$$y_1 = e^{(\alpha + i\beta)x} = e^{\alpha x}(\cos \beta x + i\sin \beta x)$$

$$y_2 = e^{(\alpha - i\beta)x} = e^{\alpha x}(\cos \beta x - i\sin \beta x)$$

由定理 2 可知,

$$\overline{y}_1=\frac{1}{2}(y_1+y_2)=e^{\alpha x}\cos\beta x$$

$$\overline{y}_2=\frac{1}{2i}(y_1-y_2)=e^{\alpha x}\sin\beta x$$

也是齐次方程(2)的特解，且 $\overline{y}_1$ 与 $\overline{y}_2$ 线性无关，所以齐次方程的通解为

$$y=e^{\alpha x}(C_1\cos\beta x+C_2\sin\beta x)$$

综上所述，求二阶常系数线性齐次微分方程通解的步骤如下：

(1) 写出齐次方程所对应的特征方程

$$r^2+pr+q=0$$

(2) 求出特征根；

(3) 写出方程(2)的通解：

特征方程 $r^2+pr+q=0$ 的根	齐次方程 $y''+py'+qy=0$ 的通解
两个相异实根 $r_1\neq r_2$	$y=C_1e^{r_1x}+C_2e^{r_2x}$
两个相等实根 $r=r_1=r_2$	$y=(C_1+C_2x)e^{rx}$
一对共轭复根 $r_{1,2}=\alpha\pm i\beta$	$y=(C_1\cos\beta x+C_2\sin\beta x)e^{\alpha x}$

例 1　求微分方程 $y''+3y'-4y=0$ 的通解.

解　所给方程的特征方程为

$$r^2+3r-4=0$$

解得特征根为 $r_1=1,r_2=-4$，是两个不相等实根，因此所求的通解为

$$y=C_1e^x+C_2e^{-4x}$$

例 2　求方程 $\frac{d^2S}{dt^2}+2\frac{dS}{dt}+S=0$ 满足初值条件 $S|_{t=0}=4,S'|_{t=0}=2$ 的特解.

解　所给方程的特征方程为

$$r^2+2r+1=0$$

它有两个相等的实根 $r_1=r_2=-1$，故所求方程的通解为

$$S(t)=(C_1+C_2t)e^{-t}$$

将初值条件 $S|_{t=0}=4$ 代入通解，得 $C_1=4$，从而有

$$S(t)=(4+C_2t)e^{-t}$$

那么

$$S'(t)=(C_2-4-C_2t)e^{-t}$$

再由条件 $S'|_{t=0}=2$，代入上式便可得出 $C_2=6$. 于是所求特解为

$$S=(4+6t)\mathrm{e}^{-t}$$

例 3 求方程 $y''+2y'+5y=0$ 的通解.

解 对应的特征方程为

$$r^2+2r+5=0$$

解得特征根为 $r_1=-1+2\mathrm{i}$，$r_2=-1-2\mathrm{i}$.

所以原方程的通解为

$$y=\mathrm{e}^{-x}(C_1\cos 2x+C_2\sin 2x)$$

*三、二阶常系数线性非齐次微分方程

由定理 3 可知，求二阶常系数线性非齐次微分方程的通解，可归结为求它对应的齐次方程的通解和它本身的一个特解. 在解决了齐次方程的通解问题之后，这里只需讨论求非齐次方程(3)的一个特解 y^* 的方法.

我们只介绍当方程(3)中的 $f(x)$取两种常见形式时求 y^* 的方法，这种方法的特点是不用积分就可求出 y^* 来，把它叫做待定系数法.

1. $f(x)=p_m(x)\mathrm{e}^{\lambda x}$ 型，其中 λ 是常数，$p_m(x)$是 x 的一个 m 次多项式

因为方程(3)的右端 $f(x)$是多项式 $p_m(x)$与指数函数 $\mathrm{e}^{\lambda x}$ 的乘积，而多项式与指数函数乘积的导数仍然是同一类型的函数，因此我们推测 $y^*=Q(x)\mathrm{e}^{\lambda x}$($Q(x)$为 x 的多项式)可能是方程(1)的特解.

现将

$$y^*=Q(x)\mathrm{e}^{\lambda x}$$
$$y^{*\prime}=\mathrm{e}^{\lambda x}[\lambda Q(x)+Q'(x)]$$
$$y^{*\prime\prime}=\mathrm{e}^{\lambda x}[\lambda^2 Q(x)+2\lambda Q'(x)+Q''(x)]$$

代入方程(3)，消去 $\mathrm{e}^{\lambda x}$ 并整理，得

$$Q''(x)+(2\lambda+p)Q'(x)+(\lambda^2+p\lambda+q)Q(x)=p_m(x) \tag{6}$$

$Q(x)$可分下列三种不同情形来确定：

(1) λ 不是特征方程的根，即 $\lambda^2+p\lambda+q\neq 0$，由于 $p_m(x)$是 m 次多项式，要使(6)式两端恒等，需令 $Q(x)$也是一个 m 次多项式

$$Q_m(x)=A_0x^m+A_1x^{m-1}+\cdots+A_{m-1}x+A_m$$

其中 $A_0,A_1,\cdots,A_m$ 为待定系数. 将 $Q_m(x)$代入(6)式，比较等式两端 x 同次幂的系数，就可得到含有未知数 $A_0,A_1,\cdots,A_m$ 的 $m+1$ 个方程的联立方程组，从而定出 $A_0,A_1,\cdots,A_m$，并得到所求特解 $y^*=Q_m(x)\mathrm{e}^{\lambda x}$.

(2) λ 是特征方程的单根，即 $\lambda^2+p\lambda+q=0$ 但 $2\lambda+p\neq 0$，要使(6)式

两端恒等，$Q'(x)$必须是 m 次多项式，即 $Q(x)$是 $m+1$ 次多项式，此时可令

$$Q(x)=xQ_m(x)$$

并用同样的方法来确定 $Q_m(x)$中的系数.

(3) λ 是特征方程的重根，此时 $\lambda^2+p\lambda+q=0$ 且 $2\lambda+p=0$，要使(6)式两边恒等，$Q''(x)$必须是 m 次多项式，从而 $Q(x)$需是 $m+2$ 次多项式，可令

$$Q(x)=x^2Q_m(x)$$

并用待定系数法来确定 $Q_m(x)$中的系数.

综上所述，如果 $f(x)=e^{\lambda x}p_m(x)$，则方程(3)具有形如

$$y^*=x^kQ_m(x)e^{\lambda x}$$

的特解，其中 $Q_m(x)$是与 $p_m(x)$同次的多项式，而 k 按 λ 不是特征根、是特征方程的单根或重根依次取 0,1,2.

例 4　求方程 $y''-2y'-3y=3x+1$ 的一个特解.

解　这是二阶常系数非齐次线性微分方程，其中

$$f(x)=p_m(x)e^{\lambda x}=3x+1$$

所以 $m=1,\lambda=0$.

所给方程对应的齐次方程的特征方程为

$$r^2-2r-3=0$$

其特征根是 $r_1=-1,r_2=3$.

由于 $\lambda=0$ 不是特征根，所以应设特解为

$$y^*=A_0x+A_1$$

将 y^* 代入所给方程，得

$$-3A_0x-2A_0-3A_1=3x+1$$

比较 x 同次幂的系数，得

$$\begin{cases}-3A_0=3,\\-2A_0-3A_1=1\end{cases}$$

解得 $A_0=-1,A_1=\dfrac{1}{3}$. 于是求得原方程的一个特解为

$$y^*=-x+\frac{1}{3}$$

例 5　求方程 $y''-2y'+y=4xe^x$ 满足初值条件 $y|_{x=0}=2,y'|_{x=0}=1$ 的特解.

解　该方程自由项 $f(x)=p_m(x)e^{\lambda x}=4xe^x$，所以 $m=1,\lambda=1$.

原方程对应的齐次方程为

$$y''-2y'+y=0$$

其特征方程为

$$r^2-2r+1=0$$

解得特征根为 $r_1=r_2=1$，因此对应的齐次方程的通解为

$$\overline{y}=\mathrm{e}^x(C_1+C_2x)$$

由于 $\lambda=1$ 是特征方程的重根，故可设非齐次方程的一个特解为

$$y^*=x^2(A_0x+A_1)\mathrm{e}^x$$

将 y^* 代入原方程，得

$$6A_0x+2A_1=4x$$

比较等式两边 x 同次幂系数，得 $A_0=\dfrac{2}{3}$，$A_1=0$，于是得到非齐次方程的一个特解

$$y^*=\frac{2}{3}x^3\mathrm{e}^x$$

则所求方程的通解为

$$y=\mathrm{e}^x(C_1+C_2x)+\frac{2}{3}x^3\mathrm{e}^x$$

根据初值条件 $y|_{x=0}=2$，可求出 $C_1=2$. 又因为

$$y'=(2+C_2+C_2x)\mathrm{e}^x+\left(2x^2+\frac{2}{3}x^3\right)\mathrm{e}^x$$

由条件 $y'|_{x=0}=1$ 可得到 $C_2=-1$. 因此所求特解为

$$y=\mathrm{e}^x(2-x)+\frac{2}{3}x^3\mathrm{e}^x$$

2. $f(x)=\mathrm{e}^{\lambda x}[p_l(x)\cos\omega x+p_n(x)\sin\omega x]$ 型，其中 λ,ω 是常数，$p_l(x)$，$p_n(x)$ 分别是 x 的 l 次、n 次多项式

此时可以证明如下结论：方程(3)具有形如

$$y^*=x^k\mathrm{e}^{\lambda x}[Q_m(x)\cos\omega x+R_m(x)\sin\omega x]$$

的特解，其中 $Q_m(x)$ 和 $R_m(x)$ 都是 x 的 m 次多项式，$m=\max\{l,n\}$，而 k 按 $\lambda\pm\mathrm{i}\omega$ 不是特征方程的根或是特征根分别取 0 或 1.

例 6 求微分方程 $y''+4y=x\cos x$ 的一个特解.

解 自由项 $f(x)=x\cos x$ 属于 $\mathrm{e}^{\lambda x}[p_l(x)\cos\omega x+p_n(x)\sin\omega x]$ 型，其中 $\lambda=0$，$\omega=1$，$p_l(x)=x$，$p_n(x)=0$.

对应的齐次方程的特征方程为

$$r^2+4=0$$

其特征根为 $r_{1,2}=\pm 2\mathrm{i}$.

由于 $\lambda\pm\mathrm{i}\omega=\pm\mathrm{i}$ 不是特征方程的根，所以应设特解为

$$y^{*}=(A_0x+A_1)\cos x+(B_0x+B_1)\sin x$$

求出 $y^{*\prime},y^{*\prime\prime}$ 并代入原方程，得

$$(3A_0x+3A_1+2B_0)\cos x+(3B_0x+3B_1-2A_0)\sin x=x\cos x$$

比较两端同类项系数，得

$$\begin{cases}3A_0=1,\\3A_1+2B_0=0,\\3B_0=0,\\3B_1-2A_0=0\end{cases}$$

由此解得 $A_0=\dfrac{1}{3},A_1=0,B_0=0,B_1=\dfrac{2}{9}$. 于是求得原方程的一个特解为

$$y^{*}=\frac{1}{3}x\cos x+\frac{2}{9}\sin x$$

例 7　求方程 $y''+y=4\sin x$ 的通解.

解　对应的齐次方程为 $y''+y=0$，其特征方程是 $r^2+1=0$，解得其特征根为 $r_{1,2}=\pm\mathrm{i}$，所以对应的齐次方程的通解为

$$\overline{y}=C_1\cos x+C_2\sin x$$

原方程的自由项 $f(x)=4\sin x$，相应的 $\lambda=0,\omega=1,p_l(x)=0,p_n(x)=4$.

由于 $\lambda\pm\mathrm{i}\omega=\pm\mathrm{i}$ 是特征根，故应设非齐次方程的特解为

$$y^{*}=x(A\cos x+B\sin x)$$

将 y^{*} 代入原方程中化简得

$$-A\sin x+B\cos x=2\sin x$$

因此 $A=-2,B=0$，得到非齐次方程的一个特解

$$y^{*}=-2x\cos x$$

于是原方程的通解为

$$y=C_1\cos x+C_2\sin x-2x\cos x$$

二阶线性非齐次微分方程(3)的特解有时可用下述解的叠加原理来帮助求出.

定理 4　设二阶线性非齐次方程(3)的右端 $f(x)$ 是几个函数之和，如

$$y''+py'+qy=f_1(x)+f_2(x) \tag{7}$$

而 y_1^{*} 与 y_2^{*} 分别是方程

$$y''+py'+qy=f_1(x)$$

与

$$y''+py'+qy=f_2(x)$$

的特解,那么 $y_1^*+y_2^*$ 就是方程(7)的特解.

习题 8.5

1. 求下列微分方程的通解:

(1) $y''+y'-2y=0$; (2) $y''-4y'=0$;

(3) $y''+6y'+13y=0$; (4) $y''+6y'+9y=0$;

(5) $y''-3y'+2y=2x+4$; (6) $y''+9y=e^x$;

(7) $y''+y'-2y=8\sin 2x$; (8) $y''+4y=2\sin 2x$;

(9) $y''-2y'-3y=e^{2x}$; (10) $y''-2y'+5y=e^x\sin 2x$.

2. 求下列微分方程满足所给初值条件的特解:

(1) $y''+25y=0, y|_{x=0}=2, y'|_{x=0}=5$;

(2) $4y''+4y'+y=0, y|_{x=0}=2, y'|_{x=0}=0$;

(3) $y''+2y'+10y=0, y|_{x=0}=1, y'|_{x=0}=2$;

(4) $y''-y=0, y|_{x=0}=1, y'|_{x=0}=1$;

(5) $y''-5y'+6y=2e^x, y|_{x=0}=0, y'|_{x=0}=1$;

(6) $y''+4y=\cos 2x, y|_{x=0}=0, y'|_{x=0}=2$;

(7) $y''+3y'+2y=3\sin x, y|_{x=0}=0, y'|_{x=0}=-\frac{1}{2}$;

(8) $y''-y=4xe^x, y|_{x=0}=0, y'|_{x=0}=1$.

3. 试求满足 $y''+9y=0$ 的通过点$(\pi,-1)$且在此点与直线 $y+1=x-\pi$ 相切的积分曲线.

8.6 微分方程应用实例

许多实际问题的解决归结为寻找变量间的函数关系.但在很多情况下,函数关系不能直接找到,而只能间接地得到这些量及其导数之间的关系,从而使得微分方程在众多领域都有着非常重要的应用.本节只举几个实例来说明微分方程的应用.进一步的介绍见第九章.

一、犯罪嫌疑人问题

受害者的尸体于晚上 7:30 被发现.法医于晚上 8:20 赶到凶案现场,测得尸体温度为 32.6 ℃,一小时后,当尸体即将被抬走时,测得尸体温度为 31.4 ℃,室温在几小时内始终保持 21.1 ℃,此案最大的犯罪嫌疑人是张某，但张某声称自己是无罪的，并有证人说：“下午张某一直在办公室上班，5：00 时打了一个电话，打完电话后就离开了办公室.”从张某的办公室到受害者家(凶案现场)步行需 5 min，现在的问题是：张某不在凶案现场的证言能否使他被排除在犯罪嫌疑人之外？

解　设 $T(t)$ 表示 t 时刻尸体的温度，并记晚 8：20 为 $t=0$，则 $T(0)=32.6$ ℃，$T(1)=31.4$ ℃.

假设受害者死亡时体温是正常的，即 $T=37$ ℃. 要确定受害者死亡的时间，也就是求 $T(t)=37$ ℃的时刻 T_d. 如果此时张某在办公室，则他可被排除在犯罪嫌疑人之外，否则张某不能被排除在犯罪嫌疑人之外.

人体温度受大脑神经中枢调节，人死后体温调节功能消失，尸体的温度受外界环境温度的影响. 假定尸体温度的变化率服从牛顿冷却定律，即尸体温度的变化率正比于尸体温度与室温的差，即

$$\frac{\mathrm{d}T}{\mathrm{d}t}=-k(T-21.1)$$

其中 k 为常数. 这是一个一阶可分离变量的微分方程.

此微分方程的通解为

$$T(t)=21.1+C\mathrm{e}^{-kt}$$

因为 $T(0)=21.1+C=32.6$. 所以 $C=11.5$.

又因为 $T(1)=21.1+11.5\mathrm{e}^{-k}=31.4$，所以 $k=\ln\frac{115}{103}=0.110$. 于是

$$T(t)=21.1+11.5\mathrm{e}^{-0.110t}$$

当 $T=37$ ℃时，有 $21.1+11.5\mathrm{e}^{-0.110t}=37$，所以

$$t\approx-2.95\ \mathrm{h}\approx-2\ \mathrm{h}\ 57\ \mathrm{min}$$

所以

$$\begin{aligned}T_d&=8\ \mathrm{h}\ 20\ \mathrm{min}-2\ \mathrm{h}\ 57\ \mathrm{min}\\&=5\ \mathrm{h}\ 23\ \mathrm{min}\end{aligned}$$

即被害人死亡时间大约在下午 5：23，因此张某不能被排除在犯罪嫌疑人之外.

二、含盐量问题

设容器内有 100 L 盐水，内含食盐 10 kg，现以 3 L/min 的速度注入 0.01 kg/L 的淡盐水，同时以 2 L/min 的速度抽出混合均匀的盐水，试求容器内含盐量 x 随时间 t 变化的规律.

解　为了求出含盐量 x 随时间 t 的变化规律 $x=x(t)$，我们采用通过对 x 的微小增量 Δx 的分析得出微分方程的微元分析法，这是建立微分

方程的一种常用方法.

考虑从时刻 t 到 $t+\mathrm{d}t$ 时间间隔内,含盐量从 x 变到 $x+\mathrm{d}x$,注意到在 $\mathrm{d}t$ 时间内,含盐量的改变量为

$$\mathrm{d}x=\text{注入盐水中所含盐量}-\text{抽出盐水中所含盐量}$$

注入盐水中所含盐量为$(0.01\cdot 3\cdot \mathrm{d}t)$kg,由于 t 时刻盐水的浓度为 $\dfrac{x(t)}{100+(3-2)t}$,当 $\mathrm{d}t$ 很微小时,t 到 $t+\mathrm{d}t$ 的时间间隔内浓度可以近似看作不变,故抽出的盐量为$\left(\dfrac{x(t)}{100+(3-2)t}\cdot 2\cdot \mathrm{d}t\right)$kg. 于是可得方程

$$\mathrm{d}x=0.01\cdot 3\cdot \mathrm{d}t-\frac{x(t)}{100+(3-2)t}\cdot 2\cdot \mathrm{d}t$$

或

$$\frac{\mathrm{d}x}{\mathrm{d}t}+\frac{2}{100+t}x=0.03$$

这是一阶线性非齐次方程,且有初值条件 $x(0)=10$,利用节 8.3 的公式(5),可得此方程的通解

$$x(t)=0.01(100+t)+\frac{C}{(100+t)^2}$$

由初值条件可得 $C=9\times 10^4$,所以容器内含盐量 x 随时间 t 的变化规律为

$$x=0.01(100+t)+\frac{9\times 10^4}{(100+t)^2}$$

三、悬链线方程问题

将一均匀、柔软的绳索两端固定,使之仅受重力的作用而下垂,求该绳索在平衡状态下的曲线方程(铁塔之间悬挂的高压电缆的形状就是这样的曲线).

解 以绳索所在的平面为 xOy 平面,设绳索最低点为 y 轴上 P 点,如图 8-1 所示. 考察绳索上从点 P 到另一点 $Q(x,y)$ 的一段弧 $\overset{\frown}{PQ}$,设该段弧长为 l,绳索线密度为 ρ,则这段绳索所受重力为 ρgl. 由于绳索是柔软的,所以绳索上各点所受张力总沿着绳索的切线方向. 这样,$\overset{\frown}{PQ}$ 这段绳索在 P 点所受的张力是水平的,设其大小为 S. 在 Q 点所受张力与 x 轴正向成 θ 角,设其大小为 T,则这段绳索所受的重力及两个张力恰好平衡,所以

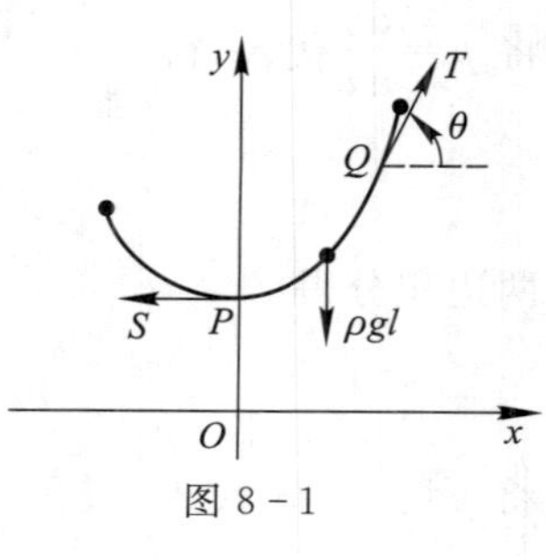

图 8-1

$$T\sin\theta=\rho g l, \quad T\cos\theta=S$$

将两式相除，得

$$\tan\theta=\frac{\rho g}{S}l$$

设绳索曲线方程为 $y=y(x)$，则

$$\tan\theta=y', \quad l=\int_0^x\sqrt{1+y'^2}\,\mathrm{d}x$$

于是

$$y'=\frac{\rho g}{S}\int_0^x\sqrt{1+y'^2}\,\mathrm{d}x$$

将上式两端对 x 求导，得

$$y''=\frac{\rho g}{S}\sqrt{1+y'^2}$$

这就是绳索曲线满足的微分方程. 设 $|OP|=a$，得微分方程的初值条件为

$$y|_{x=0}=a, \quad y'|_{x=0}=0$$

令 $y'=p$，$y''=\frac{\mathrm{d}p}{\mathrm{d}x}$，则上述二阶微分方程化为

$$\frac{\mathrm{d}p}{\mathrm{d}x}=\frac{\rho g}{S}\sqrt{1+p^2}$$

解得

$$\ln(p+\sqrt{1+p^2})=\frac{\rho g}{S}x+C_1$$

将初值条件 $y'|_{x=0}=p|_{x=0}=0$ 代入，得 $C_1=0$，从而

$$\ln(p+\sqrt{1+p^2})=\frac{\rho g}{S}x$$

变形整理得

$$p=\frac{1}{2}(\mathrm{e}^{\frac{\rho g}{S}x}-\mathrm{e}^{-\frac{\rho g}{S}x})$$

将 $p=\frac{\mathrm{d}y}{\mathrm{d}x}$ 代入，得

$$\mathrm{d}y=\frac{1}{2}(\mathrm{e}^{\frac{\rho g}{S}x}-\mathrm{e}^{-\frac{\rho g}{S}x})\,\mathrm{d}x$$

两边积分得

$$y=\frac{1}{2}\frac{S}{\rho g}(\mathrm{e}^{\frac{\rho g}{S}x}+\mathrm{e}^{-\frac{\rho g}{S}x})+C_2$$

将 $y|_{x=0}=a$ 代入，得

$$C_2=a-\frac{S}{\rho g}$$

取 $a=\frac{S}{\rho g}$，得 $C_2=0$. 这样，绳索在平衡状态下的曲线方程为

$$y=\frac{1}{2}\frac{S}{\rho g}\left(e^{\frac{\rho g}{S}x}+e^{-\frac{\rho g}{S}x}\right)$$

此曲线方程又称为**悬链线**方程.

习题 8.6

1. 如果在例 1 中，张某的律师发现受害者在死亡的当天下午去医院看过病，病历记录发烧 38.3 ℃，经过检查发现死者体内没有服用过退烧药物的迹象. 这时可假设受害者死时的体温为 38.3 ℃，试问张某能被排除在犯罪嫌疑人之外吗？

2. 假设水库水的容量为 100 ML(百万升)，它每天向某一城市供应 1 ML 的水. 水库当然还有水流入. 某泉每天向水库中流入 0.9 ML 的泉水是一部分来源，而另一部分来源，也就是另外的 0.1 ML 的水，则是来自周围地表水的径流. 泉水是清洁的，而地表水则是浓度为 0.001 kg/L 的含盐水. 假设初始时水库中不含盐分，且水库中的盐的浓度分布是均匀的(即城市居民调用水库中的水，调用时水的浓度可以代表水库中水的浓度). 求水库中盐的浓度随时间变化的规律(假设水库中水的总容量保持不变).

3. 英国人口学家马尔萨斯(Malthus，1766—1834)根据百余年的人口统计资料，于 1798 年提出了人口指数增长模型. 他的基本假设是：单位时间内人口的增长量与当时的人口总数成正比. 若已知 t_0 时的人口总数为 x_0，试根据马尔萨斯假定确定出时间 t 与人口总数 $x(t)$之间的函数关系.

4. 静脉输入葡萄糖是一种重要的医疗技术，为了研究这一过程，设 $G(t)$为 t 时刻血液中的葡萄糖含量，且设葡萄糖以 k g/min 的固定速率输入到血液中. 与此同时，血液中的葡萄糖还会转化为其他物质或转移到其他地方，其速率与血液中的葡萄糖含量成正比，试列出描述这一情况的微分方程，并解之.

5. 有一种医疗手段，是把示踪染色注射到胰脏里去以检查其功能. 正常胰脏 1 min 吸收掉染色的 40%，现医生给某人注射了 0.3 g 染色，30 min 后还剩下 0.1 g，试问此人的胰脏是否正常？

*第九章　数学建模初步

近年来,随着计算机技术的迅速发展和普及,极大地增强了数学解决现实问题的能力,使其正以神奇的魅力进入到科学和技术的各个领域.数学之所以能够深入到各个领域,其原因在于数学的思想是纯粹抽象的.所谓抽象性,就是摒弃一切表象,而紧紧抓住本质,抓住共性.数学的这种抽象性,正是其应用广泛性的基础.应用数学解决实际问题,其桥梁就是数学模型.

9.1　建立数学模型的一般步骤

所谓数学模型(mathematical model),是指通过抽象和简化,使用数学语言对实际问题或实际问题的某些我们感兴趣的侧面,作一个近似的刻画,以便使人们更深刻地认识所研究的问题.数学模型是应用数学知识和计算机解决实际问题的一种有效的重要工具.它不是对现实问题的简单模拟,而是对其信息通过提炼、分析、归纳、抽象的结果.

建立一个数学模型的一般步骤通常为

1. 在了解有关背景知识的基础上分析问题,明确目的

面对所给的实际问题,建立数学模型首先要做的事是对问题的背景作深刻的了解,进行全面、深入细致的观察.明确所要解决问题的目的和要求,掌握各种已给信息,并收集其他必要的相关数据,弄清实际对象的各种特征.总之,建立数学模型前要做好各种准备工作,这一步往往需要查阅大量资料,必要时请教专家,以便对问题有透彻的了解.

2. 对问题进行合理的简化和假设

实际问题往往是很复杂的,有多种因素与我们所研究的对象有关,但通常这些因素的作用有主次之分,要建立一个合理的模型,必须分析清楚哪些是主要的、本质的因素,哪些是次要的、非本质的因素.通过合理的简化、假设,选出重要因素,忽略次要因素,既使问题简化,又抓住事物的本质,以便进行数学描述.不同的简化和假设有可能得出不同的模型和结

果,关键在于能否在模型的简单和复杂之间合理权衡,做到模型的建立要符合实际情况,既能反映问题的本质,又能使模型便于求解和分析.

3. 建立数学模型

在合理简化和假设的基础上,选择适当的数学工具来刻画、描述各个量之间的等式、不等式或其他关系,用表格、图形、公式等来确定数学结构.这是建立数学模型中最关键的部分.建立数学模型中使用的方法会涉及数学的众多分支,需要具有比较广阔的应用数学知识.除微积分、微分方程、线性代数及概率统计等基础知识外,还可能要用到诸如规划论、排队论、图与网络、对策论、计算机模拟、神经网络等内容.可以说任何一个数学分支都可能应用到建立数学模型的过程中.当然,建立数学模型者不可能对数学各个分支都精通,因此,建立数学模型时还有一个原则,就是要尽量运用所学过的数学知识,尽量采用简单的工具,以便推广使用,不必追求使用高深的数学理论和方法.

4. 对模型进行求解和结果分析

模型建立后,可针对不同模型用不同的数学方法求解.一般较大模型,要经过编写计算机程序或运用各种软件包对模型进行求解.得到数学结果之后,问题并未完全解决,由于我们在建立数学模型时作了各种近似和简化,因此模型是否具有实际意义或满足实际问题的精度要求,有待于做进一步的细致分析.

5. 模型的检验

模型的检验就是把模型的分析结果进行“翻译”,回到实际问题中,用实际现象、数据等检验模型的合理性和适用性,对模型的各种性能作出评价.它一般包括稳定性和灵敏度分析、假设检验和误差分析、新旧模型的对比、实际可行性检验等.如果检验结果不符合或部分不符合实际情况,那么必须回到建立模型之初,修改、补充假设,重新建立模型 ,如此多次反复,直到检验结果与实际情况达到所需要的相符程度,再进行最后的工作——模型的应用.

6. 模型的应用

用已建立的模型分析、解释已有的现象,并预测未来的发展趋势,以便给人们的决策提供参考.

应该指出的是,并非每一次建立数学模型都要经过上述这些步骤,有时各个步骤之间的界限也不那么明显.

建立数学模型的过程,称为**数学建模**.

下面对数学建模再作两点说明:

1° 在建立数学模型时，不能把问题中所有的相关特征都包含到数学模型中，也不能指望用一种包罗万象的模型去做任何事情.

2° 一般来说，我们所建立的数学模型，哪怕是一个比较粗糙的数学模型，对于帮助我们更好地理解实际情况都是有用的. 因为我们在建立数学模型时被迫考虑了各种逻辑可能性，不含糊地定义了所涉及的概念，并且区分了重要的和次要的因素、一个数学模型即使导出了与事实不符合的结果，它也还可能是有价值的，因为一个模型的失败可以帮助我们去寻找更好的模型.

习题 9.1

为了确定火箭发射至最高点所需要的时间，请你根据建模的一般步骤做出具体的计划.

9.2 应用范例

微积分在众多领域都有着广泛的应用，但由于学时所限，我们对此不能一一加以介绍. 在此我们仅选用几个典型的应用事例，以范例的形式介绍微积分的应用. 以期让读者对数学建模过程有一个初步的感性认识，同时增强用数学知识解决实际问题的意识和能力.

一、不允许缺货的存贮问题

工厂要定期地订购各种原料，存在仓库里供生产之用. 商店要成批地购进各种商品，放在货柜中以备零售. 水库在雨季蓄水用于旱季的灌溉和航运. 不论是原料、商品还是水的贮存，都有一个贮存多少的问题. 原料、商品存得太多，贮存费用高；存得太少则无法满足需求. 水库雨季蓄水过量更可能危及安全. 当影响贮存量的因素包含随机性的时候，如顾客对商品的需求，天气对蓄水的影响，需要建立随机性存贮模型. 本节假定需求量是恒定的，并且不允许缺货现象出现，如钢厂订购废钢供炼钢用就是这种情况，因为炼钢生产对原料的需求是一定的，而一旦缺少了原料将造成巨大损失.

在不允许缺货的情况下我们只考虑两种费用：订货时需付的一次性**订货费**；货物的**贮存费**. 至于货物本身的价格，下面将看到它与要讨论的优化问题无关. 建立模型的目的是在单位时间的需求量为常数的情况下，制定最优存贮策略,即多长时间订一次货,每次订多少货,使总费用最小.

模型假设 为了叙述的方便设时间以天为单位,货物以吨为单位,每隔 T 天订一次货(T 称订货周期),订货量为 Q 吨. 订货费、贮存费及单位时间需求量均为已知常数. 模型要以总费用为目标函数确定订货周期 T 和订货量 Q 的最优值. 假设条件可归纳如下:

1. 每次订货费为 c_1,每天每吨货物贮存费为 c_2.
2. 每天的货物需求量为 r 吨.
3. 每 T 天订货 Q 吨,当贮存量降到零时订货立即到达.

对于第 3 条假设中订货可以瞬时完成,可解释为由于需求是确定和已知的,只要提前订货使得贮存量为零时立即进货就行了. 当然,贮存量降到零不符合实际生产的需要,应该有一个最低库存量,可以认为模型中的贮存量是在这个最低存量之上计算的.

模型建立 订货周期 T、订货量 Q 与每天需求量 r 之间满足

$$Q=rT \tag{1}$$

订货后贮存量 Q 均匀地下降,记任意时刻 t 的贮存量为 q,则 $q(t)$ 的变化规律可以用图 9-1 表示.

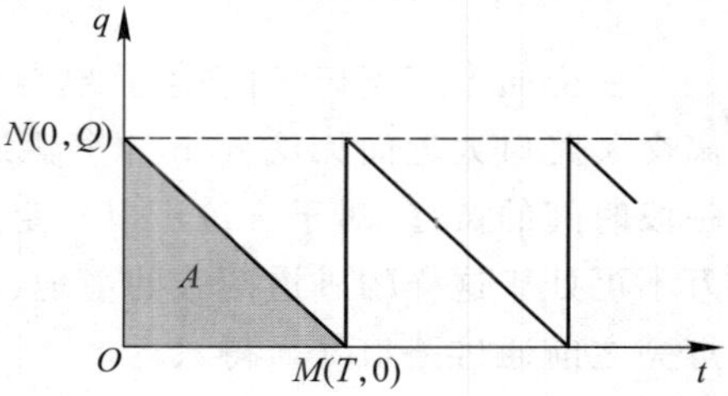

图 9-1

考察一个订货周期的总费用:订货费为 c_1;贮存费是 $c_2\int_0^T q(t)\,\mathrm{d}t$,其中积分恰等于图中三角形的面积 A,显然 $A=\frac{1}{2}QT$. 由(1)式可知一个订货周期 T 内的总费用为

$$\overline{C}=c_1+\frac{1}{2}c_2rT^2 \tag{2}$$

这个存贮模型的目标函数不能是一个周期的总费用 $\overline{C}$(为什么?),而应取作每天的平均费用,记作 $C(T)$,显然

$$C(T)=\frac{\overline{C}}{T}=\frac{c_1}{T}+\frac{1}{2}c_2rT \tag{3}$$

制订最优存贮策略归结为求订货周期 T 使 $C(T)$ 最小.

利用微分法,令 $\frac{\mathrm{d}C}{\mathrm{d}T}=0$,不难求得

$$T=\sqrt{\frac{2c_1}{rc_2}} \tag{4}$$

再根据(1)式有

$$Q=\sqrt{\frac{2c_1 r}{c_2}} \tag{5}$$

(5)式是经济理论中著名的**经济订货批量公式**(EOQ 公式).

前面说过,货物本身的价格可不考虑,这是因为若记每吨货物的价格为 k,则一周期的总费用 $\overline{C}$ 中应添加 kQ. 由于 $Q=rT$,所以(3)式中增加一常数项 kr,对求解结果(4),(5)式没有影响.

(5)式表明,订货费 c_1 越高,需求量 r 越大,订货批量 Q 应越大;贮存费 c_2 越高,订货批量 Q 应越小. 这些关系当然是符合常识的,不过公式在定量上表明的平方根关系却是凭常识无法得到的.

二、交通管理问题

在交通十字路口,都会设置红绿灯. 为了让那些正行驶在交叉路口或离交叉路口太近而无法停下的车辆通过路口,红绿灯转换中间还要亮起一段时间的黄灯. 对于一位正以一定速度驶近交叉路口的驾驶员来说,万万不可处于这样的进退两难的境地:要安全停车则离路口太近;要想在红灯亮之前通过路口又显得太远.

那么,黄灯应亮多长时间才最为合理呢?

分析　对于驶近交叉路口的驾驶员,当他看到黄色信号灯后要做出决定:是停车还是通过路口. 如果他以法定速度(或低于法定速度)行驶,当决定停车时,他必须有足够的停车距离. 当决定通过路口时,他必须有足够的时间使他能够完全通过路口,这包括做出停车决定的反应时间以及通过停车所需的最短距离的驾驶时间. 能够很快看到黄灯的驾驶员可以利用刹车距离将车停下.

于是,黄灯状态应持续的时间包括驾驶员的反应时间,他通过交叉路口的时间以及通过刹车距离所需的时间.

解　假设法定速度为 v_0,交叉路口的宽度为 I,典型的车身长度为 L. 考虑到车通过路口实际上指的是车的尾部必须通过路口,因此,通过路口的时间为

$$\frac{I+L}{v_0}$$

现在我们来计算刹车距离. 设 W 为汽车质量,μ 为摩擦系数,显然,地面对汽车的摩擦力为 μW,其方向与运动方向相反. 汽车在停车过程中,行驶的距离 x 与时间 t 的关系可由下面的微分方程求得,其中 g 是重力加

速度.

$$\frac{W}{g}\cdot\frac{\mathrm{d}^2x}{\mathrm{d}t^2}=-\mu W \tag{6}$$

方程的初值条件是

$$x\big|_{t=0}=0,\ \frac{\mathrm{d}x}{\mathrm{d}t}\bigg|_{t=0}=v_0 \tag{7}$$

于是,刹车距离就是直到速度 $v=0$ 时汽车驶过的距离.

首先,求解二阶微分方程(6),对(6)式从 0 到 t 积分,再利用初值条件(7),我们得

$$\frac{\mathrm{d}x}{\mathrm{d}t}=-\mu gt+v_0 \tag{8}$$

在 $x\big|_{t=0}=0$ 的条件下对(8)式从 0 到 t 积分,得

$$x=-\frac{1}{2}\mu gt^2+v_0t$$

注意,在(8)式中令 $\frac{\mathrm{d}x}{\mathrm{d}t}=0$,得到刹车所用的时间

$$t_0=\frac{v_0}{\mu g}$$

从而得到

$$x(t_0)=\frac{v_0^2}{2\mu g} \tag{9}$$

我们计算一下黄灯状态的时间

$$A=\frac{x(t_0)+I+L}{v_0}+T$$

其中 T 是驾驶员的反应时间. 于是,

$$A=\frac{v_0}{2\mu g}+\frac{I+L}{v_0}+T$$

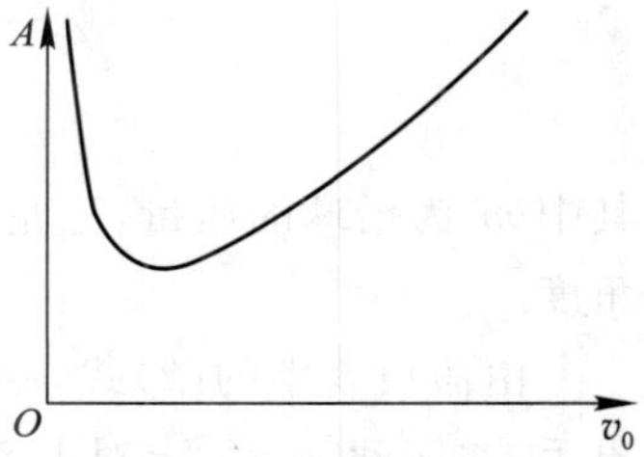

图 9-2 黄灯周期与法定速度的关系

如果把 A 与 v_0 关系的图像描绘出来,则大致如图 9-2 所示.

假设 $T=1$ s,$L=4.6$ m,$I=9$ m. 另外,我们选取具有代表性的 $\mu=0.2$,当 $v_0=30,40,50$ km/h 时,可计算出黄灯时间如下所示:

$v_0/(\mathrm{km}\cdot\mathrm{h}^{-1})$	A/s
30	4.76
40	5.06
50	5.52

因此，在限速为 30 km/h 的市区，交叉路口黄灯时间一般为 5 s.

三、铅球投掷问题

铅球投掷的远度受多种因素影响，主要因素有铅球出手时的速度、角度和高度，对于一名铅球运动员，为了对其制订科学的训练方案，试构造铅球投掷远度的模型.

此问题是为铅球运动员根据其自身的特点制定出其投掷铅球出手时的速度、角度和高度. 为了解决这一问题，我们构造铅球投掷远度的模型.

首先我们做如下假设：

1. 铅球被看成是一个质点；

2. 铅球运行过程忽略空气的阻力；

3. 铅球的投掷过程假设：

(1) 滑步阶段为水平运动，铅球随人的身体产生一个水平的初速度 v_0；

(2) 用力阶段，运动员从开始用力推铅球到铅球出手有一段时间，记为$[0,t_0]$；

(3) 在运动员用力的时间内，运动员作用在铅球上的推力大小 F 是不变的，力的方向与铅球的出手角度 α 相同.

若记 $x(t)$和 $y(t)$为开始用力后铅球运动轨迹的水平方向和铅垂方向的坐标，则根据牛顿第二运动定律，由假设 3，有

$$mx''(t)=F\cos\alpha \tag{10}$$

$$my''(t)=F\sin\alpha-mg \tag{11}$$

其中 m 为铅球的质量，F 是对铅球的推力，α 为力的方向，即铅球的出手角度.

由假设 3 中的(2)式，令 $t=0$ 时运动员开始用力推铅球，$t=t_0$ 时铅球出手. 在区间$[0,t_0]$上对上面式(10)和(11)进行积分，得

$$x'(t_0)=\frac{F}{m}t_0\cos\alpha+C_1 \tag{12}$$

$$y'(t_0)=\frac{F}{m}t_0\sin\alpha-gt_0+C_2 \tag{13}$$

其中 C_1,C_2 分别为 $t=0$ 时铅球的水平与垂直的初速度. 由假设 3 中的(1)，有 $C_1=v_0,C_2=0$，于是可得

$$x'(t_0)=\frac{F}{m}t_0\cos\alpha+v_0 \tag{14}$$

$$y'(t_0)=\frac{F}{m}t_0\sin\alpha-gt_0 \tag{15}$$

由此可得 $t=t_0$ 时铅球的合速度，即铅球的出手速度

$$\begin{aligned}v&=\sqrt{[x'(t_0)]^2+[y'(t_0)]^2}\\&=\sqrt{\left(\frac{F}{m}t_0\cos\alpha+v_0\right)^2+\left(\frac{F}{m}t_0\sin\alpha-gt_0\right)^2}\\&=\sqrt{\left(\frac{F^2}{m^2}+g^2-\frac{2F}{m}g\sin\alpha\right)t_0^2+v_0^2+\frac{2F}{m}t_0v_0\cos\alpha}\end{aligned} \tag{16}$$

现在来求铅球投掷的远度 S：

以铅球出手点的垂直方向为 y 轴（向上为正），以 y 轴与地面的交点到铅球落地点方向为 x 轴构成平面直角坐标系，在此坐标系内考虑铅球的运动. 记 v 为铅球出手时的速度，α 为铅球出手时的角度，h 为铅球出手的高度，t 为铅球运动的时间（铅球出手时 $t=0$），则由物理学的知识可得铅球的运动方程：

$$\begin{cases}x=v\cos\alpha t,\\ y=v\sin\alpha t-\dfrac{1}{2}gt^2+h\end{cases} \tag{17}$$

从方程组中消去 t，得铅球运动轨迹方程：

$$y=-\frac{gx^2}{2v^2\cos^2\alpha}+\tan\alpha x+h \tag{18}$$

设铅球投掷的远度为 S，则轨迹将于 $(S,0)$ 点与 x 轴相交，将它代入(18)式，可解得 S 为：

$$S=\frac{v^2\sin 2\alpha}{2g}+\sqrt{\left(\frac{v^2\sin 2\alpha}{2g}\right)^2+2h\frac{v^2\cos^2\alpha}{g}} \tag{19}$$

将(16)式和(19)式合并，得铅球投掷远度的模型，即

$$\begin{cases}v=\sqrt{\left(\dfrac{F^2}{m^2}+g^2-\dfrac{2F}{m}g\sin\alpha\right)t_0^2+v_0^2+\dfrac{2F}{m}t_0v_0\cos\alpha},\\ S=\dfrac{v^2\sin 2\alpha}{2g}+\sqrt{\left(\dfrac{v^2\sin 2\alpha}{2g}\right)^2+2h\dfrac{v^2\cos^2\alpha}{g}}\end{cases}$$

由(16)式可看出，v 随着 F 和 t_0 的增加而增加，v 也随着 v_0 的增加而增加，这与我们的常识是一致的. 由于 $0<\alpha<\frac{\pi}{2}$，由(16)式还可看出，v 将随着 α 的增加而减少，即当 F 和 t_0 不变时，运动员要提高铅球的出手角度 α，就必须以降低出手速度为代价.

由(19)式可看出，铅球的出手速度 v 和出手高度 h 越大，远度 S 就越大.

表 9－1 给出了我国女子铅球三位优秀运动员不同阶段的几组数据.

表 9－1　优秀运动员的铅球投掷数据

姓　名	出手速度 $v/(\mathrm{m}\cdot\mathrm{s}^{-1})$	出手角度 α	出手高度 h/m
李梅素	13.16	40.27°	2.02
李梅素	13.51	38.69°	2.00
黄志红	13.58	37.75°	2.02
隋新梅	13.95	39.00°	2.04
李梅素	14.08	35.13°	1.95

根据表 9－1 数据利用前面构造的模型，可计算出投掷的远度，现将由模型计算出的结果和实际成绩列于表 9－2.

表 9－2　优秀运动员成绩

姓　名	计算成绩 S/m	实际成绩 S^*/m
李梅素	19.56	19.40
李梅素	20.40	20.30
黄志红	20.53	20.76
隋新梅	21.68	21.66
李梅素	21.50	21.76

由表 9－2 数据可看出我们构造的模型是符合实际情况的.

教练可以利用所构造的模型指导运动员的训练. 比如当 F, t_0, v_0, h 一定时，可以通过适当地选择 α 使投掷的远度达到教练的要求；再比如当 F, t_0, v_0, α 一定时，可以根据运动员的自身条件适当选择铅球出手的高度，使投掷的远度达到最大；等等.

习题 9.2

1. 兄妹两人沿某街分别在离家 3 km 与 2 km 处同向散步回家，家里养的小狗一直在两人之间来回奔跑. 已知哥哥的速度为 3 km/h，妹妹的速度为 2 km/h 时，狗的速度为 5 km/h. 试分析半小时后，狗在何处？一小时后，狗又在何处？

2. 如图 9－3 所示，在离水面高度为 h m 的岸上，有人用绳子拉船靠岸. 假定绳长为 l m，船位于离岸壁 s m 处，试问：当收绳速度为 v_0(m/s)时，船的速度、加速度各是多少？

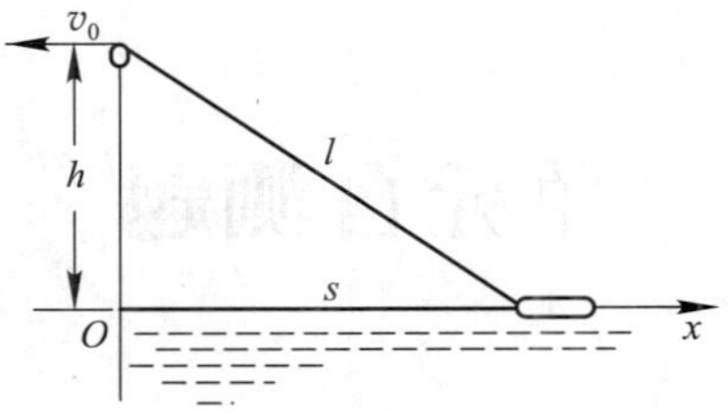

图 9-3

3. 一飞机在离地面 2 km 的高度，以每小时 200 km 的速度飞临某目标上空，以便进行航空摄影. 试求当飞机至目标上方时摄像机转动的角速度.

4. 鱼群是一种可再生的资源. 若目前鱼群的总质量为 x kg，经过一年的成长与繁殖，第二年鱼群的总质量变为 y kg. 反映 x 与 y 之间相互关系的曲线称为再生产曲线，记为 $y=f(x)$.

现设鱼群的再生产曲线为 $y=\gamma x\left(1-\dfrac{x}{N}\right)(\gamma>1)$. 为保障鱼群的质量维持稳定，在捕鱼时必须注意适度捕捞. 问鱼群的质量控制在多大时，才能使我们获取最大的持续捕获量？

5. 已知在 0 ℃至 200 ℃的温度范围内铁的比热容(单位：J/(g · ℃)) c 与温度 t 的关系为线性关系，并通过实验测定当 $t=50$ ℃时，$c=0.471$；当 $t=100$ ℃时，$c=0.701$. 现将温度为 20 ℃的铁 10 kg 加热到 100 ℃，试求所需的热量 Q.

6. 在经济学中有个 Cobb - Douglas 生产函数的模型 $f(x,y)=cx^a y^{1-a}$，式中 x 代表劳动力的数量，y 为资本数量(确切地说是 y 个单位资本)，c 与 $a(0<a<1)$ 是常数，由各工厂的具体情形而定. 函数值表示生产量.

现在已知某制造商的 Cobb - Douglas 生产函数是 $f(x,y)=100x^{\frac{3}{4}}y^{\frac{1}{4}}$，每个劳动力与每单位资本的成本分别是 150 元及 250 元. 该制造商的总预算是 50 000 元. 问他该如何分配这笔于雇用劳动力与资本，以使生产量最高.

7. 汽车从 A 地出发，到河边取水送往 B 地，两地之间有一不能穿越的圆形建筑群(如图 9-4 所示)，汽车应如何驾驶路程最短？

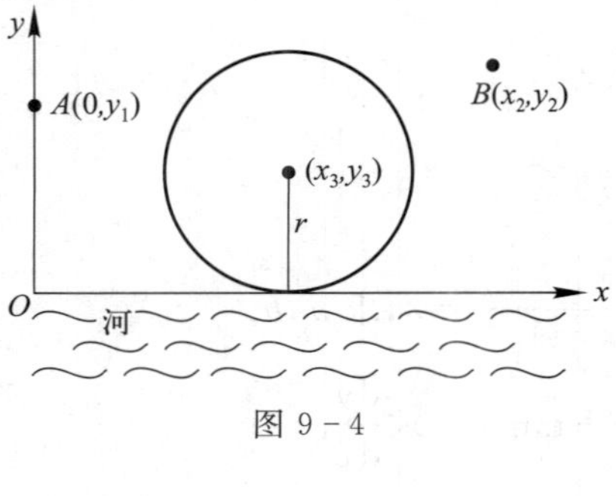

图 9-4

单元自测题

一元函数微分学自测题

一、填空题(每空 2 分,共 18 分)

1. $f(x)=\begin{cases}x^2, & x>1,\\ \dfrac{a+b+1}{2}, & x=1,\\ ax+b, & x<1\end{cases}$ 在点 $x=1$ 处连续且可导,则 $a=$______,$b=$________.

2. 当 $x\to 0$ 时,无穷小 $\alpha=1-\cos x$ 与 $\beta=\ln(1+x^2)$ 的关系是________.

3. 函数 $f(x)=\mathrm{e}^{\frac{1}{x}}$ 的间断点是________,它是第______类间断点.

4. 设 $f(x)=\sin x$,则 $\lim\limits_{x\to 0}\dfrac{f(1+2x)-f(1)}{x}=$______.

5. 设 $f(x)=x(x+1)(x+2)\cdots(x+n)$,则 $f'(0)=$______.

6. 函数 $f(x)=2^x$ 在 $x=0$ 处的导数为____________.

7. 函数 $f(x)=\ln x^2$ 在 $x=1$ 处的微分为______.

二、计算题(每小题 8 分,共 64 分)

1. $\lim\limits_{x\to\infty}\left(\dfrac{2+3x}{1+3x}\right)^x$.

2. $\lim\limits_{x\to 0}(1-\sin x)^{\frac{2}{x}}$.

3. 已知 $\lim\limits_{x\to 1}\dfrac{x^2+ax+b}{x-1}=3$,求 a,b.

4. $y=\ln(\sec x+\tan x)$,求 $\dfrac{\mathrm{d}y}{\mathrm{d}x}$.

5. $y=\dfrac{1}{x^2-1}$,求 $y^{(n)}$.

6. 求曲线 $xy+e^x-e^y=0$ 在 $x=0$ 处的切线方程.

7. 设 $\begin{cases}x=t-\ln(1+t^2),\\ y=\arctan t,\end{cases}$ 求 $\dfrac{d^2y}{dx^2}$.

8. 讨论 $y=x^4-2x^3+1$ 的性态并作图.

三、证明题(每小题 4 分,共 12 分)

1. 证明方程 $x=\sin x+1$ 至少有一个正根且不超过 2.

2. 设 $f(x)$在$[0,1]$上连续,$(0,1)$内可导,且 $f(0)=1,f(1)=0$,则在$(0,1)$内至少存在一点 ξ,使得 $f'(\xi)=-\dfrac{f(\xi)}{\xi}$.

3. 证明:当 $x>0$ 时,$e^x-(1+x)>1-\cos x$.

四、应用题(6 分)

将长为 a 的一段铁丝截成两段,用一段围成正方形,另一段围成圆,为使正方形与圆的面积之和最小,问两段铁丝的长各为多少?

多元函数微分学自测题

一、填空题(每小题3分,共18分)

1. 若$f(x+y,x-y)=\dfrac{x^2-y^2}{x^2+y^2}$,则$f(x,y)=$______.

2. $\lim\limits_{\substack{x\to 0\\ y\to 0}}\dfrac{\sqrt{xy+1}-1}{xy}=$______.

3. 若$z=\ln\sqrt{x^2+y^2}$,则$x\dfrac{\partial z}{\partial x}+y\dfrac{\partial z}{\partial y}=$______.

4. 若$z=f(x^2+y^2)$,其中$f(u)$具有连续的二阶导数,则$\dfrac{\partial^2 z}{\partial x^2}=$______.

5. 若$f(x,y)=e^{2x}(x+y^2+2y)$,则其驻点为______.

6. $z=\arctan\dfrac{y}{x}$在$\left(1,1,\dfrac{\pi}{4}\right)$处的法线方程为______.

二、计算题(每小题8分,共64分)

1. 讨论函数$\begin{cases}\dfrac{xy}{x^2+y^2}, & x^2+y^2\neq 0,\\ 0, & x^2+y^2=0\end{cases}$在(0,0)点的连续性.

2. 求极限$\lim\limits_{\substack{x\to 0\\ y\to 0}}(1+\sin xy)^{\frac{1}{xy}}$.

3. 求二元函数$z=\sin(e^x+xy^2)$的全微分.

4. 若$z=e^u\sin v,u=x-y,v=xy$,求$\dfrac{\partial z}{\partial x},\dfrac{\partial z}{\partial y}$.

5. 若$z=f(xy,x+y)$,其中f具有连续的二阶偏导数,求$\dfrac{\partial^2 z}{\partial x^2}$.

6. 设$z=e^{ax+by}\cos x$满足$\dfrac{\partial z}{\partial x}+\dfrac{\partial z}{\partial y}=2az\tan x$,求$a,b$.

7. 设方程$f\left(\dfrac{z}{x},\dfrac{y}{z}\right)=0$确定了函数$z=z(x,y)$,且具有连续的一阶偏导数,求$\dfrac{\partial z}{\partial x},\dfrac{\partial z}{\partial y}$.

8. 求由方程$2x^2+2y^2+z^2+8xz-z+8=0$所确定的隐函数$z=$

$z(x,y)$的极值.

三、证明题(8 分)

设 $z=z(x,y)$由方程 $x^2+y^2+z^2=yf\left(\frac{z}{y}\right)$所确定,其中 f 可微,试证$(x^2-y^2-z^2)\frac{\partial z}{\partial x}+2xy\frac{\partial z}{\partial y}=2xz$.

四、综合题(10 分)

在平面 $x+y+z=1$ 上求一点,使它到两定点 $A(2,0,1)$和 $B(1,0,1)$的距离平方和最小.

一元函数积分学自测题

一、填空题(每小题 2 分,共 10 分)

1. $\lim\limits_{n\to\infty}\dfrac{1}{n}\sum\limits_{i=1}^{n}\left(\dfrac{i}{n}\right)^{2}$ 表示为定积分为__________________.

2. 设 $f(x)$的一个原函数为 $x\mathrm{e}^{x^2}$,则 $\int f'(x)\mathrm{d}x=$______________.

3. $\dfrac{\mathrm{d}}{\mathrm{d}x}\int_{1}^{x^2}\dfrac{\sin t}{t}\mathrm{d}t=$__________________.

4. $\int_{-1}^{1}\dfrac{\sin x\sqrt{1-x^2}}{\cos x}\mathrm{d}x=$__________.

5. $\int_{0}^{+\infty}x^3\mathrm{e}^{-x}\mathrm{d}x=$__________.

二、计算题(每小题 9 分,共 72 分)

1. $\int\dfrac{\arcsin\sqrt{x}}{\sqrt{x-x^2}}\mathrm{d}x$.

2. $\int\ln(x+\sqrt{x^2+1})\mathrm{d}x$.

3. $\int\dfrac{\sin x\cos^2 x}{1+\cos^2 x}\mathrm{d}x$.

4. $\int_{1}^{4}\dfrac{\ln x}{\sqrt{x}}\mathrm{d}x$.

5. 求 $y=\int_{0}^{x}t\mathrm{e}^{-t^2}\mathrm{d}t$ 的极值.

6. $\int_{0}^{\frac{\pi}{2}}\sqrt{1-\sin 4x}\,\mathrm{d}x$.

7. 求 $y=\int_{0}^{x}\dfrac{2t-1}{t^2-t+1}\mathrm{d}t$ 在[0,2]上的最值.

8. 求由曲线 $y=\sqrt{x}$,$x+3y=4$,$x=4$ 所围平面图形的面积,并求此图形绕 x 轴旋转一周所得旋转体体积.

三、证明题(每小题 4 分,共 8 分)

1. 设 $f(x)$在$[a,b]$上连续,证明:$\int_{a}^{b}f(x)\mathrm{d}x=\int_{a}^{b}f(a+b-x)\mathrm{d}x$.

2. 设 $f(x)$连续，且 $f(x)>0, a<b$，令 $F(x)=\int_a^x f(t)\mathrm{d}t+\int_b^x \frac{1}{f(t)}\mathrm{d}t$，

求证：(1) $F'(x)\geqslant 2$；

(2) $F(x)=0$ 在$[a,b]$内有一个根.

四、综合题(10 分)

如下图所示，$S=S_1+S_2$，问当 t 为何值时，S 取最大值$(0\leqslant t\leqslant 1)$.

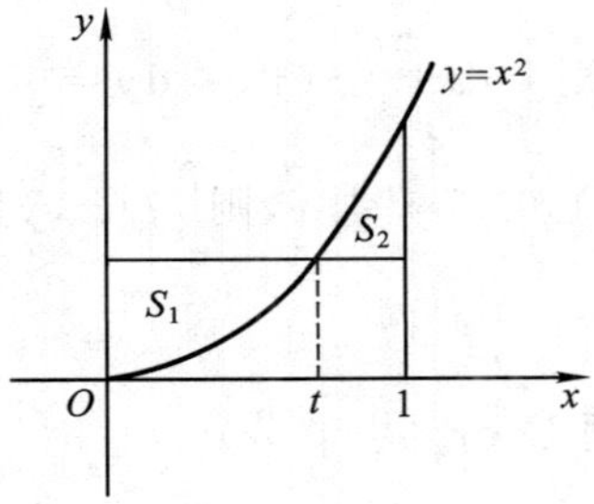

多元函数积分学自测题

一、填空题(每小题 5 分,共 15 分)

1. $\iint\limits_{|x|+|y|\leqslant\frac{\pi}{2}} \sin(x+y)\mathrm{d}x\mathrm{d}y=$ ________.

2. 交换积分次序,则 $\int_0^2 \mathrm{d}x\int_x^{2x} f(x,y)\mathrm{d}y=$ ________.

3. 设 $D:0\leqslant x\leqslant 1,0\leqslant y\leqslant x$,则$\iint\limits_D f(x,y)\mathrm{d}x\mathrm{d}y$ 的极坐标形式为 ________.

二、计算题(每小题 12 分,共 60 分)

1. $\iint\limits_D \frac{x^2}{y^2}\mathrm{d}x\mathrm{d}y$,其中 D 由 $x=2,y=x,xy=1$ 围成.

2. $\int_0^1 \mathrm{d}x\int_x^{\sqrt[3]{x}} \mathrm{e}^{y^2}\mathrm{d}y$.

3. $\iint\limits_{x^2+y^2\leqslant 9} |x^2+y^2-4|\mathrm{d}x\mathrm{d}y$.

4. $\iint\limits_D \frac{1}{(1+x^2+y^2)^2\sqrt{1+x^2+y^2}}\mathrm{d}x\mathrm{d}y$,其中 D 为由 $y=x,y=0,x^2+y^2=1$ 所围第一象限的部分.

5. 设 D 为由 $y=x,y=0,x^2+y^2=2x$ 所围成的区域,求以 D 为底,以 $z=x^2+y^2$ 为顶的曲顶柱体体积.

三、证明题(10 分)

设 $f(x)$连续,证明 $\int_0^1 \mathrm{d}y\int_{\sqrt{y}}^1 f(x)\mathrm{d}x=\int_0^1 x^2 f(x)\mathrm{d}x$.

四、综合题(15 分)

已知 $b>0$,某立体由 $z=b(x^2+y^2)$,$z=1+b$ 围成. (1) 求该立体的体积 V;(2) b 为何值时 V 最小?

常微分方程自测题

一、填空题(每小题 5 分,共 20 分)

1. 方程$\dfrac{\mathrm{d}y}{\mathrm{d}x}=2x$ 过(0,1)的积分曲线为________.
2. 方程 $y'+y'^2+2y-x=0$ 为________阶方程.
3. 一阶线性非齐次微分方程的解的结构为________.
4. 方程 $y''-4y'+4y=0$ 的通解为________.

二、(10 分)求微分方程$(1+x)y\mathrm{d}x+(1-y)x\mathrm{d}y=0$ 的通解.

三、(10 分)求微分方程$\dfrac{\mathrm{d}y}{\mathrm{d}x}-\dfrac{y}{x}=y^2$ 的通解.

四、(10 分)求微分方程$(1+x^2)y''=2xy'$的通解.

五、(10 分)设微分方程 $2y''+y'-y=2\mathrm{e}^x$,求方程的通解.

六、(15 分)求可微函数 $f(x)$,使 $f(x)=1+\displaystyle\int_0^x[\sin t\cdot\cos t-f(t)\cdot\cos t]\mathrm{d}t$ 成立.

七、(15 分)设方程 $y''+ay'+by=c\mathrm{e}^x$ 的一个特解为 $y=\mathrm{e}^{2x}+(1+x)\cdot\mathrm{e}^x$,求 a,b,c 的值.

八、(10 分)设某 A 从 xOy 平面的原点出发,沿 x 轴正方向前进,同时某 B 从点$(0,b)$开始跟踪 A,若 B 与 A 永远保持等距 b,试求 B 的光滑运动轨迹.

附录Ⅰ　积　分　表

(一) 含有 $ax+b$ 的积分

1. $\int \frac{\mathrm{d}x}{ax+b}=\frac{1}{a}\ln|ax+b|+C$

2. $\int (ax+b)^{\mu}\mathrm{d}x=\frac{1}{a(\mu+1)}(ax+b)^{\mu+1}+C\ (\mu\neq -1)$

3. $\int \frac{x}{ax+b}\mathrm{d}x=\frac{1}{a^2}(ax+b-b\ln|ax+b|)+C$

4. $\int \frac{x^2}{ax+b}\mathrm{d}x=\frac{1}{a^3}\left[\frac{1}{2}(ax+b)^2-2b(ax+b)+b^2\ln|ax+b|\right]+C$

5. $\int \frac{\mathrm{d}x}{x(ax+b)}=-\frac{1}{b}\ln\left|\frac{ax+b}{x}\right|+C$

6. $\int \frac{\mathrm{d}x}{x^2(ax+b)}=-\frac{1}{bx}+\frac{a}{b^2}\ln\left|\frac{ax+b}{x}\right|+C$

7. $\int \frac{x}{(ax+b)^2}\mathrm{d}x=\frac{1}{a^2}\left(\ln|ax+b|+\frac{b}{ax+b}\right)+C$

8. $\int \frac{x^2}{(ax+b)^2}\mathrm{d}x=\frac{1}{a^3}\left(ax+b-2b\ln|ax+b|-\frac{b^2}{ax+b}\right)+C$

9. $\int \frac{\mathrm{d}x}{x(ax+b)^2}=\frac{1}{b(ax+b)}-\frac{1}{b^2}\ln\left|\frac{ax+b}{x}\right|+C$

(二) 含有 $\sqrt{ax+b}$ 的积分

10. $\int \sqrt{ax+b}\,\mathrm{d}x=\frac{2}{3a}\sqrt{(ax+b)^3}+C$

11. $\int x\sqrt{ax+b}\,\mathrm{d}x=\frac{2}{15a^2}(3ax-2b)\sqrt{(ax+b)^3}+C$

12. $\int x^2\sqrt{ax+b}\,\mathrm{d}x=\frac{2}{105a^3}(15a^2x^2-12abx+8b^2)\sqrt{(ax+b)^3}+C$

13. $\int \frac{x}{\sqrt{ax+b}}\mathrm{d}x=\frac{2}{3a^2}(ax-2b)\sqrt{ax+b}+C$

14. $\int \frac{x^2}{\sqrt{ax+b}}\mathrm{d}x=\frac{2}{15a^3}(3a^2x^2-4abx+8b^2)\sqrt{ax+b}+C$

15. $$\int \frac{\mathrm{d}x}{x\sqrt{ax+b}}=\begin{cases}\frac{1}{\sqrt{b}}\ln\left|\frac{\sqrt{ax+b}-\sqrt{b}}{\sqrt{ax+b}+\sqrt{b}}\right|+C & (b>0),\\ \frac{2}{\sqrt{-b}}\arctan\sqrt{\frac{ax+b}{-b}}+C & (b<0)\end{cases}$$

16. $\int \frac{dx}{x^2\sqrt{ax+b}} = -\frac{\sqrt{ax+b}}{bx} - \frac{a}{2b}\int \frac{dx}{x\sqrt{ax+b}}$

17. $\int \frac{\sqrt{ax+b}}{x}dx = 2\sqrt{ax+b} + b\int \frac{dx}{x\sqrt{ax+b}}$

18. $\int \frac{\sqrt{ax+b}}{x^2}dx = -\frac{\sqrt{ax+b}}{x} + \frac{a}{2}\int \frac{dx}{x\sqrt{ax+b}}$

(三) 含有 $x^2 \pm a^2$ 的积分

19. $\int \frac{dx}{x^2+a^2} = \frac{1}{a}\arctan\frac{x}{a} + C$

20. $\int \frac{dx}{(x^2+a^2)^n} = \frac{x}{2(n-1)a^2(x^2+a^2)^{n-1}} + \frac{2n-3}{2(n-1)a^2}\int \frac{dx}{(x^2+a^2)^{n-1}}$

21. $\int \frac{dx}{x^2-a^2} = \frac{1}{2a}\ln\left|\frac{x-a}{x+a}\right| + C$

(四) 含有 $ax^2+b(a>0)$ 的积分

22. $\int \frac{dx}{ax^2+b} = \begin{cases} \frac{1}{\sqrt{ab}}\arctan\sqrt{\frac{a}{b}}x + C & (b>0), \\ \frac{1}{2\sqrt{-ab}}\ln\left|\frac{\sqrt{a}x-\sqrt{-b}}{\sqrt{a}x+\sqrt{-b}}\right| + C & (b<0) \end{cases}$

23. $\int \frac{x}{ax^2+b}dx = \frac{1}{2a}\ln|ax^2+b| + C$

24. $\int \frac{x^2}{ax^2+b}dx = \frac{x}{a} - \frac{b}{a}\int \frac{dx}{ax^2+b}$

25. $\int \frac{dx}{x(ax^2+b)} = \frac{1}{2b}\ln\frac{x^2}{|ax^2+b|} + C$

26. $\int \frac{dx}{x^2(ax^2+b)} = -\frac{1}{bx} - \frac{a}{b}\int \frac{dx}{ax^2+b}$

27. $\int \frac{dx}{x^3(ax^2+b)} = \frac{a}{2b^2}\ln\frac{|ax^2+b|}{x^2} - \frac{1}{2bx^2} + C$

28. $\int \frac{dx}{(ax^2+b)^2} = \frac{x}{2b(ax^2+b)} + \frac{1}{2b}\int \frac{dx}{ax^2+b}$

(五) 含有 $ax^2+bx+c(a>0)$ 的积分

29. $\int \frac{dx}{ax^2+bx+c} = \begin{cases} \frac{2}{\sqrt{4ac-b^2}}\arctan\frac{2ax+b}{\sqrt{4ac-b^2}} + C & (b^2<4ac), \\ \frac{1}{\sqrt{b^2-4ac}}\ln\left|\frac{2ax+b-\sqrt{b^2-4ac}}{2ax+b+\sqrt{b^2-4ac}}\right| + C & (b^2>4ac) \end{cases}$

30. $\int \frac{x}{ax^2+bx+c}dx = \frac{1}{2a}\ln|ax^2+bx+c| - \frac{b}{2a}\int \frac{dx}{ax^2+bx+c}$

(六)含有$\sqrt{x^2+a^2}$ $(a>0)$的积分

31. $\int \frac{dx}{\sqrt{x^2+a^2}}=\operatorname{arsh}\frac{x}{a}+C_1=\ln(x+\sqrt{x^2+a^2})+C$

32. $\int \frac{dx}{\sqrt{(x^2+a^2)^3}}=\frac{x}{a^2\sqrt{x^2+a^2}}+C$

33. $\int \frac{x}{\sqrt{x^2+a^2}}dx=\sqrt{x^2+a^2}+C$

34. $\int \frac{x}{\sqrt{(x^2+a^2)^3}}dx=-\frac{1}{\sqrt{x^2+a^2}}+C$

35. $\int \frac{x^2}{\sqrt{x^2+a^2}}dx=\frac{x}{2}\sqrt{x^2+a^2}-\frac{a^2}{2}\ln(x+\sqrt{x^2+a^2})+C$

36. $\int \frac{x^2}{\sqrt{(x^2+a^2)^3}}dx=-\frac{x}{\sqrt{x^2+a^2}}+\ln(x+\sqrt{x^2+a^2})+C$

37. $\int \frac{dx}{x\sqrt{x^2+a^2}}=\frac{1}{a}\ln\frac{\sqrt{x^2+a^2}-a}{|x|}+C$

38. $\int \frac{dx}{x^2\sqrt{x^2+a^2}}=-\frac{\sqrt{x^2+a^2}}{a^2x}+C$

39. $\int \sqrt{x^2+a^2}\,dx=\frac{x}{2}\sqrt{x^2+a^2}+\frac{a^2}{2}\ln(x+\sqrt{x^2+a^2})+C$

40. $\int \sqrt{(x^2+a^2)^3}\,dx=\frac{x}{8}(2x^2+5a^2)\sqrt{x^2+a^2}+\frac{3}{8}a^4\ln(x+\sqrt{x^2+a^2})+C$

41. $\int x\sqrt{x^2+a^2}\,dx=\frac{1}{3}\sqrt{(x^2+a^2)^3}+C$

42. $\int x^2\sqrt{x^2+a^2}\,dx=\frac{x}{8}(2x^2+a^2)\sqrt{x^2+a^2}-\frac{a^4}{8}\ln(x+\sqrt{x^2+a^2})+C$

43. $\int \frac{\sqrt{x^2+a^2}}{x}dx=\sqrt{x^2+a^2}+a\ln\frac{\sqrt{x^2+a^2}-a}{|x|}+C$

44. $\int \frac{\sqrt{x^2+a^2}}{x^2}dx=-\frac{\sqrt{x^2+a^2}}{x}+\ln(x+\sqrt{x^2+a^2})+C$

(七)含有$\sqrt{x^2-a^2}$ $(a>0)$的积分

45. $\int \frac{dx}{\sqrt{x^2-a^2}}=\frac{x}{|x|}\operatorname{arch}\frac{|x|}{a}+C_1=\ln\left|x+\sqrt{x^2-a^2}\right|+C$

46. $\int \frac{dx}{\sqrt{(x^2-a^2)^3}}=-\frac{x}{a^2\sqrt{x^2-a^2}}+C$

47. $\int \frac{x}{\sqrt{x^2-a^2}}dx=\sqrt{x^2-a^2}+C$

48. $\int \frac{x}{\sqrt{(x^2-a^2)^3}}dx=-\frac{1}{\sqrt{x^2-a^2}}+C$

49. $\int \frac{x^2}{\sqrt{x^2-a^2}}dx=\frac{x}{2}\sqrt{x^2-a^2}+\frac{a^2}{2}\ln\left|x+\sqrt{x^2-a^2}\right|+C$

50. $\int \frac{x^2}{\sqrt{(x^2-a^2)^3}}dx=-\frac{x}{\sqrt{x^2-a^2}}+\ln\left|x+\sqrt{x^2-a^2}\right|+C$

51. $\int \frac{dx}{x\sqrt{x^2-a^2}}=\frac{1}{a}\arccos\frac{a}{|x|}+C$

52. $\int \frac{dx}{x^2\sqrt{x^2-a^2}}=\frac{\sqrt{x^2-a^2}}{a^2x}+C$

53. $\int \sqrt{x^2-a^2}\,dx=\frac{x}{2}\sqrt{x^2-a^2}-\frac{a^2}{2}\ln\left|x+\sqrt{x^2-a^2}\right|+C$

54. $\int \sqrt{(x^2-a^2)^3}\,dx=\frac{x}{8}(2x^2-5a^2)\sqrt{x^2-a^2}+\frac{3}{8}a^4\ln\left|x+\sqrt{x^2-a^2}\right|+C$

55. $\int x\sqrt{x^2-a^2}\,dx=\frac{1}{3}\sqrt{(x^2-a^2)^3}+C$

56. $\int x^2\sqrt{x^2-a^2}\,dx=\frac{x}{8}(2x^2-a^2)\sqrt{x^2-a^2}-\frac{a^4}{8}\ln\left|x+\sqrt{x^2-a^2}\right|+C$

57. $\int \frac{\sqrt{x^2-a^2}}{x}dx=\sqrt{x^2-a^2}-a\arccos\frac{a}{|x|}+C$

58. $\int \frac{\sqrt{x^2-a^2}}{x^2}dx=-\frac{\sqrt{x^2-a^2}}{x}+\ln\left|x+\sqrt{x^2-a^2}\right|+C$

（八）含有$\sqrt{a^2-x^2}$ $(a>0)$的积分

59. $\int \frac{dx}{\sqrt{a^2-x^2}}=\arcsin\frac{x}{a}+C$

60. $\int \frac{dx}{\sqrt{(a^2-x^2)^3}}=\frac{x}{a^2\sqrt{a^2-x^2}}+C$

61. $\int \frac{x}{\sqrt{a^2-x^2}}dx=-\sqrt{a^2-x^2}+C$

62. $\int \frac{x}{\sqrt{(a^2-x^2)^3}}dx=\frac{1}{\sqrt{a^2-x^2}}+C$

63. $\int \frac{x^2}{\sqrt{a^2-x^2}}dx=-\frac{x}{2}\sqrt{a^2-x^2}+\frac{a^2}{2}\arcsin\frac{x}{a}+C$

64. $\int \frac{x^2}{\sqrt{(a^2-x^2)^3}}dx=\frac{x}{\sqrt{a^2-x^2}}-\arcsin\frac{x}{a}+C$

65. $\int \frac{dx}{x\sqrt{a^2-x^2}}=\frac{1}{a}\ln\frac{a-\sqrt{a^2-x^2}}{|x|}+C$

66. $\int \frac{dx}{x^2\sqrt{a^2-x^2}}=-\frac{\sqrt{a^2-x^2}}{a^2x}+C$

67. $\int \sqrt{a^2-x^2}\,dx=\frac{x}{2}\sqrt{a^2-x^2}+\frac{a^2}{2}\arcsin\frac{x}{a}+C$

68. $\int \sqrt{(a^2-x^2)^3}\,dx=\frac{x}{8}(5a^2-2x^2)\sqrt{a^2-x^2}+\frac{3}{8}a^4\arcsin\frac{x}{a}+C$

69. $\int x\sqrt{a^2-x^2}\,dx=-\frac{1}{3}\sqrt{(a^2-x^2)^3}+C$

70. $\int x^2\sqrt{a^2-x^2}\,dx=\frac{x}{8}(2x^2-a^2)\sqrt{a^2-x^2}+\frac{a^4}{8}\arcsin\frac{x}{a}+C$

71. $\int \frac{\sqrt{a^2-x^2}}{x}\,dx=\sqrt{a^2-x^2}+a\ln\frac{a-\sqrt{a^2-x^2}}{|x|}+C$

72. $\int \frac{\sqrt{a^2-x^2}}{x^2}\,dx=-\frac{\sqrt{a^2-x^2}}{x}-\arcsin\frac{x}{a}+C$

（九）含有 $\sqrt{\pm ax^2+bx+c}$ $(a>0)$ 的积分

73. $\int \frac{dx}{\sqrt{ax^2+bx+c}}=\frac{1}{\sqrt{a}}\ln\left|2ax+b+2\sqrt{a}\sqrt{ax^2+bx+c}\right|+C$

74. $\int \sqrt{ax^2+bx+c}\,dx=\frac{2ax+b}{4a}\sqrt{ax^2+bx+c}+$

$\frac{4ac-b^2}{8\sqrt{a^3}}\ln\left|2ax+b+2\sqrt{a}\sqrt{ax^2+bx+c}\right|+C$

75. $\int \frac{x}{\sqrt{ax^2+bx+c}}\,dx=\frac{1}{a}\sqrt{ax^2+bx+c}-$

$\frac{b}{2\sqrt{a^3}}\ln\left|2ax+b+2\sqrt{a}\sqrt{ax^2+bx+c}\right|+C$

76. $\int \frac{dx}{\sqrt{c+bx-ax^2}}=-\frac{1}{\sqrt{a}}\arcsin\frac{2ax-b}{\sqrt{b^2+4ac}}+C$

77. $\int \sqrt{c+bx-ax^2}\,dx=\frac{2ax-b}{4a}\sqrt{c+bx-ax^2}+\frac{b^2+4ac}{8\sqrt{a^3}}\arcsin\frac{2ax-b}{\sqrt{b^2+4ac}}+C$

78. $\int \frac{x}{\sqrt{c+bx-ax^2}}\,dx=-\frac{1}{a}\sqrt{c+bx-ax^2}+\frac{b}{2\sqrt{a^3}}\arcsin\frac{2ax-b}{\sqrt{b^2+4ac}}+C$

（十）含有 $\sqrt{\pm\frac{x-a}{x-b}}$ 或 $\sqrt{(x-a)(b-x)}$ 的积分

79. $\int \sqrt{\frac{x-a}{x-b}}\,dx=(x-b)\sqrt{\frac{x-a}{x-b}}+(b-a)\ln\left(\sqrt{|x-a|}+\sqrt{|x-b|}\right)+C$

80. $\int \sqrt{\frac{x-a}{b-x}}\,dx=(x-b)\sqrt{\frac{x-a}{b-x}}+(b-a)\arcsin\sqrt{\frac{x-a}{b-a}}+C$

81. $\int \frac{dx}{\sqrt{(x-a)(b-x)}}=2\arcsin\sqrt{\frac{x-a}{b-a}}+C\ (a<b)$

82. $\int \sqrt{(x-a)(b-x)}\,dx=\frac{2x-a-b}{4}\sqrt{(x-a)(b-x)}+\frac{(b-a)^2}{4}\arcsin\sqrt{\frac{x-a}{b-a}}+C\ (a<b)$

（十一）含有三角函数的积分

83. $\int \sin x\,dx=-\cos x+C$

84. $\int \cos x\,dx=\sin x+C$

85. $\int \tan x\,dx=-\ln\left|\cos x\right|+C$

86. $\int \cot x\,dx=\ln\left|\sin x\right|+C$

87. $\int \sec x\,dx=\ln\left|\tan\left(\frac{\pi}{4}+\frac{x}{2}\right)\right|+C=\ln\left|\sec x+\tan x\right|+C$

88. $\int \csc x\,dx=\ln\left|\tan\frac{x}{2}\right|+C=\ln\left|\csc x-\cot x\right|+C$

89. $\int \sec^2 x\,dx=\tan x+C$

90. $\int \csc^2 x\,dx=-\cot x+C$

91. $\int \sec x\tan x\,dx=\sec x+C$

92. $\int \csc x\cot x\,dx=-\csc x+C$

93. $\int \sin^2 x\,dx=\frac{x}{2}-\frac{1}{4}\sin 2x+C$

94. $\int \cos^2 x\,dx=\frac{x}{2}+\frac{1}{4}\sin 2x+C$

95. $\int \sin^n x\,dx=-\frac{1}{n}\sin^{n-1}x\cos x+\frac{n-1}{n}\int \sin^{n-2}x\,dx$

96. $\int \cos^n x\,dx=\frac{1}{n}\cos^{n-1}x\sin x+\frac{n-1}{n}\int \cos^{n-2}x\,dx$

97. $\int \frac{dx}{\sin^n x}=-\frac{1}{n-1}\cdot\frac{\cos x}{\sin^{n-1}x}+\frac{n-2}{n-1}\int\frac{dx}{\sin^{n-2}x}$

98. $\int \frac{dx}{\cos^n x}=\frac{1}{n-1}\cdot\frac{\sin x}{\cos^{n-1}x}+\frac{n-2}{n-1}\int\frac{dx}{\cos^{n-2}x}$

99. $\int \cos^m x\sin^n x\,dx=\frac{1}{m+n}\cos^{m-1}x\sin^{n+1}x+\frac{m-1}{m+n}\int \cos^{m-2}x\sin^n x\,dx$

$$=-\frac{1}{m+n}\cos^{m+1}x\sin^{n-1}x+\frac{n-1}{m+n}\int \cos^m x\sin^{n-2}x\,dx$$

100. $\int \sin ax\cos bx\,dx=-\frac{1}{2(a+b)}\cos(a+b)x-\frac{1}{2(a-b)}\cos(a-b)x+C$

101. $\int \sin ax\sin bx\,dx=-\frac{1}{2(a+b)}\sin (a+b)x+\frac{1}{2(a-b)}\sin (a-b)x+C$

102. $\int \cos ax\cos bx\,dx=\frac{1}{2(a+b)}\sin (a+b)x+\frac{1}{2(a-b)}\sin (a-b)x+C$

103. $\int \frac{dx}{a+b\sin x}=\frac{2}{\sqrt{a^2-b^2}}\arctan\frac{a\tan\frac{x}{2}+b}{\sqrt{a^2-b^2}}+C\ (a^2>b^2)$

104. $\int \frac{dx}{a+b\sin x}=\frac{1}{\sqrt{b^2-a^2}}\ln\left|\frac{a\tan\frac{x}{2}+b-\sqrt{b^2-a^2}}{a\tan\frac{x}{2}+b+\sqrt{b^2-a^2}}\right|+C\ (a^2<b^2)$

105. $\int \frac{dx}{a+b\cos x}=\frac{2}{a+b}\sqrt{\frac{a+b}{a-b}}\arctan\left(\sqrt{\frac{a-b}{a+b}}\tan\frac{x}{2}\right)+C\ (a^2>b^2)$

106. $\int \frac{dx}{a+b\cos x}=\frac{1}{a+b}\sqrt{\frac{a+b}{b-a}}\ln\left|\frac{\tan\frac{x}{2}+\sqrt{\frac{a+b}{b-a}}}{\tan\frac{x}{2}-\sqrt{\frac{a+b}{b-a}}}\right|+C\ (a^2<b^2)$

107. $\int \frac{dx}{a^2\cos^2 x+b^2\sin^2 x}=\frac{1}{ab}\arctan\left(\frac{b}{a}\tan x\right)+C$

108. $\int \frac{dx}{a^2\cos^2 x-b^2\sin^2 x}=\frac{1}{2ab}\ln\left|\frac{b\tan x+a}{b\tan x-a}\right|+C$

109. $\int x\sin ax\,dx=\frac{1}{a^2}\sin ax-\frac{1}{a}x\cos ax+C$

110. $\int x^2\sin ax\,dx=-\frac{1}{a}x^2\cos ax+\frac{2}{a^2}x\sin ax+\frac{2}{a^3}\cos ax+C$

111. $\int x\cos ax\,dx=\frac{1}{a^2}\cos ax+\frac{1}{a}x\sin ax+C$

112. $\int x^2\cos ax\,dx=\frac{1}{a}x^2\sin ax+\frac{2}{a^2}x\cos ax-\frac{2}{a^3}\sin ax+C$

（十二）含有反三角函数的积分（其中 $a>0$）

113. $\int \arcsin\frac{x}{a}dx=x\arcsin\frac{x}{a}+\sqrt{a^2-x^2}+C$

114. $\int x\arcsin\frac{x}{a}dx=\left(\frac{x^2}{2}-\frac{a^2}{4}\right)\arcsin\frac{x}{a}+\frac{x}{4}\sqrt{a^2-x^2}+C$

115. $\int x^2\arcsin\frac{x}{a}dx=\frac{x^3}{3}\arcsin\frac{x}{a}+\frac{1}{9}(x^2+2a^2)\sqrt{a^2-x^2}+C$

116. $\int \arccos\frac{x}{a}dx=x\arccos\frac{x}{a}-\sqrt{a^2-x^2}+C$

117. $\int x\arccos\frac{x}{a}dx=\left(\frac{x^2}{2}-\frac{a^2}{4}\right)\arccos\frac{x}{a}-\frac{x}{4}\sqrt{a^2-x^2}+C$

118. $\int x^2 \arccos\frac{x}{a}\mathrm{d}x=\frac{x^3}{3}\arccos\frac{x}{a}-\frac{1}{9}(x^2+2a^2)\sqrt{a^2-x^2}+C$

119. $\int \arctan\frac{x}{a}\mathrm{d}x=x\arctan\frac{x}{a}-\frac{a}{2}\ln(a^2+x^2)+C$

120. $\int x\arctan\frac{x}{a}\mathrm{d}x=\frac{1}{2}(a^2+x^2)\arctan\frac{x}{a}-\frac{a}{2}x+C$

121. $\int x^2\arctan\frac{x}{a}\mathrm{d}x=\frac{x^3}{3}\arctan\frac{x}{a}-\frac{a}{6}x^2+\frac{a^3}{6}\ln(a^2+x^2)+C$

（十三）含有指数函数的积分

122. $\int a^x\mathrm{d}x=\frac{1}{\ln a}a^x+C$

123. $\int \mathrm{e}^{ax}\mathrm{d}x=\frac{1}{a}\mathrm{e}^{ax}+C$

124. $\int x\mathrm{e}^{ax}\mathrm{d}x=\frac{1}{a^2}(ax-1)\mathrm{e}^{ax}+C$

125. $\int x^n\mathrm{e}^{ax}\mathrm{d}x=\frac{1}{a}x^n\mathrm{e}^{ax}-\frac{n}{a}\int x^{n-1}\mathrm{e}^{ax}\mathrm{d}x$

126. $\int xa^x\mathrm{d}x=\frac{x}{\ln a}a^x-\frac{1}{(\ln a)^2}a^x+C$

127. $\int x^na^x\mathrm{d}x=\frac{1}{\ln a}x^na^x-\frac{n}{\ln a}\int x^{n-1}a^x\mathrm{d}x$

128. $\int \mathrm{e}^{ax}\sin bx\mathrm{d}x=\frac{1}{a^2+b^2}\mathrm{e}^{ax}(a\sin bx-b\cos bx)+C$

129. $\int \mathrm{e}^{ax}\cos bx\mathrm{d}x=\frac{1}{a^2+b^2}\mathrm{e}^{ax}(b\sin bx+a\cos bx)+C$

130. $\int \mathrm{e}^{ax}\sin^n bx\mathrm{d}x=\frac{1}{a^2+b^2n^2}\mathrm{e}^{ax}\sin^{n-1}bx(a\sin bx-nb\cos bx)+\frac{n(n-1)b^2}{a^2+b^2n^2}\int \mathrm{e}^{ax}\sin^{n-2}bx\mathrm{d}x$

131. $\int \mathrm{e}^{ax}\cos^n bx\mathrm{d}x=\frac{1}{a^2+b^2n^2}\mathrm{e}^{ax}\cos^{n-1}bx(a\cos bx+nb\sin bx)+\frac{n(n-1)b^2}{a^2+b^2n^2}\int \mathrm{e}^{ax}\cos^{n-2}bx\mathrm{d}x$

（十四）含有对数函数的积分

132. $\int \ln x\mathrm{d}x=x\ln x-x+C$

133. $\int \frac{\mathrm{d}x}{x\ln x}=\ln\left|\ln x\right|+C$

134. $\int x^n\ln x\mathrm{d}x=\frac{1}{n+1}x^{n+1}\left(\ln x-\frac{1}{n+1}\right)+C$

135. $\int (\ln x)^n\mathrm{d}x=x(\ln x)^n-n\int(\ln x)^{n-1}\mathrm{d}x$

136. $\int x^m(\ln x)^n \mathrm{d}x = \frac{1}{m+1}x^{m+1}(\ln x)^n - \frac{n}{m+1}\int x^m(\ln x)^{n-1}\mathrm{d}x$

（十五）含有双曲函数的积分

137. $\int \mathrm{sh}\, x \mathrm{d}x = \mathrm{ch}\, x + C$

138. $\int \mathrm{ch}\, x \mathrm{d}x = \mathrm{sh}\, x + C$

139. $\int \mathrm{th}\, x \mathrm{d}x = \ln \mathrm{ch} x + C$

140. $\int \mathrm{sh}^2 x \mathrm{d}x = -\frac{x}{2} + \frac{1}{4}\mathrm{sh}\, 2x + C$

141. $\int \mathrm{ch}^2 x \mathrm{d}x = \frac{x}{2} + \frac{1}{4}\mathrm{sh}\, 2x + C$

（十六）定积分

142. $\int_{-\pi}^{\pi} \cos nx \,\mathrm{d}x = \int_{-\pi}^{\pi} \sin nx \,\mathrm{d}x = 0$

143. $\int_{-\pi}^{\pi} \cos mx \sin nx \,\mathrm{d}x = 0$

144. $\int_{-\pi}^{\pi} \cos mx \cos nx \,\mathrm{d}x = \begin{cases} 0, m \neq n, \\ \pi, m = n \end{cases}$

145. $\int_{-\pi}^{\pi} \sin mx \sin nx \,\mathrm{d}x = \begin{cases} 0, m \neq n, \\ \pi, m = n \end{cases}$

146. $\int_{0}^{\pi} \sin mx \sin nx \,\mathrm{d}x = \int_{0}^{\pi} \cos mx \cos nx \,\mathrm{d}x = \begin{cases} 0, & m \neq n, \\ \pi/2, & m = n \end{cases}$

147. $I_n = \int_0^{\frac{\pi}{2}} \sin^n x \,\mathrm{d}x = \int_0^{\frac{\pi}{2}} \cos^n x \,\mathrm{d}x$

$$I_n = \frac{n-1}{n} I_{n-2} = \begin{cases} \frac{n-1}{n} \cdot \frac{n-3}{n-2} \cdot \cdots \cdot \frac{4}{5} \cdot \frac{2}{3} (n \text{ 为大于 1 的正奇数}), I_1 = 1, \\ \frac{n-1}{n} \cdot \frac{n-3}{n-2} \cdot \cdots \cdot \frac{3}{4} \cdot \frac{1}{2} \cdot \frac{\pi}{2} (n \text{ 为正偶数}), \quad I_0 = \frac{\pi}{2} \end{cases}$$

附录Ⅱ　二阶和三阶行列式简介

设已知四个数 $a_{11}, a_{12}, a_{21}, a_{22}$ 排成正方形表

$$\begin{bmatrix} a_{11} & a_{12} \\ a_{21} & a_{22} \end{bmatrix}$$

称这个表为 2×2 矩阵. 称数 $a_{11}a_{22}-a_{12}a_{21}$ 为对应于此 2×2 矩阵的二阶行列式，记作

$$\begin{vmatrix} a_{11} & a_{12} \\ a_{21} & a_{22} \end{vmatrix}$$

即

$$\begin{vmatrix} a_{11} & a_{12} \\ a_{21} & a_{22} \end{vmatrix} = a_{11}a_{22}-a_{12}a_{21}$$

数 $a_{11}, a_{12}, a_{21}, a_{22}$ 称为此行列式的元素，行列式的横排称为行，竖排称为列. 元素 a_{ij} 的第一个下标 i 表示其所在的行数，第二个下标 j 表示其所在的列数.

可用下式所示的规则来记二阶行列式值的计算公式：

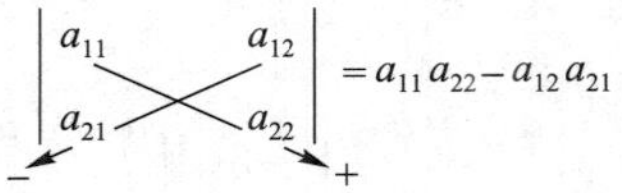

例　$\begin{vmatrix} 2 & 3 \\ 1 & 5 \end{vmatrix} = 2\times5-3\times1=7$

设已知九个数 $a_{11}, a_{12}, a_{13}, a_{21}, a_{22}, a_{23}, a_{31}, a_{32}, a_{33}$ 排成正方形表

$$\begin{bmatrix} a_{11} & a_{12} & a_{13} \\ a_{21} & a_{22} & a_{23} \\ a_{31} & a_{32} & a_{33} \end{bmatrix}$$

称这个表为 3×3 矩阵. 称数 $a_{11}a_{22}a_{33}+a_{12}a_{23}a_{31}+a_{13}a_{21}a_{32}-a_{11}a_{23}a_{32}-a_{12}a_{21}a_{33}-a_{13}a_{22}a_{31}$ 为对应于此 3×3 矩阵的三阶行列式，记作

$$\begin{vmatrix} a_{11} & a_{12} & a_{13} \\ a_{21} & a_{22} & a_{23} \\ a_{31} & a_{32} & a_{33} \end{vmatrix}$$

即

$$\begin{vmatrix} a_{11} & a_{12} & a_{13} \\ a_{21} & a_{22} & a_{23} \\ a_{31} & a_{32} & a_{33} \end{vmatrix}$$

$$=a_{11}a_{22}a_{33}+a_{12}a_{23}a_{31}+a_{13}a_{21}a_{32}-a_{11}a_{23}a_{32}-a_{12}a_{21}a_{33}-a_{13}a_{22}a_{31}$$

可用下面的形式记三阶行列式值的计算公式：

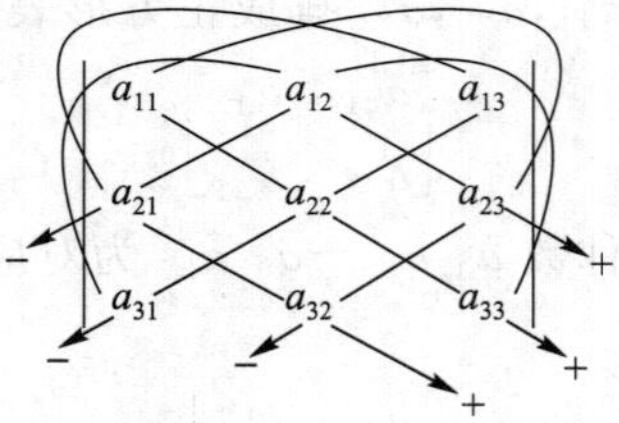

$$=a_{11}a_{22}a_{33}+a_{12}a_{23}a_{31}+a_{13}a_{21}a_{32}-a_{11}a_{23}a_{32}-a_{12}a_{21}a_{33}-a_{13}a_{22}a_{31}$$

或在下表

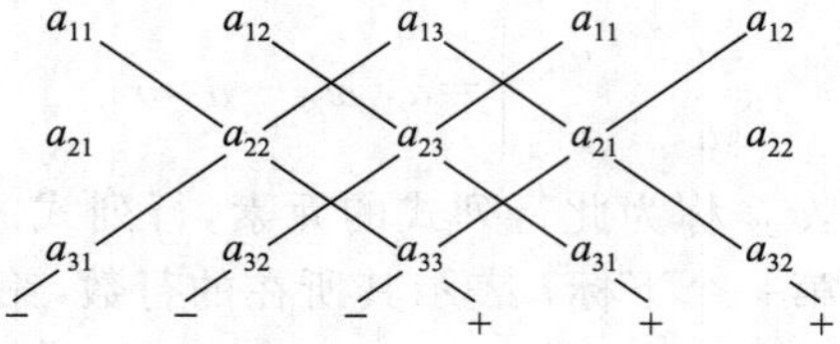

中依次作各连线上三个元素的乘积并附以所示的符号.

另外，三阶行列式还可以用二阶行列式计算，计算公式为：

$$\begin{vmatrix} a_{11} & a_{12} & a_{13} \\ a_{21} & a_{22} & a_{23} \\ a_{31} & a_{32} & a_{33} \end{vmatrix}=a_{11}\begin{vmatrix} a_{22} & a_{23} \\ a_{32} & a_{33} \end{vmatrix}-a_{12}\begin{vmatrix} a_{21} & a_{23} \\ a_{31} & a_{33} \end{vmatrix}+a_{13}\begin{vmatrix} a_{21} & a_{22} \\ a_{31} & a_{32} \end{vmatrix}$$

例　计算三阶行列式

$$\begin{vmatrix} 1 & -3 & 7 \\ 2 & 4 & -3 \\ -3 & 7 & 2 \end{vmatrix}$$

解　方法一

$$\begin{vmatrix} 1 & -3 & 7 \\ 2 & 4 & -3 \\ -3 & 7 & 2 \end{vmatrix}$$

$$=1\times4\times2+(-3)\times(-3)\times(-3)+7\times2\times7-1\times(-3)\times 7-(-3)\times2\times2-7\times4\times(-3)$$

$=8-27+98+21+12+84$

$=196$

方法二

$$\begin{vmatrix} 1 & -3 & 7 \\ 2 & 4 & -3 \\ -3 & 7 & 2 \end{vmatrix}=1\times\begin{vmatrix} 4 & -3 \\ 7 & 2 \end{vmatrix}-(-3)\times\begin{vmatrix} 2 & -3 \\ -3 & 2 \end{vmatrix}+7\times\begin{vmatrix} 2 & 4 \\ -3 & 7 \end{vmatrix}$$

$=(8+21)+3\times(4-9)+7\times(14+12)$

$=196$

附录Ⅲ　常用的三角函数公式

一、两角和、差的三角函数公式

1. $\sin(\alpha \pm \beta) = \sin \alpha \cos \beta \pm \cos \alpha \sin \beta$

2. $\cos(\alpha \pm \beta) = \cos \alpha \cos \beta \mp \sin \alpha \sin \beta$

二、三角函数的倍角公式

3. $\sin 2\alpha = 2\sin \alpha \cos \alpha$

4. $\cos 2\alpha = \cos^2 \alpha - \sin^2 \alpha = 1 - 2\sin^2 \alpha = 2\cos^2 \alpha - 1$

5. $\sin \alpha = 2\sin \dfrac{\alpha}{2} \cos \dfrac{\alpha}{2} = \dfrac{2\tan \dfrac{\alpha}{2}}{1 + \tan^2 \dfrac{\alpha}{2}}$

6. $\cos \alpha = \cos^2 \dfrac{\alpha}{2} - \sin^2 \dfrac{\alpha}{2} = 1 - 2\sin^2 \dfrac{\alpha}{2} = 2\cos^2 \dfrac{\alpha}{2} - 1 = \dfrac{1 - \tan^2 \dfrac{\alpha}{2}}{1 + \tan^2 \dfrac{\alpha}{2}}$

三、三角函数的降幂公式

7. $\sin^2 \alpha = \dfrac{1}{2}(1 - \cos 2\alpha)$

8. $\cos^2 \alpha = \dfrac{1}{2}(1 + \cos 2\alpha)$

四、三角函数的和差与积的关系

9. $2\sin \alpha \cos \beta = \sin(\alpha + \beta) + \sin(\alpha - \beta)$

10. $2\cos \alpha \sin \beta = \sin(\alpha + \beta) - \sin(\alpha - \beta)$

11. $2\cos \alpha \cos \beta = \cos(\alpha + \beta) + \cos(\alpha - \beta)$

12. $-2\sin \alpha \sin \beta = \cos(\alpha + \beta) - \cos(\alpha - \beta)$

附录Ⅳ　常用的极坐标和参数方程表示的曲线

极坐标的曲线方程

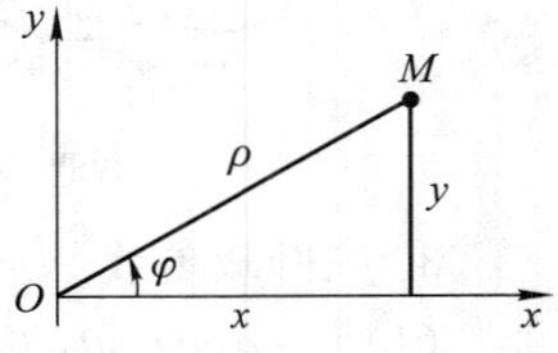

图Ⅳ-1

极坐标与直角坐标的关系，见图Ⅳ-1.

(1) $\begin{cases} x=\rho\cos\varphi, \\ y=\rho\sin\varphi; \end{cases}$　　(2) $\begin{cases} \rho^2=x^2+y^2, \\ \tan\varphi=\dfrac{y}{x}. \end{cases}$

1. 圆的方程

(1) $\rho=a$（a 是常数），即 $x^2+y^2=a^2$，见图Ⅳ-2.

(2) $\rho=a\cos\varphi$，即 $x^2+y^2=ax$，见图Ⅳ-3.

(3) $\rho=a\sin\varphi$，即 $x^2+y^2=ay$，见图Ⅳ-4.

(4) $\rho^2+\rho(D\cos\varphi+E\sin\varphi)+F=0$，即 $x^2+y^2+Dx+Ey+F=0$，见图Ⅳ-5.

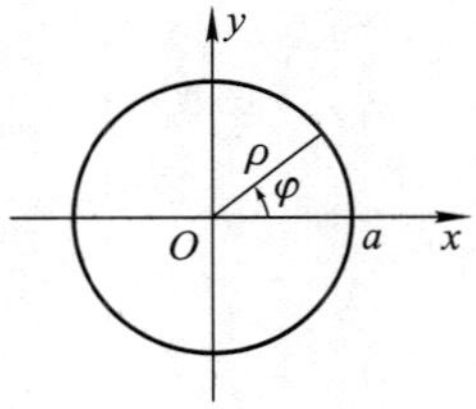

图Ⅳ-2

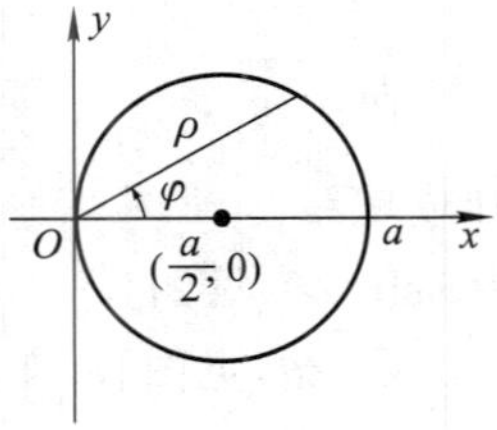

图Ⅳ-3

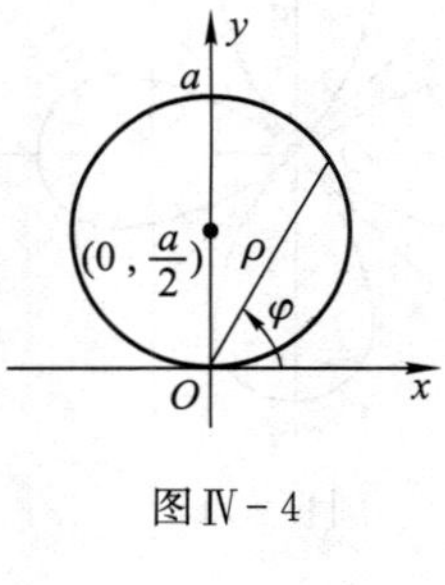

图Ⅳ-4

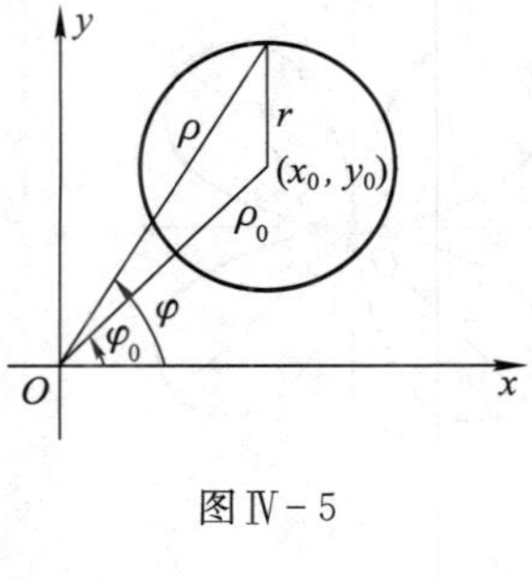

图Ⅳ-5

2. 双纽线的方程

(1) $\rho^2=a^2\cos 2\theta$，即$(x^2+y^2)^2=a^2(x^2-y^2)$，见图Ⅳ-6.

(2) $\rho^2=a^2\sin 2\theta$，即$(x^2+y^2)^2=2a^2xy$，见图Ⅳ-7.

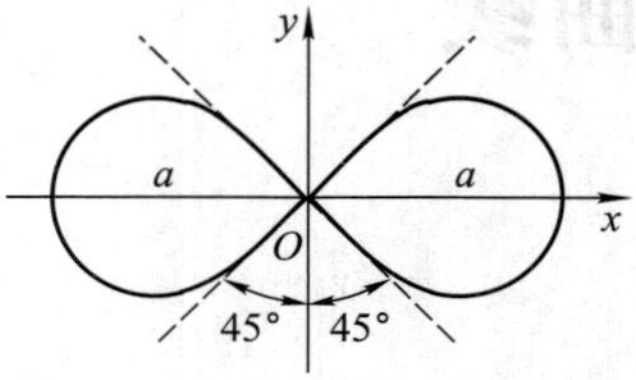

图Ⅳ-6

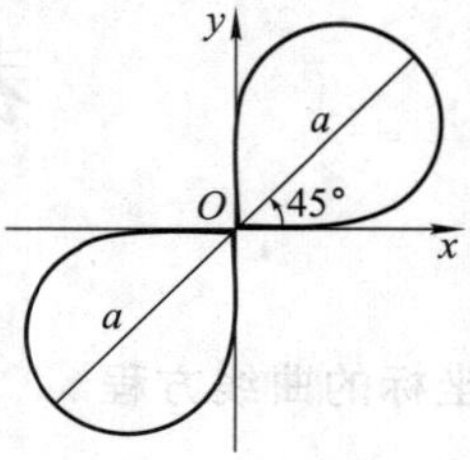

图Ⅳ-7

3. 三叶玫瑰线

(1) $\rho=a\cos 3\theta$，见图Ⅳ-8.

(2) $\rho=a\sin 3\theta$，见图Ⅳ-9.

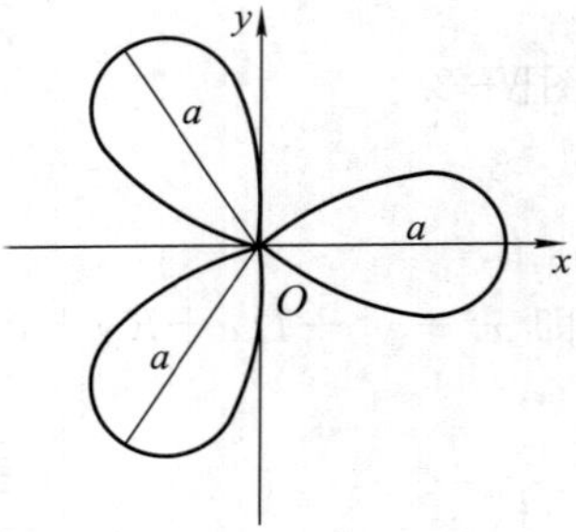

图Ⅳ-8

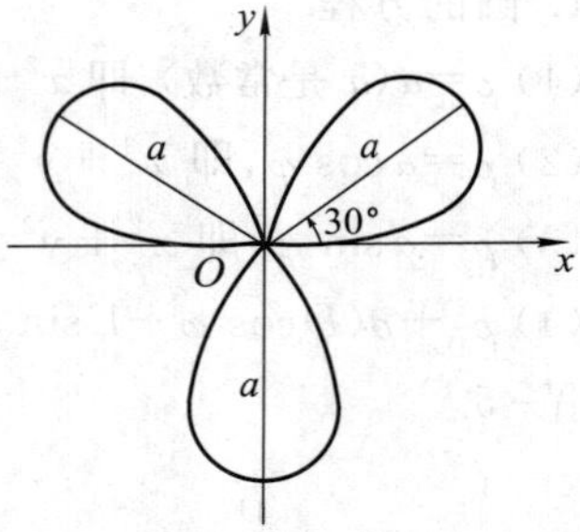

图Ⅳ-9

4. 四叶玫瑰线

(1) $\rho=a\sin 2\theta$，见图Ⅳ-10.

(2) $\rho=a\cos 2\theta$，见图Ⅳ-11.

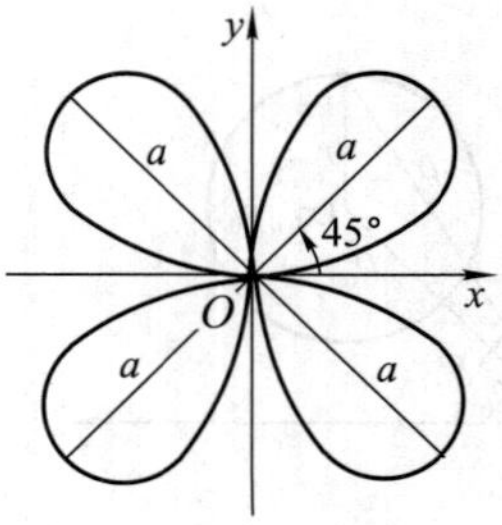

图Ⅳ-10

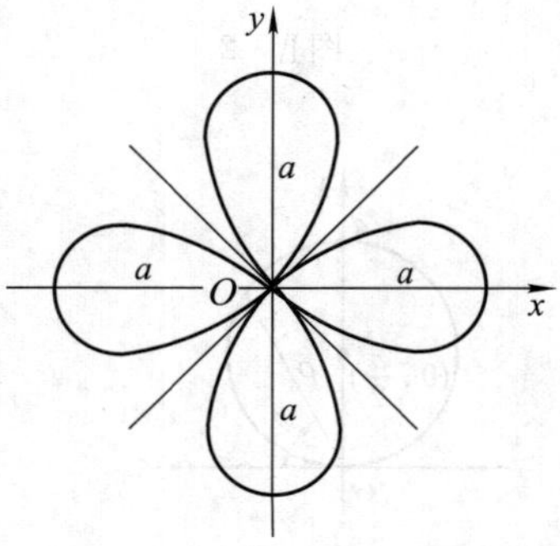

图Ⅳ-11

5. 等角螺线(对数螺线)

$\rho = e^{a\theta}$,见图Ⅳ-12.

6. 摆线

$\begin{cases} x = a(t - \sin t), \\ y = a(1 - \cos t), \end{cases}$ 见图Ⅳ-13.

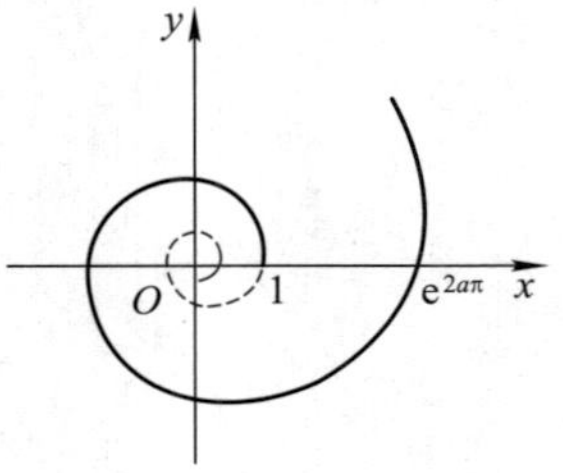

图Ⅳ-12

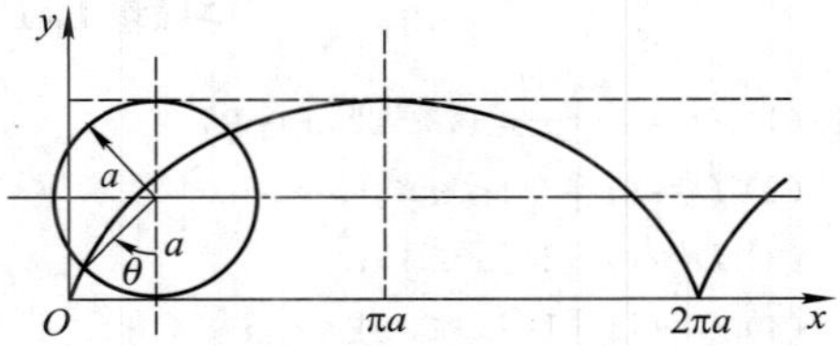

图Ⅳ-13

7. 心脏线

$\rho = a(1 - \cos\theta)$,见图Ⅳ-14.

8. 星形线

$\begin{cases} x = a\cos^3 t, \\ y = a\sin^3 t, \end{cases}$ 见图Ⅳ-15.

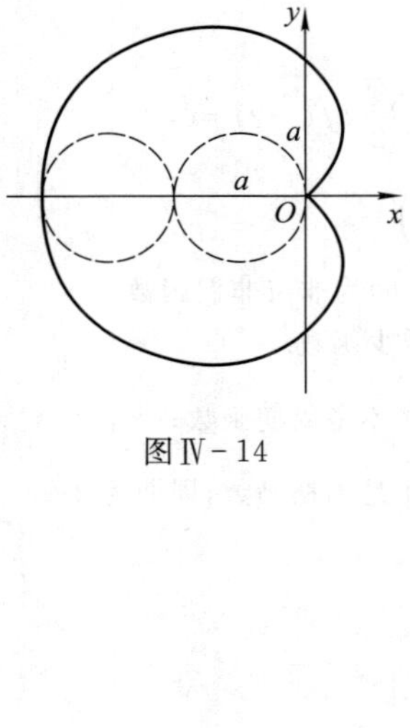

图Ⅳ-14

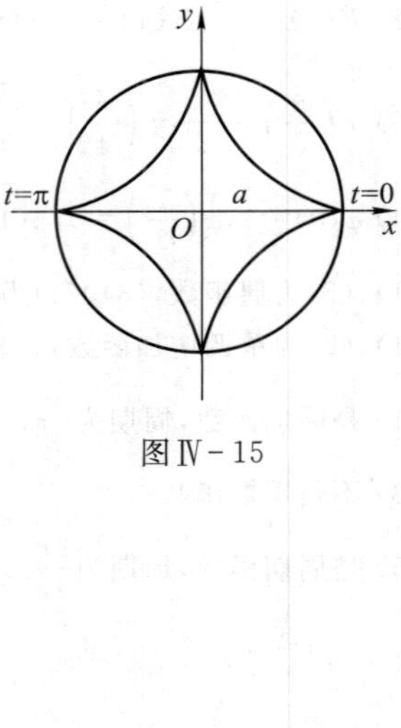

图Ⅳ-15

部分习题参考答案

习题 1.1

1. (1) $D=\{x \mid x\neq 1, x\neq 2, x\in \mathbf{R}\}$；

(2) $D=\{x \mid -1<x\leqslant 1\}$；

(3) $D=\{x \mid 2\leqslant x\leqslant 4\}$；

(4) $D=\{x \mid 1<x<2$ 或 $2<x\leqslant 4\}$；

(5) $D=\{x \mid |x|<1$ 且 $x\neq 0\}$；

(6) $D=\{x \mid 2k\pi\leqslant x\leqslant (2k+1)\pi, k=0,\pm 1,\pm 2,\cdots\}$；

(7) $D=\{x \mid x>1\}$；

(8) $D=\{x \mid x\geqslant 0\}$.

2. (1) 不相等；(2) 不相等；(3) 相等.

3. (1) $f(0)=2, f(1)=0, f\left(-\dfrac{1}{x}\right)=\dfrac{1}{x^2}+\dfrac{3}{x}+2, f(h+1)=h^2-h$；

(2) $F(0)=\dfrac{1}{2}, F(1)=1, F(-1)=1$；

(3) $f\left(\dfrac{\pi}{6}\right)=\dfrac{1}{2}, f\left(\dfrac{\pi}{4}\right)=\dfrac{\sqrt{2}}{2}, f\left(-\dfrac{\pi}{4}\right)=\dfrac{\sqrt{2}}{2}, f(-2)=0$；

(4) $\varphi(0)=0, \varphi\left(\dfrac{1}{2}\right)=0, \varphi(1)=\dfrac{1}{2}, \varphi\left(\dfrac{5}{4}\right)=1$.

4. (1)、(5)为偶函数，(3)、(4)为奇函数，(2)、(6)为非奇非偶函数.

6. (1)、(2)为单调增加函数，(3)、(4)为单调减少函数.

7. (1) 是周期函数，周期为$\dfrac{\pi}{2}$；　　(2) 不是周期函数；

(3) 不是周期函数；　　(4) 是周期函数，周期为 2；

(5) 是周期函数，周期为$\dfrac{2\pi}{\omega}$.

习题 1.2

1. (1) $y=\dfrac{1}{3}\arcsin\dfrac{x}{2}$；　　(2) $y=\mathrm{e}^{x-1}-2$.

2. (1) $y=\sin u, u=5x$；　　(2) $y=\ln u, u=1+2x$；

(3) $y=a^u, u=-2x$；　　(4) $y=\sqrt{u}, u=\cot x$；

(5) $y=\ln u, u=\sin v, v=\frac{x}{2}$;　　(6) $y=e^{u}, u=v^{2}, v=x+1$;

(7) $y=\arccos u, u=\frac{1}{x^{2}}$;　　(8) $y=u^{3}, u=\cos v, v=2x+1$.

3. $f[\varphi(x)]=\begin{cases}x, x\geqslant 0,\\ 0, x<0,\end{cases}$　　$\varphi[f(x)]=\begin{cases}x, x\geqslant 0,\\ 0, x<0.\end{cases}$

4. $f[\varphi(x)]=e^{2x}, \varphi[f(x)]=e^{x^{2}}$.

5. (1) 定义域为$[-1,1]$;

(2) 定义域为$[2k\pi,(2k+1)\pi], k=0,\pm 1,\pm 2,\cdots$;

(3) 定义域为$[-a,1-a]$.

习题 1.3

1. (1) 4;(2) $(0,2]$;(3) 2;(4) y 轴;(5) 直线 $y=x$.

2. 除(10)外都是初等函数,(1)是基本初等函数.

3. (2)、(5)、(7)、(9)是奇函数,(1)、(6)是偶函数,(2)、(3)、(4)、(7)、(9)、(11)是单调增函数,(8)、(10)是单调减函数.

习题 1.4

1. (1) $D=\{(x,y)\mid 4x^{2}+y^{2}\geqslant 1\}$;

(2) $D=\{(x,y)\mid x>y, x>-1\}$;

(3) $D=\{(x,y)\mid y^{2}-4x+8>0\}$;

(4) $D=\{(x,y)\mid -1\leqslant \frac{y}{x}\leqslant 1\}$;

(5) $D=\{(x,y)\mid |x|\leqslant 1, |y|\leqslant 1\}$;

(6) $D=\{(x,y)\mid y-x^{2}>0, x^{2}+y^{2}\leqslant 1\}$.

3. (1) 23;　　(2) $\frac{1}{x^{3}}-\frac{4}{xy}+\frac{12}{y^{2}}$;

(3) $1-\frac{2y}{x}+\frac{3y^{2}}{x^{2}}$;　　(4) $-2x+6y+3h$.

习题 1.5

1. $V=\frac{\pi}{4}h(4r^{2}-h^{2}), 0<h<2r$.

2. $x=\sqrt{l^{2}-r^{2}\sin^{2}\omega t}+r\cos\omega t$.

3. (1) $p=\begin{cases}90, & x\leqslant 100;\\ 90-(x-100)\times 0.01, & 100<x<1\,600,\\ 75, & x\geqslant 1\,600;\end{cases}$

(2) $P=(p-60)x$；

(3) 21 000 元.

习题 2.1

1. 点 P 在坐标面上；点 P 在坐标轴上.

2. 空间点的坐标在 Ⅰ—Ⅷ 卦限的符号分别为 $(+,+,+)$，$(-,+,+)$，$(-,-,+)$，$(+,-,+)$，$(+,+,-)$，$(-,+,-)$，$(-,-,-)$，$(+,-,-)$.

3. $d_O=\sqrt{14}$；$d_x=\sqrt{13}$；$d_y=\sqrt{10}$；$d_z=\sqrt{5}$；$d_{xOy}=3$；$d_{yOz}=1$；$d_{zOx}=2$.

5. $(0,1,-2)$.

习题 2.2

1. $\overrightarrow{AM}=\frac{1}{2}\boldsymbol{a}+\boldsymbol{c}$，$\overrightarrow{BN}=\boldsymbol{a}+\frac{1}{2}\boldsymbol{b}$，$\overrightarrow{CP}=\boldsymbol{b}+\frac{1}{2}\boldsymbol{c}$.

3. $(-2,3,0)$.

4. $|\overrightarrow{M_1M_2}|=2$；方向余弦为 $-\frac{1}{2},-\frac{\sqrt{2}}{2},\frac{1}{2}$；方向角为 $\frac{2}{3}\pi,\frac{3}{4}\pi,\frac{\pi}{3}$；单位向量为 $\left\{-\frac{1}{2},-\frac{\sqrt{2}}{2},\frac{1}{2}\right\}$.

5. $|\boldsymbol{a}|=\sqrt{3}$，$|\boldsymbol{b}|=\sqrt{38}$，$|\boldsymbol{c}|=3$；$\boldsymbol{a}=\sqrt{3}\boldsymbol{e}_a$，$\boldsymbol{b}=\sqrt{38}\boldsymbol{e}_b$，$\boldsymbol{c}=3\boldsymbol{e}_c$.

6. $(18,22,-17)$.

7. (1) 3； (2) $\{5,1,7\}$； (3) -18； (4) $\{10,2,14\}$； (5) $\frac{\sqrt{21}}{14}$.

8. $\mathrm{Prj}_{\boldsymbol{b}}\boldsymbol{a}=\frac{39}{11}$.

9. $\pm\frac{1}{\sqrt{17}}\{3,-2,-2\}$.

10. (1) $\{0,-8,-24\}$；(2) $\{0,-1,-1\}$；(3) 2.

11. $\frac{1}{2}\sqrt{19}$；$\frac{9}{10}$.

12. $-\frac{3}{2}$.

13. 当 $k=10$ 时，$\boldsymbol{a}\perp\boldsymbol{b}$；当 $k=-2$ 时，$\boldsymbol{a}/\!/\boldsymbol{b}$.

习题 2.3

1. (1) xOy 面； (2) 平行于 xOz 面； (3) 平行于 z 轴； (4) 过 x 轴； (5) 过原点.

2. $3x-6y+4z-19=0$.

3. $x-3y-2z=0$.

4. $9y-z-2=0$.

5. $2x-3y-z-4=0$.

6. 1.

7. $\dfrac{x-4}{3}=\dfrac{y+1}{4}=\dfrac{z-3}{-2}$.

8. $\dfrac{x-2}{-3}=\dfrac{y-3}{1}=\dfrac{z+1}{3}$.

9. $\dfrac{x-1}{-2}=\dfrac{y-1}{1}=\dfrac{z-1}{3}$, $\begin{cases}x=1-2t,\\y=1+t,\\z=1+3t.\end{cases}$

10. $16x-14y-11z-65=0$.

11. $\dfrac{x}{-2}=\dfrac{y-2}{3}=\dfrac{z-4}{1}$.

12. $8x-9y-22z-59=0$.

习题 2.4

1. $x^2+y^2+z^2-2x-6y+4z=0$.

2. 以点$(1,-2,-1)$为球心，半径为$\sqrt{6}$的球面.

3. $x^2+z^2=6y$.

4. $4x^2-5(y^2+z^2)=20$, $4(x^2+z^2)-5y^2=20$.

5. (1) 直线，平面；　(2) 圆，圆柱面；(3) 双曲线，双曲柱面；
   (4) 抛物线，抛物柱面；(5) 点，直线；(6) 点，直线.

6. $3y^2-z^2=16$ 和 $3x^2+2z^2=16$.

7. $\begin{cases}2x^2+y^2-2x=8,\\z=0.\end{cases}$

8. $\begin{cases}x^2+y^2-ax\leqslant 0,\\z=0.\end{cases}$

9. 在 xOy 面上的投影：$\begin{cases}x^2+y^2\leqslant 4,\\z=0.\end{cases}$

11. (1) 平面 $x=3$ 上的圆；　(2) 平面 $y=1$ 上的椭圆.

习题 3.1

1. (1) 收敛，1；　(2) 发散；　(3) 收敛，1；　(4) 发散；
   (5) 收敛，1；　(6) 发散.

2. (1) 3；　(2) 1；　(3) 1；　(4) 0.

习题 3.3

1. (1) -8；　(2) 0；　(3) -2；　(4) $\dfrac{1}{2}$；

(5) $\frac{1}{3}$；　(6) 0；　(7) 1；　(8) $\frac{4}{3}$；

(9) -1；　(10) 1；　(11) 0；　(12) 0；

(13) 3；　(14) 1；　(15) 2；　(16) x；

(17) $\frac{1}{e}$；　(18) e^2；　(19) e^2；　(20) $e^{-\frac{1}{2}}$.

2.(1) 1；　(2) $\frac{1}{2}$.

习题 3.4

1.(1) $\frac{4}{3}$；　(2) $\frac{1}{2}$；　(3) 0；　(4) $\frac{1}{2}$；

(5) ∞；　(6) ∞.

2.x^2-x^3 是比 $2x-x^2$ 高阶的无穷小.

3.(1) 同阶不等价；　(2) 等价.

习题 3.5

1.(1) $f(x)$在区间$(-\infty,0)$和$(0,+\infty)$上连续；

(2) $f(x)$在区间$(-\infty,+\infty)$上连续.

2.(1) $a=4$；　(2) $a=\frac{3}{2}$；　(3) $a=1$；　(4) $a=0$.

3.(1) $x=3$ 为第二类间断点；

(2) $x=1$ 为可去间断点，补充定义 $y\big|_{x=1}=-2$，$x=2$ 为第二类间断点；

(3) $x=k\pi,k=0,\pm1,\pm2,\cdots$为第二类间断点；

(4) $x=0$ 为第二类间断点；

(5) $x=1$ 为跳跃间断点；

(6) $x=0$ 为可去间断点，补充定义 $y\big|_{x=0}=e$；

(7) $x=0$ 为第二类间断点.

习题 3.6

1. 连续区间为$(-\infty,-3)$，$(-3,2)$，$(2,+\infty)$；

$\lim\limits_{x\to0}f(x)=\frac{1}{2}$，$\lim\limits_{x\to2}f(x)=\infty$，$\lim\limits_{x\to-3}f(x)=-\frac{8}{5}$.

2.(1) $\sqrt{5}$；　(2) e^3；　(3) 2；　(4) $\cos a$；　(5) 1；　(6) 8；

(7) 1；　(8) 0；　(9) $\frac{1}{e}$；(10) 1；　(11) 1；(12) -1.

习题 3.7

1.(1) 1；　(2) $+\infty$；　(3) $-\frac{1}{4}$；　(4) 0；

(5) 2；　(6) 0；　(7) 1；　(8) 0.

4. (1) $\{(x,y) \mid y^2=2x\}$；　(2) $\{(x,y) \mid x^2+y^2\geqslant 1\}$.

习题 4.1

1. (1) a；　(2) $-\dfrac{2}{x^3}$.

2. (1) $-f'(x_0)$；　(2) $f'(x_0)$；　(3) $2f'(x_0)$.

3. (1) $\dfrac{r(1)-r(0.5)}{0.5}\approx 0.26$，$\dfrac{r(1.5)-r(1)}{0.5}\approx 0.18$；

(2) 随着气球体积的增大，半径的平均变化率在变小.

5. (1) 连续但不可导；　(2) 连续但不可导；

(3) 连续且可导；　(4) 连续但不可导.

6. $a=2, b=-1$.

7. 切线方程：$x-4y+4=0$，法线方程：$4x+y-18=0$.

8. $(-1,-1)$，$(1,1)$.

习题 4.2

1. (1) $y'=6x+\dfrac{4}{x^3}$；　(2) $y'=a^x\ln a+\mathrm{e}^x$；

(3) $y'=\sin x+x\cos x$；　(4) $y'=\dfrac{1}{2\sqrt{x}}\sin x+\sqrt{x}\cos x$；

(5) $y'=2\sec^2 x-\cot x\csc x$；　(6) $y'=\dfrac{2}{(x+1)^2}$；

(7) $y'=\dfrac{1-\ln x}{x^2}$；　(8) $y'=\dfrac{2(1+x^2)\tan x\sec x-4x\sec x}{(1+x^2)^2}$；

(9) $y'=-\dfrac{\sqrt{x}+2x\sin x+2\cos x}{2x^2}$.

2. (1) $y'\big|_{x=\frac{\pi}{6}}=\dfrac{1+\sqrt{3}}{2}$，$y'\big|_{x=\frac{\pi}{4}}=\sqrt{2}$；

(2) $y'\big|_{x=4}=-\dfrac{1}{18}$.

3. (1) $y'=\sin 2x\sin x^2+2x\sin^2 x\cos x^2$；(2) $y'=2^{\sin x}\ln 2\cdot\cos x$；

(3) $y'=2^x\ln 2\cdot\cos(2^x)$；　(4) $y'=-\dfrac{1}{|x|\sqrt{x^2-1}}$；

(5) $y'=\dfrac{1}{\sqrt{x-x^2}}$；　(6) $y'=-\mathrm{e}^{-3x}(3\cos 2x+2\sin 2x)$；

(7) $y'=\dfrac{1}{x\ln x}$；　(8) $y'=-\mathrm{e}^{-\sin^2 x}\cdot\sin 2x$；

(9) $y'=\sin x\ln x+x\cos x\ln x+\sin x$；

(10) $y'=\dfrac{1}{2\sqrt{x}(1+x)}e^{\arctan\sqrt{x}}$;

(11) $y'=\dfrac{1-x\arctan x}{(1+x^2)^{3/2}}$; (12) $y'=\dfrac{2\sqrt{x}+1}{4\sqrt{x(x+\sqrt{x})}}$;

(13) $y'=-\dfrac{1}{2\sqrt{x(1-x)}}$; (14) $y'=\sec x$;

(15) $y'=\dfrac{2\arcsin\dfrac{x}{2}}{\sqrt{4-x^2}}$; (16) $y'=\dfrac{2x\cos 2x-\sin 2x}{x^2}$;

(17) $y'=\dfrac{1}{\sqrt{x^2+2}}$; (18) $y'=\csc x$;

(19) $y'=\dfrac{\arccos x+\arcsin x}{\sqrt{1-x^2}(\arccos x)^2}$; (20) $y'=-\dfrac{1}{|1+x|\sqrt{2x(1-x)}}$.

4. (1) $\dfrac{dy}{dx}=2xf'(x^2)$;

(2) $\dfrac{dy}{dx}=\sin 2x[f'(\sin^2 x)-f'(\cos^2 x)]$.

5. (1) $\dfrac{dy}{dx}=\dfrac{y}{y-x}$; (2) $\dfrac{dy}{dx}=\dfrac{x^2-ay}{ax-y^2}$;

(3) $\dfrac{dy}{dx}=\dfrac{e^{x+y}-y}{x-e^{x+y}}$; (4) $\dfrac{dy}{dx}=\dfrac{2y(1-\ln|x|)}{x^2}$.

6. (1) $y'=\left(\dfrac{x}{1+x}\right)^x\left(\ln\dfrac{x}{1+x}+\dfrac{1}{1+x}\right)$;

(2) $y'=(\sin x)^{\cos x}(-\sin x\ln\sin x+\cos x\cot x)$;

(3) $y'=\dfrac{1}{5}\sqrt[5]{\dfrac{x-5}{\sqrt[5]{x^2+2}}}\left(\dfrac{1}{x-5}-\dfrac{2x}{5(x^2+2)}\right)$;

(4) $y'=\dfrac{\sqrt{x+2}(3-x)^4}{(x+1)^5}\left(\dfrac{1}{2(x+2)}-\dfrac{4}{3-x}-\dfrac{5}{x+1}\right)$;

(5) $y'=\dfrac{1}{2}\sqrt{x\sin x\sqrt{1-e^x}}\left(\dfrac{1}{x}+\cot x-\dfrac{e^x}{2(1-e^x)}\right)$;

(6) $y'=\dfrac{1}{2}\sqrt{\dfrac{(x-1)\sin x}{\arctan x}}\left(\dfrac{1}{x-1}+\cot x-\dfrac{1}{(1+x^2)\arctan x}\right)$.

7. (1) $\dfrac{dy}{dx}=\dfrac{3t^2-1}{2t}$; (2) $\dfrac{dy}{dx}=-\tan\varphi$;

(3) $\dfrac{dy}{dx}=\dfrac{\cos t-\sin t}{\cos t+\sin t}$.

8. (1) 切线方程：$\sqrt{3}x+4y-8\sqrt{3}=0$ 或 $\sqrt{3}x-4y-8\sqrt{3}=0$；

法线方程：$8x-2\sqrt{3}y-7=0$ 或 $8x+2\sqrt{3}y-7=0$；

(2) 切线方程：$4x-y-4=0$；　　法线方程：$x+4y-18=0$.

9. (1) $\frac{d^2y}{dx^2}=-2\sin x-x\cos x$；　(2) $\frac{d^2y}{dx^2}=4e^{2x-1}$；

(3) $\frac{d^2y}{dx^2}=-2\cos 2x\ln x-\frac{1}{x^2}\cos^2 x-\frac{2}{x}\sin 2x$；

(4) $\frac{d^2y}{dx^2}=\frac{x^2-2x+2}{x^3}e^x$；　(5) $\frac{d^2y}{dx^2}=\frac{\sin(x+y)}{[\cos(x+y)-1]^3}$；

(6) $\frac{d^2y}{dx^2}=\frac{y^2-x^2}{y^3}=-\frac{1}{y^3}$；　(7) $\frac{d^2y}{dx^2}=-\frac{b}{a^2\sin^3 t}$；

(8) $\frac{d^2y}{dx^2}=\frac{4}{9}e^{3t}$.

10. (1) $\frac{d^2y}{dx^2}=2f'(x^2)+4x^2f''(x^2)$；　(2) $\frac{d^2y}{dx^2}=\frac{f(x)f''(x)-[f'(x)]^2}{f^2(x)}$.

12. (1) $y^{(n)}=a^ne^{ax}$；

(2) $y^{(n)}=\frac{(-1)^{n-1}(n-1)!}{(x+1)^n}$；

(3) $y^{(n)}=\frac{(-1)^{n-2}(n-2)!}{x^{n-1}}\quad(n>1)$；

(4) $y^{(n)}=e^x(x+n)$；

(5) $y^{(n)}=2^{n-1}\sin\left[2x+(n-1)\frac{\pi}{2}\right]$（提示：$y'=2\sin x\cos x=\sin 2x$）；

(6) $y^{(n)}=(-1)^n\cdot n!\left[\frac{1}{(x-2)^{n+1}}-\frac{1}{(x-1)^{n+1}}\right]$（提示：$y=\frac{1}{x-2}-\frac{1}{x-1}$）.

13. $f'(0)=1, f''(0)=2, f'''(0)=2$.

习题 4.3

1. (1) $dy=\frac{2x}{\sqrt{x^2-x^4}}dx$；

(2) $dy=(x^2+4x+1)\sqrt{x^2-\sqrt{x}}\left[\frac{2(x+2)}{x^2+4x+1}+\frac{4x\sqrt{x}-1}{4(x^2\sqrt{x}-x)}\right]dx$；

(3) $dy=\left(1+\frac{4}{x}\ln x\right)dx$；

(4) $dy=e^{-x}[\sin(3-x)-\cos(3-x)]dx$；

(5) $dy=\frac{2\ln(1-x)}{x-1}dx$；

(6) $dy=-\frac{2x}{1+x^4}dx$.

2. 18；　1.161；　0.110 601.

3. 0.874 8.

4. 9.986 7.

习题 4.4

1. (1) $\frac{\partial z}{\partial x}=3x^2y-y^3,\frac{\partial z}{\partial y}=x^3-3y^2x$；

(2) $\frac{\partial z}{\partial x}=2x\ln(x^2+y^2)+\frac{2x^3}{x^2+y^2},\frac{\partial z}{\partial y}=\frac{2x^2y}{x^2+y^2}$；

(3) $\frac{\partial z}{\partial x}=\frac{1}{2x\sqrt{\ln(xy)}},\frac{\partial z}{\partial y}=\frac{1}{2y\sqrt{\ln(xy)}}$；

(4) $\frac{\partial z}{\partial x}=y[\cos(xy)-\sin(2xy)],\frac{\partial z}{\partial y}=x[\cos(xy)-\sin(2xy)]$；

(5) $\frac{\partial z}{\partial x}=\frac{2}{y\sin\frac{2x}{y}},\frac{\partial z}{\partial y}=-\frac{2x}{y^2\sin\frac{2x}{y}}$；

(6) $\frac{\partial z}{\partial x}=\frac{x^3+3xy^2}{(x^2+y^2)^{3/2}},\frac{\partial z}{\partial y}=-\frac{y^3+3x^2y}{(x^2+y^2)^{3/2}}$；

(7) $\frac{\partial u}{\partial x}=\frac{z(x-y)^{z-1}}{1+(x-y)^{2z}},\frac{\partial u}{\partial y}=-\frac{z(x-y)^{z-1}}{1+(x-y)^{2z}},\frac{\partial u}{\partial z}=\frac{(x-y)^z\ln(x-y)}{1+(x-y)^{2z}}$；

(8) $\frac{\partial u}{\partial x}=\frac{y}{z}x^{\frac{y}{z}-1},\frac{\partial u}{\partial y}=\frac{1}{z}x^{\frac{y}{z}}\ln x,\frac{\partial u}{\partial z}=-\frac{y}{z^2}x^{\frac{y}{z}}\ln x$.

2. (1) $f_x(x,1)=1$；　　(2) $f_{xx}(0,0,1)=2,f_{yz}(0,-1,0)=0$.

3. (1) $\frac{\partial^2 z}{\partial x^2}=6xy^2,\frac{\partial^2 z}{\partial y^2}=2x^3-18xy,\frac{\partial^2 z}{\partial x\partial y}=\frac{\partial^2 z}{\partial y\partial x}=6x^2y-9y^2-1$；

(2) $\frac{\partial^2 z}{\partial x^2}=\frac{2xy}{(x^2+y^2)^2},\frac{\partial^2 z}{\partial y^2}=-\frac{2xy}{(x^2+y^2)^2},\frac{\partial^2 z}{\partial x\partial y}=\frac{\partial^2 z}{\partial y\partial x}=\frac{y^2-x^2}{(x^2+y^2)^2}$.

5. (1) $\mathrm{d}z=\left(y+\frac{1}{y}\right)\mathrm{d}x+\left(x-\frac{x}{y^2}\right)\mathrm{d}y$；

(2) $\mathrm{d}z=-\frac{y}{x^2}\mathrm{e}^{\frac{y}{x}}\mathrm{d}x+\frac{1}{x}\mathrm{e}^{\frac{y}{x}}\mathrm{d}y$；

(3) $\mathrm{d}z=-\frac{xy}{(x^2+y^2)^{3/2}}\mathrm{d}x+\frac{x^2}{(x^2+y^2)^{3/2}}\mathrm{d}y$；

(4) $\mathrm{d}u=yzx^{yz-1}\mathrm{d}x+zx^{yz}\ln x\mathrm{d}y+yx^{yz}\ln x\mathrm{d}z$.

6. $\Delta z\big|_{x=2,y=1}\approx-0.119,\mathrm{d}z\big|_{x=2,y=1}=-0.125$.

7. (1) 2.95；　　(2) 0.97.

8. $-30\pi\ \mathrm{cm}^3$.

9. (1) $\left.\frac{\partial P}{\partial x}\right|_{(a,b)}$的意义：如果空气中有害气体的数量 y 为一常数 b，空气中固体废物的数量 x 是变化的，那么当 $x=a$ 有一个单位的改变时，大气污染指数 P 大约改变

$\left.\frac{\partial P}{\partial x}\right|_{(a,b)}$个单位，同样可说明$\left.\frac{\partial P}{\partial y}\right|_{(a,b)}$的意义；

(2) $\left.\frac{\partial P}{\partial x}\right|_{(10,5)}=130$，$\left.\frac{\partial P}{\partial y}\right|_{(10,5)}=420$；

(3) 当 x 增长 10%时，P 将大约增长 130 个单位，当 y 增长 10%时，P 大约增长 $420\times0.5=210$ 个单位.

习题 4.5

1. (1) $\frac{\mathrm{d}z}{\mathrm{d}x}=\frac{(x\ln x-1)\mathrm{e}^x}{x\ln^2 x}$；

(2) $\frac{\mathrm{d}z}{\mathrm{d}x}=\frac{1}{x^2+1}$；

(3) $\frac{\partial z}{\partial x}=\mathrm{e}^{xy}[y\sin(x+y)+\cos(x+y)]$，$\frac{\partial z}{\partial y}=\mathrm{e}^{xy}[x\sin(x+y)+\cos(x+y)]$；

(4) $\frac{\partial z}{\partial x}=\frac{2x}{y^2}\ln(3x-2y)+\frac{3x^2}{(3x-2y)y^2}$，$\frac{\partial z}{\partial y}=-\frac{2x^2}{y^3}\ln(3x-2y)-\frac{2x^2}{(3x-2y)y^2}$；

(5) $\frac{\partial z}{\partial x}=2xf'_1+y\mathrm{e}^{xy}f'_2$，$\frac{\partial z}{\partial y}=-2yf'_1+x\mathrm{e}^{xy}f'_2$；

(6) $\frac{\partial w}{\partial x}=f'_1+yf'_2+yzf'_3$，$\frac{\partial w}{\partial y}=xf'_2+xzf'_3$，$\frac{\partial w}{\partial z}=xyf'_3$.

习题 4.6

1. $\frac{\mathrm{d}y}{\mathrm{d}x}=\frac{y^2-\mathrm{e}^x}{\cos y-2xy}$.

2. $\frac{\partial z}{\partial x}=\frac{z}{x+z}$，$\frac{\partial z}{\partial y}=\frac{z^2}{y(x+z)}$，$\mathrm{d}z=\frac{z}{x+z}\mathrm{d}x+\frac{z^2}{y(x+z)}\mathrm{d}y$.

3. $\frac{\partial^2 z}{\partial x\partial y}=\frac{xy}{(2-z)^3}$.

习题 5.1

5. 三个根所在的区间为(1,2)，(2,3)，(3,4).

习题 5.2

1. (1) $\frac{5}{3}$；　(2) $\frac{1}{2}$；　(3) $-\sin a$；　(4) 1；

(5) 1；　(6) 0；　(7) e^a；　(8) 1；

(9) e.

习题 5.3

1. (1) [0,1]为单调增加区间,[1,2]为单调减少区间;
   (2) $(-\infty,+\infty)$为单调增加区间;
   (3) $\left(-\infty,\dfrac{1}{2}\right]$为单调减少区间,$\left[\dfrac{1}{2},+\infty\right)$为单调增加区间.

2. (1) 在 $t=0,t=4,t=8$ 时;
   (2) 在 $0<t<4$ 或 $t>8$ 时;
   (3) 在 $4<t<8$ 时.

5. (1) 曲线在$\left(-\infty,\dfrac{5}{3}\right]$上是凸的,在$\left[\dfrac{5}{3},+\infty\right)$上是凹的,拐点为$\left(\dfrac{5}{3},\dfrac{20}{27}\right)$;
   (2) 曲线在$(-\infty,2)$上是凸的,在$(2,+\infty)$上是凹的,拐点为$\left(2,\dfrac{2}{e^2}\right)$.

6. $a=1,b=-3,c=-24,d=16$.

习题 5.4

1. (1) 极小值 $y\big|_{x=1}=-1$,极大值 $y\big|_{x=0}=0$;
   (2) 极小值 $y\big|_{x=0}=0$;
   (3) 极小值 $y\big|_{x=-\frac{\ln 2}{2}}=2\sqrt{2}$;
   (4) 极大值 $y\big|_{x=\frac{\pi}{4}}=\sqrt{2}$;
   (5) 极小值 $y\big|_{x=a}=2a$,极大值 $y\big|_{x=-a}=-2a$;
   (6) 极小值 $y\big|_{x=0}=0$.

2. $a=2$,极大值 $f\left(\dfrac{\pi}{3}\right)=\sqrt{3}$.

3. $R=\sqrt[3]{\dfrac{V}{2\pi}},h=2\sqrt[3]{\dfrac{V}{2\pi}}$.

4. $x=16\ \mathrm{m},y=32\ \mathrm{m}$.

5. $\varphi=\dfrac{2\sqrt{6}}{3}\pi$.

6. 5 h.

7. (1) 最大值 $y\big|_{x=1}=2$,最小值 $y\big|_{x=-1}=-10$;
   (2) 最大值 $y\big|_{x=4}=8$,最小值 $y\big|_{x=0}=0$;
   (3) 最大值 $y\big|_{x=2\pi}=1+2\pi$,最小值 $y\big|_{x=0}=1$;
   (4) 最大值 $y\big|_{x=0}=10$,最小值 $y\big|_{x=8}=6$.

习题 5.6

1. (1) 极大值 $f(2,-2)=8$;
   (2) 极小值 $f\left(\dfrac{1}{2},-1\right)=-\dfrac{e}{2}$;

(3) 极大值 $f(0,0)=0$，极小值 $f(2,2)=-8$；

(4) 极小值 $f(\sqrt[3]{a},\sqrt[3]{a})=3\sqrt[3]{a^2}$.

2. 最大值为$\frac{1}{2}$，最小值为$-\frac{1}{2}$.

3. 当两直角边都是$\frac{l}{\sqrt{2}}$时，可得最大周界.

4. 当长、宽都是$\sqrt[3]{2k}$，高是$\frac{1}{2}\sqrt[3]{2k}$时，表面积最小.

5. 最大利润为 $P(21.881\ 25, 17.912\ 5)\approx 28\ 189$(元).(提示：生产$U(x,y)$单位的产品的总成本为$10x+4y$，总收入为$40U(x,y)$，利润函数为$P(x,y)=40U(x,y)-10x-4y$.)

6. 当长、宽、高都是$\frac{2a}{\sqrt{3}}$时，可得最大体积.

7. (1) 电视机的最优价格 $p^*=\dfrac{c_0-k\ln M+\frac{1}{a}-k}{1-ak}$. 当电视机售价为 p^* 时，获最大利润.(提示：设利润为 u，电视机售价为 p，成本为 c，销售量为 x. 求最大利润是一个带约束条件：$x=Me^{-ap}$ 及 $c=c_0-k\ln x$ 的条件极值问题.)

(2) $p^*\approx 3\ 556.88$ 元.(提示：在(1)的最优价格 p^* 的公式中，$c_0=5\ 000$ 元，$M=100$ 万. 但仍要求得 a 及 k 的值，a 与 k 的值可由约束条件求出.)

习题 5.7

1. 当每件衬衫的销售价格定为 250 元时，总利润最大，此时总利润为 4 500 元.(提示：总利润 $L=$ 总收益 $R-$ 总成本 C.)

2. 当 $t=3$，即上午 11：00 时，这个工人的工作效率最高.(提示：求 $Q'(t)$ 在$[0,4]$上的最大值.)

3. 从上到下长为 200 cm，从左到右宽 100 cm，可使四周空白最小.

习题 6.1

1. $A=\int_{-1}^{2}(x^2+1)\mathrm{d}x$.

2. (1) 正； (2) 正.

3. (1) 1； (2) $\frac{\pi}{4}a^2$.

4. (1) $\int_0^1\frac{\mathrm{d}x}{(1+x)^2}$； (2) $\int_0^1\sqrt{1+x}\,\mathrm{d}x$.

5. (1) $\int_0^1 x^2\mathrm{d}x>\int_0^1 x^3\mathrm{d}x$； (2) $\int_3^4\ln x\,\mathrm{d}x<\int_3^4(\ln x)^3\mathrm{d}x$.

6. (1) $6\leqslant\int_1^4(x^2+1)\mathrm{d}x\leqslant 51$； (2) $2e^{-\frac{1}{4}}\leqslant\int_0^2 e^{x^2-x}\mathrm{d}x\leqslant 2e^2$.

习题 6.2

1. 1.

2. (1) $\dfrac{3(3x-1)}{3x+1}-\dfrac{2(2x-1)}{2x+1}$； (2) $2x\sin x^4-\dfrac{1}{2\sqrt{x}}\sin x$；

(3) $e^{\frac{1}{2}(x^2-y^2)}$.

3. 极小值 0.

4. (1) 1； (2) $-\dfrac{1}{2}$.

5. (1) $-\dfrac{1}{x}+C$； (2) $2\sqrt{x}+C$；

(3) $\dfrac{x^3}{3}+\dfrac{2}{5}x^{\frac{5}{2}}-\dfrac{2}{3}x^{\frac{3}{2}}-x+C$； (4) $x-2\ln|x|-\dfrac{1}{x}+C$；

(5) $2\sqrt{x}+\dfrac{2}{5}x^{\frac{5}{2}}+C$； (6) $\sqrt{\dfrac{2h}{g}}+C$；

(7) $\dfrac{x^3}{3}-x+\arctan x+C$； (8) $3\arctan x-2\arcsin x+C$；

(9) $e^x-\ln|x|+C$； (10) $2x-\dfrac{3}{\ln 2-\ln 3}\left(\dfrac{2}{3}\right)^x+C$；

(11) $\dfrac{x^3}{3}+\arctan x+C$； (12) $\arctan x+\ln|x|+C$；

(13) $\tan x-\sec x+C$； (14) $\dfrac{x}{2}+\dfrac{1}{2}\sin x+C$；

(15) $\sin x-\cos x+C$； (16) $-\cot x-\tan x+C$；

(17) $\tan x-\cot x+C$； (18) $\dfrac{1}{2}\tan x+C$.

6. $y=\ln x+1$.

7. (1) 20； (2) $\dfrac{\pi}{2}$； (3) $\dfrac{\pi}{3}$； (4) $\dfrac{271}{6}$；

(5) $\sqrt{3}-1$； (6) $1-\dfrac{\sqrt{3}}{3}+\dfrac{\pi}{12}$； (7) 1； (8) 2.

8. (1) 27 m； (2) $\sqrt[3]{300}$ s.

9. $Q(p)=1\,000\left(\dfrac{1}{3}\right)^p$.

10. (1) $x=\dfrac{t^{\frac{7}{4}}}{1\,050}$； (2) 0.96.

11. 16.

12. $\dfrac{9}{8}$.

习题 6.3

1. (1) $-\frac{1}{12}(1-3x)^4+C$; (2) $-\frac{2}{5}\sqrt{2-5x}+C$;

(3) $\frac{1}{3}\sin(3x-2)+C$; (4) $\frac{1}{2}e^{2x-3}+C$;

(5) $-\sqrt{3-x^2}+C$; (6) $\ln|1+x^3|+C$;

(7) $-\frac{1}{2}e^{-x^2}+C$; (8) $\frac{1}{10}(x^3+1)^{20}+C$;

(9) $\frac{1}{2\ln 5}5^{2x+3}+C$; (10) $\frac{2}{3}(x-1)^{\frac{3}{2}}+2\sqrt{x-1}+C$;

(11) $e^{\arcsin x}+C$; (12) $\ln|1+\tan x|+C$;

(13) $\frac{1}{3}x^3+\frac{1}{3}(x^2-1)\sqrt{x^2-1}+C$; (14) $2\sqrt{1+\ln|x|}+C$;

(15) $\frac{1}{2}\arctan x^2+C$;

(16) $x-\frac{1}{2}\ln(1+x^2)-3\arctan x+C$;

(17) $-2\cos x+2\ln(1+\cos x)+C$; (18) $\frac{2}{5}e^{\sqrt{x}}+C$;

(19) $\ln\left|\cos\frac{1}{x}\right|+C$; (20) $\arctan e^x+C$;

(21) $-\frac{1}{x\ln x}+C$; (22) $(\arctan\sqrt{x})^2+C$;

(23) $\arctan f(x)+C$; (24) $e^{f(x)}+C$.

2. (1) $\frac{2}{3}[\sqrt{3x}-\ln(1+\sqrt{3x})]+C$;

(2) $-8\sqrt{2-x}+\frac{8}{3}\sqrt{(2-x)^3}-\frac{2}{5}\sqrt{(2-x)^5}+C$;

(3) $\frac{x}{a^2\sqrt{a^2-x^2}}+C$; (4) $\frac{1}{3}(x^2+4)^{\frac{3}{2}}-4\sqrt{x^2+4}+C$;

(5) $\ln\left|\left(x+\frac{1}{2}\right)+\sqrt{x(1+x)}\right|+C$;

(6) $\sqrt{x^2+4x+5}-2\ln\left|x+2+\sqrt{x^2+4x+5}\right|+C$;

(7) $\ln\left(\frac{\sqrt{1+e^x}-1}{\sqrt{1+e^x}+1}\right)+C$; (8) $\arcsin e^x+e^x\sqrt{1-e^{2x}}+C$;

(9) $\sqrt{x^2+1}+\frac{1}{2}\ln\frac{\sqrt{x^2+1}-1}{\sqrt{x^2+1}+1}+C$;

(10) $\ln\left|x+\sqrt{x^2-a^2}\right|-\frac{\sqrt{x^2-a^2}}{x}+C$.

3. (1) $\arccos\frac{1}{x}+C$；　(2) $-\arcsin\frac{1}{|x|}+C$；

(3) $\arctan\sqrt{x^2-1}+C$；　(4) $-\arcsin\frac{1}{x}+C$.

4. (1) $8\ln 2-5$；　(2) $\frac{5}{3}$；　(3) $3\sqrt[3]{3}-6\sqrt[6]{3}+3+6\ln\frac{1+\sqrt[6]{3}}{2}$；

(4) $\frac{\sqrt{3}}{2}+\frac{\pi}{3}$；　(5) $\frac{\pi}{16}a^4$；　(6) $\frac{\sqrt{3}}{8a^2}$；　(7) $\frac{\pi}{4}+\frac{1}{2}$；

(8) $1-\ln\frac{1+\mathrm{e}}{2}$；　(9) $\arctan\mathrm{e}-\frac{\pi}{4}$；　(10) $\frac{\pi}{2}$；　(11) $\frac{7}{72}$；

(12) $\frac{2}{7}$；　(13) 2；　(14) $\mathrm{e}^{\mathrm{e}}-\mathrm{e}$；　(15) $\frac{4}{5}$；

(16) $\frac{\pi}{8}$.

5. (1) 0；　(2) 0；　(3) 0；　(4) 0；

(5) $\frac{3}{2}\pi$；　(6) 2.

习题 6.4

1. (1) $x\mathrm{e}^x-\mathrm{e}^x+C$；　(2) $-\frac{1}{2}x\cos 2x+\frac{1}{4}\sin 2x+C$；

(3) $-2x\cos x+2\sin x+\cos x+C$；　(4) $\frac{1}{3}x^3\ln x-\frac{1}{9}x^3+C$；

(5) $x\arctan x-\frac{1}{2}\ln(1+x^2)+C$；

(6) $2\sqrt{x}\ \arcsin\sqrt{x}+2\sqrt{1-x}+C$；

(7) $x^2\sin x+2x\cos x-2\sin x+C$；

(8) $\frac{1}{2}x[\cos(\ln|x|)+\sin(\ln|x|)]+C$；

(9) $\frac{x^2a^x}{\ln a}-\frac{2xa^x}{\ln^2 a}+\frac{2a^x}{\ln^3 a}+C$；　(10) $3\mathrm{e}^{\sqrt[3]{x}}(\sqrt[3]{x^2}-2\sqrt[3]{x}+2)+C$；

(11) $x(\arcsin x)^2+2\sqrt{1-x^2}\arcsin x-2x+C$；

(12) $x\ln(x+\sqrt{1+x^2})-\sqrt{1+x^2}+C$.

2. (1) $\frac{1}{4}\left(1-\frac{3}{\mathrm{e}^2}\right)$；　(2) $\frac{1}{4}(\mathrm{e}^2+1)$；

(3) $\frac{\pi}{36}(9-4\sqrt{3})+\frac{1}{2}\ln\frac{3}{2}$；　(4) $\frac{1}{2}(\mathrm{e}^{\pi}+1)$；

(5) 1；　(6) $\frac{\pi^2}{4}-2$.

习题 6.5

1. (1) $\frac{1}{3}$；　(2) $\frac{1}{a}$；　(3) π；　(4) $1-\ln 2$；

(5) 发散；　(6) $\frac{\pi}{4}+\frac{1}{2}\ln 2$；　(7) $\frac{1}{2}$；　(8) 发散；

(9) $\frac{8}{3}$；　(10) 发散.

2. 当 $k>1$ 时，收敛；当 $k\leqslant 1$ 时，发散.

3. (1) 30；　(2) $\frac{16}{105}$.

习题 6.6

1. (1) $\frac{1}{6}$；　(2) $\frac{7}{3}$；　(3) $e+\frac{1}{e}-2$；

(4) $2\pi+\frac{4}{3}, 6\pi-\frac{4}{3}$；　(5) $\frac{32}{3}$；　(6) $b-a$.

2. (1) πa^2；　(2) $\frac{4}{3}\pi^3 a^2$；　(3) $18\pi a^2$.

3. (1) $\frac{3}{10}\pi$；　(2) 12π；　(3) $\frac{96}{5}\pi$；　(4) $\frac{32}{105}\pi a^3$.

4. (1) $1+\frac{1}{2}\ln\frac{3}{2}$；　(2) $8a$；　(3) $8a$.

5. $\frac{\pi}{4}\rho g$ J.

6. 2.05×10^5 N.

7. 66 666.67 元.

8. 1 829.59 元(提示：在区间$[0,6\ 000]$内任取小区间$[x,x+dx]$，考虑此小区间内的捕鱼成本即所需花费成本的微元，这时塘内有鱼$(1\ 000-x)$kg).

习题 7.1

1. $\iint\limits_D \rho(x,y)d\sigma$.

2. $I_1=4I_2$.

3. (1) $\iint\limits_D (x+y)^3 d\sigma \leqslant \iint\limits_D (x+y)^2 d\sigma$；　(2) $\iint\limits_D \ln(x+y)d\sigma < \iint\limits_D [\ln(x+y)]^2 d\sigma$.

4. (1) $2\leqslant I\leqslant 8$；　(2) $36\pi\leqslant I\leqslant 100\pi$.

习题 7.2

1. (1) $\int_0^4 dy\int_{\frac{y^2}{4}}^{y} f(x,y)dx$，或$\int_0^4 dx\int_x^{2\sqrt{x}} f(x,y)dy$；

(2) $\int_{-1}^{0}\mathrm{d}y\int_{0}^{1+y}\mathrm{d}x+\int_{0}^{1}\mathrm{d}y\int_{0}^{1-y}f(x,y)\mathrm{d}x$，或$\int_{0}^{1}\mathrm{d}x\int_{x-1}^{1-x}f(x,y)\mathrm{d}y$；

(3) $\int_{0}^{2}\mathrm{d}y\int_{-\sqrt{y}}^{\sqrt{y}}f(x,y)\mathrm{d}x+\int_{2}^{4}\mathrm{d}y\int_{-\sqrt{4-y}}^{\sqrt{4-y}}f(x,y)\mathrm{d}x$，或$\int_{-\sqrt{2}}^{\sqrt{2}}\mathrm{d}x\int_{x^2}^{4-x^2}f(x,y)\mathrm{d}y$；

(4) $\int_{0}^{1}\mathrm{d}y\int_{\sqrt[3]{y}}^{2-y}f(x,y)\mathrm{d}x$，或$\int_{0}^{1}\mathrm{d}x\int_{0}^{x^3}f(x,y)\mathrm{d}y+\int_{1}^{2}\mathrm{d}x\int_{0}^{2-x}f(x,y)\mathrm{d}y$；

(5) $\int_{\frac{1}{2}}^{1}\mathrm{d}y\int_{\frac{1}{y}}^{2}f(x,y)\mathrm{d}x+\int_{1}^{2}\mathrm{d}y\int_{y}^{2}f(x,y)\mathrm{d}x$，或$\int_{1}^{2}\mathrm{d}x\int_{\frac{1}{x}}^{x}f(x,y)\mathrm{d}y$.

2. (1) $\int_{2}^{5}\mathrm{d}y\int_{1}^{3}f(x,y)\mathrm{d}x$；　(2) $\int_{0}^{1}\mathrm{d}y\int_{-\sqrt{1-y^2}}^{\sqrt{1-y^2}}f(x,y)\mathrm{d}x$；

(3) $\int_{0}^{1}\mathrm{d}y\int_{\mathrm{e}^y}^{\mathrm{e}}f(x,y)\mathrm{d}x$；　(4) $\int_{0}^{1}\mathrm{d}x\int_{x}^{1}f(x,y)\mathrm{d}y$；

(5) $\int_{-2}^{-\frac{6}{5}}\mathrm{d}x\int_{2x+4}^{\sqrt{4-x^2}}f(x,y)\mathrm{d}y$；　(6) $\int_{0}^{2}\mathrm{d}x\int_{2x}^{6-x}f(x,y)\mathrm{d}y$.

3. (1) $(\mathrm{e}-1)^2$；　(2) 1；　(3) $\frac{64}{15}$；

(4) $\frac{6}{55}$；　(5) $\frac{1}{20}$；　(6) $-\frac{3}{2}\pi$.

习题 7.3

1. (1) $\int_{0}^{2\pi}\mathrm{d}\theta\int_{a}^{b}f(\rho\cos\theta,\rho\sin\theta)\rho\mathrm{d}\rho$；

(2) $\int_{0}^{\frac{\pi}{2}}\mathrm{d}\theta\int_{0}^{2R\sin\theta}f(\rho\cos\theta,\rho\sin\theta)\rho\mathrm{d}\rho$；

(3) $\int_{0}^{\frac{\pi}{2}}\mathrm{d}\theta\int_{0}^{R}f(\rho\cos\theta,\rho\sin\theta)\rho\mathrm{d}\rho$.

2. (1) $\pi(\mathrm{e}^4-1)$；　(2) $\frac{\pi}{4}(2\ln 2-1)$；　(3) $-6\pi^2$；　(4) $\frac{3}{2}\pi$.

3. $\frac{4}{3}$.

习题 7.4

1. $\frac{7}{2}$.　　2. $\frac{1}{6}$.

3. π.　　4. $\frac{1}{2}\sqrt{a^2b^2+b^2c^2+c^2a^2}$.

习题 8.1

2. (1) $x^2-4y^2+4=0$；　(2) $xy^2+x^2y=2$；

(3) $y=x\mathrm{e}^{2x}$；　(4) $y=5\cos kx$.

3. $x^2y'+1=0$.

习题 8.2

1. (1) $y=\ln(e^x+C)$; (2) $y=e^{Cx}$;

(3) $\tan x\tan y=C$; (4) $y\sqrt{1+x^2}=C$;

(5) $y=\frac{1}{16}(C-x^2)^2$; (6) $(e^x+1)(e^y-1)=C$.

2. (1) $e^y=\frac{1}{2}(e^{2x}+1)$; (2) $y=e^{\tan\frac{x}{2}}$;

(3) $\cos x=\sqrt{2}\cos y$; (4) $x^2y=4$.

3. $y=\frac{1}{3}x^2$.

习题 8.3

1. (1) $y=x\left[\frac{1}{2}(\ln x)^2+C\right]$; (2) $y=\cos x(C-2\cos x)$;

(3) $x=Cy^3+\frac{1}{2}y^2$; (4) $2x\ln y=\ln^2 y+C$;

(5) $\frac{1}{y^2}=x^2+1+Ce^{x^2}$; (6) $yx\left[C-\frac{a}{2}(\ln x)^2\right]=1$.

2. (1) $y=\frac{x}{\cos x}$; (2) $y=\frac{1}{x}(\pi-1-\cos x)$;

(3) $y=\sin x-1+2e^{-\sin x}$; (4) $y=\frac{2}{3}(4-e^{-3x})$.

3. $y=2(e^x-x-1)$.

4. $v=\frac{k_1}{k_2}t-\frac{k_1 m}{k_2^2}\left(1-e^{-\frac{k_2}{m}t}\right)$.

习题 8.4

1. (1) $y=(x-3)e^x+C_1x^2+C_2x+C_3$; (2) $y=C_1x+\frac{1}{3}C_1x^3+C_2$;

(3) $y=C_1(x\ln x-x)+C_2$; (4) $y=C_1\left(\frac{1}{2}x^2+x\right)+C_2$;

(5) $y=C$, $y=\frac{1}{12}(x+C_1)^3+C_2$; (6) $(y+1)e^{-y}=C_1x+C_2$;

(7) $y=\arcsin(C_2e^x)+C_1$; (8) $C_1y^2-1=(C_1x+C_2)^2$.

2. (1) $y=e^x-\frac{e}{2}x^2-\frac{e}{2}$; (2) $y=2\arctan e^x$;

(3) $y=\arcsin x$; (4) $y=2+2\ln\left(\frac{x}{2}\right)$.

3. $x(t)=a+\frac{A}{m\omega^{2}}(1-\cos \omega t)$.

4. $y=\frac{x^{3}}{6}+\frac{x}{2}+1$.

习题 8.5

1. (1) $y=C_1 e^{x}+C_2 e^{-2x}$； (2) $y=C_1+C_2 e^{4x}$；

(3) $y=e^{-3x}(C_1\cos 2x+C_2\sin 2x)$； (4) $y=e^{-3x}(C_1+C_2 x)$；

(5) $y=C_1 e^{x}+C_2 e^{2x}+x+\frac{7}{2}$；

(6) $y=C_1\cos 3x+C_2\sin 3x+\frac{e^{x}}{10}$；

(7) $y=C_1 e^{x}+C_2 e^{-2x}-\frac{1}{5}(2\cos 2x+6\sin 2x)$；

(8) $y=C_1\cos 2x+C_2\sin 2x-\frac{1}{2}x\cos 2x$；

(9) $y=C_1 e^{3x}+C_2 e^{-x}-\frac{1}{3}e^{2x}$；

(10) $y=e^{x}(C_1\sin 2x+C_2\cos 2x)-\frac{x}{4}e^{x}\cos 2x$.

2. (1) $y=2\cos 5x+\sin 5x$； (2) $y=(2+x)e^{-\frac{x}{2}}$；

(3) $y=e^{-x}(\cos 3x+\sin 3x)$； (4) $y=\frac{1}{2}(e^{x}-e^{-x})$；

(5) $y=e^{x}+2e^{3x}-3e^{2x}$； (6) $y=\left(1+\frac{x}{4}\right)\sin 2x$；

(7) $y=e^{-x}-\frac{1}{10}e^{-2x}+\frac{3}{10}\sin x-\frac{9}{10}\cos x$；

(8) $y=e^{x}-e^{-x}+e^{x}(x^{2}-x)$.

3. $y=\cos 3x-\frac{1}{3}\sin 3x$.

习题 8.6

1. 死亡时间大约在 4：40，此时张某正在办公室上班，因此可被排除在犯罪嫌疑人之外.

2. 浓度 $c=10^{-5}(1-e^{-0.01t})$ kg/L.（提示：设盐的浓度为 c kg/L，盐的含量为 Q kg，由于水库的总容量为 100 ML. 则有

$$c=\frac{Q}{100\times 10^{6}}\ \text{kg/L}$$

以下面关系为基础建立微分方程：

水库中盐含量的变化率＝盐的流入速率－盐的流出速率，而盐的流入速率＝流入盐水的浓度×每天流入的水量＝0.000 1 kg/L×0.1 $\frac{\mathrm{ML}}{\mathrm{d}}$，盐的流出速率＝流出盐水的浓度×每天流出的水量＝$\frac{Q}{100\times10^6}$ kg/L×1 $\frac{\mathrm{ML}}{\mathrm{d}}$.）

3. 时间 t 与人口总数 $x(t)$ 之间的函数关系为 $x(t)=x_0\mathrm{e}^{r(t-t_0)}$.

4. $G(t)=\frac{k}{a}+\left[G(0)-\frac{k}{a}\right]\mathrm{e}^{-at}$.（提示：葡萄糖含量的变化率 $\frac{\mathrm{d}G}{\mathrm{d}t}$ 等于增加速率与减少速率之差，而增加速率为 k，减少速率（即转化为其他物质或转移到其他地方的速率）为 aG，其中 a 为比例常数.）

5. 30 min 后剩下的染色应约为 0，这与实际上 30 min 后还剩下 0.1 g 染色矛盾，故此人胰脏不正常.（提示：用 $P(t)$ 表示注射染色后 t 分钟时此人胰脏中的染色量，则有 $\frac{\mathrm{d}P/\mathrm{d}t}{P}=-0.4$.）

习题 9.1

根据牛顿第二定律建立火箭向上发射后的运动方程，初速度已知，若不考虑空气阻力，很容易算出到达最高点（即速度为零）所需要的时间；若考虑空气阻力，不妨设其与火箭速度（或速度的平方）成正比，并由实验确定阻力系数，再解方程得到结果.

习题 9.2

2. $v=\frac{\sqrt{h^2+s^2}}{s}v_0$ m/s，$a=-\frac{h^2v_0^2}{s^3}$ m/s^2.

3. 100 弧度/h.

4. $x^*=\frac{\gamma-1}{2\gamma}N$，最大捕获量 $\frac{(\gamma-1)^2}{4\gamma}N$.

5. 热量 $Q=4.135\times10^5$ J.

6. $x=250$，$y=50$，$f(x,y)=16\ 719$.

部分单元自测题参考答案

一元函数微分学自测题

一、1. $a=2,b=-1$.　2. 同阶无穷小.　3. $x=0$,二.　4. $2\cos 1$.　5. $n!$.

6. $\ln 2$.　7. $2\mathrm{d}x$.

二、1. $\mathrm{e}^{\frac{1}{3}}$.　2. e^{-2}.　3. $a=1,b=-2$.　4. $\sec x$.

5. $\dfrac{(-1)^n n!}{2}\left[\dfrac{1}{(x-1)^{n+1}}-\dfrac{1}{(x+1)^{n+1}}\right]$.　6. $y=x$.　7. $\dfrac{2(1+t^2)}{(1-t)^5}$.

四、$\dfrac{4a}{4+\pi},\dfrac{\pi a}{4+\pi}$.

多元函数微分学自测题

一、1. $\dfrac{2xy}{x^2+y^2}$.　2. $\dfrac{1}{2}$.　3. 1.　4. $2f'(x^2+y^2)+4x^2f''(x^2+y^2)$.

5. $\left(\dfrac{1}{2},-1\right)$.　6. $\dfrac{x-1}{-1}=\dfrac{y-1}{1}=\dfrac{z-\frac{\pi}{4}}{-2}$.

二、1. 不连续.

2. e.

3. $\mathrm{d}z=(\mathrm{e}^x+y^2)\cos(\mathrm{e}^x+xy^2)\mathrm{d}x+2xy\cos(\mathrm{e}^x+xy^2)\mathrm{d}y$.

4. $\dfrac{\partial z}{\partial x}=\mathrm{e}^{x-y}[\sin(xy)+y\cos(xy)],\dfrac{\partial z}{\partial y}=\mathrm{e}^{x-y}[-\sin(xy)+x\cos(xy)]$.

5. $y^2f_{11}+2yf_{12}+f_{22}$.

6. $a=-\dfrac{1}{2},b=\dfrac{1}{2}$.

7. $\dfrac{\partial z}{\partial x}=\dfrac{\frac{z}{x^2}f_1}{\frac{1}{x}f_1-\frac{y}{z^2}f_2},\dfrac{\partial z}{\partial y}=\dfrac{\frac{1}{z}f_2}{\frac{y}{z^2}f_2-\frac{1}{x}f_1}$.

8. 极小值 $z(-2,0)=1$,极大值 $z\left(\dfrac{16}{7},0\right)=-\dfrac{8}{7}$.

四、$\left(1,-\dfrac{1}{2},\dfrac{1}{2}\right)$.

一元函数积分学自测题

一、1. $\int_0^1 x^2 \mathrm{d}x$. 2. $(1+2x^2)\mathrm{e}^{x^2}+C$. 3. $\frac{2\sin x^2}{x}$. 4. 0. 5. 6.

二、1. $(\arcsin\sqrt{x})^2+C$. 2. $x\ln(x+\sqrt{x^2+1})-\sqrt{1+x^2}+C$.

3. $-\cos x+\arctan\cos x+C$. 4. $8\ln 2-4$. 5. 极小值为 0. 6. $\sqrt{2}$.

7. 最大值 $y(2)=\ln 3$，最小值 $y\left(\frac{1}{2}\right)=\ln\frac{3}{4}$. 8. $\frac{19}{6}$，$\frac{117\pi}{6}$.

四、$t=1$，$S_{\max}=\frac{2}{3}$.

多元函数积分学自测题

一、1. 0.

2. $\int_0^2 \mathrm{d}y\int_{\frac{y}{2}}^{y} f(x,y)\mathrm{d}x+\int_2^4 \mathrm{d}y\int_{\frac{y}{2}}^{2} f(x,y)\mathrm{d}x$.

3. $\int_0^{\frac{\pi}{4}} \mathrm{d}\theta\int_0^{\frac{1}{\cos\theta}} f(\rho\cos\theta,\rho\sin\theta)\rho\,\mathrm{d}\rho$.

二、1. $\frac{9}{4}$. 2. $\frac{\mathrm{e}}{2}-1$. 3. $\frac{41}{2}$. 4. $\frac{\pi}{12}\left(1-\frac{\sqrt{2}}{4}\right)$. 5. $1+\frac{3}{8}\pi$.

四、(1) $V=\frac{\pi(1+b)^2}{2b}$；(2) $b=1$.

常微分方程自测题

一、1. $y=x^2+1$. 2. 一. 3. 线性非齐次方程通解＝对应线性齐次方程通解＋线性非齐次方程的一个特解. 4. $(C_1+C_2x)\mathrm{e}^{2x}$.

二、$y-x-\ln|xy|=C(y\neq 0)$ 和 $y=0$.

三、$\frac{1}{y}=-\frac{1}{2}x+\frac{C}{x}$.

四、$C_1(3x+x^3)+C_2$.

五、$y=C_1\mathrm{e}^{\frac{x}{2}}+C_2\mathrm{e}^{-x}+\mathrm{e}^x$.

六、$f(x)=\sin x-1+2\mathrm{e}^{-\sin x}$.

七、$a=-3$，$b=2$，$c=-1$.

八、设 B 的运动轨迹为 $y=y(x)$，则 $\frac{\mathrm{d}y}{\mathrm{d}x}=-\frac{y}{\sqrt{b^2-y^2}}$，解之得

$$x=b\ln\frac{b+\sqrt{b^2-y^2}}{y}-\sqrt{b^2-y^2}.$$

参考文献

[1] 同济大学数学系.高等数学[M].7版.北京:高等教育出版社,2014.

[2] 黄浩,等.高等数学[M].上海:同济大学出版社,2014.

[3] 同济大学数学系.高等数学[M].北京:人民邮电出版社,2017.

[4] 吴赣昌.高等数学:理工类[M].5版.北京:中国人民大学出版社,2017.

[5] 河北师范大学数学与信息科学学院.高等数学[M].北京:高等教育出版社,2012.

[6] 周建莹,张锦炎.高等数学:上册[M].修订版.北京:北京大学出版社,2002.

[7] 张锦炎,周建莹.高等数学:下册[M].修订版.北京:北京大学出版社,2002.

[8] 姜启源,谢金星,叶俊.数学模型[M].5版.北京:高等教育出版社,2018.

[9] 韩中庚.数学建模方法及其应用[M].3版.北京:高等教育出版社,2017.

[10] 王树禾.数学思想史[M].北京:国防工业出版社,2003.

[11] 杜石然,孔国平.世界数学史[M].长春:吉林教育出版社,1996.